D'ARCHIMÈDE À EINSTEIN
LES FACES CACHÉES DE L'INVENTION SCIENTIFIQUE

Le temps des sciences

Claude ALLÈGRE	L'écume de la Terre
Jean-Pierre CHANGEUX	L'homme neuronal
Gilles COHEN-TANNOUDJI et Michel SPIRO	La Matière-espace-temps. La logique des particules élémentaires
Yves COPPENS	Le singe, l'Afrique et l'homme
Antoine DANCHIN	L'œuf et la poule. Histoire du code génétique
Pierre DOUZOU	Le chaud et le froid. Les conflits du vivant
Pierre DOUZOU	Les bricoleurs du septième jour
Pierre DOUZOU	Nouveaux regards entomologiques
Stephen Jay GOULD	Quand les poules auront des dents. Réflexions sur l'histoire naturelle
Claude HAGÈGE	L'homme de paroles
Émile HÉNOCQ	Un mal étrange : l'allergie
François JACOB	Le jeu des possibles. Essai sur la diversité du vivant
Marc JEANNEROD	Le cerveau-machine. Physiologie de la volonté
André LEROI-GOURHAN	Mécanique vivante. Le crâne des vertébrés, du poisson à l'homme
André LEROI-GOURHAN	Le fil du temps. Ethnologie et préhistoire 1920-1970
André LWOFF	Jeux et combats
Paolo MAFFEI	La comète de Halley. Une révolution scientifique
Philippe MEYER	L'homme et le sel
Philippe MEYER	La révolution des médicaments. Mythes et réalités
Claude OLIEVENSTEIN	Destin du toxicomane
Jean-Claude PECKER	Sous l'étoile Soleil
Jean-Jacques PETTER	Le propre du singe
David et Ann PREMACK	L'esprit de Sarah
Jacques RUFFIÉ	Traité du vivant
Émilio SEGRÈ	Les physiciens classiques et leurs découvertes. De la chute des corps aux ondes hertziennes
Émilio SEGRÈ	Les physiciens modernes et leurs découvertes. Des rayons X aux quarks
Daniel WIDLÖCHER	Les logiques de la dépression

PIERRE THUILLIER

D'ARCHIMÈDE À EINSTEIN

LES FACES CACHÉES DE L'INVENTION SCIENTIFIQUE

FAYARD

Du même auteur

Socrate fonctionnaire. Essai sur (et contre) la philosophie universitaire, Robert Laffont, 1969 ; réédition : Complexe, 1982.

Jeux et enjeux de la science, Robert Laffont, 1972.

Le petit savant illustré, Le Seuil, 1980.

Les biologistes vont-ils prendre le pouvoir ? La sociobiologie en question, Complexe, 1981.

Darwin et Co, Complexe, 1981.

L'aventure industrielle et ses mythes, Complexe, 1982.

Les savoirs ventriloques. Ou comment la culture parle à travers la science, Le Seuil, 1983.

Introduction

> « La science, considérée comme un projet qui se réalise progressivement, est tout aussi subjective et psychologiquement conditionnée que n'importe quelle autre entreprise humaine. »
>
> EINSTEIN.

Qu'est-ce que la science ? Comment est-elle née ? Comment les scientifiques engendrent-ils leurs théories ? Disposent-ils d'une « méthode » définie une fois pour toutes et garantissant la « vérité » de leurs savoirs ? Est-il vrai que l'activité des physiciens et des biologistes soit « objective » et « rationnelle » de part en part ? Existe-t-il des critères permettant de savoir à coup sûr s'il faut accepter ou rejeter une théorie nouvelle ? Peut-on tracer une limite claire et nette entre les sciences authentiques et les fausses sciences ?

C'est à l'examen de ces questions (et de quelques autres du même genre) que sont consacrés les essais qu'on va lire. Il s'agit d'études de cas qui, si j'ose dire, sont destinées à *compliquer* l'image que maints manuels et ouvrages de vulgarisation donnent des activités scientifiques. Prenons un exemple à la fois élémentaire et fondamental : est-il exact qu'une bonne théorie est une théorie « confirmée par les faits » ? Et, corrélativement, est-il exact qu'il faille rejeter une théorie qui semble contredite par des « faits expérimentaux » bien établis ?

La réponse, si l'on en croit les versions vulgarisées de la Méthode Expérimentale, est fort simple. Si les experts acceptent une théorie, c'est qu'elle est « en accord avec les faits ». Le dilemme est bien connu. Ou bien le verdict expérimental est favorable à l'hypothèse testée (qui acquiert alors le statut de théorie valide) ; ou bien il est défavorable (et il faut donc considérer que l'hypothèse est fausse). Ainsi le veut la logique idéale de la science. Le bon savant est objectif ; il écoute la voix des faits ; il se débarrasse donc des lois et théories qui sont réfutées par la Nature à l'occasion de tests expérimentaux soigneusement préparés.

Ce schéma est transparent et rassurant. Avec « la science », au moins, on sait où l'on va... Voilà enfin une activité cognitive sérieuse qui, grâce à des procédures efficaces, nous conduit à des certitudes, voire à des Vérités. D'où le succès de ce tableau contrasté : alors que l'art, la religion et la philosophie recourent à l'imagination, à l'intuition, à des croyances chimériques et à des spéculations incontrôlées, la Science nous révèle la Réalité telle qu'elle est. Ce bilan épistémologique, notons-le au passage, signifie concrètement ceci : les experts scientifiques méritent crédit. Ils en savent long, et ils le savent bien... Nous devons donc leur faire confiance et, le cas échéant, nous soumettre à leurs décisions. N'est-il pas normal d'obéir à ceux qui détiennent les connaissances justes ? Comme le notait Francis Bacon au début du XVIIe siècle, le savoir donne le pouvoir. Raison de plus pour s'intéresser à tout ce qui se raconte sur les sciences et sur leurs fondements. Faut-il croire qu'il existe une Méthode grâce à laquelle seraient élaborées des théories strictement fidèles aux « faits » ?

Ce n'est pas en quelques pages qu'on peut formuler une réponse un tant soit peu satisfaisante. Les philosophes des sciences et les scientifiques eux-mêmes ont écrit des milliers et des milliers de pages sur le sujet sans réussir à mettre au point une théorisation qui soit à la fois précise, complète et réaliste (c'est-à-dire conforme aux *démarches effectives* des hommes de science). Mais il semble raisonnable de prendre du recul par rapport à une certaine mythologie empiriste. Si l'histoire des sciences a pu mettre au jour un « fait » important, c'est sans doute celui-ci : jamais il n'y a une adéquation parfaite entre les théories et « les faits » !

Et si je mets des guillemets en écrivant « les faits », la première raison en est que cette expression ne veut certainement rien dire de précis. Les scientifiques utilisent *des* faits, c'est-à-dire un certain nombre d'observations et de résultats expérimentaux. Mais, dès qu'une théorie atteint un certain degré de généralité et de complexité, il est pratiquement impossible d'avoir la certitude que tous les faits (ou même tous les types de faits) pertinents ont été recensés. Comme diraient les philosophes, les hommes de science se meuvent dans la finitude... Leur vœu, c'est de produire des théories valables pour une infinité de phénomènes. Mais, en pratique, ils ne sont jamais sûrs d'avoir repéré tous les « faits » utiles ; et les théories les mieux confirmées, par là même, demeurent précaires, fragiles. Tous les discours qui tendent à le faire oublier nous cachent donc quelque chose. En présentant « les faits » comme une sorte de preuve massive de la *vérité* des sciences, ils font à ces dernières une publicité abusive ; et, en même temps, ils appauvrissent et dévaluent ce qu'on appelle parfois l'aventure scientifique.

S'il suffisait de consulter « les faits », en effet, la recherche perdrait son charme, son côté excitant. En accumulant aveuglément les « données » et en utilisant des ordinateurs, les hommes de science obtiendraient mécaniquement les bonnes théories. Mais ce n'est certainement pas en travaillant dans cet esprit que les Galilée, les Darwin, les Pasteur et les Einstein ont mis au point leurs théories. Il est vrai que, dans quelques cas, on peut avoir l'impression que la « théorie » a été complètement prouvée par les « faits ». Ainsi l'affirmation que la Terre est sphérique (ou quasi sphérique) a d'abord eu le statut d'une *théorie* : c'est par la réflexion et la spéculation que les savants anciens sont parvenus à cette idée... Par la suite, cette théorie a été brillamment confirmée. Chacun, de nos jours, a vu des photos qui montrent, littéralement, la sphéricité (ou la quasi-sphéricité) de notre planète. Mais tel est le paradoxe : il ne s'agit plus d'une théorie ! Pour nous, c'est un *fait*. Résultat encourageant, puisqu'il nous indique que les spéculations scientifiques peuvent nous conduire à des connaissances factuelles. Mais qui nous rappelle que les théories ne deviennent absolument vraies que lorsqu'elles ne sont plus des théories...

Autrement dit, la notion même de théorie implique l'incertitude. Même une théorie efficace (au sens où l'a été et l'est encore la théorie newtonienne de la gravitation) n'est pas nécessairement une théorie vraie. Elle peut rendre de grands services dans la pratique ; elle peut introduire de l'intelligibilité dans l'étude théorique d'une foule de phénomènes. Mais sans pour autant être parfaite. D'une part, il arrive que certains « faits » demeurent inexplicables dans le cadre de cette théorie et semblent la contredire (c'était le cas pour la théorie de Newton avec certains « faits » relevant de la mécanique céleste). D'autre part, une révision drastique de certaines notions fondamentales peut se révéler nécessaire (ce fut également le cas pour les concepts newtoniens de temps et d'espace).

Tout cela, je m'empresse de le préciser, ne met aucunement en cause l'idée même de recherche scientifique. Une bonne théorie n'est pas une théorie définitivement irréfutable et absolument vraie : c'est une théorie cohérente et possédant une certaine efficacité dans des conditions données. Le malentendu commence quand des publicistes zélés (et parfois les scientifiques eux-mêmes) entreprennent de glorifier à l'excès la certitude et l'objectivité des savoirs expérimentaux. Et quand ils oublient, entre autres choses, que certains des fameux faits peuvent s'expliquer par *plusieurs* théories différentes... Entre les théories et les faits, il y a toujours un décalage, une sorte de « bougé ». Idéalement, bien sûr, les hommes de science ont pour objectif de mettre au jour le fonctionnement réel de la nature ; ce qui les amène, en particulier, à multiplier les tests observationnels et expérimentaux. En ce sens, la légendaire « méthode expérimentale » exprime une certaine vérité : les hommes de science ont un *projet* précis et respectent certaines *normes* (comme celle qui exige une confrontation serrée et sérieuse de la théorie avec les phénomènes concernés). Il faut toutefois marquer la différence entre la Science Idéale, qui sera peut-être en notre possession à la fin des temps, et les sciences effectives, qui sont le plus souvent encore très éloignées de leur perfection. L'un des buts du présent livre, c'est précisément de montrer sur quelques cas concrets (voir spécialement les chapitres VIII, IX, X, XI et XII) à quel point il est difficile de faire dialoguer les théories et les faits. En principe; il n'y a qu'à suivre la Méthode. En pratique, toutefois, l'affaire n'est pas si simple.

Sans entrer dans les détails, et à seule fin d'orienter la lecture, je signalerai quelques-unes des questions auxquelles sont confrontés les chercheurs. Comment choisir les *bons* faits parmi tous les faits disponibles ? Par « bons faits », entendons ceux qui sont significatifs, ceux qui présentent sous une forme bien caractérisée les variables « pertinentes », les phénomènes « fondamentaux », etc. Quand une théorie est acceptée depuis longtemps, on tend à sous-estimer l'importance de ce problème. Les séances de « travaux pratiques » de notre enseignement contribuent d'ailleurs à fausser les perspectives. Les étudiants, en effet, expérimentent le plus souvent sans bien se rendre compte de l'ampleur du travail qui a été nécessaire pour mettre au point les notions et les instruments qu'ils utilisent. Spontanément, ils en viennent à croire que cela est « évident » ; leur seul problème, c'est de réaliser correctement la « manip »...

Pour les initiateurs, pour ceux qui innovaient dans l'analyse de la chute libre, des phénomènes de combustion ou des mécanismes de l'hérédité, la situation était toute différente. Leur tâche ne se réduisait pas à « réussir » des expériences. Pour commencer, ils devaient les *concevoir*... Non seulement il leur fallait repérer les « bons faits » parmi tous ceux qu'ils pouvaient connaître, mais il leur fallait souvent les forger de toutes pièces (par exemple en construisant de nouveaux appareils). Et non seulement ils devaient identifier les « bonnes variables », celles qui permettraient de formuler des relations fécondes, mais ils devaient en même temps définir de nouvelles notions et de nouveaux schémas théoriques. On ne saurait trop le souligner : après coup, toutes ces manœuvres peuvent paraître simples. *« Il n'y avait qu'à... Il suffisait de... »* Mais, dans l'exploration de domaines qui sont par définition nouveaux, les risques d'errements sont grands. Rien ne garantit que l'on est sur la bonne voie. C'est seulement dans les récits écrits ultérieurement par certains historiens que les démarches deviennent complètement « logiques », que le dialogue entre les hypothèses et l'expérience devient simple et lumineux.

Tout d'abord, il est bien rare que les « faits » confirment de façon complète et immédiate la validité d'une théorie. Car aux *faits positifs* il est presque toujours possible d'opposer des *faits négatifs* (c'est-à-dire défavorables à la théorie testée). Comme on le verra en lisant le chapite IX, un chimiste aussi éminent que Marcelin Berthelot a pu refuser pendant très longtemps la théorie atomique. Il n'était d'ailleurs pas le seul ; et le grand nombre de « faits » favorables à cette théorie ne suffisait assurément pas à forcer l'adhésion des sceptiques. Car la théorie en dit toujours plus long que les « faits ». Ce qui, en dernier recours, permet aux opposants de faire valoir ce distinguo : tout (ou presque tout...) se passe comme le veut votre théorie, mais cela ne prouve pas que toutes les affirmations qu'elle contient correspondent à la réalité. Appliqué aux cas des atomes, ce raisonnement donne à peu près ceci : l'hypothèse selon laquelle il existe plusieurs types de corpuscules élémentaires permet d'expliquer beaucoup de phénomènes, mais il n'est pas sûr du tout que la matière soit réellement « discontinue » et que ces atomes soient autre chose que des fictions utiles... On l'a vu, il est toujours possible d'imaginer que les mêmes « faits » pourront être expliqués par une théorie différente. De ce point de vue, la comparaison entre la recherche scientifique et le déroulement de certaines enquêtes policières est valide. Tout le monde sait que, parfois, de nombreux indices convergents semblent désigner X comme étant le coupable. Et pourtant le crime a été commis par Y ! En science, la même situation se retrouve : la convergence des « faits » peut mettre sur la bonne piste, mais elle ne conduit pas toujours à la vérité.

Il arrive même que certaines théories soient *réfutées* au moment même où elles naissent et que cela ne les empêche pas de prospérer... C'était en quelque sorte le cas de la théorie de la gravitation de Newton : toujours elle a eu en face d'elle des *anomalies,* c'est-à-dire des « faits » qu'elle ne réussissait pas à expliquer. Mais les newtoniens avaient la foi et se disaient que, un jour ou l'autre, des améliorations diverses permettraient de triompher de ces énigmes. Dans le cas de la théorie génétique de Mendel, les difficultés étaient encore plus criantes : une multitude de « faits » évidents contredisaient les conceptions « discontinuistes » de l'ancêtre de la génétique moderne. Là encore, l'obstination fit des miracles : grâce à des aménagements divers, grâce à des hypothèses complémentaires, il fut possible de montrer que les « exceptions » étaient seulement des *exceptions apparentes*... Mais tout cela ne s'est pas fait en un jour et, pendant des décennies, le succès fut incertain.

On peut en conclure, certes, que les « faits » finissent par parler. A force de les interroger, les chercheurs (au moins en certains cas) finissent par savoir ce qu'il en est. Mais il ne faut pas sous-estimer les difficultés de ces interrogatoires ; et il ne faut pas non plus surestimer la valeur des résultats obtenus. La théorie mendélienne, aujourd'hui encore, contient certaines obscurités. Ce qui est encore plus net pour d'autres théories prestigieuses et en particulier pour la théorie darwinienne (ou néo-darwinienne) de l'évolution. Il est bien connu qu'un épistémologue comme Karl Popper est allé jusqu'à contester que cette théorie soit « réfutable » expérimentalement. Autrement dit, il s'agirait d'un ensemble d'énoncés tellement vaste et tellement fluide qu'il ne serait pas possible d'organiser une confrontation vraiment décisive avec les diverses « données » concernées (données qui relèvent de la classification, de la paléontologie, de l'anatomie comparée, de la génétique, de l'embryologie, de la biogéographie, etc.). Par la suite, Popper a quelque peu nuancé sa position. Mais l'espèce de soupçon qu'il a formulé n'en a pas moins un sens précis : il n'est pas rare que l'administration des « preuves » expérimentales se révèle extrêmement délicate. Darwin lui-même, d'ailleurs, savait à quoi s'en tenir : il ne donnait aucunement sa théorie comme « prouvée », mais se contentait de dire qu'elle rendait intelligibles un grand nombre de « faits » (ce qui est bien différent...).

L'un des paradoxes auxquels on aboutit, c'est que les « faits » eux-mêmes font l'objet de diverses *évaluations*. Si tout se passait comme le veulent les formulations usuelles de « la méthode expérimentale », ces évaluations devraient être considérées non seulement comme superflues mais comme condamnables... Ainsi l'exige le grand idéal de l'Objectivité : les scientifiques doivent se garder de manifester des préférences personnelles, de faire intervenir dans leurs recherches des préjugés philosophiques, de privilégier tel fait ou telle théorie sans justification « rationnelle », etc. Cet état de parfaite neutralité, hélas, est très souvent irréalisable. Pour s'en convaincre, il suffit d'écouter parler les chercheurs ou d'évoquer quelques situations historiques. Dans le cas de la théorie de la dérive des continents, par exemple, il est très clair que des appréciations personnelles ont maintes fois joué. Cette théorie avait été formulée dès 1915 par l'Allemand Alfred Wegener dans un ouvrage intitulé *La genèse des continents et des océans.* Selon lui, les continents pouvaient se déplacer, s'affaiser ou se soulever. Au fil des années, il perfectionna son hypothèse en multipliant les arguments géodésiques, géophysiques, géologiques, paléontologiques, biologiques, paléoclimatiques, etc. Mais beaucoup d'experts demeurèrent très réservés ou même hostiles pendant plusieurs décennies. Tout le problème est de savoir si leurs critiques étaient vraiment fondées. Aujourd'hui, il est aisé de déclarer que les pièces à conviction de Wegener étaient « insuffisantes » et qu'il a fallu la théorie de la tectonique des plaques pour persuader « rationnellement » les chercheurs. Mais à partir de quel moment les *faits* peuvent-ils et doivent-ils être considérés comme probants ? En réalité, des préférences personnelles ont joué : il y avait ceux qui étaient « pour » et ceux qui étaient « contre », sans qu'aucun critère absolu fût à portée. Et il est extrêmement difficile de dire que les uns avaient tort et que les autres avaient raison.

Selon les versions simplificatrices qui sont souvent offertes au grand public, la Méthode permettrait d'obtenir de la Nature des réponses toujours claires, des « oui » ou des « non » bien tranchés. les scientifiques n'auraient qu'à accepter passivement les messages de l'expérience. Le malheur, c'est que ces messages, dans les zones encore mal connues, sont multiples et même contradictoires. Le chercheur doit alors exercer son jugement. Jugement qui est beaucoup plus proche du jugement esthétique qu'on ne le dit généralement. Tout se passe, au fond, comme si le paysage expérimental pouvait être perçu sous plusieurs angles et sous plusieurs éclairages... Tel « fait » sera mis par l'un au premier plan, alors qu'un autre le rejettera dans la pénombre. Il s'est trouvé des gens pour prétendre que les faits étaient têtus. Mais cette généralisation est quelque peu hâtive. On pourrait citer de nombreux « faits » qui ont fini par céder... Je citerai par exemple le cas du physicien américain Dayton Clarence Miller (1866-1941).

Il avait beaucoup travaillé sur une expérimentation particulièrement célèbre, à savoir celle que Michelson et Morley avaient mise au point afin de savoir si l'on pouvait détecter sur terre l'existence d'un « vent d'éther » (voir le chapitre XIV). L'importance de ce thème de recherche était majeure. Car un résultat positif pouvait constituer une réfutation de la théorie de la relativité formulée par Einstein en 1905. Miller, au début des années 1920, recommença l'expérience de Michelson-Morley sur le Mont Wilson (Californie) et aboutit à cette conclusion : il y avait bien, contrairement à ce qu'on avait cru, un « vent d'éther ». Il fallait donc abandonner la théorie d'Einstein ! Miller lui-même le fit savoir ; et, lorsqu'il publia ses résultats en 1925, on aurait pu s'attendre à ce que les physiciens se rallient massivement à lui. Mais il n'en fut rien. Les adversaires de la théorie de la relativité se réjouirent ; mais ceux qui l'avaient déjà adoptée depuis plusieurs lustres ne s'émurent pas outre mesure. Miller, assurément, était un physicien compétent (et il reçut un prix de l'American Association for the Advancement of Science). Mais il arrive que la théorie soit plus têtue qu'un « fait »... Pour éliminer cette gênante expérimentation, il n'y avait qu'à la soumettre à la critique : non seulement les mesures obtenues n'étaient pas aussi probantes que le pensait Miller, mais il était possible d'imaginer de multiples causes d'erreur. Il ne semble pas, à vrai dire, que les experts soient parvenus à expliquer avec précision pourquoi les résultats de Miller devaient être récusés. Sans doute des variations de température intempestives avaient-elles agi sur l'interféromètre, entre autres choses. Mais on peut penser que le rejet des expériences de Miller a été dicté essentiellement par des considérations *a priori*. En d'autres temps, les « données » obtenues auraient facilement passé pour crédibles. En 1925, il était trop tard pour que ces mêmes « données » soient entérinées comme de *bons faits*.

Faut-il conclure de ces remarques que « la science » est incapable de progresser vers une meilleure connaissance de la nature ? Sûrement pas. Les scientifiques, avec des efforts répétés et de la patience, finissent par décrire et par expliquer de mieux en mieux certains phénomènes. Peut-être ne parviennent-ils pas à la Vérité absolue (ce qui marquerait d'ailleurs la fin de la recherche scientifique...) ; mais ils résolvent avec plus ou moins d'exactitude un grand nombre de problèmes. Au fil du temps, un certain tri s'opère parmi les théories. Même si ces savoirs sont toujours partiels et toujours susceptibles d'être modifiés ou remis en cause, il serait vain de contester radicalement et globalement la fécondité du travail des chercheurs. Quels que soient les errements et même les erreurs, l'institution scientifique a, si l'on peut dire, un fonctionnement positif et un rendement appréciable. Il ne s'agit donc absolument pas de nier les mérites et les réussites de « la science » et de ses serviteurs, mais de prendre un certain recul critique par rapport à l'image qui en est trop fréquemment donnée. Malgré les travaux remarquables réalisés par un grand nombre d'historiens des sciences, de nombreux « mythes » courent toujours. Mythes qui présentent la Méthode Expérimentale comme garantissant quasi automatiquement la valeur des résultats obtenus ; ou encore qui font croire en l'immaculée conception des théories, comme si les authentiques hommes de science n'avaient (et ne devaient avoir) ni croyances philosophiques, ni préjugés, ni passions, ni fantasmes, etc. Sur ces points-là, qui concernent « l'image de la science », la contestation est possible.

L'objectivité, répétons-le, constitue un idéal. Qui ne rêve d'une science parfaite qui montrerait la nature telle qu'elle est ? Mais il y a loin de la coupe aux lèvres. Concrètement, le chercheur est forcé de prendre des risques, de s'appuyer sur une certaine conception de la nature, de postuler des relations peut-être inexistantes, de formuler des conjectures audacieuses ou même téméraires, de « manipuler » les faits de façon parfois un peu trop habile. L'espèce de vulgate épistémologique qui cache plus ou moins délibérément ces aspects de l'activité scientifique vise à donner de celle-ci une image flatteuse et, si l'on ose dire, aseptisée : le Savant est un esprit pur, froid, neutre et objectif qui œuvre dans un vide culturel et idéologique parfait. Bien sûr, il faut concéder qu'il se sert un peu de son imagination, qu'il a une sorte de « don » grâce auquel il réussit à formuler ses géniales hypothèses... Mais tout un dispositif rhétorique est mis en place pour que toute confusion avec l'imagination des artistes et des philosophes soit évitée. Même les exposés les plus simplistes de la Méthode Expérimentale doivent en effet reconnaître au moins implicitement qu'il y a deux phases : l'une qui correspond à l'*invention* de l'hypothèse, l'autre à sa *confirmation*. Mais la seconde phase, qui marque le triomphe (ou le prétendu triomphe) du Fait et de l'Objectivité, est bruyamment célébrée. Tandis que la première, dans nombre de textes scientolâtriques, est seulement signalée avec discrétion.

Pour parler comme certains spécialistes de l'anthropologie culturelle, tout se passe comme si la Science était une activité sacrée et protégée par de stricts tabous. Le citoyen ordinaire pourrait s'imaginer que les sciences sont humaines, très humaines — et parfois trop humaines. Aussi est-il urgent d'affirmer leur caractère transcendant. Face aux connaissances profanes, elles doivent apparaître comme le résultat d'une quête qui a maintes fois été explicitement décrite comme religieuse. Il suffit de consulter les textes pour trouver autant d'exemples qu'on voudra. Ainsi l'astronome Camille Flammarion, à la fin du XIXe siècle, évoquait de façon grandiose le rôle que devait jouer la science dans « le monde de l'esprit ». Nous proposant le slogan « Vérité ! Lumière ! Espérance ! », il utilisait hardiment la dialectique du Pur et de l'Impur au profit des connaissances scientifiques : « Nous sommes à une époque où les erreurs de l'ignorance, les fantômes de la nuit, les songes de l'enfance humaine doivent disparaître ; l'aurore répand sa pure lumière ; le soleil se lève sur l'humanité éveillée ; tenons-nous debout devant le ciel et n'ayons désormais qu'une seule et même devise : le progrès par la science ! »

Le géologue Pierre Termier, entre les deux guerres mondiales, n'y allait pas non plus de main morte. Il comparait carrément la « fonction tout à fait sublime » du savant à celle du prêtre. La science, selon lui, nous mène vers la Vérité et l'Absolu. Empruntant une phase à Léon Bloy, Termier décrivait ainsi l'homme de science : « Il va dans l'immensité, portant devant lui son cœur comme un flambeau. » Dans son lyrisme, il n'hésitait pas à user des métaphores les plus osées : « Dans le torrent des joies futures, la joie de connaître sera peut-être le flot prépondérant »... Une chose était même sûre en tout cas : « La vie est faite pour savoir et, sans la science, elle ne vaut pas la peine d'être vécue. » Quant au médecin Rémy Collin, il glorifiait en 1941 les « héros » et les « martyrs » de la science et situait cette dernière « au rang des grandes mystiques ». Un peu plus tard le physicien Leprince-Ringuet entonnait à son tour un hymne enthousiaste : « Le vrai savant, écrivait-il, est humble, modeste, amoureux de la science au développement de laquelle il contribue (...). C'est un grand contemplatif, au sens le plus complet du mot (...). » Encore une fois, l'analogie avec la religion est mise en avant : « Entre la vocation scientifique et la vocation religieuse et apostolique, il y a plus d'un point commun », etc., etc.

Toute une longue tradition invite donc les profanes à vénérer la science comme une activité supérieure ; et aujourd'hui encore, même si le style a pu évoluer dans le sens de la sobriété, ces sortes de proses ne sont pas trop difficiles à trouver. Du point de vue épistémologique, ces éloges de la Pure Science ne sont pas sans conséquences. Car ils impliquent que le Savant, tout compte fait, est l'heureux possesseur de « trucs » quasi miraculeux. Trucs grâce auxquels, pour reprendre les termes mêmes du professeur Leprince-Ringuet, il peut contempler « avec satisfaction la grande œuvre créée dont il découvre la trame, dont il aperçoit des aspects merveilleux restés cachés jusqu'alors ».

Mais nous décrit-on avec précision la méthode qui permet de telles réussites ? Comment les scientifiques s'y prennent-ils en pratique pour *découvrir* et pour *apercevoir* la trame des choses ? On nous parle de « contemplation ». Mais est-ce véritablement la contemplation qui a permis de découvrir les lois de la gravitation, les atomes, les gènes, les particules élémentaires, la relativité et la tectonique des plaques ? Ces grands discours, si l'on y regarde de près, ne recèlent-ils pas des incongruités et même des contradictions ? Bref, ne nous cachent-ils pas certaines facettes du travail scientifique ? A la réflexion, il est assez évident que la conception « mystique » de la science n'est que la transposition enjolivée de la conception empiriste. Dans les deux cas, il y a surenchère à propos de la perception des « faits » : les hommes de science *découvrent* une vérité préexistante, — ce sont des intellects en quelque sorte désincarnés qui sont capables d'appréhender « objectivement » le réel.

Selon la présentation mystique, le Savant est un voyant ; selon la présentation empiriste, il est simplement un observateur patient et attentif, une humble abeille qui butine dans l'immense champ de l'expérience... Il y a toutefois accord sur ce postulat : le vrai scientifique n'a pas besoin d'*inventer*, le vrai scientifique n'a pas de *subjectivité*. Certes, il est illuminé et mû par l'Amour du Savoir. Mais ce noble sentiment est l'heureuse exception qui confirme la règle. Règle qui veut que l'âme du Savant soit d'une transparence absolue. Il faut toujours en revenir là : l'homme de science se comporte comme s'il n'avait pas de « profil psychologique » singulier ; comme s'il n'avait pas d'affectivité, pas de passions, pas de culture, pas de convictions personnelles héritées de son milieu et de son éducation ; comme s'il n'avait pas d'histoire et, bien sûr, pas d'inconscient.

En deux mots, pour les tenants de ce purisme cognitif comme pour Pascal, « le moi est haïssable ». Tout au plus les hommes de science ont-ils un exceptionnel *surmoi* auquel ils doivent leur « vocation » et grâce auquel ils sont en communion avec la grande confrérie des Savants authentiques. Pierre Termier ne voulait pas dire autre chose quand il décrivait *« cette passion étrange et surhumaine »* qui est « déchaînée dans le cœur du savant (...) par un simple reflet venu de la Vérité » ? L'analogie avec la Grâce divine est patente ; mais même des agnostiques peuvent partager cette doctrine exaltante. Les mots utilisés par Termier sont d'ailleurs lourds de sens. Cette passion, selon lui, est « étrange ». Il faut manifestement comprendre qu'elle se situe sur un autre plan que les passions ordinaires. C'est un mouvement de l'âme particulièrement sublime et en quelque sorte métapsychologique. Ainsi est confirmée la distinction entre le domaine du *sacré* (c'est-à-dire de la Science) et celui du *profane* (c'est-à-dire de l'ensemble des autres savoirs, qui ne sont en fait que de pseudo-savoirs). Et cette passion est « surhumaine ». Ainsi est souligné son caractère supérieur et même transcendant. Les empiristes vulgaires, eux, racontent simplement que les scientifiques sont capables de discerner leurs théories en filigrane à travers les « faits ». Mais c'est la même mythologie du Regard Objectif qui fonctionne : le charcheur est un être idéal qui radiographie pour ainsi dire la Nature dans une totale neutralité.

On ne voit que trop bien pourquoi cette « image de la science » rencontre un grand succès dans les sociétés scientifico-technico-industrielles. Elle valorise les savoirs des experts et constitue une justification supplémentaire de leur influence ou de leur pouvoir et beaucoup de gens semblent plutôt satisfaits d'apprendre que l'institution scientifique dévoile méthodiquement les secrets de la nature grâce à l'examen impartial des Faits. De nombreux hommes de science, tout en se rendant compte que la situation n'est pas aussi limpide, acceptent volontiers cette légende. Parfois même, ainsi que j'ai pu le constater *in concreto,* ils la défendent avec acharnement, comme si toute retouche à ce beau tableau devait mettre en péril leur situation culturelle. Même des historiens des sciences reconstruisent les grands épisodes du passé en tâchant de les rendre conformes aux normes idéales de l'épistémologie empiriste. Il semble toutefois qu'ils soient de plus en plus rares. Diverses enquêtes minutieuses, auxquelles certains chapitres de ce livre font écho, ont montré de façon convaincante que le mythe de la Méthode Expérimentale, sous sa forme la plus rigide et la plus radicale, était pratiquement indéfendable en un grand nombre de cas. Cela ne signifie pas, je m'empresse de l'ajouter, que tout est clair — et que les historiens auraient eux-mêmes élaboré des récits objectifs et absolument exacts du développement des sciences... Mais ils ont réussi à développer des argumentations qui, fondées sur des documents précis, soulignent l'étroitesse des interprétations empiristes. Non seulement ils montrent qu'on peut raconter la science autrement, mais ils rendent intelligibles un certain nombre de détails qui seraient tout à fait bizarres et même scandaleux dans le cadre de l'empirisme.

Une thèse, en particulier, mérite d'être soumise à critique : celle qui laisse entendre que les hommes de science étudient les phénomènes de façon neutre, en rejetant tout présupposé philosophique et en réalisant dans leur esprit un sorte de vide théorique. Il semble plus réaliste de noter, comme le faisait Charles Darwin lui-même, que toute observation exige un cadre théorique. Il faut avoir réfléchi, savoir ce qu'on veut observer. Loin d'être un luxe superflu, loin de constituer une espèce de péché contre l'objectivité, cette préparation théorique est une *nécessité.* Pour pouvoir interroger la nature, il faut définir des questions, recourir à des notions diverses qui permettront des analyses, des modélisations, des formulations et (entre autres choses) des recherches « factuelles », c'est-à-dire des observations et des expérimentations.

Cette situation ne présente pas que des avantages. Car la Méthode, en pratique, ne donne pas de critères sûrs pour déterminer à l'avance ce qui est « bon » et ce qui ne l'est pas. Nulle part il n'existe une liste exhaustive des conditions à remplir pour avancer directement vers la Vérité. Le chercheur qui est véritablement un chercheur (à savoir celui qui ne se contente pas d'appliquer des « recettes » déjà connues à des domaines un peu différents) ne peut pas savoir si les concepts qu'il emploie seront toujours adéquats ; si les instruments qu'il utilise seront assez efficaces ; si les questions qu'il se pose sont judicieuses ; si toutes les hypothèses auxiliaires auxquelles il doit recourir tiendront le coup, etc. Il y a donc des *risques*. Aucune garantie de succès n'est fournie par on ne sait quelle Instance Méthodologie Suprême... Mais ce statut inconfortable est justement celui de la recherche. Et on peut le qualifier de *normal*, alors que, aux yeux des empiristes militants, il apparaît d'emblée comme *pathologique*.

En effet, pour ceux qui souhaitent « laisser parler les faits », ce travail théorique préliminaire ressemble à une regrettable intrusion de la subjectivité du chercheur. Selon leur échelle de valeurs, tous les *choix* particuliers faits avant une expérimentation sont plus ou moins entachés d'un vice fondamental : ils ouvrent la porte à l'arbitraire, à l'incertitude et à l'erreur. Par là même, ils relèvent de la pathologie. Il faudrait, idéalement, que la recherche puisse s'effectuer de façon plus directe, voire immédiate. D'où la réticence à reconnaître pleinement l'aspect spéculatif et peu rassurant de la quête scientifique. Toute cette préparation, si elle était crûment exhibée au grand public, pourrait passer pour une douteuse « cuisine », pour un bricolage inquiétant. Mais voilà : il se trouve que personne, jusqu'ici, n'a trouvé le moyen d'éviter ces étapes préliminaires. Il n'existe pas de voie royale vers la théorie parfaite. Pourquoi ne pas en prendre acte ? Pourquoi ne pas renoncer sans ambages à la fiction du Fait Pur, totalement objectif ? Les anticipations et les conjectures des chercheurs ne sont pas des pis-aller, des violations de la Méthode qu'il faudrait cacher aux populations, mais tout simplement le seul moyen de faire progresser les connaissances.

Les partisans des « faits », bien évidemment, ont des objections toutes prêtes. Par exemple celle qui met en avant le cas des découvertes faites par hasard. Sans que le chercheur l'ait prévu ni voulu, il arrive qu'il ait l'occasion de constater un fait révélateur ou hautement suggestif. Les sociologues des sciences, en particulier, ont étudié ces sortes de situations, ces rencontres inopinées. Pour les désigner, les Anglo-Saxons ont même forgé un mot spécial et parlent de *serendipity*. L'exemple le plus classique est celui de la « découverte » de la pénicilline par Alexander Fleming. C'est une observation imprévue qui l'aurait mis sur la voie. On voit l'argument : « Vous dites que tout fait intéressant s'obtient seulement grâce à une préparation délibérée. Mais les cas de *serendipity* montrent qu'il n'en est rien. La nature peut très bien s'adresser aux scientifiques en un langage clair et direct. » La réponse que divers experts ont déjà formulée me paraît plus solide que l'argument lui-même. Dans les cas de ce genre, le « fait » est utilisable avec profit seulement par ceux qui l'ont mérité grâce à une réflexion antérieure... Diverses études concernant des exemples précis (et celui de Fleming en particulier) confirment que le « fait » ne peut être repéré et interprété que si une « grille de lecture » est déjà prête. On connaît des cas où deux observateurs ont vu, *stricto sensu*, le même phénomène. Mais l'un, faute d'être prêt à l'analyser et à en saisir la signification théorique, n'a pas réussi à le transformer en un véritable « fait scientifique » ; alors que l'autre, ayant dans son esprit une problématique toute prête, a pu saisir le clin d'œil que lui faisait la Nature. S'il en était autrement, il n'y aurait pas eu besoin d'attendre aussi longtemps pour mettre au point la théorie de la gravitation universelle. Il aurait suffi de regarder tomber une pomme, comme la légende raconte que ce fut le cas pour Newton !

Fait-on progresser la culture scientifique en glorifiant unilatéralement les « faits » et en présentant l'objectivité comme une norme absolue ? Ce n'est pas sûr. D'une part, ainsi qu'on l'a noté au passage, les récits vulgarisés de l'histoire des sciences simplifient et distordent souvent à l'excès les « vies de grands savants » afin de les faire coïncider avec ce modèle idéal. Culturellement, c'est un appauvrissement. Toute une mythologie finit par s'interposer entre les hommes de science et le public. Beaucoup de gens, de nos jours encore, ont du mal à concevoir la Science autrement que comme une activité de type religieux. Concrètement, cela veut dire que toute *culture critique* dans ce domaine devient presque impossible. L'ensemble des citoyens, concédons-le, ne déifie pas les scientifiques ! Mais il semble qu'une subtile propagande (dont le développement est souvent spontané et « honnête ») fausse les rapports avec les Experts. Le dialogue serait certainement plus facile si on parvenait à donner une image moins grandiose mais plus réaliste de ce que recouvre l'étiquette Science. A l'occasion des grands débats concernant par exemple le nucléaire, l'écologie, les biotechnologies de la reproduction ou l'expérimentation sur l'homme, les véritables enjeux apparaîtraient mieux, la portée de certains arguments seraient mieux perçue ; et il y aurait moins d'inhibitions en ce qui concerne le « contrôle démocratique » des sciences et des techniques...

D'autre part, il est toujours à craindre que les excès verbaux des empiristes ne provoquent des retours de bâton. Une mythologie risque toujours de susciter d'autres mythologies complémentaires ou antithétiques. Le mythe du Génie, par exemple, semble connexe au mythe de l'Objectivité. A première vue, cela peut paraître étonnant. Mais il y a de la logique dans ce paradoxe... Dès lors qu'on dissimule plus ou moins complètement les tâtonnements et les grandes manœuvres spéculatives des hommes de science, il faut en effet trouver une explication à la puissance supposée de leur regard : comment se fait-il que le Savant soit capable de repérer si efficacement les Faits ? Pourquoi réussit-il si bien à en extraire des théories « vraies » ? La réponse la plus simple consiste à invoquer la notion de Génie. On retrouve là une relation déjà signalée précédemment : celle qui unit dans une même complicité l'épistémologie du Voyant et l'épistémologie du Chasseur de faits.

Mais d'autres interprétations utilisent de façon plus fine et plus enrichissante les éléments oubliés ou négligés dans les plaidoyers empiristes. Dans le chapitre VIII, j'ai par exemple abordé certaines questions soulevées par les prises de position d'Alexandre Koyré. Cet historien des sciences, auteur de travaux importants sur les débuts de la science moderne, a fortement perçu les insuffisances des Faits. Et, allant jusqu'au bout des critiques qu'il adressait aux empiristes, il a fini par adopter la doctrine inverse et par affirmer de façon provocatrice : « *La bonne physique se fait* a priori. » Comme le lecteur le verra, cette conception prête également le flanc à la critique. Elle risque en effet de suggérer que c'est *seulement* grâce à la spéculation que les physiciens réussissent à mettre au point de bonnes théories... Sans doute Koyré a-t-il eu raison de souligner combien la réflexion théorique a été importante chez Galilée. Mais des recherches plus récentes semblent indiquer que cet homme de science a été plus « expérimental » qu'on ne l'a cru. Contrairement à ce qu'affirmait catégoriquement Koyré, certaines des expérimentations décrites par Galilée donnent bien les résultats qu'il a indiqués. A tout le moins, il faut admettre que la mauvaise physique, elle aussi, peut se faire *a priori* ; et que Galilée, s'il avait un cerveau, avait aussi des mains. Il est facile, en tout cas, de comprendre la réaction d'Alexandre Koyré : même s'il est allé trop loin, il a rendu service en marquant les limites de la vulgate qui est encore trop répandue.

Une autre contre-attaque mérite d'être signalée, celle qu'a lancée Paul Feyerabend dans un livre délibérément « anarchiste » : *Contre la méthode* (l'original est de 1975 ; la traduction française est parue au Seuil en 1979). Le titre vaut tout un programme : il s'agit de montrer que la Méthode idéale, même en science, n'a ni l'évidence ni la transparence qu'on aime généralement lui prêter. Mieux encore, la Méthode n'existe pas. La devise de l'épistémologie « anarchiste », c'est que *tout peut marcher.* Entendons par là que les idées apparemment les plus bizarres et les plus irrationnelles peuvent se révéler fécondes ; que les « faits » réputés les plus douteux peuvent déclencher des recherches tout à fait remarquables. En principe, certains impératifs méthodologiques servent de garde-fous. Mais il n'est pas possible, en pratique, de leur donner un contenu précis. Bref, pour croire qu'il y a réellement une Méthode et des Normes Rationnelles intangibles, il faut beaucoup de complaisance. Voici deux énoncés tout à fait typiques : *« Il n'y a pas d'idée, si ancienne et si absurde soit-elle, qui ne soit capable de faire progresser notre connaissance. (...) Les interventions politiques ne sont pas non plus à rejeter. »* Et : *« La science est beaucoup plus proche du mythe qu'une philosophie scientifique n'est prête à l'admettre. (...) La science est indiscrète, bruyante, insolente ; elle n'est essentiellement supérieure qu'aux yeux de ceux qui ont opté pour une certaine idéologie, ou qui l'ont acceptée sans avoir jamais étudié ses avantages et ses limites. »*

Encore une fois, nous pouvons mesurer l'ampleur du renversement dialectique qui peut être déclenché par l'épistémologie simplette enseignée aux enfants des écoles ! « Non, la Science n'est pas ce que vous croyez. Elle ne progresse pas selon de belles lignes droites, mais en dessinant les plus extraordinaires zigzags. » Paul Feyerabend, notons-le, est non seulement astucieux, mais cultivé. C'est avec habileté qu'il utilise son érudition pour démolir les idoles. Il faudrait seulement savoir s'il ne pousse pas un peu loin ses agressives argumentations. Dans le détail, en tout cas, il nous instruit ; et il ouvre des pistes qui méritent d'être suivies. Les lecteurs, en prenant connaissance des chapitres sur Pasteur (XI), sur Kekulé et ses rêves (XII), sur les apports su spiritisme à la psychologie (XIII), auront d'ailleurs l'occasion d'y trouver des illustrations de certaines thèses de Feyerabend. L'une de ses idées, c'est que les hommes de science défendent leurs idées comme ils peuvent, c'est-à-dire par tous les moyens et en particulier grâce à divers artifices rhétoriques. Ceux qui en douteraient n'ont qu'à se reporter au chapitre XV du présent ouvrage. Ils verront que le grand cosmologiste Hubble ne reculait pas devant des ruses assez subtiles. Ruses qui ne compromettent pas réellement ses résultats et sa réputation, mais qui se situent aux limites de « l'honnêteté scientifique » telle qu'on la conçoit généralement — et qui, bien sûr, ne sont pratiquement jamais mentionnées dans les textes destinés au grand public.

L'une des principales questions que soulève Feyerabend dans son réquisitoire contre la Méthode et contre les privilèges accordés à la Science concerne la nature de la *rationalité*. N'existe-t-il qu'une seule « rationalité », incarnée dans les activités scientifiques ? Ou bien faut-il admettre que d'autres connaissances (habituellement méprisées dans les sociétés dites avancées) sont « rationnelles » à leur manière ? La réponse de Feyerabend peut être discutée mais a le mérite d'être claire : « Les mythes sont infiniment supérieurs à ce que les rationalistes sont prêts à admettre. » De nombreux philosophes et de nombreux anthropologues se plaisent à mettre en contraste le mythe et la science ; ils accordent à cette dernière une supériorité intrinsèque, comme si elle utilisait des procédures intellectuelles radicalement différentes de celles qui sont à l'origine des rêveries mythico-religieuses. Mais, toujours selon Feyerabend, c'est un « conte de fées ». Il suffit de scruter le fonctionnement effectif de la science pour voir qu'il y a tout au plus une différence de degré entre connaissances scientifiques et connaissances mythiques. Dans les deux cas, l'objectif est de trouver « une unité cachée sous une apparente complexité », d'élaborer un discours explicatif en utilisant des analogies, etc. En de nombreuses occasions, les fabricants de mythes et de philosophies s'avèrent bien plus efficaces que les hommes de science ! Et le virulent auteur de *Contre la méthode* ne craint pas de prendre le contre-pied de l'idéologie commune : « La science aristotélicienne, prise dans son ensemble, peut avoir été plus adéquate que les théories hautement abstraites qui lui ont succédé. » Souhaitant explicitement « faire tomber de leur piédestal » les scientifiques, Feyerabend affirme également que, « dans bien des cas, la science moderne est plus opaque, et bien plus trompeuse, que ne l'ont jamais été ses ancêtres des XVIe et XVIIe siècles ».

Dans le chapitre V, consacré à la signification de l'astrologie et aux causes de son déclin, j'ai utilisé une méthode d'approche beaucoup moins polémique. Au lieu de raisonner en termes de supériorité et d'infériorité, j'ai essentiellement voulu montrer que l'astrologie, à sa belle époque, a fonctionné comme un langage particulier ; langage qui avait sa cohérence propre et qui était bien adapté à un contexte socio-culturel. Compte tenu d'une sensibilité particulière, d'une vision du monde spécifique et de certains « besoins », les notions et les schémas de l'astrologie constituaient un cadre commode à l'intérieur duquel de nombreux « faits » étaient perçus, interprétés et manipulés. En d'autres termes, j'ai essayé de me situer dans la tradition de l'anthropologie culturelle plutôt que dans celle de l'épistémologie feyerabendienne. Mais le même problème de fond est évidemment présent en arrière-plan.

En décrivant chaque type de savoir comme un *langage,* il me semble plus facile de mettre en lumière les enjeux. Le problème décisif se laisse alors résumer en une question : à quels intérêts, à quels projets et à quelles valeurs les divers savoirs correspondent-ils ? D'emblée, nous voici dans le relatif. Il n'y a pas de hiérarchie absolue des différents types de connaissances. Comment pourrions-nous *connaître,* d'ailleurs, un critère « objectif » permettant de juger les diverses démarches cognitives ? Mais nous pouvons saisir *le sens* de ces mêmes démarches. Pour dominer et manipuler la nature dans le style activitiste cher à l'Occident, il est par exemple assez clair que « la science expérimentale » est en principe un instrument idoine. D'autres méthodes et d'autres langages théoriques, en revanche, peuvent fort bien convenir à des sociétés ou à des individus qui se font une autre image du monde et de la vie.

Avant de prononcer des jugements absolus, il convient donc d'y regarder à deux fois. Pour fabriquer des ordinateurs, des fusées ou des centrales nucléaires, la « meilleure » science est très certainement la science moderne. Mais pour mener une vie contemplative ou pour préserver la nature, d'autres connaissances sont sans doute plus utiles. Il se pourrait bien que tous les plaidoyers pour et contre « la science » ne soient épistémologiques qu'en surface. Dans leurs tréfonds, si je puis dire, ils ont pour véritable thème une question éthique et politique. A savoir : comment faut-il percevoir le monde, s'y intégrer, s'y comporter ? Le culte de « la science », dans ces conditions, n'est que l'expression d'une conviction philosophique : estimant qu'ils ont la meilleure conception du monde et la meilleure conception de l'homme, les Occidentaux s'imaginent qu'ils ont par là même vocation à produire les « meilleures » connaissances qui soient ! Il est à peine besoin de dire que ce puissant raisonnement demeure le plus souvent implicite. Mais, concrètement, tout se passe comme s'il était à la base des comportements. D'où il résulte que les autres types de savoirs sont évalués par référence aux normes et aux critères qui dominent dans une société obsédée par la « rationalité » de l'efficacité, du rendement et du profit. Tout ce qui peut servir à la réalisation de ce projet bien particulier apparaît comme « rationnel » ; et le reste est rejeté dans les ténèbres extérieures (mentalité primitive, irrationalisme, magie, mysticisme, etc.). Il faudrait seulement être sûr que le concept de *rationalité* ainsi défini a une valeur absolue. Pourquoi les hommes ne pourraient-ils pas inventer divers types de discours « rationnel » ?

Comprenons-nous bien : il ne s'agit pas ici d'affirmer que tous les discours se valent — ni de laisser entendre que l'on peut raconter n'importe quoi... Mais de suggérer que la « rationalité scientifique » n'est pas nécessairement la seule forme de rationalité. Il y a plusieurs manières de faire de la musique ou de la peinture ; plusieurs manières de concevoir la nature humaine ou la vie sociale ; plusieurs manières d'écrire l'histoire. Mais, nous dit-on, il n'y aurait qu'une seule manière « rationnelle » de faire de la Science ! Peut-être est-ce un point de vue trop étroit — et moins « rationnel » qu'on ne pourrait croire au premier abord... Car il conduit tout droit à des interprétations culturelles (entre autres) qui sont contestables sur le plan historique. Il est assez courant d'entendre dire que l'astrologie, précisément, a décliné parce qu'elle avait été « réfutée ». Tableau tout à fait conforme à la philosophie des Lumières : les astrologues, pulvérisés par la Raison, sont désormais exclus de la Cité idéale. Mais cet intellectualisme forcené passe peut-être à côté de la bonne question. Comme le lecteur le verra, divers historiens ont de solides arguments pour étayer une thèse très différente : si l'astrologie a perdu du terrain, c'est surtout parce qu'elle ne correspondait plus à la sensibilité du public, à la nouvelle « mentalité », à la nouvelle manière de penser l'action humaine. En deux mots, l'astrologie n'a pas été réfutée, — elle est devenue *obsolète* (ce qui est autre chose). Nous frôlons ainsi un paradoxe instructif : pour avoir une chance raisonnable de comprendre le fonctionnement des savoirs, peut-être vaut-il mieux ne pas se faire une conception trop étroite et trop abstraite de la Raison...

Ce que rencontrent les historiens en général et les historiens des sciences en particulier, ce n'est pas la Raison (universelle et impersonnelle), mais des hommes qui *inventent* et *construisent* certaines formes de rationalité. La « science » occidentale elle-même, si hautes que soient ses qualités, n'est pas tombée du ciel. Elle a été élaborée petit à petit, assez lentement, sans qu'on puisse résumer ce processus par des formules simples. Dans les manuels, il est fréquent que la « révolution scientifique » du début du XVIIe siècle soit présentée comme un triomphe soudain de l'intellect humain ; et, pour préciser, quelques historiens soulignent qu'il a d'abord fallu une « révolution philosophique ». Ce qui paraît exact, du moins si cela signifie qu'il fallait avoir une nouvelle *conception de la nature* pour inventer une science nouvelle. Mais a-t-il suffi que des philosophes aient de nouvelles idées ? Et pourquoi a-t-il fallu attendre la fin de la Renaissance pour que la célèbre Méthode soit conçue et efficacement utilisée ? Est-il vrai, d'ailleurs, que la Science effective ait été précédée par la définition d'une nouvelle

Méthode ? Et pourquoi ces merveilleuses trouvailles ont-elles été faites en Europe ? Les Grecs et les Arabes, entre autres, avaient déjà mis au point des notions et des schémas de type « scientifique ». Comment se fait-il qu'un certain seuil, apparemment décisif, ait été franchi autour de 1600 ? Quel est le « moteur » socio-culturel qui a agi ?

Plusieurs chapitres de ce livre (chapitres II, III, IV, VI et VII) abordent ces questions générales à partir de cas précis. Les historiens ont défriché beaucoup de terrain, mis au jour maints documents et proposé maintes interprétations intéressantes. Mais il en va pour l'histoire des sciences comme pour les sciences elles-mêmes : il est souvent très délicat de repérer et d'évaluer les « bons » faits, ceux qui ont été importants, voire décisifs... La « révolution scientifique » a été en quelque sorte surdéterminée ; c'est la convergence de multiples *facteurs favorables,* selon l'expression consacrée, qui l'a rendue possible et même quasiment inévitable. Je ne veux pas dire par là que les moindres spéculations scientifiques (ou préscientifiques) de cette époque ont toujours eu des « causes » directes absolument précises et parfaitement repérables. Mais que le *mouvement général* auquel on a assisté dans le domaine des activités cognitives peut être compris comme l'expression d'un ensemble de transformations socio-culturelles qui concernaient les manières de produire, les manières de vivre, les manières de sentir et les manières de penser. En d'autres termes, je fais un libre usage de cette hypothèse empruntée à ce qu'on appelle la « sociologie de la connaissance » : chaque société engendre un type de savoir (ou des types de savoirs) où s'exprime (consciemment ou inconsciemment) les structures, les valeurs et les projets de cette même société. Chaque société, pour employer une expression simple mais commode, a un style ; et ce style se reflète dans sa conception de la Connaissance. Inversement, toujours dans la même perspective, il devient normal de s'interroger sur les bases sociales de toutes les activités cognitives. Et par exemple de se demander d'où viennent les *présupposés* divers (philosophiques, méthodologiques, sémantiques, etc.) qui les structurent et les ont rendues possibles.

Dans l'étude des sociétés qu'on appelait naguère « primitives » et qu'on préfère maintenant désigner comme « traditionnelles », le recours à ce présupposé est courant : l'anthropologue essaye de comprendre comment les savoirs d'une telle société « fonctionnent » dans le cadre d'un système global, c'est-à-dire comment ils s'articulent avec les intérêts collectifs (qu'ils soient économiques, religieux, politiques, etc.) et comment ils interagissent avec toutes les autres institutions. Le même type de recherche a été effectué à propos des anciens Grecs, à propos du Moyen Age occidental. Pourquoi donc n'utiliserait-on pas cette grille d'interprétation dans le cas de la science moderne ? En vertu de quel privilège nos propres savoirs devraient-ils échapper au sort commun ? Pourquoi ne nous interrogerions-nous pas sur les affinités qui peuvent exister entre les *intérêts* d'une société d'entrepreneurs et les *idéaux épistémologiques* propres à la Méthode Expérimentale ?

Ceux qui n'aiment pas qu'on enquête sur les bases profanes des Savoirs Purs ont vite fait de crier au réductionisme. Ne va-t-on pas rabaisser la science en mettant abusivement l'accent sur le caractère terrestre de ses origines ? Ne risque-t-on pas de retomber dans les erreurs de l'économisme et du sociologisme, dans les pièges maintes fois dénoncés du « marxisme vulgaire » ? Comment peut-on croire, par exemple, que Newton a inventé la théorie de la gravitation à seule fin de servir les intérêts matériels de la bourgeoisie montante ?

Je voudrais rassurer ceux qui sont tentés de formuler des critiques de ce genre. Mettre « la science » en situation n'implique aucunement qu'on adopte une perspective grossièrement utilitariste. Il n'y a pas eu de complot, il n'y a pas eu de concertation plus ou moins machiavélique organisée par les autorités. Les entrepreneurs ne se sont pas dit un beau matin : « Nous allons créer la science moderne afin d'améliorer les tirs d'artillerie et le rendement de nos machines. » Certes, les préoccupations pratiques n'étaient pas absentes ; elles ont même joué un grand rôle (voir entre autres le chapitre sur Léonard de Vinci). Mais point n'était besoin de vouloir aider les entrepreneurs de l'époque pour ressentir le besoin d'un nouveau savoir et pour travailler à l'élaboration d'une science plus réaliste.

C'est toute la culture qui était en train de changer. Le travail humain était revalorisé et les praticiens (ingénieurs, artistes-ingénieurs, etc.) occupaient une position de plus en plus forte. L'organisation de la production se rationalisait ; hommes d'affaires et banquiers découvraient les merveilleux usages qu'on pouvait faire des mathématiques. C'est dans ce contexte culturel qu'il faut essayer de comprendre la genèse d'un nouveau style de savoir. L'obsession du rendement et du profit se manifestait déjà ; mais, corrélativement, de nouveaux instruments intellectuels faisaient leur apparition ou se perfectionnaient. Et une nouvelle *conception de la nature*, indépendamment de toute préoccupation utilitaire immédiate, s'imposait à de nombreux esprits. L'exemple de la philosophie mécaniste, sur lequel je ne peux pas m'appesantir ici, est tout à fait significatif. Dans ce monde où depuis quelques siècles se multipliaient les machines, voilà qu'il paraissait soudain évident que la Nature elle-même fonctionnait mécaniquement... Sur la base constituée par ce présupposé essentiel et par quelques autres du même genre, il était possible (et éminemment souhaitable) d'inventer une autre science, plus expérimentale, plus quantitative, plus analytique. On est toujours le réductionniste de quelqu'un, assurément. Mais je ne crois pas qu'il soit déraisonnable ou scandaleux de présenter la science elle-même comme une *invention,* — comme une manière particulière de s'approprier le monde imaginée par des sujets humains historiquement situés.

D'autant plus que, comme beaucoup d'historiens, je reconnais pleinement le rôle de diverses traditions, l'importance d'emprunts divers faits aussi bien à la culture arabe qu'à la culture chrétienne. Qu'on se reporte par exemple au chapitre II, consacré à la « révolution scientifique du XIIe sciècle » (il concerne entre autres la « redécouverte » de l'Antiquité et l'assimilation de la culture scientifique des Arabes) ; et au chapitre VI (où est abordé le problème toujours « chaud » des rapports entre la science et l'Église catholique). Les simplifications les plus caricaturales ne proviennent certainement pas des historiens qui tentent de décrire la naissance de la science en recourant à l'histoire des idées, à l'histoire des mentalités et à l'anthropologie culturelle. Bien plutôt, elles sont à chercher chez ceux qui veulent à tout prix confirmer le dogme de l'Immaculée Conception de la Science. Ce sont eux qui rendent incompréhensible la genèse de cette science en dissimulant de façon plus ou moins innocente (selon les cas) toutes les contributions « externes » qui ont été nécessaires à sa maturation. Une sorte d'intellectualisme abstrait, là encore, fait des ravages ; et ce, il faut bien le dire, avec la caution de certains historiens idéalistes. A croire que les scientistes ont honte de reconnaître certaines filiations, certains héritages, comme s'il était déshonorant, par exemple, d'avoir des dettes envers les mécaniciens, les ingénieurs et les artistes...

Cette méfiance extrême est illustrée de façon typique par le cas d'Archimède (chapitre I). Conformément à une vieille tradition idéaliste qui remonte à Platon, il a souvent été perçu comme un pur géomètre, comme un théoricien qui n'aurait pas pu s'intéresser sérieusement à la pratique. D'où le fameux mot de Plutarque : si Archimède a été ingénieur, il n'a pu exercer ce métier « vil » et « bas » qu'occasionnellement. La vérité vient du Ciel, non de la Terre ; et la théorie, qui est plus noble, précède la pratique. Aujourd'hui encore, des préjugés de ce genre ont cours : c'est à la seule Science que les ingénieurs devraient leurs réussites... Les controverses soulevées par les miroirs ardents dont Archimède s'est peut-être servi est à cet égard intéressante. Bien souvent les arguments de ceux qui ne croient pas à cette histoire ont été fondés sur des considérations complètement *a priori*. L'empirisme, finalement, ne serait permis que sous les formes raffinées qu'il revêt en science Qu'on pusse agir dans le domaine des « faits » sans être éclairé par la théorie, ce serait un péché contre l'Esprit !

Une fois qu'elle est constituée et apparaît comme bien confirmée, la théorie acquiert une certaine autonomie et peut assurément rendre des services aux praticiens. Mais ce sont ces mêmes praticiens, en de multiples cas, qui ont fait les premiers pas, qui ont repéré les bonnes questions, qui ont concrètement inventé les notions fondamentales ensuite utilisées par les théoriciens. Le concept d'espace (voir le chapitre III sur espace et perspective au Quattrocento) constitue un exemple caractéristique. Il est vraiment difficile de contester que les praticiens aient fait un énorme travail préliminaire. Même s'ils ont laissé aux théoriciens ultérieurs le soin d'expliciter leurs acquis et d'en tirer les conséquences, ce sont eux qui ont littéralement « conçu » (c'est-à-dire engendré) l'organisation spatiale qui a servi de cadre à la mécanique classique. Ce travail de « rationalisation » et de « géométrisation », hélas, n'est même pas mentionné dans certains ouvrages d'histoire des sciences auréolés d'un grand prestige. Il paraît plus conforme à l'idéologie dominante d'établir une stricte « coupure » entre la pratique et la théorie... De même (voir le chapitre VII sur la trajectoire parabolique), il est de bon ton de négliger les apports des artistes et des artilleurs. Ils n'avaient que des « intuitions » ; ils se servaient seulement d'« images » ; et donc ils sont indignes de figurer dans la Grande Histoire des Savoirs.

Que les théoriciens aient eux-mêmes apporté d'importantes contributions, personne ne le nie. Il ne s'agit pas de *confondre* la pratique et la théorie, mais de mettre en évidence leurs *relations*. Sur le plan de l'épistémologie, il faut bien constater que toutes ces cachotteries relatives aux origines pratiques des Savoirs finissent par fausser considérablement l'image de la science. Le mythe de l'Objectivité, tout spécialement, y gagne un prestige assez suspect. Il devient en effet difficile de se rendre compte que « la science moderne », comme n'importe quel savoir, a été enfantée par l'histoire. Le parallèle avec les biographies flatteuses des Grands Savants s'impose. Dans les deux cas, tout se passe comme s'il fallait cacher (ou du moins cacher le plus possible) que « la science expérimentale » est l'œuvre de *sujets* humains. De façon plus ou moins systématique, grâce au mythe de la Méthode et du Fait, l'homme de science est dépeint comme un observateur neutre, qui n'a pas besoin de rêver, de spéculer philosophiquement, etc. Dans maint récit de la genèse de la science, la manœuvre est analogue : en laissant dans l'ombre les arrière-plans socio-culturels, en « oubliant » ou en rabaissant les apports des praticiens, en ne signalant pas de façon claire et nette les intérêts variés (religieux, politiques, économiques, etc.) des Pères Fondateurs, les propagateurs de la vulgate qu'on sait réussissent à faire passer la Science pour une activité pure et transcendante.

Le moins qu'on puisse dire, c'est que ce tableau enchanteur appelle quelques retouches. Bien qu'on soit loin de tout connaître de la Révolution Scientifique, bien qu'il soit malaisé de donner une juste image de ce que sont les activités scientifiques, il est à peu près sûr que beaucoup de mythes et légendes encore en circulation sont strictement *incroyables.* Ce qui nous amène à une dernière question : est-il vraiment utile de propager tous ces clichés scientistes ?

Nous retrouvons là l'objection déjà mentionnée : « Si l'on vous suivait, il faudrait décrire la Science en des termes tels que le public serait déboussolé et tomberait dans un dangereux scepticisme. » L'argumentation n'est pas neuve. C'est celle qui est parfois mise en avant par des responsables de l'information sur les risques présentés par les centrales nucléaires : « Les gens ne sont pas capables de comprendre et nous ne devons donc pas leur communiquer des informations qui pourraient les affoler. » Cette sorte de paternalisme n'est pas sans inconvénients... Non seulement il débouche sur des mensonges (fût-ce de « pieux mensonges »), mais il n'est pas sûr qu'il ne se retourne pas contre ceux qui le mettent en pratique. N'y revenons pas : les portraits flatteurs de la Science entretiennent le public dans des dispositions favorables à l'égard de tous les experts qui se disent « scientifiques » à un titre ou à un autre. Mais, à long terme ou même à moyen terme, est-ce une stratégie efficace ? Est-ce en maintenant « les gens » dans l'infantilisme qu'on les rend conscients et responsables ? Peut-être certains souriront-ils. Mais il y a de bonnes raisons pour penser que des adultes bien informés sont mieux armés, de façon générale, pour affronter les situations difficiles qui peuvent se présenter. Qu'il s'agisse des centrales nucléaires ou de « la science », les mauvaises propagandes risquent d'avoir des effets négatifs. Dès qu'il y a un incident de parcours, en effet, un public qui a été mal informé (voire délibérément trompé) est susceptible de mal réagir. Je ne peux y insister davantage. Mais les dévots de la Science ne perdraient pas leur temps en réfléchissant à cette question.

D'autant plus qu'il n'est pas question, comme certains feignent de le croire, de « jeter le bébé avec l'eau du bain ». Dans les débats sur ce sujet, cette critique se présente ainsi : en relativisant les savoirs scientifiques, on ferait douter les citoyens de la valeur de la science et on les entraînerait vers les gouffres sans fond de l'irrationalisme... Une logique binaire très simple est ici à l'œuvre. Ou bien on est Rationnel, ou bien on ne l'est pas. Ou bien on est pour la science, ou bien on est contre elle. Mon opinion, c'est qu'il faut sortir de ces dilemmes complètement arbitraires. Une fois encore, l'attitude que je défends ne consiste pas à rejeter la science, à nier en bloc la valeur et l'utilité de ses théories, etc. Mais à voir ses limites ; à se rendre compte que les hommes de science sont précisément des hommes et non des esprits purs ; à comprendre que « la méthode expérimentale » définit un idéal mais ne prémunit pas automatiquement contre les erreurs ; à admettre que toute recherche scientifique met en jeu des présupposés dont la valeur absolue n'est pas garantie ; à admettre également que les « faits » sont construits sur la base de certains choix qui seront peut-être remis en cause ; et ainsi de suite. Est-ce trop demander ? On peut comprendre que cette conception paraisse trop tiède à ceux qui veulent adorer notre science. Elle n'a rien à voir, en tout cas, avec une « condamnation » globale et dogmatique, ni avec le mépris ou la condescendance.

Mes ambitions, tout compte fait, sont très modestes... Je ne veux aucunement propager une nouvelle conception extrémiste et radicale de l'activité scientifique, mais seulement remettre en cause des représentations qui, elles, sont carrément scientolâtriques et propres à empêcher tout exercice de l'esprit critique. Pour ce faire, j'utilise les ressources de l'histoire des sciences. Base fragile, si l'on veut ; car l'histoire n'est peut-être pas une véritable science ! Mais les travaux réalisés, quelque soit leur statut, n'en sont pas moins éclairants. Jusqu'à nouvel ordre, il semble légitime de penser qu'ils ôtent tout crédit à la mythologie que j'ai évoquée plus haut.

Il me semble d'ailleurs que les plus zélés défenseurs de cette mythologie devraient désormais, dans leur propre intérêt, mesurer leurs propos. Car, ainsi qu'on l'a vu, il n'en résulte que trouble, perplexité et agitation. J'ai déjà cité Feyerabend, qui va très loin dans la « démystification » de la science. Si loin que, parfois, on ne sait plus où se trouve sa cible. Veut-il seulement dire que « la science moderne » n'est qu'un savoir parmi d'autres ? Ou bien veut-il systématiquement jeter le doute, de façon fort aiguë, sur l'efficacité cognitive de cette même science? Pour ma part, j'accepte la première thèse : la science moderne projette un éclairage *particulier* sur le monde — et rien ne prouve que *seul* cet éclairage soit capable de nous faire percevoir les structures du réel. Mais cette façon de relativiser « la science » n'implique pas qu'on doive disqualifier plus ou moins radicalement les connaissances particulières obtenues grâce à cette même science. Je crois que cette distinction, si l'on veut mener une discussion féconde, doit être maintenue. La science moderne, pour le dire aussi simplement que possible, nous fait percevoir *des relations significatives*; le dérapage scientiste commence seulement à partir du moment où on considère qu'*aucune autre manière de percevoir le réel n'est possible.*

Si Feyerabend, sur ce point, se montre quelque peu ambigu, il est d'autres critiques de la science qui, eux, entreprennent carrément d'anéantir la notion de « science ». Irrités par les flagrantes exagérations des scientistes, ils décident de prouver que *« la science n'existe pas »*. C'est à ceux-là que les inconditionnels de la science devraient penser. En continuant à rédiger des hagiographies et à vanter inconsidérément la Méthode, ils risquent fort de donner de nouvelles armes aux négateurs de la science et de provoquer eux-mêmes la crise qu'ils semblent tellement redouter. Le cas de certains « sociologues des sciences », de ce point de vue, est remarquable. Comme on le verra en lisant le chapitre XI, ils ont mis au point toute une série d'outils analytiques grâce auxquels ils déconstruisent soigneusement, si j'ose dire, toutes les belles images relatives à la Rationalité et à la Méthode scientifique. Le paradoxe vient de ce que ces « sociologues » sont en principe eux-mêmes des scientifiques. C'est rationnellement et méthodiquement qu'ils conduisent leur entreprise de démolition! Il y a là une bizarrerie sur laquelle on peut s'interroger. Leurs thèses, en tout cas, vont loin : « la science », selon eux, se réduit à des *rapports de forces.* Les experts s'affrontent et le plus fort l'emporte. Le plus fort, c'est-à-dire celui qui est capable de nouer les meilleures « alliances » avec les diverses instances sociales afin de faire triompher ses opinions (on n'ose même plus dire : ses idées). Toute rationalité, donc, s'évanouit.

Il y a certainement une bonne part de jeu dans ces recherches « sociologiques » (du moins je me plais à le croire). Mais enfin elles vont bon train et semblent assez prospères dans l'institution. Si elles atteignent leur but, il en résultera (entre autres choses) que la « sociologie des sciences » n'existera plus en tant que science! Mais une certaine idéologie pourrait survivre et se répandre. Idéologie qui est tout à fait propre à favoriser le développement d'un authentique irrationalisme. Les promoteurs du mythe de la Science feraient bien d'y penser.

Paris, mars 1988.

CHAPITRE PREMIER

Une énigme : Archimède et les miroirs ardents

Pendant la seconde guerre punique, en 214 av. J.-C., le général romain Marcellus assiégea Syracuse. C'est Archimède, plus connu comme géomètre, qui assurait la défense de cette cité en tant qu'ingénieur militaire. Certains historiens ont raconté que, pour détruire les galères ennemies, il avait conçu et utilisé des « miroirs ardents », c'est-à-dire des dispositifs permettant de déclencher des incendies par concentration des rayons solaires. D'abord accepté sans méfiance, ce récit a fait depuis quelques siècles l'objet de vives contestations. De nos jours, l'opinion prévaut qu'il s'agit d'une pure légende. Mais faut-il accepter ce verdict comme définitif ?

Archimède, lors du siège de Syracuse, a-t-il incendié les galères romaines à l'aide de miroirs ardents ?

La question, aujourd'hui encore, n'est pas absolument éclaircie. Mais les experts font généralement preuve de scepticisme. En

Archimède, dit-on, aurait incendié les galères de Marcellus grâce à des miroirs ardents. Sur cette gravure, l'opération semble plutôt facile : trois miroirs, installés en haut d'une tour de Syracuse, font jaillir des flammes en trois points différents du même navire... Mais la réalité de cet exploit a été souvent mise en doute. Le présent document, d'ailleurs, n'est pas à proprement parler un témoignage historique. Réalisé au XVIe siècle pour illustrer le traité d'*Optique* du Polonais Witelo (écrit trois siècles plus tôt), il vise surtout à montrer quels sont les phénomènes étudiés par cette science. En haut et à gauche, par exemple, est représenté l'arc-en-ciel. Le pont, lui, fait référence au problème de la perspective ; et les jambes de l'homme nu, en bas, évoquent la réfraction. *(Gravure extraite de Vitellion, Éd. Risner, 1572, cliché B.N.)*

1977, le dossier a été une nouvelle fois examiné par un spécialiste des phénomènes de combustion, l'Anglais D. L. Simms [1]. D'après lui, le doute n'est pas permis : non seulement les preuves historiques sont fragiles, mais il est *scientifiquement* et *techniquement* impossible que cet exploit ait pu être réalisé. Car, au IIIe siècle avant Jésus-Christ, il est invraisemblable qu'Archimède ait eu les connaissances et les moyens matériels nécessaires. Autrement dit, l'expertise technologique confirmerait sans ambiguïté le verdict défavorable de nombreux historiens : l'épisode des miroirs d'Archimède serait un mythe inventé de toutes pièces.

L'incrédulité de Descartes

Le débat n'est pas nouveau. Bien des érudits et des hommes de science, avant D. L. Simms, ont manié des arguments analogues aux siens. Ainsi Descartes, dès 1630, se fondait sur ses connaissances en optique pour expliquer au père Mersenne le caractère chimérique des miroirs ardents. Il soulignait en particulier que les rayons du soleil ne sont pas exactement parallèles et qu'un miroir ardent, pour agir à une grande distance, aurait dû avoir une taille démesurée : « Et quand un ange aurait fait un miroir pour brûler, s'il n'avait plus de six toises de diamètre [environ 11,7 mètres], je ne crois pas qu'il pût avoir assez de force pour brûler à une lieue de distance, quelque figure qu'il lui donnât. » Dans sa *Dioptrique* (1637), il revient à l'assaut : « Ceux qui ne sont qu'à demi savants en l'optique se laissent persuader beaucoup de choses qui sont impossibles. » Galilée lui-même, assure-t-il en 1638, a tort de croire à cette histoire de miroirs ; cela prouve surtout qu'il connaît mal la catoptrique (c'est-à-dire la science qui étudie la réflexion de la lumière).

Mersenne et Galilée n'étaient pas les seuls à penser que les miroirs ardents pouvaient être efficaces. C'était aussi l'opinion du jésuite italien Bonaventura Cavalieri, qui avait écrit en 1632 un traité sur le sujet. Depuis le Moyen Age, en fait, l'existence de tels miroirs était généralement admise. Ainsi le moine franciscain Roger Bacon (1214-1294), qui est parfois présenté comme un pionnier de la science expérimentale, avait manifesté une grande confiance dans l'utilisation de l'énergie solaire. Car telle est « la puissance de la géométrie » : avec un miroir concave bien conçu,

1. D. L. Simms, « Archimedes and the burning mirrors », *Technology and culture, 18* (1977), pp. 1-24.

on pourrait brûler n'importe quoi. Il est même vraisemblable, ajoutait-il, que « l'Antéchrist se servira de semblables miroirs pour détruire par le feu les cités, les camps et les armées »[2]...

A la Renaissance, plusieurs auteurs ont travaillé la question. Oronce Fine, premier titulaire de la chaire de mathématique au Collège royal qu'avait fondé François Ier, construisit lui-même des miroirs ardents et leur consacra tout un livre en 1551 ; le miroir parabolique, note-t-il, est plus efficace que le miroir sphérique. Divers documents historiques montrent que, à cette époque, il était assez courant de fabriquer de tels instruments. Jérôme Cardan, au même moment qu'Oronce Fine, estime que les miroirs d'Archimède ont été « pris par parabole ou par cercle ou par rotondité ». Dans sa *Magie naturelle,* un peu plus tard, Giambattista della Porta critique les idées de Cardan. Mais il propose à son tour une solution originale : un miroir parabolique tronqué concentrant les rayons solaires vers l'arrière... L'une des grandes sources de ces spéculations est le traité d'optique du Polonais Witelo, écrit au XIIIe siècle et imprimé en 1535. Ainsi se constitue une tradition à la fois scientifique et technique qui aboutit à des modèles de miroirs assez complexes (combinant par exemple miroirs convexes et miroirs concaves)[3].

Kircher et Buffon relèvent le défi

C'est dans cette atmosphère d'euphorie que retentissent les critiques de Descartes : toutes ces prouesses archimédiennes ne sont

2. Voir W.E. Knowles Middleton, « Archimedes, Kircher, Buffon and the burning mirrors », *Isis, 52* (1961), pp. 541 et suivantes.
3. Voir par exemple J. Baltrusaitis, *Essai sur une légende scientifique : le miroir,* Elmayan-Le Seuil, 1978, pp. 95 et suivantes.

Plusieurs civilisations anciennes, aussi bien en Europe qu'en Afrique ou dans l'Amérique précolombienne, ont considéré le feu comme un élément sacré. Pour assurer sa conservation, on en confiait la garde à des prêtresses vierges. La présente gravure, empruntée à un ouvrage du XVIIIe siècle, montre comment les Incas allumaient le feu sacré. Ils utilisaient « un vase concave, de la grosseur de la moitié d'une orange, extrêmement luisant et poli », grâce auquel les rayons solaires étaient concentrés sur « un peu de charpie faite de coton ». La flamme ainsi obtenue servait à brûler les victimes des sacrifices ; puis elle était « portée au Temple du Soleil et à la maison des Vierges choisies ».
D'après Plutarque, des rites semblables étaient pratiqués à Rome.

Car le deuxième roi légendaire de cette cité, Numa Pompilius, aurait institué vers 700 av. J.-C. la garde du feu par les Vestales. Chaque année, le 1er mars, ce feu était rallumé. Pour obtenir une flamme tout à fait « pure », l'une des techniques consistait à utiliser un « vase creux », c'est-à-dire un miroir ardent qu'on orientait « droit contre le soleil ». En d'autres termes, les miroirs caustiques auraient d'abord eu un usage religieux. Cela confirmerait la thèse de certains historiens selon qui les innovations techniques revêtent d'abord une forme symbolique. Les miroirs ardents, à vrai dire, sont très longtemps restés à l'état de « jouets ». L'exploit d'Archimède, s'il était réel, serait une remarquable exception... *(Gravure extraite de B. Picard,* Histoire générale des cérémonies, mœurs et coutumes religieuses, *1741, Bibl. des Arts décoratifs, cl. J.-L. Charmet.)*

que vaines rêveries. Mais le défi est relevé dès 1646 par un jésuite, le père Athanasius Kircher. Il expérimente et constate que, avec cinq miroirs plans judicieusement disposés, on obtient une chaleur « presque intolérable » à plus de cent pieds (33 mètres). Avec des miroirs plus nombreux, on obtiendrait des effets encore plus étonnants. Kircher, en outre, va enquêter sur place, à Syracuse. D'où il résulte qu'Archimède n'avait pas besoin d'un miroir à longue portée : il suffisait de pouvoir concentrer la chaleur à trente pas, ce qui rend l'opération plus facile.

Au XVIIIe siècle, les expériences sur les miroirs ardents vont se multiplier. Mentionnons, parmi d'autres, celles du physicien français Du Fay. Il utilise, par exemple, un modèle assez raffiné dont avait parlé Cavalieri : un miroir concave plus un petit paraboloïde tronqué. Mais le résultat est décevant. A ses yeux, l'histoire des miroirs de Syracuse est une « fable ». Il envisage toutefois la possibilité qu'Archimède ait pu réussir. La meilleure méthode consisterait à utiliser de petits miroirs plans : « Plusieurs personnes (les) tiendraient à la main et (les) dirigeraient tous de façon que les images du soleil formées par chacun de ces miroirs concourraient en un même point. »

Mais c'est Buffon qui apporte la contribution la plus spectaculaire. Par la pratique, c'est-à-dire en construisant lui-même un miroir constitué de 168 petites glaces et en expérimentant sur divers matériaux, il montre en 1747 que Descartes a eu tort. Car qu'importent les raisonnements abstraits ; le fait est qu'on réussit à enflammer rapidement des pièces de bois avec un miroir composé.

Le jésuite Athanasius Kircher, au XVIIe siècle, a fait quelques expériences assez sommaires avec des miroirs plans ; il était possible, selon lui, qu'Archimède ait mis le feu aux galères romaines. C'est dans son *Grand art de la lumière et de l'ombre* (1646), où il abordait bien d'autres sujets, qu'il s'en est expliqué. La page de titre fait référence à l'étude « scientifique » des phénomènes lumineux ; grâce à l'*autorité sacrée* et à l'*autorité profane,* grâce à la *raison* et aux *sens,* les hommes peuvent par exemple comprendre les phénomènes de réflexion. Mais cette gravure évoque aussi, de façon symbolique, tout un ensemble de traditions religieuses et philosophiques. La lumière sensible circule entre le Soleil, la Lune et la Terre ; et, au-dessus d'elle, il y a la lumière qui émane directement de Dieu. D'emblée nous voici en pleine cosmologie et en pleine théologie. Au Moyen Age, d'ailleurs, divers théologiens avaient donné une extrême importance à l'idée que Dieu était lui-même lumière et source de lumière. « La première des substances est la lumière », déclare un auteur du XIIIe siècle ; et « toutes les autres choses participent de la nature de la lumière. » Mieux encore, c'est dans la mesure

où un corps est lumière qu'il peut exercer une influence sur d'autres corps ; et un corps est d'autant plus parfait qu'il possède davantage de lumière. On comprend donc que l'Anglais Robert Grosseteste, nommé évêque de Lincoln en 1235, ait considéré l'*optique* comme une science absolument essentielle et digne d'un statut privilégié : par l'étude géométrique de la lumière, il était possible de progresser dans la connaissance des réalités spirituelles. *(Bibl. de l'Ancienne Faculté de médecine, cl. J.-L. Charmet.)*

Ce succès eut un large retentissement, comme en témoignera le *Grand dictionnaire universel* de Pierre Larousse dans la deuxième moitié du XIXe siècle : grâce à Buffon, « la réaction fut complète contre la thèse de Descartes, qui avait déclaré impossibles les miroirs d'Archimède ».

Des doutes subsistaient, certes. Mais de nouveau il était possible aux historiens d'accepter comme vraisemblables les récits relatifs

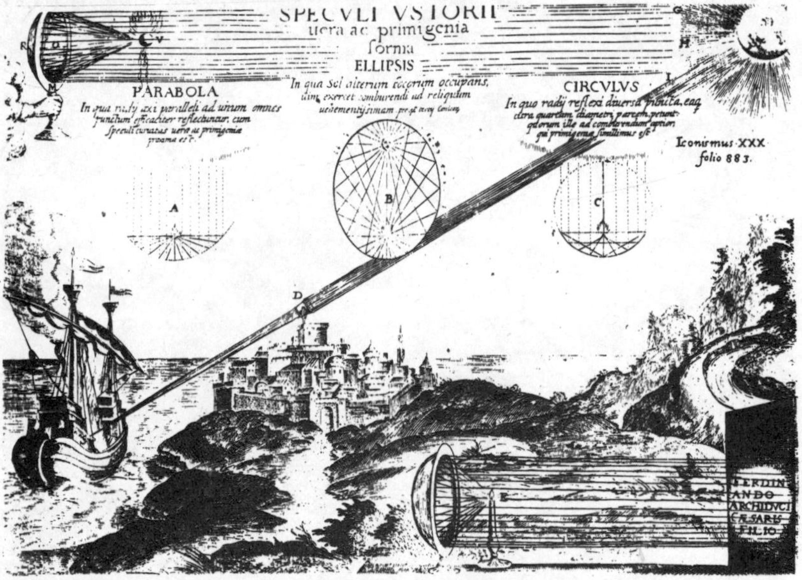

Cette représentation de l'exploit d'Archimède est tirée du *Grand art de la lumière et de l'ombre* d'Athanasius Kircher (1646). Conformément à une longue tradition, c'est un miroir parabolique annulaire qui concentre les rayons solaires sur le navire servant de cible. Comme c'est souvent le cas au XVIIe siècle, les considérations relatives aux miroirs d'Archimède sont étroitement associées à un exposé sur les coniques et l'optique géométrique. On remarquera que les rayons réfléchis par le miroir sphérique (miroir « C ») ne convergent pas en un point unique. En réalité, ils dessinent une forme particulière (nommée « caustique ») que Kircher ne représente pas. Il se contente de signaler que, à peu près au quart du diamètre, il existe une zone qui peut être pratiquement considérée comme un « foyer ».
Le père Kircher est moins naïf que cette gravure ne pourrait le laisser croire. Il sait très bien qu'un miroir parabolique ne serait efficace que si le bateau visé était exactement situé au foyer et se tenait immobile. Ces conditions sont difficiles à remplir... Aussi Kircher estime-t-il qu'Archimède serait plus facilement parvenu à ses fins avec une batterie de miroirs *plans. (Bibl. de l'Ancienne Faculté de médecine, cl. J.-L. Charmet.)*

aux miroirs. Même à l'époque contemporaine, les opinions demeurent partagées. Il faut cependant constater que, dans l'ensemble, les sceptiques tendent à gagner du terrain. Dans ce contexte, la signification de l'article de D. L. Simms paru en 1977 est donc claire : il s'agit de porter le coup de grâce à une légende vivace mais insoutenable. Le plan d'attaque est à la fois simple et interdisciplinaire. En un premier temps, il faut établir que les sources historiques favorables à l'existence des miroirs sont sans valeur ; puis prouver qu'Archimède n'avait pas les moyens (intellectuels et techniques) de construire une arme solaire suffisamment puissante ; et enfin montrer que, dans les conditions concrètes du siège de Syracuse, une prouesse de ce genre n'aurait jamais pu être menée à bonne fin. Cette argumentation est-elle décisive ? Pour le savoir, le plus simple est de considérer successivement les trois sortes d'objections avancées par Simms.

Du silence de Polybe aux « Machines » d'Anthème

Commençons par le problème historique : que valent les témoignages anciens concernant l'utilisation des miroirs ardents par Achimède ? Pas grand-chose, répondent les incrédules. Leur principal argument ne manque pas de force. A savoir que les trois historiens qui ont laissé les « meilleurs » récits du siège de Syracuse (Polybe, Tite-Live et Plutarque) ne font aucune allusion à des miroirs ardents. Le silence de l'historien grec Polybe est particulièrement gênant. En effet, né une dizaine d'années après le fameux siège, il a pu connaître des témoins directs. S'il avait appris quelque chose sur les prouesses incendiaires d'Archimède, il en aurait sûrement parlé.

Pour avoir un témoignage absolument explicite sur l'utilisation de miroirs caustiques par Archimède, il faut attendre le VIe siècle apr. J.-C. Il se trouve dans un ouvrage d'Anthème de Tralles sur les *Machines extraordinaires.* Anthème était à la fois un ingénieur, un architecte et un mathématicien. C'est lui qui, à l'instigation de l'empereur Justinien, conçut la basilique Sainte-Sophie de Constantinople et commença à la construire. Dans le fragment des *Machines* qui a été conservé, il traite quatre problèmes d'optique dont celui-ci : est-il possible, en construisant un miroir ardent, d'enflammer une matière combustible à la distance d'un trait d'arc ? Dans sa réponse, il se réfère à l'histoire du siège de Syracuse et admet comme évident qu'Archimède a réussi ce tour de force technique.

Mais, remarque-t-il, il aurait fallu un miroir parabolique de trop grandes dimensions. Mieux vaut admettre qu'Archimède s'est servi de miroirs plans. Entrant dans les détails, Anthème imagine une technique dont il sera souvent question après lui : si plusieurs hommes tenant chacun un miroir dirigent les rayons solaires vers la cible, celle-ci s'enflammera assez facilement. Il note que cette opération n'est pas commode et exigerait au moins vingt-quatre miroirs. Mais une autre solution est possible : il suffit d'articuler autour d'un miroir hexagonal central, grâce à des charnières, plusieurs miroirs également hexagonaux. Le reste va de soi : on oriente d'abord le miroir central, puis les miroirs périphériques. « Il en résultera infailliblement l'inflammation requise dans un point donné. » Avec plusieurs miroirs composés de ce genre, l'effet d'embrasement sera plus considérable encore. Et Anthème conclut en notant un fait qui confirme ses suppositions : les auteurs qui ont raconté l'exploit d'Archimède « n'ont pas fait mention d'un miroir seulement, mais de plusieurs ». Ce témoignage est à coup sûr d'un grand intérêt, ne serait-ce que du point de vue technologique. Mais, aux yeux des historiens, il a deux graves défauts : il ne cite aucune source précise et sa date est bien tardive.

Des témoignages variés, mais peu fiables

C'est d'autant plus ennuyeux que, pour trouver des confirmations supplémentaires, il faut recourir à trois auteurs encore plus tardifs.

Le premier est Zonaras, historien et spécialiste du droit canon, qui est mort vers 1130. Selon lui, un certain Proclus aurait utilisé des miroirs ardents pour détruire la flotte du général scythe Vitalien lorsque ce dernier avait assiégé Constantinople en 514 apr. J.-C. Une telle action, remarque-t-il au passage, rappelle tout à fait la manière dont Archimède avait autrefois mis le feu aux navires romains. Un second auteur byzantin du XIIe siècle, Jean Tzétzès, fournit des indications plus précises. Racontant comment Archimède a repoussé Marcellus, il explique que son dispositif incendiaire était composé d'un miroir hexagonal et de plusieurs miroirs quadrangulaires, « lesquels se mouvaient en tous sens sur des charnières ». Mais un tel détail est emprunté à Anthème de Tralles. Du point de vue historique, Zonaras et Tzétzès se réfèrent à Dion Cassius, qui avait écrit, au IIe siècle apr. J.-C., une *Histoire romaine.* Par malheur, il se trouve que les passages relatifs à Archimède sont perdus[4]. En outre, le poète et grammairien Tzétzès n'est pas considéré comme un auteur très fiable.

Le troisième document nous vient de l'évêque Eustathe, qui lui aussi vivait au XIIe siècle. Dans un commentaire de l'*Iliade* d'Homère, il affirme qu'« Archimède, par une invention de catoptrique, a brûlé les navires ennemis ». Mais les experts semblent s'accorder pour négliger cette indication. Au total, le bilan est nettement négatif : les Anthème et autres Eustathe, une fois passés au crible de la critique, ne nous donnent qu'une très faible présomption en faveur de l'existence des célèbres miroirs.

4. Tzétzès se réfère à un autre historien grec, Diodore de Sicile, qui a dû raconter au Ier siècle apr. J.-C. le siège de Syracuse. Mais cette partie de son œuvre ne nous est pas non plus parvenue.

A

B

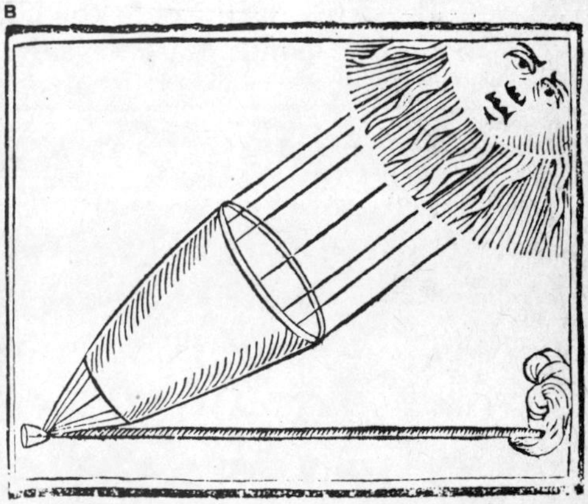

A la fin du XVIe siècle, dans la seconde édition de sa *Magie naturelle,* Giambattista della Porta propose une version originale du miroir d'Archimède : un miroir annulaire qui, théoriquement, peut concentrer les rayons du soleil à une très grande distance (fig. A). En fait, il s'agit d'un paraboloïde tronqué. Son rendement ne saurait être excellent, puisque tous les rayons qui passent par la zone médiane continuent leur chemin sans être focalisés. Le dessin, évidemment, donne une interprétation plutôt optimiste de l'effet obtenu. *(Bibl. de l'Ancienne Faculté de médecine, cl. J.-L. Charmet.)*
Le jésuite italien Cavalieri, en 1632, suggère divers dispositifs, dont celui représenté sur la figure B. Le rayonnement solaire est concentré, là encore, par un paraboloïde tronqué. Il suffit ensuite de faire coïncider le foyer de ce premier miroir concave avec le foyer d'un petit paraboloïde convexe pour que l'on obtienne une « ligne brûlante » à très longue portée. Un tel schéma théorique repose sur une bonne connaissance des propriétés des coniques. Mais l'efficacité pratique n'est pas certaine... *(Extrait de Cavalieri,* Lo specchio ustorio, *Elmayan-Le Seuil.)*

Le message ambigu de Galien

Il y a toutefois un texte antérieur, très discuté, qui peut modifier les perspectives. Il émane de Galien, le grand médecin grec qui vivait au IIe siècle apr. J.-C. Dans son traité sur *Les tempéraments,* il déclare qu' « Archimède a brûlé les trières ennemies avec des *pureia* (διὰ τῶν πυρίων) ». La difficulté, hélas, vient de ce qu'on ne sait pas exactement quel sens il faut donner dans cette phrase au mot grec *pureia.* Deux thèses sont en présence. D'après la première, ce mot désigne, de façon assez vague, tout ce qui sert à allumer le feu : par exemple des matières inflammables, des brûlots, voire de la poix. D'après la seconde thèse, au contraire, ces *pureia* désignent des miroirs ardents. Tout repose donc sur une question de sémantique...

Il est très difficile de trancher de façon absolue. Mais il faut noter que le mot *pureia* est utilisé au Ier siècle av. J.-C. par certains

C

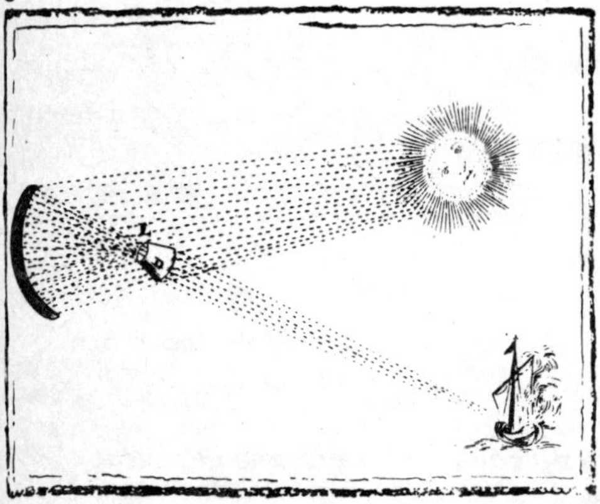

D

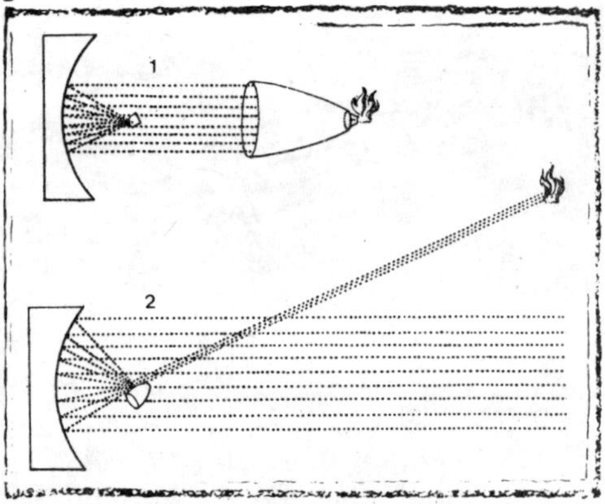

Dans sa *Magie naturelle* (1657), le jésuite allemand Gaspar Schott continue à broder sur le même thème. Les rayons du soleil sont recueillis par un miroir concave et projetés au foyer d'un deuxième miroir qui les fait converger vers un navire (fig. C). En stricte théorie, ce dernier miroir devrait être elliptique. *(Bibliothèque nationale, cl. J.-L. Charmet.)*

Au début du XVIIIe siècle, le Français Du Fay expérimente avec des dispositifs analogues. En particulier, il place « au foyer d'un miroir concave un petit miroir parabolique convexe et solide » (figure D2). Mais le résultat est médiocre : « J'y ai trouvé plusieurs inconvénients ; le petit miroir s'échauffe en un moment et il est presque impossible de le placer dans le point où il doit être. D'ailleurs l'éclat de ces rayons réunis et tombant sur ce miroir convexe incommode extrêmement la vue. » *(Bibl. de l'Ancienne Faculté de médecine, cl. J.-L. Charmet.)*

auteurs (comme Géminos de Rhodes) pour désigner des miroirs ardents ; et que cet emploi se rencontre certainement dès le IIIe siècle[5]. Le doute, à tout le moins, est donc permis. Ce qui signifie que Galien a *peut-être* disposé de sources affirmant l'existence des miroirs d'Archimède.

Un autre témoignage, datant lui aussi du IIe siècle apr. J.-C., est à considérer : celui de l'écrivain grec Lucien de Samosate. « Archimède, déclare-t-il dans son *Hippias,* a incendié les navires romains *grâce à un artifice technique.* » Cette formule est singulièrement imprécise. Elle ne prouve pas (mais n'élimine pas non plus) l'hypothèse des miroirs caustiques. Tout ce qu'on peut dire, c'est que, très tôt, on a raconté sur Archimède des histoires où *le feu* intervenait sous une forme ou sous une autre. Ainsi le poète latin Silius Italicus, au Ier siècle apr. J.-C., a écrit dans ses *Guerres puniques* qu'Archimède avait construit une tour d'où il jetait de la poix sur les Romains. Une fois encore, on débouche sur de nouvelles questions plutôt que sur des réponses vraiment crédibles.

Il semble donc, finalement, qu'il faille se méfier de la tradition attribuant à Archimède l'utilisation des miroirs ardents. A souligner toutefois que la fausseté de la légende n'est pas *prouvée* au sens strict. L'un des arguments majeurs consiste à dire que Polybe nous aurait parlé des miroirs ardents s'ils avaient existé. Mais il faut remarquer que les textes de cet auteur concernant le siège de Syracuse ne nous sont parvenus que sous forme de fragments ; il se pourrait donc que la partie relative aux miroirs ait disparu. De plus, le fait qu'un historien ne parle pas d'un événement ne prouve pas que celui-ci est irréel. On sait, par exemple, grâce à d'autres sources, qu'Archimède est mort à la fin du siège de Syracuse, tué par un soldat romain. *Or Polybe lui-même n'en dit rien.* Cela montre que le « silence » des textes doit être interprété avec précaution.

Archimède était-il un bon théoricien de l'optique ?

Pour D. L. Simms, en tout cas, le champ est libre. Considérant comme évident que les miroirs d'Archimède n'ont jamais été *réels,* il va maintenant tenter d'établir qu'ils étaient *impossibles.* Question préliminaire : Archimède disposait-il des connaissances théoriques nécessaires ? Selon D. L. Simms, en effet, il aurait fallu qu'Archi-

5. Voir par exemple Ch. Mugler, *Dictionnaire historique de la terminologie optique des Grecs,* Klincksieck, 1964, p. 342. Apollonius de Perga, semble-t-il, a écrit un traité : *Sur les miroirs ardents* (pureia).

mède ait connu *« les propriétés focales du paraboloïde »* et ait su expliquer *« comment les miroirs déclenchent la combustion »*.

Le fait est que, dans les textes que nous possédons, ce savoir théorique n'apparaît pas. Archimède, certes, a écrit un traité *Sur les conoïdes et les sphéroïdes ;* c'est-à-dire sur ce que nous nommons paraboloïdes, hyperboloïdes et ellipsoïdes de révolution. Cette œuvre est souvent considérée comme un « chef-d'œuvre d'enchaînement logique » et prouve que le géomètre grec avait une belle maîtrise du sujet[6]. Mais nulle part il n'est énoncé que des rayons tombant sur un paraboloïde de révolution parallèlement à son axe se concentrent en un point.

Il existe cependant une tradition qui prête à Archimède une telle connaissance. Ainsi l'écrivain latin Apulée (IIe siècle apr. J.-C.) déclare que « le principal titre d'Archimède à la célébrité est d'avoir souvent et avec attention considéré un miroir » ; et, entre autres, d'avoir expliqué « dans un gros ouvrage » pourquoi les miroirs concaves allument un corps inflammable placé à proximité. Le mathématicien, physicien et philosophe arabe Ibn-al-Haytham (965-1039) croyait lui aussi qu'Archimède connaissait les propriétés optiques du paraboloïde. Mieux encore, on sait par Théon d'Alexandrie (IVe siècle) qu'Archimède a effectivement écrit un traité de *Catoptrique*[7].

Mais ces indications ne suffisent pas à D. L. Simms. Pour nier la compétence théorique d'Archimède, il se réfère à Dioclès, qui a écrit un peu après la mort d'Archimède (c'est-à-dire vers 190-180 av. J.-C.) un ouvrage *Sur les miroirs ardents.* Dans ce texte, note-t-il, il n'y a aucune mention d'Archimède. Si l'on en croit Simms, cet argument est très fort. De même que Polybe ne dit rien de l'utilisation des miroirs à Syracuse, Dioclès ne dit rien de l'optique archimédienne. Pourquoi donc insister ?

Ce raisonnement, pour diverses raisons, n'est pas aussi probant qu'on pourrait croire. Car il faut, par exemple, faire intervenir un autre géomètre, Apollonius de Perga, qui était un peu plus jeune qu'Archimède et presque contemporain de Dioclès. Grand spécialiste des coniques, il connaissait l'existence des foyers de l'ellipse et de l'hyperbole. Et plusieurs historiens des sciences (tels que Th. L. Heath, G. J. Toomer et M. Kline) estiment qu'il a sûrement connu

6. Voir Archimède, *De la sphère et du cylindre. (...) Sur les conoïdes et les sphéroïdes,* texte établi et traduit par Ch. Mugler, Les Belles Lettres, 1970.

7. Voir A. Rome : « Note sur les passages des *Catoptriques* d'Archimède conservés par Théon d'Alexandrie », *Annales de la Société scientifique de Bruxelles, 70* (1932), pp. 30-41. Le seul passage sûr qu'on possède traite de la réfraction.

aussi, même s'il n'en parle pas, les propriétés focales de la parabole [8]. Par ailleurs, le traité de Dioclès *Sur les miroirs ardents* nous est parvenu dans une version arabe et nous apprend qu'un certain Dosithée avait construit un miroir ardent parabolique. Or ce Dosithée n'est pas n'importe qui : c'est l'ami auquel Archimède a dédié quatre de ses traités de géométrie (et en particulier celui qui concerne les paraboloïdes). G. J. Toomer arrive à cette conclusion : « Il est hautement probable que la propriété focale de la parabole était connue *avant* Apollonius. » On peut penser que, par ses contacts avec Apollonius et Dosithée, Archimède a eu l'occasion d'acquérir sur les miroirs paraboliques des notions essentielles.

Il n'est donc pas possible de démontrer qu'Archimède, en tant qu'individu, ait possédé tous les éléments théoriques que Simms exige. Mais de nombreux indices suggèrent qu'il a certainement eu de bonnes connaissances en optique ; et que les géomètres de son époque, considérés collectivement, disposaient d'un large savoir sur ces sortes de questions. D. L. Simms, bien qu'il veuille ruiner la légende des miroirs ardents, est d'ailleurs forcé de le concéder : le « paradigme » de la science, à la fin du IIIe siècle av. J.-C., était assez riche pour fournir tous les éléments nécessaires à la conception des fameux miroirs. N'oublions pas d'autre part que les Grecs, bien avant Archimède, s'intéressaient aux phénomènes de réflexion et de réfraction ainsi qu'à leurs applications pratiques. Il en est question aussi bien chez l'auteur comique Aristophane que chez le philosophe Aristote.

Inutile de recourir aux paraboloïdes

De toute façon, il y a une raison plus fondamentale pour refuser l'argumentation de D. L. Simms. Il présuppose en effet qu'Archimède devait utiliser un ou plusieurs *paraboloïdes.* Mais une telle exigence est complètement arbitraire. Les Anciens eux-mêmes, comme nous l'avons vu, se sont rendu compte que des miroirs plans auraient suffi. Et non seulement ils auraient suffi, mais ils auraient été *plus commodes.* Car tel est justement l'un des résultats établis par la théorie : un miroir parabolique a un foyer fixe et constitue donc une arme quasiment dénuée d'intérêt... Un miroir

8. Th. L. Heath, *Greek mathematics,* Dover, 1963 (1re édition : 1931), p. 376 ; M. Kline, *Mathematical thought from ancient to modern times,* Oxford University Press, 1972, pp. 168 ; G. J. Toomer, article « Apollonius of Perga » in *Dictionary of scientific biography,* vol. 1, Charles Scribner's sons, 1970, pp. 179 et suivantes.

caustique fonctionnel doit être à focale variable ; et la plus simple façon d'obtenir ce résultat, c'est d'utiliser une batterie de miroirs plans.

Or Archimède pouvait arriver à cette idée sans faire de grands détours spéculatifs. Connaissant la loi élémentaire de la réflexion (l'angle d'incidence est égal à l'angle de réflexion), il avait seulement à concevoir un dispositif répondant à ces deux conditions : chaque miroir plan doit renvoyer sur l'objectif les rayons qu'il reçoit, et aucun miroir ne doit s'interposer entre le soleil et les autres miroirs ni entre ceux-ci et la cible. Nul besoin d'une théorie du paraboloïde. Une telle technologie peut se fonder sur des connaissances relativement rudimentaires.

Il est en outre reconnu que l'ingénieur Archimède avait de l'imagination et de l'habileté. Il avait fabriqué des modèles mécaniques reproduisant la marche des planètes et écrit un traité (désormais perdu) sur ce sujet. Nul ne conteste, semble-t-il, qu'il ait construit des catapultes, des grues et d'autres engins susceptibles de saisir d'énormes charges. Pourquoi ses dons d'invention ne lui auraient-ils pas permis de mettre au point une arme incendiaire ?

Une fois encore, les critiques évoquent le silence des textes. Mais, surtout en ce qui concerne l'histoire des techniques, cet argument n'est pas déterminant. Considérons par exemple ce qu'on appelle la *« vis d'Archimède »* (c'est-à-dire une vis sans fin qui permet d'élever de l'eau). Cet instrument n'est décrit dans aucun ouvrage dû à Archimède lui-même. « Mais, constate l'historien George Sarton, cela ne prouve pas qu'il ne l'a pas inventé. De

---

Ces deux miroirs ardents, qui sont conservés au Musée des arts et métiers (Paris), sont attribués à Buffon. Le miroir composé de 48 petits miroirs plans aurait été construit en 1740 ; le miroir circulaire daterait de 1741. Buffon a construit plusieurs autres miroirs de ce genre. Le plus célèbre est celui qu'il a utilisé pour ses expériences de 1747 ; il était composé de 168 glaces planes mesurant six pouces sur huit (environ 16 cm sur 21,5). Par exemple, « le 10 avril après midi, par un soleil assez net, on a mis le feu à une planche de sapin goudronnée, à 150 pieds (environ 50 mètres) avec 128 glaces seulement ; l'inflammation a été très subite, et elle s'est faite dans toute l'étendue du foyer qui avait environ 16 pouces de diamètre (environ 45 cm) à cette distance ». Ou encore, le foyer étant à 20 pieds de distance, « avec 45 glaces on a fondu un gros flacon d'étain qui pesait environ six livres ; et avec 117 glaces on a fondu des morceaux d'argent mince, et rougi une plaque de tôle. » Buffon sait qu'il est impossible de faire un miroir ardent parfait. La raison en est, comme

le remarquait déjà Descartes, que le diamètre apparent du soleil n'est pas négligeable (environ 32 minutes). Quelle que soit la forme adoptée, le foyer sera imparfait, « dispersé » ; et d'autant plus imparfait que la distance focale sera plus longue. Toujours est-il que l'exploit de Syracuse a fort bien pu être réalisé : « Je dois rendre à Archimède et aux Anciens la gloire qui leur est due : il est certain qu'Archimède a pu faire avec des miroirs de métal ce que j'ai fait avec des miroirs de glace. » *(Musée des arts et métiers, cl. J.-L. Charmet.)*

telles inventions étaient souvent réalisées sans qu'elles soient expliquées dans la littérature.»[9]

De façon plus générale, il est sans doute erroné de croire que les innovations techniques découlent nécessairement d'une « science » déjà constituée. Pensons tout simplement à la machine à vapeur : elle n'est pas, au départ, l'application d'une théorie. Car la thermodynamique est venue *après,* et non avant. Simms, dans le cas des miroirs ardents, présuppose qu'un *empirisme intelligent* ne

9. G. Sarton, *A history of science,* vol. 2, Norton, 1970 (1re édition : 1959), p. 71.

Pendant plusieurs années, l'ingénieur grec Ioannis Sakkas s'est efforcé de montrer qu'Archimède avait pu incendier les galères de Marcellus. L'idée qui l'a guidé est la suivante : il aurait suffi que des soldats disposés sur les remparts de Syracuse utilisent leurs boucliers comme miroirs. Sakkas s'est livré à plusieurs expériences, dont l'une, en 1973, a été particulièrement spectaculaire. Il a préparé soixante-dix miroirs de telle sorte qu'ils aient un « rendement » comparable à celui de boucliers métalliques ; et il les a confiés à soixante-dix opérateurs qui se sont alignés sur un quai du Pirée. En très peu de temps, ils ont réussi à mettre en flammes une maquette de contreplaqué imitant une galère et fixée sur une barque. On peut donc penser qu'Archimède a pu mener à bien une opération de ce genre. A noter que certaines des galères romaines, à Syracuse, étaient liées ensemble pour servir de support à des *sambuques,* c'est-à-dire à des sortes de tours destinées à l'assaut des fortifications. De tels assemblages, peu mobiles et vulnérables, auraient sûrement constitué de bonnes cibles pour les miroirs ardents. *(Cl. UPI.)*

pouvait suffire. Il va jusqu'à regretter qu'Archimède ait été incapable de calculer le « flux radiant » et ses variations en fonction de la distance de la cible. Ce « théoricisme » est quelque peu excessif.

Archimède et les calories

Vient alors l'expertise proprement technique. D. L. Simms, en s'appuyant sur des travaux effectués entre autres à la *British fire research station,* s'efforce de montrer que les miroirs d'Archimède n'auraient pas pu être assez puissants pour mettre le feu aux navires romains. Son verdict est clair : le bois d'un bateau, s'il est bien sec, peut être enflammé grâce à un rayonnement de 0,7 calorie par centimètre carré et par seconde [10]. Mais c'est un *minimum,* surtout si l'on note que le bois d'un bateau contient au moins 20 % d'humidité. En fait, pour mettre le feu, il faudrait environ 1,5 cal/cm^2/sec. Ce seuil ne pourrait être abaissé que si la cible présentait de petits creux, des interstices vides ; ce qui n'est sûrement pas le cas avec la coque d'un bateau, étanche par définition.

Il serait impie de mettre en doute les données calorifiques présentées par Simms. Mais que peut-on en tirer ? Pour bien faire, il faudrait pouvoir expertiser les miroirs ardents d'Archimède ; ce qui est exclu par définition... Le seul recours consiste à opérer des rapprochements plus ou moins suggestifs. En l'occurrence, le miroir de Buffon fournit une base de comparaison tout indiquée. Ainsi qu'on l'a vu, il s'agissait d'un dispositif constitué de 168 glaces étamées ; chacune d'entre elles mesurait 6 pouces sur 8 (environ 16 cm sur 21,5) et, grâce à une monture, pouvait être orientée à volonté. Le maniement de l'ensemble n'était pas très rapide : il fallait « environ une demi-heure pour faire coïncider les images au même point ». Les expériences effectuées à Paris, en mars et avril 1747, donnèrent en tout cas d'excellents résultats.

En utilisant seulement 98 glaces, Buffon mit le feu « à une planche goudronnée et soufrée placée à 126 pieds de distance [plus de 40 mètres] ». Ou encore, « le soleil étant fort pâle et couvert de vapeur, on a fait fumer avec 154 glaces une planche goudronnée à 150 pieds de distance [environ 50 mètres] ». Autre expérience : « Le soleil étant plus net, on a très promptement embrasé à la même distance une planche de sapin goudronnée avec 128 glaces

10. Notons que D. L. Simms, dans un article de 1952, avait proposé un « seuil critique » un peu plus bas : 0,6 cal/cm^2/sec. Cela ne modifie guère les conclusions dégagées ici. D'autant plus que, dans un article de 1967, les seuils semblent avoir été relevés de façon sensible.

seulement. » Dans des conditions analogues, avec 148 glaces, « le feu était si violent qu'il a fallu plonger la planche dans l'eau pour l'éteindre »[11].

Le plus étonnant, c'est que, si l'on en croyait l'expertise théorique de D. L. Simms, il serait difficile d'admettre que Buffon ait pu réussir aussi bien ses expériences. On a en effet calculé le rayonnement produit par ses miroirs. En avril, par un beau soleil de midi, il apparaît qu'une cible placée à une cinquantaine de mètres recevait *moins* de 0,6 calorie par centimètre carré et par seconde. Or le minimum requis par D. L. Simms est de 0,7 calorie. Et encore faut-il se rappeler que Buffon a parfois opéré avec un soleil faible, et sans utiliser la totalité de ses miroirs. Avec 128 miroirs, le rayonnement n'est plus que de 0,43 cal/cm^2/sec.

Naturellement, on peut toujours expliquer que les matériaux employés présentaient des caractéristiques spéciales. Peut-être le bois des planches n'était-il pas homogène ; peut-être la présence de certaines matières (laine ou goudron, par exemple) a-t-elle facilité la combustion. Il est vrai que de tels facteurs ont pu jouer un rôle. Mais le goudron, selon les experts eux-mêmes, n'est pas plus facile à enflammer que le bois. On peut alors se rabattre sur des considérations relatives à l'ampleur de la surface irradiée, à sa distance, etc. Mais, tout bien considéré, l'expertise technologique de D. L. Simms s'accorde mal avec plusieurs des résultats obtenus par Buffon. Tout se passe comme si les évaluations modernes étaient trop sévères.

La vérification expérimentale de Sakkas

Ce qui revient à dire que la question, du point de vue technique, demeure ouverte. Rien n'empêche de croire qu'Archimède, avec

11. Voir l'*Histoire de l'Académie royale des sciences, année 1747* (éditée en 1752), pp. 103-113 ; et les *Mémoires de l'Académie royale des sciences, année 1747,* pp. 82-101, *année 1748,* pp. 305-312.

Archimède, dans l'histoire des sciences, occupe une place incontestée : il a été un remarquable géomètre, un grand théoricien de la statique et de l'hydrostatique. Dans l'histoire des techniques, en revanche, sa place n'est pas dépourvue d'ambiguïté. On reconnaît généralement qu'il a été un ingénieur brillant. N'a-t-il pas émerveillé Hiéron de Syracuse en tirant au sec un lourd navire, sans effort, grâce à un jeu de poulies ? Et n'a-t-il pas construit d'extraordinaires machines de guerre ? Mais, paradoxalement, on n'est pas sûr qu'il ait inventé la « vis d'Archimède » ; et il est plus douteux encore qu'il

ait construit des miroirs ardents. Plutarque, sur ce chapitre, avait son idée. Il admirait Platon et méprisait les arts manuels ; il était donc impossible, selon lui, qu'Archimède se soit véritablement intéressé à la « mécanique » (ou « art des ingénieurs »). Car « la science d'inventer et composer machines », dit Plutarque, n'a pu que lui paraître *« vile, basse et mercenaire »*. Bref, un véritable homme de science s'occupe des « choses intellectives et incorporelles » mais se méfie des activités *« où il faut trop vilement et trop bassement employer l'œuvre de la main »*. En mettant les choses au mieux, la « mécanique » n'aurait été pour Archimède qu'un passe-temps. Ces ragots, que rien ne semble confirmer, sont encore acceptés aujourd'hui par certains historiens. *(Bibliothèque nationale, cl. J.-L. Charmet.)*

des miroirs métalliques par exemple, ait été en mesure d'obtenir de bons résultats. Cette supposition a été assez bien confirmée, en 1973, par une expérience due à un ingénieur grec, Ioannis Sakkas [12]. Comme miroirs, il a utilisé des surfaces ayant en principe des dimensions comparables à celles des boucliers grecs classiques (environ 1,70 m sur 0,70 m). Pour ne pas trop s'éloigner de la réalité historique, il a même pris soin de modifier la surface de ses panneaux de glace en les recouvrant d'une mince pellicule de bronze pas trop bien polie. Ayant ainsi préparé soixante-dix « boucliers-miroirs », il les a confiés à des aides qui, au Pirée, concentrèrent les rayons solaires sur le modèle réduit d'une galère (longueur : 3,60 m) qui flottait à une cinquantaine de mètres. En deux minutes, la cible prit feu ; et ce de façon assez intense pour qu'elle continue à brûler toute seule. D. L. Simms lui-même semble admettre qu'à Syracuse, avec un beau soleil, l'effet aurait pu être plus rapide. La conclusion, c'est que des moyens modestes permettent d'obtenir des résultats assez spectaculaires. L' « effet Archimède » n'est pas nécessairement un miracle.

Mais D. L. Simms ne désarme pas pour autant. D'accord, il se peut qu'Archimède, à la limite, ait été capable de brûler une cible *fixe*. C'est-à-dire une cible exactement située au « foyer » du miroir. Mais une galère ne se tient pas immobile ; non seulement elle peut dériver, mais les rameurs peuvent la déplacer dès que le besoin s'en fait sentir. Les expériences de Buffon et de Sakkas ne régleraient donc pas la question ; elles valent pour des conditions idéales qui, concrètement, ne se réalisent pas.

Pour étayer ses dires, D. L. Simms recourt à des considérations tactiques. Ainsi il reproche à certains historiens d'avoir raconté les opérations dans cet ordre : Archimède aurait d'abord utilisé ses grappins et ses machines d'abordage ; puis les galères auraient reculé, et divers engins auraient alors projeté des pierres sur elles ; c'est seulement quand elles se seraient trouvées à une portée d'arc qu'Archimède aurait utilisé ses miroirs ardents. Selon D. L. Simms, il aurait été plus normal d'employer ceux-ci dès le début de l'attaque.

Cette supposition est tout à fait gratuite. Pourquoi ne pas admettre, au contraire, que les miroirs ardents sont intervenus dans la phase finale du combat, c'est-à-dire lorsque les quinqué-

12. Voir par exemple la nouvelle publiée par le *New scientist*, 22 novembre 1973, p. 600, ainsi que par le *Time*, 26 novembre 1973, p. 60, et *Newsweek*, même date, p. 64. I. Sakkas semble avoir réalisé une expérience semblable dès 1964 ; mais je n'ai pu disposer du compte rendu.

rèmes romaines étaient endommagées et difficilement manœuvrables ? Supposition pour supposition, en voici une qui est vraisemblable : Archimède aurait pilonné la flotte ennemie grâce à son artillerie ; puis il aurait immobilisé certaines galères avec des mains de fer, des grappins et des crochets (conformément aux données historiques réputées les plus sûres) ; et enfin il se serait offert la satisfaction de braquer sur elles ses miroirs ardents.

Incendier ?
Ou semer la panique ?

On peut d'ailleurs inventer de nombreuses variantes. Et supposer, entre autres, que les miroirs ardents n'ont pas essentiellement servi à incendier les navires, mais à effrayer et affoler les marins... Plus tard, certains historiens auraient quelque peu enjolivé les choses. Un épisode secondaire aurait été amplifié au point de constituer un exploit merveilleux, bien digne du « divin Archimède ». Cette interprétation n'est d'ailleurs pas nouvelle. C'est celle, par exemple, de l'historien D. E. Smith : « Il n'y a rien d'improbable dans l'idée qu'Archimède a pu au moins utiliser ses miroirs ardents pour rendre la situation intenable aux soldats romains. » Louis Figuier, au XIXe siècle, l'avait dit en des termes analogues : « Selon nous, c'est avec raison que l'on attribue à Archimède l'emploi de miroirs plans ou concaves pour gêner, sinon pour incendier, la flotte de Marcellus. »[13] S'il en avait été ainsi, il deviendrait assez simple d'expliquer le silence de l'historien Polybe : les miroirs ardents n'ayant joué qu'un rôle accessoire, il aurait négligé d'en parler.

Cette solution, bien sûr, n'est proposée qu'à titre d'hypothèse ; à strictement parler, les documents ne nous permettent pas de résoudre l'énigme du siège de Syracuse. Mais, si l'on veut faire un bilan, il importe de distinguer ce qui relève de l'expertise historique et ce qui relève de l'expertise scientifico-technique. Tant que les critiques se contentent de souligner la faiblesse des témoignages anciens, il n'y a rien à leur objecter. Mais il en va autrement lorsqu'un spécialiste de la combustion entreprend de prouver que l'exploit attribué à Archimède était impossible. Pour atteindre cet objectif, Simms est amené à multiplier artificiellement les difficul-

13. D. E. Smith, *History of mathematics*, Dover, 1958 (1re édition : 1923), vol. I, pp. 111-112 ; L. Figuier : *Vies des savants illustres. Savants de l'Antiquité*, Librairie internationale (Paris), 1866, p. 242.

tés (ainsi à propos du foyer du paraboloïde et du calcul théorique des calories). Non seulement cette démarche est peu féconde, mais elle risque d'impressionner le lecteur profane et de l'engager sur de fausses pistes.

Car deux points positifs peuvent être considérés comme établis. Primo : si Archimède a incendié (ou tenté d'incendier) la flotte romaine, c'est à des miroirs *plans* qu'il a recouru. Secundo : comme le montre en particulier l'expérience de Sakkas, il est possible d'obtenir de bons résultats avec des techniques assez simples. Il n'en découle pas qu'Archimède ait effectivement incendié les galères de Marcellus. Du moins n'est-il pas absurde d'admettre qu'il était en mesure de s'y essayer, par exemple en utilisant des boucliers ou des miroirs métalliques spécialement conçus. Même l'argument relatif à la mobilité des navires n'est pas insurmontable. Tout au plus faut-il admettre cette conclusion assez banale : il est peu vraisemblable qu'Archimède, à l'aide de ses seuls miroirs, ait pu causer des dommages très graves à l'ennemi. Une fois qu'on a dit cela, la parole reste aux historiens.

Mesurons l'ampleur de nos ignorances

Notons enfin que nous devons être très prudents lorsque nous spéculons sur les possibilités des techniques antiques. Pour diverses raisons socioculturelles, nous sommes beaucoup mieux renseignés sur Platon et sur Aristote que sur les artisans et ingénieurs de leur époque. En fait, nous ne possédons que peu de textes décrivant avec précision les compétences de ces derniers. Il se peut donc que nous nous fassions une idée très inexacte des résultats auxquels ils étaient parvenus. Le cas du « mécanisme d'Anticythère », sur lequel Derek de Solla Price a publié naguère une intéressante monographie, est très significatif à cet égard. Ce mécanisme, découvert en 1900 par des pêcheurs d'éponges, semble être authentique et bouleverse les idées qu'on avait sur la mécanique antique. Il montre, contrairement aux idées reçues, que les techniciens du Ier siècle av. J.-C. savaient construire des mécanismes tout à fait comparables à ceux de l'horlogerie moderne ; et qu'ils connaissaient l'existence du différentiel [14].

Retenons la leçon : nous n'avons du passé qu'une image défor-

14. Voir « Géminos et la mécanisation du cosmos », *La Recherche*, nº 77, avril 1977, p. 360 ; reproduit dans *Le petit savant illustré*, Le Seuil, 1980.

mée et en tout cas incomplète. Tout en restant critique, il faut donc admettre que « l'impossible », parfois, a pu être réalisé... Dans son grand livre sur *Le déclin et la chute de l'Empire romain* (1776), l'historien anglais Gibbon s'est lui aussi posé la question : se peut-il qu'Archimède et ensuite Proclus, l'un à Syracuse et l'autre à Constantinople, aient construit de puissants miroirs caustiques ? Finalement, tenant compte des expériences de Buffon, il fait cette réponse : « Puisque la chose est possible, je préfère encore accorder cette habileté technique aux plus grands mathématiciens de l'Antiquité plutôt qu'attribuer le mérite de ces histoires à l'imagination dévergondée d'un moine ou d'un sophiste. » Excès de générosité, sans doute. Mais guère plus déraisonnable que les négations hypercritiques de certains experts d'aujourd'hui.

Bibliographie :

Outre les articles de Simms et Middleton cités dans les notes, on peut consulter les textes suivants :

L'introduction que P. Ver Eecke a écrite pour son édition des *Œuvres complètes d'Archimède,* 1921 (rééditée par Albert Blanchard en 1961), tome I, pp. XIX et suivantes.

J.-F. Montucla, *Histoire des mathématiques,* tome 3 (achevé par J. de La Lande, 1802 ; réédité par Albert Blanchard en 1960), pp. 557 et suivantes.

L. Dutens, *Origine des découvertes attribuées aux modernes,* 2e édition, 1776, tome 2, pp. 164 et suivantes. « La Source d'or » (Massat, Puy-de-Dôme) en a publié un fac-similé en 1970. Dutens, conformément à sa thèse générale, pense que les miroirs ardents ont déjà été connus et fabriqués par les Anciens, et entre autres par Archimède. Il cite dans la langue originale et en traduction certains textes fondamentaux.

I. Schneider, « Die Entstehung der Legende um die kriegstechnische Anwendung von Brennspiegeln bei Archimedes », *Technikgeschichte, 36* (1969), pp. 1-11. Montre bien, en toute hypothèse, comment la légende des miroirs d'Archimède a pu se constituer.

Du point de vue strictement technique :

D. I. Lawson and D. L. Simms, « The ignition of wood by radiation », *British journal of applied physics, 3* (1952), pp. 288-292.

D. L. Simms and M. Law, « The ignition of wet and dry wood by radiation », *Combustion and flame,* 11 (1967), pp. 377-388.

CHAPITRE II

La « révolution scientifique » du XIIe siècle

Le Moyen Age, dans notre société, est perçu de façon assez ambiguë. Des historiens spécialisés essayent périodiquement de le « réhabiliter », des romanciers s'efforcent de révéler certaines de ses richesses culturelles ; il semble pourtant que les clichés les plus sommaires sur l'« obscurantisme » médiéval aient la vie dure. Entre le Ve et le XVe siècle, l'Occident chrétien aurait été plongé dans une longue nuit ; c'est seulement avec la Renaissance que se seraient manifestés de réels « progrès » économiques, sociaux et culturels. Tout n'est pas faux, assurément, dans cette manière de voir. Il est difficile, en particulier, de donner une image « lumineuse » des premiers siècles du Moyen Age... Mais, en de nombreux domaines, les médiévaux ont innové. Les techniques se développèrent, la vie urbaine s'intensifia, de nouveaux modes de vie apparurent. Même dans l'histoire des connaissances, le Moyen Age s'est montré original en formulant une nouvelle conception de la nature et en plaidant pour une étude « rationnelle » de cette dernière.

En histoire des sciences, on recourt habituellement à la notion de « révolution scientifique » pour désigner l'œuvre accomplie par Galilée et ses successeurs immédiats. C'est une façon de souligner l'ampleur et la soudaineté de la mutation qui s'est opérée vers le début du XVIIe siècle dans le domaine de la connaissance. Auparavant, la « science moderne » n'existait pas ; tout au plus était-elle annoncée par quelques « précurseurs » du XVe et du XVIe siècle. De simplifications en simplifications, le grand public finit par accepter de façon plus ou moins consciente une série chronologique qui résume ainsi l'histoire du savoir en Occident depuis le Ve siècle après Jésus-Christ. Tout d'abord, il y a eu le Moyen Age, période de stagnation et d'obscurantisme. Puis la Renaissance, considérée comme une étape intermédiaire pendant laquelle ont mûri des conceptions nouvelles (en grande partie grâce à la redécouverte des grands auteurs de l'Antiquité gréco-romaine). Enfin l'âge de la science véritable, qui va de Galilée à nos jours.

Un découpage trop commode : Moyen Age, Renaissance, Temps modernes

Cette manière de condenser quinze siècles de culture en trois périodes bien distinctes est assurément commode. Mais elle risque de donner une idée extrêmement appauvrie (et même caricaturale) de la réalité historique. Galilée répudiant au nom de la raison les errements des aristotéliciens, c'est une image qui frappe et qui permet de repérer un moment important de l'histoire des sciences. Il faut toutefois se rendre compte que la « révolution scientifique » du XVIIe siècle a été préparée, très longuement préparée ; et que, par de nombreux aspects, elle peut être considérée comme l'aboutissement d'un mouvement socioculturel solidement enraciné dans les siècles antérieurs.

Comme nous le rappelle cette enluminure, le Moyen Age n'a pas été étranger aux préoccupations « scientifiques ». Ne fût-ce que pour le calcul de la date de Pâques, il fallait recourir à l'astronomie. Bien que la théologie occupât une place majeure dans la culture de l'élite, une tradition pédagogique héritée de l'Antiquité contribuait à maintenir un certain intérêt pour les mathématiques et l'astronomie. Parmi les grands « ancêtres » de la science occidentale, on peut mentionner Gerbert d'Aurillac, un Français qui devint pape en 999 sous le nom de Sylvestre II. Grâce à un voyage d'étude en Espagne, il eut quelques contacts avec la science arabe et commença à la faire connaître en France. A une époque où l'enseignement scientifique était très faible, il fut un professeur célèbre ; il était capable, par

exemple, de construire une sphère représentant les cieux. Les disciples qu'il forma contribuèrent à assurer le succès de l'enseignement donné auprès des cathédrales dans divers centres urbains : Cologne, Utrecht, Chartres, Laon, Rouen, etc. Il faut être conscient des limites de ce mouvement intellectuel ; comparés à ceux d'aujourd'hui, les savoirs de ce temps étaient minces. Mais les conditions d'une « Renaissance » étaient là. *(Enluminure du psautier de Saint Louis, XIIIe siècle ; le personnage central semble faire une visée astronomique. Bibl. de l'Arsenal. Cl. J.-L. Charmet.)*

La notion même de Moyen Age n'est d'ailleurs pas si facile à cerner. D'après un cliché courant, le Moyen Age et la Renaissance s'opposent comme l'ombre et la lumière. Mais, au début du XXe siècle, divers historiens ont réagi contre cette image simpliste. C'est ce qu'on a appelé « la révolte des médiévistes »... D'une part, la Renaissance « reste pénétrée de caractères médiévaux, à commencer par la foi des humanistes, beaucoup plus respectueuse qu'on ne pensait des normes établies » [1]. D'autre part, on peut découvrir dans le Moyen Age les origines de plusieurs idées et attitudes généralement attribuées à la Renaissance. Étienne Gilson, spécialiste de la philosophie médiévale, écrivait par exemple en 1922 : « *Il est donc nécessaire de reléguer dans le domaine de la légende l'histoire d'une Renaissance de la pensée succédant à des siècles de sommeil, d'obscurité et d'erreur. La philosophie moderne n'a pas eu de lutte à entreprendre pour établir les droits de la raison contre le Moyen Age ; ce fut, au contraire, le Moyen Age qui les établit, et la manière même par laquelle le XVIIe siècle a imaginé qu'il abolissait l'œuvre des siècles précédents ne fit rien de plus que la continuer.* »

Des historiens des sciences, notamment, entreprirent dans les premières décennies du XXe siècle de réhabiliter le Moyen Age, allant même jusqu'à regarder la Renaissance comme une période de déclin ! Parmi ces chauds défenseurs de la « science » médiévale figuraient des auteurs dont l'érudition, aujourd'hui encore, est largement reconnue : Pierre Duhem, Charles Homer Haskins, Lynn Thorndike et George Sarton. L'une des grandes conclusions auxquelles ils aboutissaient, c'était qu'il n'y avait pas rupture de continuité entre le Moyen Age et la Renaissance. D'après eux, il convenait de faire commencer l'histoire de la « science moderne » plusieurs siècles avant Galilée.

Cette idée n'a pas été acceptée par tout le monde ; le débat, aujourd'hui encore, n'est pas clos. Il est à peine besoin de le noter : diverses préoccupations idéologiques ont joué un rôle dans les affrontements entre « adversaires » et « partisans » du Moyen Age. Dans le sillage des Duhem et des Thorndike, en tout cas, de nombreux historiens se sont mis au travail ; et notre connaissance de cette période a beaucoup progressé. Quoique l'accord entre les spécialistes ne soit ni total ni parfait, on commence à y voir plus

1. Ainsi s'exprime V. L. Saulnier dans sa préface à un livre où est examiné avec soin le problème de la définition des « périodes » historiques : W. K. Ferguson, *La Renaissance dans la pensée historique* (trad. française), Payot, 1950. Voir aussi J. Nordström, *Moyen Age et Renaissance* (trad. française), Stock, 1933.

clair. Il est devenu assez évident que le Moyen Age, même du point de vue de l'histoire des connaissances, n'a pas été une période de totale stagnation, de grisaille uniforme.

Il y a eu des heures noires, certes, et même des régressions ; mais aussi des initiatives positives, des innovations riches d'avenir. Pensons par exemple à la « Renaissance carolingienne ». Charlemagne, à la fin du VIIIe siècle, ordonne « d'ouvrir, dans chaque évêché et dans chaque monastère, des écoles où seraient reçus des enfants de condition libre aussi bien que servile »[2]. En outre, pour relancer la vie intellectuelle, il fait venir des lettrés capables d'enseigner la culture latine. Rétrospectivement, on peut juger que la réussite n'a pas été à la hauteur des ambitions proclamées ; car Alcuin, le plus connu de ces lettrés, rêvait de « bâtir en France une Athènes nouvelle », et même supérieure à l'ancienne Athènes... Mais ces efforts ont tout de même porté des fruits. Au cours des siècles suivants, une vie culturelle s'est développée, qui s'est concrétisée en particulier dans les universités et a fini par engendrer une activité intellectuelle considérable.

L'idée même de s'interroger sur le rôle des auteurs médiévaux dans la préhistoire de la « science moderne » n'a donc rien d'absurde. Du moins si l'on aborde le problème avec un minimum de sérénité, en évitant les plaidoyers unilatéraux et aveugles « pour » ou « contre » le Moyen Age... Il ne s'agit aucunement de diminuer les mérites de Galilée en prouvant qu'il a été « devancé » par tel ou tel clerc, *mais de comprendre comment a évolué l'attitude de l'Occident chrétien par rapport à la nature.* Dans cette perspective, le XIIe siècle semble constituer une étape importante.

« La première révolution scientifique de l'Europe moderne »...

A cette époque, en effet, une nette évolution s'est manifestée aussi bien dans les mentalités que dans les institutions. Alors que l'étude « scientifique » de la nature (au sens moderne de l'expression) était à peu près totalement négligée, quelques penseurs exprimèrent une confiance accrue dans les pouvoirs de l'esprit humain et entreprirent de définir une nouvelle conception de la nature. Selon eux, il était désormais possible et souhaitable d'expliquer « rationnellement » les phénomènes, c'est-à-dire de les interpréter en termes de causes et d'effets s'enchaînant de façon régulière et intelligible. Bien sûr, le début du XIIe siècle n'a pas vu

2. E. Gilson, *La philosophie au Moyen Age,* deuxième édition, Payot, 1944, p. 189.

apparaître une « science » parfaite, appuyée sur une méthodologie complète et explicite. Il n'y a même pas eu un bouleversement généralisé et immédiat de toutes les activités cognitives. Mais, comme l'écrit l'historien Edward Peters, « en quelques décennies, le système d'enseignement aussi bien que les attitudes des Européens occidentaux envers les sciences physiques et les mathématiques changèrent profondément ». Et, ajoute-t-il, il n'est pas abusif de voir dans ce mouvement « la première révolution scientifique » de l'Europe moderne... [3]

Plus fréquemment, les médiévistes préfèrent parler de la « Renaissance du XIIe siècle » ; cette expression, plus nuancée, est peut-être préférable. Quoi qu'il en soit, un large consensus paraît acquis : au XIIe siècle, plusieurs théologiens portèrent sur la nature un regard nouveau et manifestèrent une remarquable curiosité philosophique. Certes, ils respectaient la Bible en tant qu'expression de la parole de Dieu. Mais, au lieu de la commenter dans un cadre exclusivement théologique, ils se mirent à l'interpréter « selon la physique » *(secundum physicam).* Cela signifiait que, en toute occasion, il fallait s'efforcer de comprendre le plus rationnellement possible les énoncés des Saintes Écritures. La *Genèse* dit par exemple que *« Dieu fit le firmament et sépara les eaux qui sont en dessous du firmament de celles qui sont au-dessus ».* Eh bien,

3. Voir l'introduction d'E. Peters à R.C. Dales, *The scientific achievement of the Middle Ages,* University of Pennsylvania Press, 1973, p. 1.

Dans la culture du Haut Moyen Age, l'étude de la Bible occupait une place prédominante ; il fallait d'abord comprendre les messages spirituels de l'Écriture Sainte et les transmettre aux hommes afin qu'ils assurent leur salut. L'étude « scientifique » de la nature, autrement dit, était le plus souvent considérée comme une activité dépourvue d'intérêt (voire comme l'expression d'une vaine curiosité). Mais, dans la première moitié du XIIe siècle, un net changement d'orientation se manifesta. Tout spécialement à Chartres, plusieurs auteurs entreprirent d'interpréter le récit biblique de la création du monde « selon la physique », en essayant de comprendre « rationnellement » comment s'enchaînaient dans la nature les causes et les effets. Cette mutation n'engendra pas immédiatement une authentique « science » de la nature, au sens moderne de l'expression. Du moins lui ouvrait-elle la voie. Progressivement, l'étude des phénomènes naturels prit de l'importance et acquit une certaine autonomie. L'enseignement médiéval offrait d'ailleurs un cadre à ce type de recherche. Grâce à l'étude des « arts libéraux », qui allaient de la grammaire à l'astronomie, les étudiants avaient accès à une certaine culture philosophique et même « scientifique ». Comme le montre ce détail du portail royal de Chartres, qui date du milieu du XIIe siè-

cle, des auteurs anciens servaient de « patrons » à cette activité intellectuelle. Au-dessous de la théorie musicale, symbolisée par une vierge entourée d'instruments de musique, se trouve vraisemblablement Pythagore ; au-dessous de la grammaire, symbolisée par une vierge portant une férule, se trouve un grammairien ancien (Donat ou Priscien). Aristote accompagnait la dialectique ; Euclide, la géométrie ; Ptolémée, l'astronomie, etc. *(Cliché Hubert Josse.)*

devant un tel texte, il ne faut pas se contenter d'être un « croyant » passif : il faut trouver des explications naturelles. C'est en particulier à Chartres, où se trouvait une école célèbre, que ce point de vue s'est exprimé dans les premières décennies du XIIe siècle.

Ainsi Guillaume de Conches (1080-1145), dans sa *Philosophie du monde,* s'attaque aux interprétations de la Bible qu'il juge irrationnelles. Certains exégètes, en effet, expliquent de cette façon la présence des eaux au-dessus du firmament : *« Au-dessus de l'éther se trouvent des eaux congelées, qui apparaissent à nos yeux comme une membrane étendue au-dessus de laquelle se trouvent de véritables eaux. »* Pour Guillaume, il n'en est rien : *« Nous allons montrer que cela est contraire à la raison, et par conséquent, ne peut être ; nous montrerons aussi comment la Sainte Écriture doit être comprise dans les passages cités ci-dessus. »* Les explications fournies par Guillaume, avouons-le, apparaissent aujourd'hui bien fragiles. Il s'agit essentiellement de considérations sur les qualités de l'eau et du feu ; considérations qui n'ont pas grand-chose à voir avec la physique, l'astronomie et la cosmologie actuelles... Mais la démarche elle-même est d'un grand intérêt. Selon Guillaume de Conches, l'esprit humain doit rechercher partout l'intelligibilité en utilisant ses propres ressources. Il peut arriver que l'explication ne soit pas trouvée. Alors, « si la raison d'une chose qu'affirme la Sainte Écriture nous échappe, nous devons nous confier au Saint-Esprit et à la foi ». Mais il faut commencer par chercher ; et le recours à l'Esprit saint ne doit pas servir d'alibi à la paresse intellectuelle.

« Dieu peut transformer un tronc d'arbre en veau.
Mais l'a-t-il jamais fait ? »

Dans son militantisme « scientifique », Guillaume va très loin. Il fait preuve de sévérité, voire de mépris, à l'égard des clercs qui manquent de curiosité : *« Ils veulent que tous les autres soient des compagnons de leur ignorance ; ils ne veulent pas que les autres se livrent à la recherche ; ils veulent que nous croyions à la façon des paysans, sans chercher la raison de rien... »* Vraiment, il est trop facile de recourir à Dieu en toutes circonstances et de se réfugier dans une lâche humilité : « Nous ignorons comment cela est, mais nous savons que Dieu peut le faire. » En un sens, il est vrai que Dieu peut tout faire. Mais *« Dieu ne fait pas tout ce qu'il peut faire ; pour parler comme un paysan, il peut, d'un tronc d'arbre, faire un veau ; l'a-t-il jamais fait ? Qu'ils montrent donc la raison pour laquelle il en est comme ils le prétendent, ou bien qu'ils cessent de juger qu'il en est ainsi ! »*[4]

D'autres Chartrains ont développé des idées analogues, comme

4. Voir P. Duhem, *Le système du monde. Histoire des doctrines cosmologiques de Platon à Copernic*, tome III, nouveau tirage, Hermann, 1958, pp. 96-98.

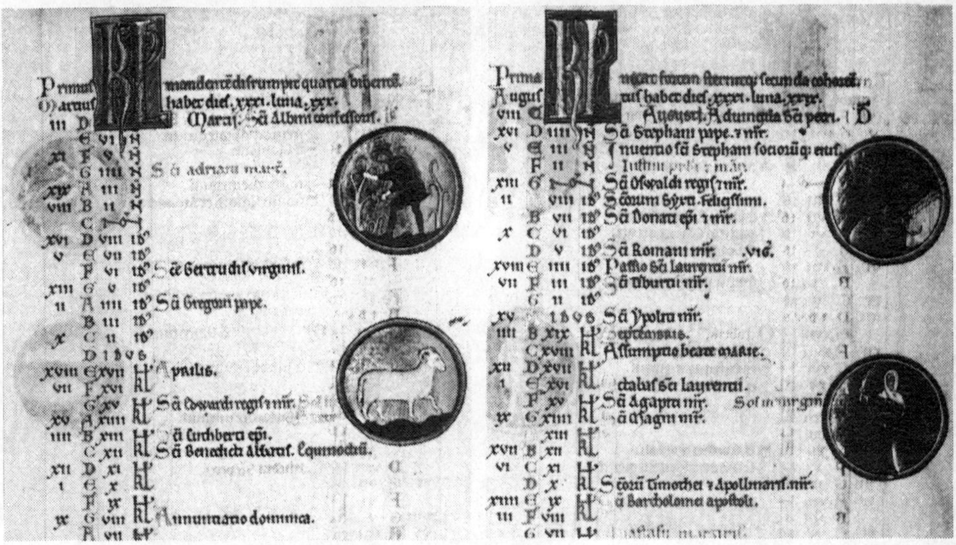

Au XIIe siècle, divers théologiens firent preuve d'un certain « naturalisme » : au lieu d'interpréter les objets qui les entouraient en se référant exclusivement à la Bible, ils conçurent la nature comme un domaine obéissant à ses propres lois. Il est remarquable qu'une tendance analogue soit perceptible dans l'art de la même époque. La nature fut décrite avec plus de soin, avec un plus grand souci d'objectivité. Les historiens ont relevé maintes traces de ce réalisme. Ainsi, dans l'Antiquité et au début du Moyen Age, les mois étaient représentés dans les calendriers, de façon passablement abstraite, par des symboles ou des allégories. Mais, dans le courant du XIIe siècle, les illustrations deviennent plus concrètes : ce sont des activités humaines qui permettent de repérer les divers mois. Au mois de mars, par exemple, on voit un paysan qui taille sa vigne ; au mois d'août, c'est la moisson. De tels détails témoignent d'un changement d'attitude à l'égard de la nature. Cette dernière ne se réduit plus à un ensemble de forces mystérieuses ou à l'expression de la volonté de Dieu ; elle apparaît de plus en plus comme un domaine que l'homme peut transformer et exploiter grâce à son travail. *(Psautier d'Ingeburg, vers 1210, Chantilly, Musée Condé. Clichés Giraudon.)*

Thierry de Chartres (mort vers 1150), Gilbert de la Porrée (1076-1154) et Jean de Salisbury (1110-1180). En fait, on peut considérer qu'il s'agit d'un mouvement assez ample dont les manifestations sont diverses mais correspondent à un même état d'esprit. Citons encore Bernard Silvestre, dont la *Cosmographie,* écrite entre 1145 et 1148, était dédiée à Thierry de Chartres. D'autres auteurs, même s'ils avaient une position philosophique nettement différente, ont contribué à leur façon à encourager l'étude rationnelle de la nature.

Ainsi Pierre Abélard (1079-1142), qui fut l'un des grands pionniers de la pensée scolastique, mérite certainement une mention. Expert dans l'art du raisonnement rigoureux, il formula des analyses (par exemple sur la nécessité du doute systématique) qui ont joué un rôle dans la formation de l'esprit scientifique. En particulier, il affirmait que Dieu avait créé la nature de telle sorte qu'elle pût elle-même produire ses effets sans intervention d'un quelconque pouvoir extérieur. Pour que la simple idée d'une « science de la nature » prenne corps, une telle thèse était évidemment fondamentale. Un auteur comme Hugues de Saint-Victor (1096-1141), bien qu'il fût un théologien d'une haute élévation d'esprit, sut parler des sciences profanes de façon très positive. Il contribua, lui aussi, à définir la nature comme un domaine de réalité étudiable *selon la physique* (c'est-à-dire selon ses lois propres).

Dans ces schémas, tout n'était pas nouveau ; les emprunts à la pensée platonicienne ou à la pensée stoïcienne, entre autres, n'étaient pas rares. La véritable originalité tenait plutôt à un certain ton, à une certaine allégresse épistémologique, à une certaine confiance en la connaissance humaine. Loin de constituer une « révolution » purement théorique, le mouvement « naturaliste » était certainement l'expression d'une mutation culturelle beaucoup plus vaste, mutation qui a concerné en particulier le domaine de l'art.

Comme l'écrit l'historien des techniques Lynn White Jr., les mêmes forces qui renouvelaient les curiosités des philosophes ont aussi touché les peintres et les sculpteurs, « leur donnant une perception plus aiguë des données de l'expérience concrète et renouvelant leur intérêt pour les réalités physiques ». Dans l'art roman, les plantes et les animaux étaient représentés de façon très stylisée, très « abstraite » ; il n'est pas toujours facile de voir si tel motif ornemental a ou non un rapport avec un feuillage réel. Mais entre 1140 et 1170, avec l'apparition de l'art gothique, les préoccupations « naturalistes » deviennent très nettes : de plus en plus, on a le sentiment que les artistes se soucient d'imiter la nature. Au

XIIIe siècle, ajoute Lynn White Jr., il deviendra possible de reconnaître sans ambiguïté les espèces représentées... L'art du sculpteur, en quelque sorte, se rapproche de celui du botaniste. Et justement, dans les herbiers de cette époque, on constate que la science de la botanique prend de plus en plus au sérieux la description exacte des plantes[5]. Pour mieux saisir la signification culturelle de la « révolution » opérée par les Chartrains, ce parallèle avec l'art n'est peut-être pas inutile. Guillaume de Conches et ses semblables apparaissent comme des intellectuels solidement enracinés dans un certain milieu historique. Ce qu'ils expriment dans leurs spéculations théoriques, c'est une mentalité nouvelle qui tendait à se répandre dans plusieurs secteurs de la société occidentale.

Pour un savoir nouveau : Adélard de Bath

Afin de concrétiser ces remarques générales, attardons-nous un peu sur un personnage qui, de l'avis unanime des historiens, incarne spectaculairement la mutation épistémologique du XIIe siècle : Adélard de Bath. Comme son nom l'indique, c'était un Anglais. Étudiant à Tours puis professeur à Laon, il voyagea pendant sept ans, visitant successivement l'Italie du Sud, la Sicile, la Grèce, la Cilicie, la Syrie et, sans doute, la Palestine et l'Espagne. Il retourna en Angleterre, où il dédia son traité sur l'astrolabe à Henry Plantagenêt, le futur Henry II, entre 1142 et 1146. On pense qu'il participa à la gestion des finances royales. Après l'année 1146 son nom n'est mentionné nulle part ; selon certains historiens, il est mort vers 1150[6]. Si Adélard a retenu l'attention des médiévistes, c'est pour deux raisons d'ailleurs corrélatives.

D'une part, il a été l'un des premiers à faire connaître à l'Occident chrétien les textes scientifiques des Arabes. Il a par exemple traduit en latin les *Éléments* d'Euclide, à partir d'une version arabe, et les *Tables astronomiques* d'al-Kwàrizmi, ainsi qu'un texte astro-

5. L. White Jr., *Medieval religion and technology,* University of California Press, 1978, pp. 23 sqq. Il se réfère par exemple à D. Jalabert, « La flore gothique : ses origines, son évolution du XIIe au XVe siècle », *Bulletin monumental,* XCI (1932), pp. 181-246 ; et à É. Mâle, *L'art religieux du XIIe siècle en France,* Paris, 1928.

6. Pour la biographie d'Adélard de Bath, consulter par exemple le *Dictionary of scientific biography* publié sous la direction de C.C. Gillispie, Charles Scribner's sons, vol. 1, 1970, pp. 60-64. D'après Duhem (*Système du monde,* déjà cité, t. III, p. 169), Adélard avait des relations assez étroites avec l'école de Chartres.

logique important : la *Brève introduction à l'astronomie* d'Abū-Ma'shar. D'autre part, Adélard a vigoureusement reproché aux auteurs de son époque de se laisser aveugler par le prestige des « autorités ». Lui, au contraire, il était un « moderne », comme il le souligne plusieurs fois en employant le mot latin correspondant *(modernus)*. En d'autres termes, il était profondément conscient de l'intérêt de la science qu'il avait découverte auprès des Arabes. Pour promouvoir une meilleure connaissance de la nature, il fallait résolument se tourner vers ces « maîtres » qui avaient su assimiler et développer le legs des Grecs anciens.

Au XIIe siècle, les mots n'ont pas toujours le même sens qu'aujourd'hui. Mais enfin le contraste est significatif. D'un côté il y a une tradition pédagogique qui s'appuie sur des compilations arbitraires, sur des exégèses dénuées de rigueur. Et de l'autre, déclare Adélard de Bath, il y a une recherche fondée sur l'exercice de la « raison ». *Raison contre autorité :* ce thème, de nos jours encore, exprime un message essentiel. Pour joindre l'exemple au précepte, Adélard aborde des problèmes précis. Dans l'un de ses ouvrages, les *Questions naturelles,* il dialogue avec son neveu. Ce dernier, évidemment, représente la culture traditionnelle, celle des « écoles de la Gaule ». Adélard, lui, incarne la modernité. Comme on dirait aujourd'hui, il cherche à imposer un nouveau « paradigme », une nouvelle philosophie scientifique fondée sur la raison et sur « les opinions des Sarrasins ».

La théorie des quatre éléments

Dès le premier entretien, nous assistons à un affrontement entre deux styles de pensée. Si on prend de la terre finement tamisée, déclare le neveu, et si on la met dans un pot, on voit des plantes apparaître au bout d'un certain temps. D'où la question : *« Comment pouvez-vous expliquer cela sinon par une opération merveilleuse de la volonté divine ? »* Devant cette provocation, Adélard ne se démonte pas : *« Assurément, le fait que des plantes sortent de la terre est voulu par le Créateur. Mais ceci ne se produit pas sans raison. Pour que la question puisse devenir tout à fait claire, je commencerai par concéder que les plantes naissent de la terre. Celle-ci, toutefois, n'est pas pure ; il s'agit en fait d'un mélange qui contient dans chacune de ses particules les quatre éléments [terre, eau, air, feu] avec leurs qualités propres. »* Il se lance alors dans une explication fondée sur la théorie des quatre éléments. La terre ordinaire nous paraît simple et homogène ; mais, en réalité, elle contient en proportions diverses les éléments fondamentaux : la Terre, l'Eau, l'Air et le Feu. Ces quatre éléments sont des principes qui ne sont pas perçus directement par nos sens, mais qui rendent compte des phénomènes que nous observons dans la nature. L'élément Terre, par exemple, explique la dureté ; l'élément Eau, la fluidité ; et ainsi de suite. Une fois ces présupposés théoriques admis, Adélard estime donc être en mesure de répondre à son neveu : si la terre ordinaire produit des végétaux, la raison en est que des éléments fondamentaux, cachés à notre vue, déclenchent « nécessairement » certains processus physiques. Aucun besoin de faire intervenir une volonté particulière de Dieu.

Il va de soi que la théorie des quatre éléments (dont on peut faire remonter l'origine à Empédocle d'Agrigente, Ve siècle av. J.-C.) est susceptible d'être critiquée ; mais la démarche intellectuelle est semblable à celle qui conduira plus tard au tableau de Mendeleïev... Telle est la conviction fondamentale : les faits observés dans la nature *ne sont pas sans raison.* A partir de là, la recherche scientifique devient possible. Car, bien que Dieu soit au fondement de toutes choses, il existe un « ordre naturel » qui exprime une « disposition rationnelle ». Mieux encore, Adélard de Bath affirme que les trajectoires des astres manifestent un « ordre constant » et obéissent à des « lois numériques ». Quand on regarde ses textes de près, on y découvre des affirmations qui, au XXe siècle, paraissent très étranges. Adélard, en effet, admet que les corps célestes sont « vivants » et se comportent comme des créatures « raisonnables ». Mais ceci n'exclut aucunement l'idée d'un ordre céleste stable et rigoureusement structuré. Au contraire, le fait que les planètes ne dépassent jamais les limites du zodiaque prouve qu'elles se conforment aux exigences de la raison !

Il faut donc admettre que, par certains aspects, la pensée d'Adélard est archaïque. Mais il serait erroné de croire que les idées « astrobiologiques » ou « astrologiques » s'opposent radicalement à toute forme de rationalité scientifique. Galilée lui-même, ne l'oublions pas, a tiré des horoscopes [7]. Que les astres soient ou non considérés comme des « êtres vivants », ils peuvent faire l'objet d'une science autonome. Ce qui compte, c'est qu'une recherche systématique puisse se déployer et conduire à des résultats nouveaux.

7. Voir par exemple L. White Jr., *Medieval religion and technology,* déjà cité, pp. 312-313. Galilée, entre autres, a fait les horoscopes de ses deux filles. Le dernier horoscope rédigé de sa main que nous possédions date de 1603. On sait que Kepler, lui aussi, a beaucoup pratiqué l'astrologie.

Un juge suprême : la raison

Adélard de Bath, bien qu'il ait dénoncé les « autorités », a lui-même subi des influences qu'on peut juger douteuses... Du moins a-t-il proclamé la nécessité d'une approche plus rationnelle et plus féconde. Cette fière profession de foi est, à juste titre, fréquemment citée : « *Moi, j'ai en effet appris de mes maîtres arabes à prendre la raison pour guide ; mais toi, soumis aux faux-semblants de l'autorité, tu te laisses conduire par un licou. Quel nom, en effet, pouvons-nous donner à l'autorité sinon celui de licou ? De même que les animaux stupides sont menés par un licou et ignorent où et pourquoi on les conduit, se contentant de voir et de suivre la corde qui les tient, de même la plupart d'entre vous, prisonniers et enchaînés par une crédulité animale, se laissent conduire à des croyances dangereuses (...). Car ils ne comprennent pas que la raison a été donnée à chaque individu afin qu'il puisse discerner le vrai du faux, utilisant la raison comme juge suprême.* »

Pourquoi certains animaux voient-ils mieux la nuit que le jour ? La réponse d'Adélard est fondée sur l'idée que l'œil, « instrument de la vision », contient plusieurs « humeurs » ; les animaux qui voient mieux la nuit « ont une grande quantité d'humeur blanche et très peu d'humeur noire ». Aujourd'hui, ce schéma explicatif nous paraît très approximatif. Mais le problème est posé de façon réaliste, c'est-à-dire sur le terrain de l'anatomie et de la physiologie.

Dans un autre entretien, le neveu évoque un fait très étonnant dont il a été le témoin chez une sorcière. Cette femme possédait un récipient dont la partie supérieure et la partie inférieure étaient percées de petits trous. Quand les trous n'étaient pas obstrués, l'eau du récipient s'écoulait librement. Mais, lorsque la servante bouchait avec son pouce les trous de la partie supérieure, l'eau cessait de s'écouler. Et pourtant, dans le bas du récipient, aucun obstacle n'arrêtait l'eau. Ne fallait-il pas voir là l'effet d'un « pouvoir merveilleux » ? Comment expliquer qu'un geste aussi simple puisse stopper l'écoulement du liquide ? Adélard déclare aussitôt que cette « magie » est tout à fait *naturelle.* Les divers « éléments », à cause des affinités qu'ils éprouvent les uns pour les autres, se comportent de façon à ce que nul vide ne les sépare. Aussi longtemps qu'on empêche l'air d'entrer, l'eau ne peut s'échapper. Rien de « merveilleux », donc ; tout devient clair grâce à une juste connaissance des propriétés des éléments.

Adélard n'a également aucun mal à résoudre ce problème : « Pourquoi le globe terrestre reste-t-il à la même place ? Qu'est-ce qui lui sert de support ? » En fait, il est conforme à la raison que notre globe ne tombe pas. Car il est fait de terre ; et celle-ci, comme tout ce qui est pesant, tend à descendre le plus bas possible. Or, dans une sphère, il est évident que « le point le plus bas se confond avec le centre ». Il est dès lors facile de comprendre que la gravité, loin de causer la chute du globe terrestre, assure sa « stabilité » et sa « cohésion ». Vient ensuite ce que les épistémologues appellent une expérience de pensée : si un tunnel traversait la Terre selon un de ses diamètres, qu'arriverait-il si l'on y jetait une pierre ? La réponse est immédiate. Adélard, évoquant la même « cause » qui explique la stabilité de la Terre, conclut que la pierre se trouverait finalement au repos au centre de notre globe[8]. Indéniablement, il y a chez Adélard le souci d'introduire dans tous les domaines une intelligibilité de type « scientifique ». Le fait qu'il n'ait pas toujours fourni des explications exactes ne change rien à l'affaire. Autant lui reprocher de n'avoir pas connu la thermodynamique, la mécanique quantique et la structure de l'ADN !

Des interprétations symboliques aux explications scientifiques

L'importance des penseurs tels qu'Adélard de Bath ne tient pas essentiellement à l'originalité de leurs idées. Car ces idées, elles provenaient le plus souvent des Arabes ou d'auteurs grecs dont certains textes étaient déjà connus dans l'Occident médiéval (pensons par exemple au *Timée* de Platon). Bien plutôt, c'est sur le plan culturel, en fonction d'un contexte déterminé, qu'il faut apprécier leurs offensives « rationalistes ». Autour d'eux, l'étude de la nature était généralement conduite selon un style qui excluait toute recherche « scientifique ». Comme l'écrit l'historien italien Tullio Gregory, les penseurs du Haut Moyen Age ne cherchaient pas à découvrir dans la nature des « raisons » ou des « causes naturelles », *mais des significations et des enseignements religieux et moraux.* Autrement dit, les objets rencontrés dans le monde, en tant que tels, n'avaient pour eux aucun intérêt. La seule vraie réalité, c'était Dieu. La nature, privée de toute réalité autonome, était seulement *« un livre écrit par Dieu »* qu'il fallait déchiffrer et interpréter en se référant à la Bible et aux dogmes chrétiens. En conséquence, « le discours physique tournait immédiatement en dis-

8. On trouvera dans l'ouvrage de R.C. Dales cité plus haut plusieurs textes intéressants tirés des *Questions naturelles* d'Adélard.

cours édifiant, changeant la réalité en symboles et en allégories ».

Dans les *Bestiaires médiévaux*, qui sont des recueils de connaissances (ou de pseudo-connaissances), d'anecdotes et de réflexions variées relatives aux animaux, cette tendance se manifeste continuellement. Certes, diverses notations concernent l'anatomie, la physiologie ou l'éthologie des animaux. Mais les auteurs sont tou-

Les *Bestiaires* médiévaux sont des recueils où des compilateurs accumulaient une foule de renseignements, parfois très fantaisistes, sur les animaux. Un zoologiste d'aujourd'hui, quand il examine cette littérature, n'a pas de mal à y découvrir des erreurs. Il était couramment admis, par exemple, que le crocodile avait une mâchoire supérieure mobile. Ou encore on racontait que le castor, lorsqu'il était poursuivi, se coupait lui-même les testicules ; comme ceux-ci constituaient la base d'un précieux médicament, le chasseur laissait fuir l'animal... En fait, les testicules du castor sont internes ; mais cette histoire avait l'avantage d'expliquer l'origine du nom de cet animal (« castor » étant rattaché à « castré »). Le trait le plus frappant, c'est que les auteurs des *Bestiaires* considéraient les animaux comme des symboles moraux et religieux. L'éléphant et sa femelle, à cause de leur chasteté supposée, représentaient Adam et Ève avant le péché originel. Le Grand Éléphant, quant à lui, était identifié à la loi hébraïque ; et l'éléphanteau symbolisait le Bon Samaritain de l'Évangile... Vers le XIIe siècle, on observe un recul de ces interprétations symboliques. Ainsi Albert le Grand (né vers 1193 et mort en 1280) fait preuve d'un réel esprit critique et, dans son traité *Sur les animaux,* rapporte certaines observations personnelles. *(Illustration tirée d'un bestiaire anglais du XIIIe siècle — Cliché Giraudon.)*

jours soucieux de trouver dans la nature des symboles religieux, des leçons morales. Le phénix, auquel on accordait la faculté de renaître de ses cendres, symbolisait le Christ ressuscité. L'éléphant et sa femelle, sous prétexte qu'ils n'avaient « aucun désir de copuler », représentaient Adam et Ève tels qu'ils étaient avant le péché originel. Le crocodile, qui guette longuement sa proie, apparaissait comme le symbole du Mal. A proprement parler, il ne s'agit pas d'*erreurs* ; mais d'une autre manière de regarder les êtres et les choses.

Pierre Damien et le mépris de la science

Un théologien du XIe siècle, Pierre Damien, illustre parfaitement cette attitude religieuse. Chez lui se conjuguent assez logiquement le mépris du corps humain et le mépris de la philosophie. Car l'homme est pourriture, poussière et cendre ; son seul problème concerne son salut spirituel. Quant à la philosophie, c'est une invention du diable. Ce texte est aussi explicite que possible : *« Platon scrute les secrets de la mystérieuse nature, fixe des bornes aux orbites des planètes et calcule la course des astres : je le rejette avec dédain. Pythagore divise en latitudes la sphère terrestre : j'en fais peu de cas (...) Euclide se penche sur les problèmes embrouillés de ses figures géométriques : je le congédie également ; quant à tous les rhéteurs, avec leurs syllogismes et leurs spéculations sophistiques, je les disqualifie comme indignes de traiter cette question. »*

Épistémologiquement, la possibilité même d'une véritable science était contestée. Car Dieu, selon Pierre Damien, échappait aux exigences de la pensée logique ; et la nature, créée par Dieu, ne pouvait pas non plus faire l'objet d'une enquête rationnelle. Certains auteurs s'imaginent que ce raisonnement est valide : si du bois brûle, il se consume. Eh bien non ! Car, rappelle Pierre Damien, la Bible nous enseigne que Moïse a vu un buisson brûler sans se consumer... Le travail historique d'Adélard et de quelques autres a précisément consisté à diffuser une philosophie qui puisse servir de base à un savoir nouveau. Mais, pour éviter les simplifications abusives, je voudrais formuler deux remarques.

En premier lieu, il faut noter que tous les théologiens médiévaux n'étaient pas aussi radicaux que Pierre Damien. Nombre d'entre eux, au lieu de condamner catégoriquement la philosophie et tous les savoirs profanes, acceptaient que l'on recourût à des arguments rationnels pour confirmer les enseignements de la foi. L'opposition absolue entre « religion chrétienne » et « science » doit donc être évitée ; il n'est pas exact que la première ait été totalement étrangère à toute forme de « rationalisme ». Le christianisme, en fait, n'était pas monolithique. Tout au long du Moyen Age, une tension s'est manifestée entre foi et raison. Finalement, le courant rationaliste connaîtra un tel développement qu'il contribuera puissamment à engendrer la science moderne...[9] On peut juger ce processus paradoxal. En tout cas, c'est à l'intérieur même du christianisme que se sont déroulées un certain nombre de discussions philosophiques concernant les capacités et les limites de la raison humaine, la possibilité d'une connaissance positive de la nature, etc. Si on ne tient pas compte de cette dialectique entre foi et raison, on risque d'avoir une vue tout à fait déformée de l'histoire de la pensée médiévale (et postmédiévale...).

L'enseignement médiéval : trivium et quadrivium

En second lieu, gardons-nous de sous-estimer outre mesure le système éducatif du Moyen Age. Depuis le VIe siècle, des monastères existaient ; non seulement ils assuraient la formation des moines eux-mêmes, mais ils possédaient fréquemment des écoles annexes. Charlemagne, on l'a vu, prit des initiatives dans le domaine de l'enseignement. En particulier, il institua des écoles rattachées aux cathédrales les plus importantes. Plus généralement, il y avait une tradition pédagogique qui divisait les matières à enseigner en deux groupes : d'une part le *trivium,* qui comprenait la grammaire, la rhétorique et la dialectique (logique), d'autre part le *quadrivium,* plus « scientifique », qui comprenait l'arithmétique, la géométrie, la musique (ou plus exactement la théorie musicale) et l'astronomie. Ces sept disciplines constituaient ce qu'on appelait les « arts libéraux ». Divers textes hérités de l'Antiquité classique ou rédigés plus tardivement servaient de base à cet enseignement. Pour la rhétorique, par exemple, on recourait à Cicéron et à Martianus Capella (Ve siècle) ; pour la dialectique, on utilisait certaines œuvres d'Aristote traduites en latin et des traités écrits par Boèce (né vers 480 et mort en 524).

En arithmétique, en géométrie et en astronomie, les connais-

9. Ceci ne signifie pas que la naissance de la science moderne s'explique *exclusivement* comme un développement de la religion chrétienne ! Il y a de bonnes raisons pour penser que d'autres facteurs historiques ont joué. Voir par exemple Pierre Thuillier : « Au commencement était la machine », *La Recherche,* nº 63, janvier 1976 ; reproduit dans *Le petit savant illustré,* Le Seuil, 1980.

sances étaient très limitées et même rudimentaires. Le savoir scientifique des Grecs était essentiellement transmis par des compilations dont la rigueur n'était pas la qualité majeure. Isidore de Séville (560-636), qui fut l'un des principaux compilateurs, a laissé un ouvrage intitulé *Etymologies* dont l'influence fut énorme ; des sujets extrêmement nombreux y étaient abordés, mais les sources utilisées étaient souvent déformées et les affirmations les plus fantaisistes n'étaient pas rares. De toute façon, pendant le Haut Moyen Age, l'enseignement des matières les plus scientifiques fut fréquemment négligé. L'élite religieuse donnait surtout de l'importance au *trivium*, qui était plus littéraire ; et, dans le *trivium* lui-même, la meilleure part revenait à la grammaire et à la rhétorique. Il était difficile, en outre, de trouver des professeurs ayant des connaissances solides en mathématiques, en astronomie et en physique.

Le bilan peut donc apparaître comme assez négatif. Même après la « Renaissance carolingienne », au IXe siècle, la situation était demeurée relativement médiocre. L'héritage grec n'était pas complètement perdu, mais il était mal connu, mal compris ; à plus forte raison n'avait-il pas fructifié. Il y avait toutefois une culture, et un enseignement qui formait les esprits à une certaine gymnastique intellectuelle. On peut regretter, rétrospectivement, que l'étude de la grammaire latine et de l'éloquence ait tenu une trop grande place ; on peut regretter aussi que la religion, à cette époque, n'ait guère favorisé l'étude de la nature. Mais les ressources intellectuelles n'étaient pas négligeables pour autant. Que les circonstances deviennent favorables, que des stimulations surgissent (par exemple grâce à certaines transformations sociales ou grâce aux contacts avec le monde de l'Islam), et l'Europe chrétienne se réveillerait.

Un flot de textes traduits de l'arabe

Au début du Xe siècle, un vif intérêt pour la logique se manifesta. Assez rapidement, cette discipline exerça une forte influence sur l'enseignement de la théologie et du droit. On a pu voir là « un virage décisif dans l'histoire de l'Occident ». Ce renouveau, au départ, s'effectua sans apport extérieur. Mais, bientôt, la pensée philosophique et scientifique allait bénéficier de toute une littérature traduite de l'arabe. Un double héritage parvenait ainsi aux chrétiens. D'une part, bien évidemment, ils accédaient aux travaux originaux des Arabes eux-mêmes ; d'autre part, ils découvraient de nombreux textes grecs importants. Dès la fin du XIe siècle, le mouvement de traduction s'organisa. Tolède était tombée aux mains des chrétiens en 1085 ; un peu plus tard, en 1091, ce fut le tour de la Sicile. Au XIIe siècle, les traductions se firent de plus en plus nombreuses. Tolède, dans ce processus, joua un rôle majeur. Mais d'autres centres de traduction furent également très actifs, par exemple Salerne en Italie du Sud.

Il arrivait que la tâche fût très compliquée ; ainsi un texte grec pouvait d'abord avoir été traduit en arabe avant de l'être en espagnol et enfin en latin ! Une pléiade de spécialistes se mit au travail : Platon de Tivoli, Robert de Chester, Hermann de Carinthie, Dominicus Gundisalvi, etc. L'un des plus célèbres fut Gérard de Crémone (1114-1187), qui traduisit au moins soixante-dix œuvres de l'arabe. Parmi celles-ci, mentionnons l'*Almageste* de Ptolémée, plusieurs traités d'Aristote (concernant la physique, la cosmologie, la logique, etc.), ainsi que des textes médicaux et divers traités d'alchimie et d'astrologie. Et n'oublions pas Adélard de Bath, qui lui aussi, nous l'avons vu, participa à cette entreprise si importante pour l'avenir de la science occidentale.

Naissances des universités

C'est aussi au XIIe siècle que prit forme une institution remarquable : l'université. Longtemps, les écoles monastiques avaient dominé le système d'enseignement. Mais, petit à petit, les écoles urbaines s'étaient affirmées. A Paris tout spécialement, dans l'île de la Cité, une intense activité pédagogique s'était manifestée

---

Dès le Xe siècle, au nord de l'Espagne, des textes scientifiques arabes furent traduits en latin. Surtout à la fin du XIe siècle, après que les Chrétiens eurent reconquis Tolède et divers territoires, les traductions se multiplièrent : et, au XIIe siècle, le mouvement prit encore de l'ampleur, faisant connaître à l'Occident chrétien de nombreux traités écrits par les Arabes eux-mêmes ou provenant de l'Antiquité classique. Il s'agissait d'ouvrages de philosophie, de mathématiques, de médecine ; mais aussi de magie, d'alchimie et d'astrologie. Car la demande, en ces trois derniers domaines, était forte. Pour l'avenir de la science occidentale, cet afflux de traductions devait avoir une grande importance. Il ne faudrait pas, toutefois, minimiser l'originalité des intellectuels médiévaux. Il arrivait que certaines « traductions » fussent en fait de pseudo-traductions, rédigées directement par des auteurs chrétiens qui préféraient garder l'anonymat... Certains historiens soulignent la continuité de la

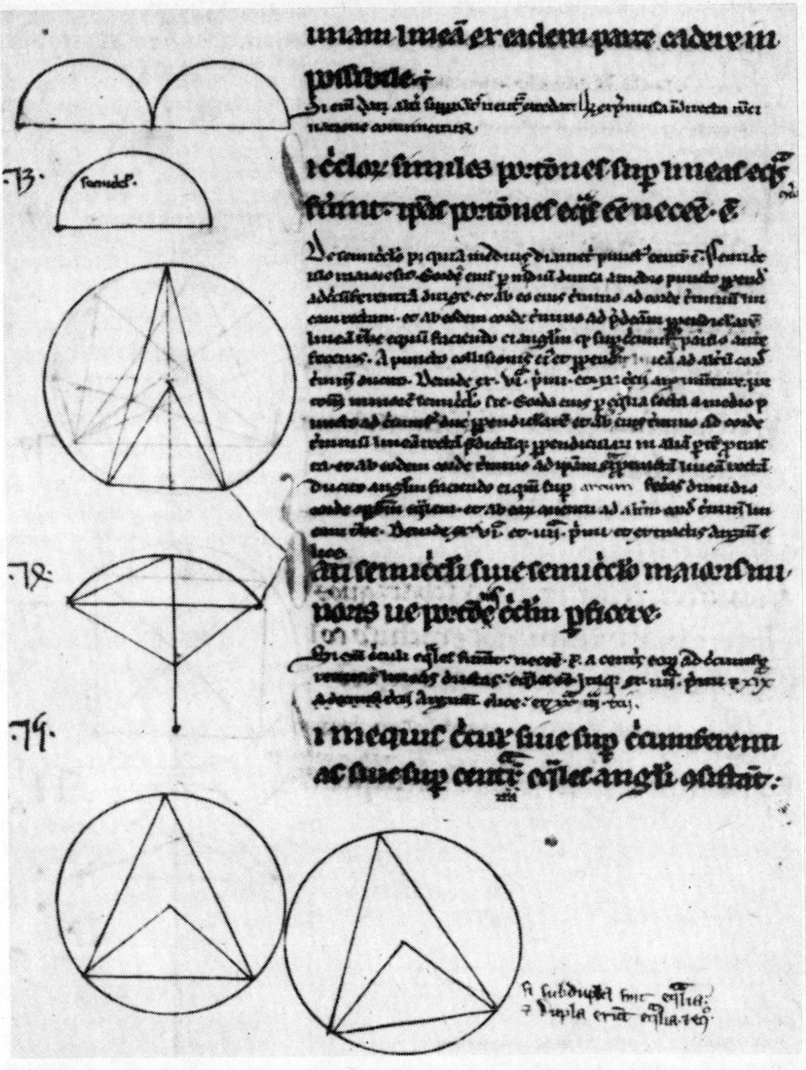

tradition qui va des Grecs anciens à la science moderne. D'autres, au contraire, estiment que le Moyen Age a apporté de réelles innovations. Voici comment s'exprime l'historien américain Lynn White Jr. : « La science moderne n'est pas simplement la continuation d'un mouvement scientifique né dans l'Antiquité et ensuite interrompu : elle constitue une entreprise nouvelle créée à la fin du Moyen Age et ayant des intérêts, des présupposés et des méthodes étrangers aux Grecs. » *(Fragment d'une traduction des* Éléments *d'Euclide,* XIIIe *siècle. Rappelons que, au* XIIe *siècle, Adélard de Bath avait traduit cette œuvre à partir d'une version arabe. Cliché Bibliothèque Nationale.)*

autour de la cathédrale dès le XIe siècle. Au XIIe siècle, certaines écoles se déplacèrent sur la rive gauche de la Seine et se développèrent rapidement. De tous les coins de l'Europe, maîtres et étudiants affluèrent. Ainsi apparut l'université proprement dite, qui était une organisation corporative *(universitas)* de maîtres et d'étudiants. Ce point mérite d'être souligné : l'université, au départ, n'est pas une institution d'enseignement pourvue de locaux propres, mais une association destinée à défendre les intérêts des enseignants et des étudiants. En fonction des conditions locales et des spécialités enseignées, le phénomène universitaire revêtit des formes variées. Bologne, par exemple, était surtout active dans le domaine du droit ; et Montpellier fut longtemps célèbre à cause de son enseignement médical.

Le statut des universitaires n'était pas dépourvu d'ambiguïtés. Pour s'assurer une certaine autonomie, ainsi que le rappelle Jacques Le Goff, ils durent lutter « tantôt contre les pouvoirs ecclésiastiques, tantôt contre les pouvoirs laïques » [10]. A Paris, les étudiants et la police royale s'affronteront ; et il y aura des rixes entre étudiants et bourgeois. Travailleurs intellectuels, les universitaires étaient cependant contrôlés par l'Église. Progressivement, ils obtinrent d'importants privilèges ; mais ils n'échappèrent à la domination des autorités religieuses locales qu'en acceptant la protection du pape. Par là même, selon une autre formule de Jacques Le Goff, ils devinrent dans une certaine mesure des « agents pontificaux ». Il en résulta des tiraillements. Au XIIIe siècle, écrit Étienne Gilson, l'université de Paris est partagée entre deux tendances contradictoires, « dont l'une aurait abouti à en faire un centre d'études purement scientifiques et désintéressées, alors que

10. J. Le Goff, *Les intellectuels au Moyen Age*, Le Seuil, 1957, p. 74.

Comment les universités sont-elles nées ? A cette question, il n'est pas facile de répondre avec précision. Bien que les documents vraiment significatifs datent seulement du XIIIe siècle, il semble certain que dès le début du XIIe siècle, dans de grands centres urbains, les activités d'enseignement connurent un important développement. A Paris, en particulier, de nombreuses écoles se montrèrent actives autour de la cathédrale puis sur la rive gauche de la Seine. A Bologne, à Oxford et dans plusieurs autres villes, des mouvements analogues se dessinèrent. L'université, tout d'abord, ne fut pas une institution d'enseignement au sens moderne du mot, mais une association corporative destinée à défendre les intérêts des maîtres et des étudiants. Très vite, elle acquit assez d'importance pour susciter la méfiance ou l'intérêt des pouvoirs laïcs et ecclésiastiques. C'est à

la papauté, finalement, que furent subordonnées les universités. Socialement et intellectuellement, elles constituaient une innovation majeure — et, soulignons-le, de caractère international. Deux pratiques pédagogiques étaient essentielles : la leçon *(lectio)* et la dispute *(disputatio)*. La première consistait à expliquer et à commenter un texte ; la seconde, qui pouvait avoir lieu devant une classe ou devant toute la Faculté, consistait en un débat, avec objections et réponses aux objections, portant sur un sujet du cours (ou même sur un quelconque sujet d'actualité). *(Gossuin de Metz,* De imagine mundi, *milieu du* XIIe *siècle. Maître d'arithmétique. Cliché Bibliothèque Nationale/Archives Seuil.)*

l'autre cherchait à subordonner ces études à des fins religieuses et à les mettre au service d'une véritable théocratie intellectuelle ».

Toujours est-il que, grâce aux universités, l'activité intellectuelle acquiert un poids social nouveau et commence à s'organiser efficacement. Dans le système qui se met solidement en place à partir du XIIIe siècle, il y a cinq grandes facultés : celles de théologie, de médecine, de droit canon et de droit civil, mais aussi la faculté des arts, qui assure à l'ensemble des étudiants une formation générale préliminaire. Les « arts », ce sont en principe les sept arts libéraux du trivium et du quadrivium. Pratiquement, le programme portait surtout sur la logique, la physique, la cosmologie, ainsi que sur l'astronomie et les mathématiques. Ceux qui connaissent mal le Moyen Age s'imaginent volontiers que, à l'époque de la scolastique, l'enseignement supérieur était exclusivement littéraire et théologique. Il n'en est rien, déclare l'historien des sciences Edward Grant ; bien au contraire, dans la culture que la faculté des arts donnait à tous les universitaires, c'étaient la logique et la science qui prédominaient... [11]

Une réflexion philosophique de plus en plus autonome

Encore une fois, la prudence s'impose : il serait abusif de croire que la « Renaissance du XIIe siècle » a introduit une rupture radicale et a implanté partout un enseignement comparable à l'enseignement scientifique d'aujourd'hui. Même la « révolution » opérée par l'école de Chartres et par des gens comme Adélard de Bath n'a pas été immédiatement féconde ; et il ne faut sans doute pas considérer les diverses innovations du XIIe siècle (cosmologie chartraine, traductions à partir de l'arabe, création des universités) comme constituant un mouvement tout à fait cohérent. Une étape importante, toutefois, avait été franchie. Pendant de longues décennies, la théologie conservera une position dominante. Mais, dans les facultés des arts, la réflexion philosophique se fera de plus en plus active et de plus en plus autonome ; et le programme proposé par les *modernes* finira par se réaliser. La voie sera longue d'Adélard de Bath à Galileo Galilei... Mais, entre le projet du premier et les accomplissements du second, il existe une indéniable continuité.

Dès le XIIe siècle, d'ailleurs, certains théologiens avaient compris

11. E. Grant, *Physical science in the Middle Ages,* Cambridge University Press, 1977 (1re édition : 1971), p. 21.

que leur monopole était menacé. Si on commençait à interpréter la Bible « selon la physique », si on mettait en place un savoir « rationnel », si on définissait la nature comme un « enchaînement de causes » *(causarum series)*, jusqu'où n'irait-on pas ? Non seulement les miracles seraient éliminés, en tant que ruptures de l'ordre naturel, mais on finirait par oublier que la nature dans son ensemble s'identifiait à la volonté de Dieu. Ainsi s'explique que Guillaume de Saint-Thierry, défenseur de la culture monastique traditionnelle, ait écrit à Bernard de Clairvaux pour dénoncer vigoureu-

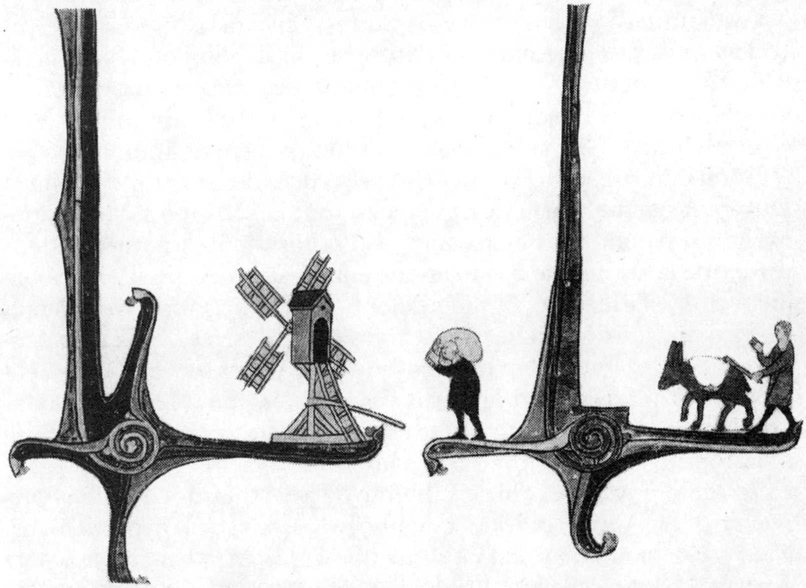

Dans l'Europe médiévale, les techniques connurent un remarquable développement. Toutes les idées mises en œuvre n'étaient pas nouvelles ; on les rencontre souvent à des époques antérieures, que ce soit en Europe ou dans d'autres civilisations. Mais ce qui était nouveau, c'était ce mouvement général qui conduisait agriculteurs et artisans à généraliser l'emploi de méthodes et d'outils jusqu'ici inutilisés ou peu utilisés. Le moulin à eau, au XIIe siècle, était très répandu. Mais c'est seulement vers la fin de ce même siècle qu'apparaît dans l'Europe du Nord le moulin à vent à axe horizontal ; très vite, il connaîtra une large expansion. Grâce à ces sources d'énergie, diverses activités purent se mécaniser (par exemple dans la métallurgie et l'industrie textile). A noter que le mot ingénieur *(ingeniator)* fait son apparition au XIe siècle. L'Occident, progressivement, « désacralisa » la nature : il la considéra comme un domaine sur lequel il pouvait exercer sa domination. *(Obituaire de l'Abbaye de Notre-Dame des Prés, Valenciennes, vers 1270. Cliché Giraudon.)*

sement « les erreurs de Guillaume de Conches ». Ce qu'il lui reproche, c'est de raisonner en *physicien*, en *philosophe* ; et d'avoir osé dire que « le corps de l'homme n'avait pas été fait par Dieu mais par la nature »... Cette façon de raisonner, d'après Guillaume de Saint-Thierry, ressemblait fort à celle de « certains philosophes stupides » qui croient seulement à l'existence de la matière. D'après eux, « il n'y a pas d'autre Dieu dans le monde que la rencontre des éléments et le système de la nature ». Le danger était donc évident : à force de s'intéresser à la nature et à son fonctionnement physique, on risquait de faire naître une science profane qui concurrencerait (et peut-être dévaluerait) l'enseignement proprement religieux.

Guillaume de Conches et les autres Chartrains, à vrai dire, ne voulaient aucunement saper l'autorité de la religion. Ils souhaitaient seulement qu'il y ait place, à côté des exégèses et commentaires bibliques traditionnels, pour une autre approche, plus « scientifique ». Mais les enjeux culturels étaient importants ; il est bien compréhensible que des résistances se soient manifestées. Du point de vue épistémologique, en tout cas, l'apport des « rationalistes » n'était pas négligeable. Ils définissaient la nature de telle sorte que la recherche des relations entre causes et effets soit possible ; non seulement ils abordaient tous les grands problèmes concernant les démarches déductives et inductives, mais ils préconisaient l'emploi des mathématiques en physique et poussaient très loin la réflexion sur le statut des connaissances ainsi obtenues. Guillaume de Conches, par exemple, fait la distinction entre la philosophie, qui s'efforce de démontrer des proportions *nécessaires*, et la physique, qui se contente de proposer des opinions *probables* (c'est-à-dire ce que nous appellerions des hypothèses)[12]. Rien n'est moins naïf, en ce sens, que l'épistémologie de ces penseurs médiévaux. Ils n'ont pas pas résolu toutes les questions, cela va de soi. Mais, à propos des relations entre les mathématiques et la physique et à propos de maints autres problèmes, ils ont su opérer des analyses parfois très raffinées.

Insuffisance des bases expérimentales

Les médiévaux dont nous parlons ne se sont pas contentés de discourir sur ce qu'il faudrait faire ; ils ont essayé de formuler de vastes schémas explicatifs. Mentionnons par exemple un texte

12. Voir par exemple P. Duhem, *Le système du monde*, déjà cité, tome III, p. 99.

anonyme sur *Les éléments,* écrit entre 1150 et 1175[13]. L'auteur, utilisant à la fois le langage de la théorie des quatre éléments et celui de l'atomisme, y définit la nature comme « un principe de mouvement » dont l'existence est éternelle. Un certain éclectisme est apparent, puisque ce même auteur recourt non seulement à Platon et à Aristote, mais à d'autres sources anciennes. Toutefois, ainsi que le note l'historien Richard Dales, la synthèse proposée est remarquablement audacieuse et cohérente. Elle montre que, dès cette époque, certains esprits originaux étaient prêts à se lancer dans un travail théorique correspondant à des préoccupations « scientifiques ».

Nous l'avons vu, l'accent était fortement mis sur la nécessité de recourir à « la raison ». Mais, pour faire de la science au sens moderne du mot, il ne suffit pas d'avoir des convictions rationalistes ! Il faut aussi avoir le souci de confronter les hypothèses aux « faits » ; bref, il faut en arriver à l'idée de science *expérimentale,* impliquant le recours systématique à des tests rigoureux et en principe répétables. L'idée même d'une connaissance fondée sur l'expérience n'était pas ignorée ; grâce à des traductions faites à la fin du XIe siècle, par exemple, on connaissait la distinction opérée par le médecin grec Galien (IIe siècle ap. J.-C.) entre la *via experimenti* et la *via rationis,* entre la voie expérimentale et la voie de la raison. Divers intérêts pratiques, en outre, conduisaient à reconnaître la nécessité de consulter les faits (calcul du calendrier, médecine, chimie, etc.). Mais le plus souvent, chez les auteurs du XIIe siècle, le recours à l'expérience se limite à des constatations assez banales tirées de la vie courante. Au sens fort du mot, il n'y avait pas « expérimentation ».

C'était sans doute dû pour une part à l'insuffisance de l'équipement technique, mais aussi à une certaine méfiance à l'égard des sens. Adélard de Bath honorait Platon ; or ce dernier, justement, préférait la voie de la raison à la voie de l'expérience... Cela n'empêchait pas Adélard d'accorder explicitement un rôle à la connaissance sensible ; et de regretter qu'on ne puisse « distinguer avec l'œil les minuscules atomes » ! Mais il faut bien le reconnaître : il y avait un déséquilibre qui favorisait la spéculation aux dépens du réalisme expérimental. Même les auteurs les plus soucieux de recourir à l'expérience avaient du mal à y parvenir. Voici comment l'historien Paul Tannery définit la situation de Hugo Physicus, qui a écrit au XIIe siècle une *Pratique de la géométrie* :

13. Voir l'ouvrage déjà cité de R.C. Dales, pp. 51 et suivantes.

« Il voit bien qu'il faut expérimenter, mais il ne sait point s'y prendre, ou ne pense qu'à des expériences impossibles. »[14]

Comment expliquer la Renaissance du XIIe siècle ?

Pour finir, et bien que le sujet soit trop vaste pour être traité ici dans toute sa complexité, risquons-nous à poser la question : comment expliquer, historiquement, l'espèce de mutation que nous avons observée dans le domaine de la connaissance ? Il est facile, en un premier temps, de formuler certaines réponses partielles. On peut par exemple admettre que la reconquête de certaines régions occupées par les Arabes a rendu possibles les nombreuses traductions dont nous avons parlé. Mais une remarque de ce genre ne mène pas loin. Car reconquérir Tolède était une chose ; et l'enthousiasme des traducteurs en était une autre... Les grands centres de traduction, en outre, n'ont pas été les lieux privilégiés du renouvellement de la pensée philosophique. Si l'on veut rendre compte de la nouvelle perception de la nature qui s'est manifestée dans l'art et la pensée de cette époque, un élargissement des perspectives s'impose certainement.

Depuis le Xe siècle, en effet, il y avait en Occident un essor démographique, une nette croissance économique, un important développement des centres urbains. De nombreux historiens, tout en se gardant de tomber dans des interprétations socio-économiques simplistes, ont tenu compte de cette évolution générale pour interpréter certaines innovations. Il est assez clair, par exemple, que de nouvelles conditions matérielles et culturelles étaient nécessaires pour que les universités puissent naître. Les villes constituaient des milieux plus ouverts que les monastères ; elles stimulaient de nouvelles curiosités et appelaient une nouvelle division du travail. Ainsi est apparu l'universitaire, travailleur intellectuel d'un nouveau genre. Citons Jacques Le Goff : « Ce n'est que dans le cadre urbain que ce type d'intellectuel a pu se développer. »

14. Cité par A.C. Crombie, *Robert Grosseteste and the origins of experimental science, 1100-1700*, Clarendon Press (Oxford), 1971 (1re édition : 1953), p. 24.

Entre le VIe et le Xe siècles, l'agriculture de l'Europe du Nord améliora considérablement ses méthodes. Plusieurs innovations y contribuèrent, parmi lesquelles il faut mentionner la technique de l'assolement triennal et l'utilisation du collier d'épaules pour l'attelage des

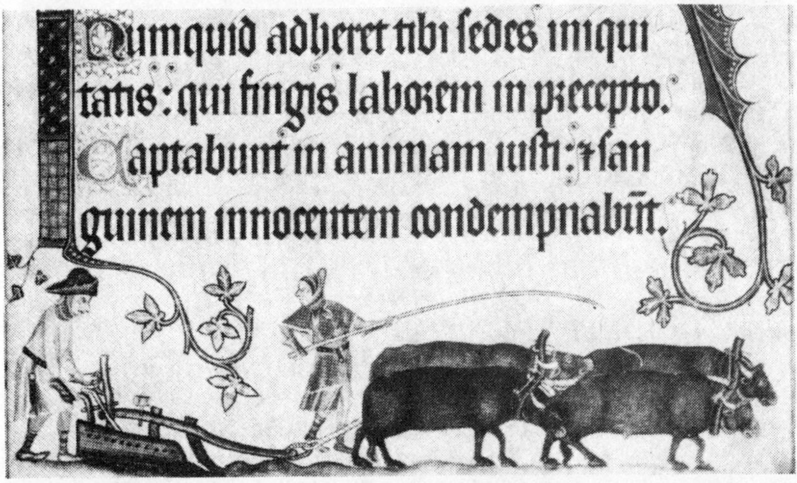

chevaux. Mais la charrue lourde, d'origine assez ancienne et lentement perfectionnée, constitue peut-être le symbole le plus caractéristique de ce changement. A la différence de l'araire, qui pouvait seulement égratigner le sol, cet outil, muni d'un coutre, d'un soc, d'un versoir et généralement de deux roues, permettait de retourner et d'aérer efficacement la terre. Les rendements furent accrus ; à partir des xe et xie siècles, l'existence de surplus alimentaires favorisa l'essor démographique et, en même temps, le développement des villes. On ne saurait donc surestimer l'importance des progrès de l'agriculture médiévale. Grâce à eux, les villes anciennes purent s'étendre et des villes nouvelles purent naître. Ainsi allaient apparaître des structures économiques originales ; ainsi allaient s'imposer, petit à petit, les modes de vie et de pensée du « bourgeois ». *(Psautier de Luttrell, vers 1335-1340. Copyright The British Library Board.)*

Mais sans doute faut-il préciser encore. Au XIIe siècle, en effet, c'est une véritable *« désacralisation de la nature »* qui s'est opérée. Cela signifiait que les hommes, au lieu de s'incliner devant les obscures puissances de la nature, étaient prêts à adopter une attitude beaucoup plus agressive, voire dominatrice. Ce thème, bien sûr, s'épanouira chez Descartes, qui souhaitera que les hommes deviennent « comme maîtres et possesseurs de la nature ». Mais il est déjà présent au XIIe siècle. Le témoignage du Père Chenu, historien de la théologie, est à cet égard très intéressant. Le développement des techniques, déclare-t-il, a vraisemblablement joué un rôle majeur dans l'apparition d'une nouvelle mentalité, d'une nouvelle attitude devant l'univers des choses. *« L'essor des techniques est le signe et le moyen d'une vraie découverte, d'une découverte active de la nature, en même temps que l'homme se révèle en quelque sorte à lui-même. (...) A la faveur de l'éclatement de la féodalité et de son exclusivisme terrien, à la faveur de l'émancipation économique et politique des artisans urbains, organisés en corporations, à la faveur d'une circulation active des biens et des personnes dans une économie de marché, la mise en œuvre et l'extension de nouvelles techniques modifient profondément non seulement la vie matérielle, mais, dans la vie de l'esprit, certains modes de perception, de sensibilité, de représentation. »*[15]

Un univers de plus en plus mécanique

On l'oublie en effet trop souvent : *« Le Moyen Age a été l'une des plus grandes périodes de progrès technique de toute l'histoire. »*[16] On n'en finirait pas de citer les techniques qui ont été mises en œuvre en Occident, sur une grande échelle, à partir de l'an 600. Je ne mentionnerai que l'étrier, le collier d'épaules pour les chevaux, la charrue lourde (par opposition avec l'araire), l'assolement triennal, le moulin à eau et, plus tardivement, le moulin à vent. Concrètement, il en

15. M.D. Chenu, O.P., *La théologie au XIIe siècle*, troisième édition, Vrin, 1976, p. 45. Le Père Chenu se réfère à Lewis Mumford. De nombreux autres spécialistes ont développé ce thème.
16. D.S.L. Cardwell, *Technology, science and history*, Heinemann, 1972, p. 4. A côté des techniques médiévales, déclare Cardwell, celles des Grecs et des Romains paraissent insignifiantes.

Comme les astronomes modernes, les médiévaux essayaient de décrire le ciel et les mouvements des divers astres. Mais, à côté des préoccupations proprement astronomiques, il en existait d'autres,

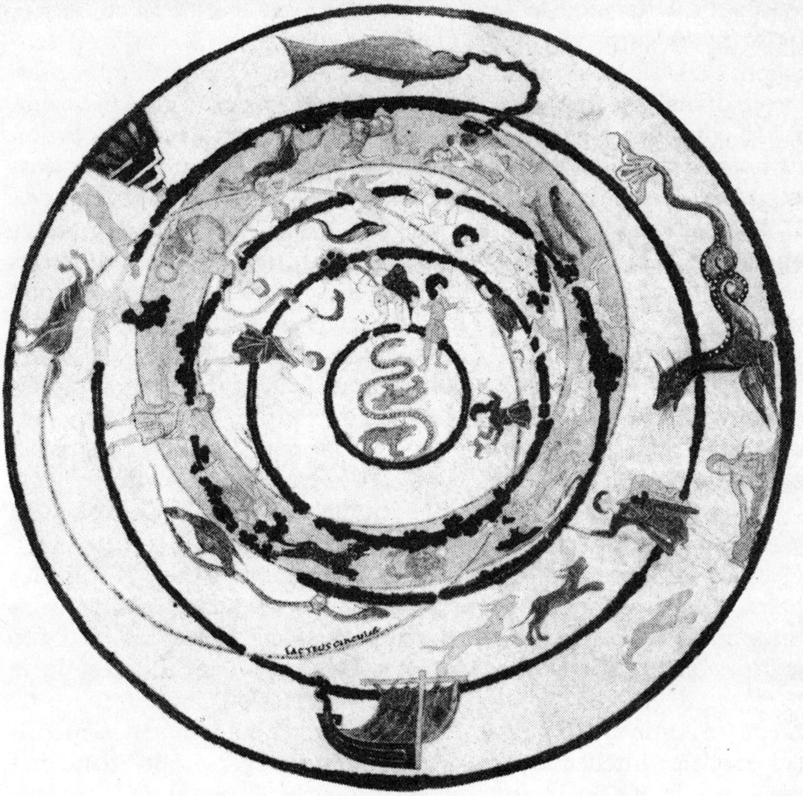

astrologiques, que les scientifiques actuels jugeraient fort suspectes. Bien que les penseurs médiévaux aient souvent fait la distinction entre « astronomie » et « astrologie », la situation était plutôt confuse. L'idée que les astres puissent exercer une influence sur la Terre était couramment admise (et d'ailleurs fondée sur des observations très simples : cycle des saisons, variations du climat, marées, etc.) ; sur cette base, il était facile d'en arriver à une conception philosophique plus vaste selon laquelle la vie humaine elle-même dépendait des cieux. C'est le thème de la liaison entre le *macrocosme* et le *microcosme* : l'homme est un « petit monde » étroitement intégré au « grand monde » (c'est-à-dire à l'ensemble du système constitué par la Terre et les astres). Au XIIe siècle, cette croyance s'exprima vigoureusement ; l'Église elle-même se montra moins hostile à son égard. Les médecins, en particulier, recouraient à l'astrologie pour soigner leurs clients. Le fait intéressant, c'est que les nécessités de la technique astrologique stimulèrent certaines recherches d'ordre astronomique (mesure du temps, mesure de la position des planètes, etc.). *(Les constellations d'après Aratos, qui vivait au IIIe siècle av. J.-C. Manuscrit datant de l'an 1000 environ. Cliché Giraudon.)*

résultait que la production agricole était nettement accrue et que, dans divers corps de métier, les nouvelles sources d'énergie rendaient possible l'utilisation de *machines* de plus en plus nombreuses. En ce domaine comme en d'autres, les médiévistes se sont peut-être laissé entraîner à des excès de langage en parlant de « révolution technique », de « révolution agricole », de « révolution industrielle ». Mais enfin les faits semblent bien établis. Un document de 1086 recense 5 624 moulins à eau pour 3 000 communautés anglaises ; et encore ce chiffre risque-t-il d'être trop bas... Même les paysans vivaient en présence de machines. Rien d'étonnant à ce que les mentalités aient changé : *« L'homme cessa d'être l'enfant de la nature ; il se mit à l'exploiter. »* [17] On comprend également que, dans le domaine de la réflexion philosophique, cette évolution ait eu des répercussions plus ou moins directes. La nature, une fois désacralisée, acquérait le statut d'une « réalité objective » susceptible d'être étudiée pour elle-même, selon le jeu des causes et des effets.

Dans cette perspective, il est à noter que certains penseurs du XIIe siècle entreprirent de rapprocher la théorie et la pratique. Ainsi Hugues de Saint-Victor, dans son *Didascalicon*, déplore que les « arts mécaniques » ne soient pas pris en considération par les philosophes. Les arts mécaniques, par contraste avec les arts libéraux, comprenaient les diverses activités pratiques : techniques de la forge et de la construction, tissage, navigation, agriculture, etc. Depuis l'Antiquité, ils étaient traditionnellement ignorés ou méprisés par l'élite intellectuelle ; car un homme libre, pensait-on, ne doit pas travailler de ses mains. Il y avait quelques exceptions ; certains ordres religieux, par exemple, accordaient du prix au travail manuel. Mais, en essayant d'intégrer les arts mécaniques à l'enseignement supérieur, Hugues de Saint-Victor n'en faisait pas moins preuve de hardiesse. Son projet, d'ailleurs, n'aboutit pas. Il se pourrait que la « redécouverte » des auteurs grecs y ait été pour quelque chose : elle renforçait le dédain du clerc pour l'artisan [18]. Culturellement, les tentatives destinées à revaloriser les techniques n'en sont pas moins remarquables ; elles confirment que l'Occident était prêt (ou presque prêt...) à donner au savoir une base « expérimentale ».

Ces remarques sur le rôle des arts mécaniques ne devraient cependant pas faire oublier d'autres facteurs. Lynn White Jr. note par exemple que le christianisme, en tant que doctrine, a certaine-

17. L. White Jr., *Medieval religion and technology*, déjà cité, p. 145.
18. Platon, certes, recourt souvent à des métaphores empruntées aux artisans. Ces derniers, socioculturellement, n'en constituent pas moins une catégorie « inférieure ». Il faudra attendre longtemps pour que s'opère une vraie collaboration de la main et du cerveau...

ment répandu dans l'ensemble de la société une nouvelle idée de la nature. Dieu était le créateur du monde ; et il fallait se garder d'attribuer à « la nature » des pouvoirs qui, en réalité, étaient ceux d'un Dieu transcendant. Quant aux hommes, ils avaient vocation à dominer leur environnement naturel. En se divulguant dans la population, de telles idées contribuèrent à éliminer progressivement les vieilles croyances animistes ; même chez les paysans, l'attitude devant la nature se modifia dans le sens de ce qu'on pourrait appeler le réalisme opératoire.

Sur cette question et quelques autres, les historiens discutent encore et discuteront sans doute longtemps. Soyons-en persuadés : on découvrira de nouveaux documents, de nouvelles « sources », de nouveaux courants de pensée, de nouveaux aspects de l'activité pratique. On comprendra mieux, en particulier, le rôle joué par la magie, l'alchimie et l'astrologie. Au jour d'aujourd'hui, en tout cas, il semble légitime de parler d'une « Renaissance » (ou même d'une « révolution ») du XIIe siècle. A condition, évidemment, qu'on ne donne pas à ces expressions un sens trop rigide, comme si l'Occident, soudainement et totalement, avait basculé dans la modernité... Longtemps encore, après Guillaume de Conches, Adélard de Bath et Hugues de Saint-Victor, un difficile dialogue se poursuivra entre deux tendances : l'une qui privilégie la recherche spirituelle, la quête du sens — et l'autre qui encourage l'étude rationnelle et positive de la nature. Mais, dans ce long processus, on peut distinguer des temps forts, des moments où se cristallisent des idées décisives. Le XIIe siècle, à coup sûr, a été l'un de ces moments.

Bibliographie :

Bien que la pensée « scientifique » du Moyen Age semble peu vulgarisée, la bibliographie est abondante. Outre les ouvrages cités dans les notes de P. Duhem, E. Gilson, M. D. Chenu, J. Le Goff, A. C. Crombie, E. Grant, R. C. Dales et L. White Jr., on consultera utilement :

L. Thorndike, *A history of magic and experimental science*, 8 vol., Columbia University Press, 1923-1958 (le XIIe siècle est étudié dans le volume II).

C. H. Haskins, *The Renaissance of the twelfth century*, Harvard University Press, 1928.

J.E. Murdoch and E.D. Sylla (eds.), *The cultural context of medieval learning,* Reidel, 1975 (voir en particulier la contribution de R. McKeon et celle de T. Gregory : « La nouvelle idée de nature et de savoir scientifique au XIIe siècle »).

E. Grant (ed.), *A source book in medieval science,* Harvard University Press, 1974.

T. Stiefel, « The heresy of science : a twelfth-century conceptual revolution », *Isis, 68,* pp. 346-362, sept. 1977.

J. Le Goff, *La civilisation de l'Occident médiéval,* Arthaud, 1964.

R. Delort, *La vie au Moyen Age,* 3e édition, Edita-Le Seuil, 1982.

R. Taton (sous la dir. de), *Histoire générale des sciences,* tome I : *La science antique et médiévale,* 2e éd., revue, PUF, 1966. (L'article sur la science dans l'Occident médiéval chrétien est dû à G. Beaujouan.)

L. White Jr., *Medieval technology and social change,* Oxford University Press, 1970 (1re édition : 1962).

M. Daumas (sous la dir. de), *Histoire générale des techniques,* tome I, *Les origines de la civilisation technique,* PUF, 1962.

B. Gille (sous la dir. de), *Histoire des techniques,* Gallimard, 1978.

J. Gimpel, *La révolution industrielle du Moyen Age,* Le Seuil, 1975.

R.S. Lopez, *The commercial revolution of the Middle Ages, 950-1350,* Cambridge University Press, 1976.

J. Paul, *Histoire intellectuelle de l'Occident médiéval,* Armand Colin, 1973.

J. Verger, *Les universités au Moyen Age,* PUF, 1973.

E. Peters, *The magician, the witch and the law,* The Harvester Press, 1978.

CHAPITRE III

Espace et perspective au Quattrocento

Aujourd'hui, la perspective linéaire nous apparaît comme un outil mathématique assez simple à manier ; et l'idée que des parallèles puissent se rencontrer « à l'infini » nous semble quasiment aller de soi... Mais il n'en a pas toujours été ainsi ; bien des étapes furent nécessaires pour que, petit à petit, une géométrisation cohérente de la représentation spatiale fût assurée sur la base de principes clairement explicités. C'est à Florence, au début du XVe *siècle (Quattrocento), que des peintres et des architectes ont mis au point la première théorisation de la perspective ; théorisation qui devait avoir maintes répercussions sur la pensée scientifique. Non seulement elle rendait possible la géométrie projective, mais elle « préparait » le concept d'espace sur lequel allait s'appuyer la mécanique classique. La géométrisation de l'espace doit être comprise historiquement par rapport à un contexte socio-culturel extrêmement riche.*

Tous les historiens de l'art occidental semblent d'accord sur ce point : à Florence, dans les premières décennies du XVe siècle, les techniques de représentation de l'espace ont connu une mutation tout à fait remarquable. En particulier grâce aux nouvelles méthodes de la perspective linéaire, les artistes étaient désormais capables de donner de la « profondeur » à leurs fresques et à leurs bas-reliefs. Pour définir la nature de cette innovation, l'historien de l'art Erwin Panofsky a utilisé une opposition devenue classique. Les œuvres typiquement médiévales, explique-t-il, nous proposent un *espace-agrégat*, c'est-à-dire un espace où les objets se juxtaposent sans que soient prises en compte leurs relations spatiales (ill. p. 70). Alors que les Florentins du XVe siècle, eux, ont créé un *espace-système*, dans lequel les objets occupent les uns par rapport aux autres des situations précises et s'organisent de façon ordonnée et unitaire. Aujourd'hui encore, cette conception nous est familière : l'espace est une sorte de réceptacle transparent qu'on peut caractériser comme tridimensionnel, homogène, isotrope et infini. Pour le représenter correctement, il convient de recourir à la « géométrie », à l'étude des « proportions », au calcul des « dimensions apparentes ». Tel est, succinctement défini, l'apport des architectes et des peintres florentins, apport qui a été ensuite précisé, théorisé et exploité de plusieurs manières, en particulier dans le domaine de la science.

De l'art comme préparation à la science

Car on l'oublie parfois trop facilement : pour que puissent se développer les brillantes théories des Galilée et des Newton, il fallait que les notions de *temps* et d'*espace* aient déjà acquis une certaine rigueur. A cette condition seulement était possible une physique à la fois mathématique et expérimentale. Philosophes et hommes de science ont participé à l'élaboration de ces concepts fondamentaux, cela va de soi. Mais la tâche leur avait été grandement préparée par les artistes. Comme on va le voir, ce sont eux qui ont concrètement élaboré la notion « moderne » d'espace en mettant au point certaines techniques de représentation.

C'est vers 1425 que Tommaso di Giovanni Guidi, dit Masaccio, a peint sur un mur de l'église Santa Maria Novella de Florence sa *Trinité*. Œuvre essentielle dans l'histoire de la perspective, puisque les historiens admettent que, pour la première fois, un peintre de la Renaissance utilisait de façon consciente et systématique la pers-

pective linéaire (en sculpture, c'est Donatello qui est considéré comme l'initiateur). Il y a un point de fuite unique, situé au milieu de la ligne d'horizon ; cette dernière, conformément aux canons idéaux, se trouve à peu près au niveau des yeux d'un observateur se tenant debout devant la fresque. Leon Battista Alberti, une dizaine d'années plus tard (1435), explicitera la méthode à l'intention des peintres. *(Cliché Giraudon.)*

Étudier la naissance d'une nouvelle organisation spatiale, c'est donc faire de l'histoire de l'art ; mais c'est aussi enquêter sur les origines d'une nouvelle manière de percevoir et de concevoir la nature, c'est-à-dire sur un moment essentiel de la préhistoire de la physique classique. Peintres, sculpteurs et architectes, en effet, opéraient une sorte de révolution silencieuse en imaginant et en représentant un espace homogène puis en le géométrisant. Pour Aristote, il y avait un centre absolu du monde et des « lieux » différenciés, vers lesquels tendaient respectivement l'élément terre, l'élément feu, etc. L'espace nouveau, au contraire, n'est plus qualitatif et hétérogène ; il est sans limite et doué d'unité, antérieur aux objets qui y trouveront place. Comme le déclare Pomponius Gauricus au début du XVIe siècle en traitant de la perspective : *« Le lieu*

Cette enluminure du Haut Moyen Age illustre bien la conception de l'espace à laquelle l'historien de l'art Erwin Panofsky a donné le nom d'*espace-agrégat*. Les objets et les individus sont juxtaposés sur un plan, sans que l'artiste cherche à créer de façon méthodique l'illusion de la profondeur et se soucie de mettre en relation les grandeurs apparentes. Non seulement « l'air ne circule pas », mais le château paraît trop petit et schématisé de façon fort peu « réaliste ». Les tailles des divers personnages ne doivent rien à la perspective géométrique ; bien plutôt, elles sont déterminées par le statut social. Un seigneur, par nature, est plus grand qu'un maçon... A la fin du Moyen Age, progressivement, se manifestera le désir de représenter un espace « profond », véritablement tridimensionnel. *(Chantilly, Musée de Condé, cliché Giraudon.)*

existant avant le corps placé en ce lieu, il doit nécessairement être fixé graphiquement en premier. »

Propos de peintre, certes ; mais dont on trouve l'équivalent chez Galilée lui-même. Car ce dernier, d'après certains témoignages, avait d'abord eu envie de se tourner vers la peinture plutôt que vers la physique... Il s'intéressait de près à cet art et au problème de la représentation de la profondeur. Mettant la sculpture au second rang, il écrivit par exemple ceci : *« L'imitation la plus artistique est celle qui représente la tridimensionalité dans son opposé qu'est la surface plane. »*[1] Aujourd'hui, en vertu d'une stricte division du travail, histoire de l'art et histoire des sciences sont le plus souvent séparées. Mais la géométrisation de l'espace qui s'est effectuée du XIVe au XVIIe siècle relève de l'une et de l'autre.

Un piège doit toutefois être évité. L'expression de « géométrisation de l'espace », en effet, évoque tout spécialement la perspective ; et l'on pourrait croire que la nouvelle conception de l'espace se réduisait à une innovation purement mathématique, à l'invention du « point de fuite » (qui réunit les parallèles à l'infini). Du point de vue de l'histoire socio-culturelle, c'est une interprétation beaucoup trop étroite. La technique et la théorie de la perspective linéaire ont assurément eu une grande importance (et une large part de cette étude leur sera consacrée). Mais il est essentiel de voir que, derrière les raisonnements mathématiques, il y avait quelque chose de plus spontané et de plus intuitif : une nouvelle manière de regarder le monde, de « sentir » son organisation, d'imaginer ses structures. Si les questions proprement géométriques ont revêtu tant d'importance, c'est en fonction de préoccupations extrêmement variées, allant de l'esthétique et de l'optique à l'artillerie et à la théologie...

Pierre Francastel, historien et sociologue de l'art, l'a souligné fortement : la Renaissance n'a pas *découvert* une fois pour toutes l'espace absolu tel qu'il existe en soi de toute éternité... Mieux vaut dire qu'elle a *inventé* un certain ordre spatial en mettant à profit toute une série d'expériences d'ordre social et culturel. C'est « la nature même de l'espace humain » qui s'est transformée[2]. Et il ne s'agit donc pas simplement de l'apparition d'une *théorie* (au sens intellectuel du mot), mais d'un épisode relevant de l'*anthropologie culturelle.* Concrètement, ceci veut dire qu'il faut essayer de comprendre comment un ensemble complexe de traditions et de chan-

1. *Erwin Panofsky,* recueil collectif, Centre Georges-Pompidou, Pandora Éditions, 1983, p. 210.

2. P. Francastel, *Études de sociologie de l'art,* Denoël-Gonthier, 1970, p. 143.

gements historiques a favorisé la naissance d'un nouveau « sens de l'espace ». Chaque civilisation, en effet, crée son propre système de perception et de représentation ; quiconque a contemplé quelques œuvres de la peinture chinoise classique se rend bien compte, par exemple, que l'espace y est *différent*, tributaire d'une autre « vision du monde ». Ce sont ces différences, souvent difficiles à définir verbalement, qu'il faudrait pouvoir expliquer.

Du Trecento au Quattrocento : quelques repères

Donnons tout d'abord quelques repères chronologiques. Les experts sont quasi unanimes à reconnaître que le peintre Giotto (né vers 1267, mort en 1337) occupe une place importante dans la préhistoire de l'espace « moderne ». Il n'a pas utilisé la perspective de façon systématique ; mais, dans les *Noces de Cana* (1304-1306), l'effet de profondeur est évident (ill. p. 73). Si remarquables que soient les « précurseurs » du XIVe siècle, il faut toutefois attendre le début du XVe pour que les recherches sur la perspective deviennent précises et méthodiques. C'est en 1425 ou juste après 1425 que se produit à Florence un double événement décisif.

En premier lieu, Brunelleschi (1377-1446) se livre à de véritables « expérimentations » optiques. Il n'était pas peintre, mais orfèvre, sculpteur et architecte : l'un de ses grands titres de gloire est d'avoir construit la cathédrale de Florence, Santa Maria del Fiore. Voulant montrer qu'il était possible de créer sur un plan l'illusion de la profondeur, il fit deux panneaux représentant respectivement le baptistère et la place de la Seigneurie, deux décors familiers aux Florentins. Ces deux œuvres sont aujourd'hui perdues. Mais des historiens ont essayé de les reconstituer ; et l'on pense que Brunelleschi, pour produire ses effets perspectifs, avait utilisé les ressources du dessin d'architecture. L'une de ses idées essentielles était que le peintre devait adopter une situation fixe par rapport aux objets à reproduire. C'est à partir d'un « point de vue » strictement défini qu'on peut construire géométriquement l'illusion de la troisième dimension ; et, pour observer le tableau ainsi obtenu, il faut évidemment tenir compte de ce « point de vue » privilégié. Brunelleschi, en fait, a utilisé un dispositif astucieux mais assez compliqué : le spectateur était obligé de mettre son œil derrière le panneau peint, dans lequel était percé un trou, et de le regarder par l'intermédiaire d'un miroir (ill. p. 74).

En second lieu, toujours vers 1425, Masaccio peint dans l'église Santa Maria Novella de Florence une fresque, la *Trinité*, qui est considérée comme la première application rigoureuse du « point de fuite ». A cause du contenu même de l'œuvre, qui représente une niche assez profonde, l'effet de relief est très accusé (ill. p. 69). Il est fort possible que Masaccio ait bénéficié des conseils de Brunelleschi, son aîné. Un peu plus tard, dans une fresque qui orne l'église Santa Maria della Carmine de Florence, il utilisa la perspective de manière plus sobre, mais avec une moins grande efficacité (ill. p. 75).

Giotto (né en 1267, mort en 1337) est souvent considéré comme l'un des principaux initiateurs d'une nouvelle conception de l'espace pictural. Cette fresque de la chapelle Scrovegni de Padoue, peinte en 1304-1306, représente les Noces de Cana. La table et surtout le décor architectural, grâce au dessin et aux effets d'ombre, créent une nette impression de profondeur. Même dans cette œuvre-ci, où la recherche de l'illusion spatiale est particulièrement nette, Giotto n'a pas suivi une méthode géométrique stricte. Il est cependant manifeste que le peintre a un certain « sens de l'espace ». *(Cliché Giraudon.)*

Alberti, premier théoricien de la perspective

Précisons que le mot « perspective », au Moyen Age, désignait la science de l'optique (« *perspectiva communis* »). Puis, au Quattrocento, il a fini par désigner plus précisément l'ensemble des spéculations et des techniques concernant la représentation raisonnée de l'espace (« *perspectiva artificialis* »). Dans cette évolution, un homme occupe une place centrale : Leon Battista Alberti (1404-1472). Il y a là un certain paradoxe, car on ne rencontre pas sous sa plume le mot *prospettiva*... Mais si le vocable est absent, les principes fondamentaux, eux, sont clairement définis et justifiés. Brunelleschi et Masaccio, praticiens avant tout, n'ont pas laissé d'écrits expliquant leurs méthodes. Alberti comble cette lacune en écrivant en 1435 son traité *De la peinture.*

C'était un ecclésiastique ; il avait été successivement secrétaire d'un cardinal et titulaire d'un poste à la cour pontificale. A première vue, une telle carrière ne semble pas mener à la pratique des arts et de la perspective... Mais Alberti, outre qu'il avait une vaste culture, s'intéressait à de nombreuses questions pratiques et avait

Ce schéma permet de saisir le principe des « expérimentations optiques » réalisées par Brunelleschi à Florence vers 1425. A la fois artiste et ingénieur, surtout connu par ses œuvres architecturales, il voulait montrer qu'il était possible de peindre méthodiquement des panneaux donnant l'illusion de la profondeur spatiale. L'un des deux panneaux qu'il peignit (et qui sont aujourd'hui perdus) représentait le baptistère de Florence, observé à partir du portail de la cathédrale. Brunelleschi utilisa certainement les ressources du dessin d'architecture pour « rationaliser » l'élaboration de ses vues expérimentales. Pour les regarder, il fallait utiliser un miroir et placer son œil derrière un trou percé dans le panneau. Le ciel pouvait lui aussi se refléter dans la glace, renforçant l'effet « réaliste »... *(Dessin d'après Samuel Edgerton.)*

une expérience d'artiste-ingénieur. Sans être à proprement parler un architecte ou un maître d'œuvre, il dirigea la construction de divers édifices (églises et palais). On peut donc le considérer comme un personnage-charnière, faisant le lien entre pratique et théorie.

Le traité *De la peinture* était essentiellement didactique et proposait aux peintres une conception tout à fait générale de leur art. La perspective, toutefois, y occupait une large place. L'exposé est expressément conçu dans un esprit mathématique et repose sur des connaissances solides en géométrie et en optique : c'est en ana-

Le *Paiement du tribut,* peint par Masaccio vers 1427 dans l'église Santa Maria della Carmine de Florence, est l'une des grandes œuvres où se concrétise la nouvelle représentation de l'espace. La ligne d'horizon est placée au niveau des yeux des personnages ; le point de fuite, sur la fresque, est situé juste en arrière de la tête du Christ. Non seulement cette organisation de l'espace assure la cohérence de la scène, mais elle renforce son « message » spirituel. Car cette géométrisation de l'espace optique, conformément à une longue tradition, a une signification religieuse. Au XIIIe siècle, plusieurs théologiens avaient affirmé le caractère privilégié de la lumière : d'une part elle est l'une des plus pures créations de Dieu, d'autre part elle évoque la manière dont la Grâce divine se répand dans le monde. Même à la Renaissance, cette sensibilité aux connotations spirituelles de l'optique était très vive. *(Cliché Scala.)*

lysant les triangles et autres figures formés par les rayons visuels qu'il convient d'étudier la représentation de l'espace. Mais Alberti prend bien soin de signaler qu'il s'exprime avant tout dans le langage des peintres et non dans celui des mathématiciens.

Quand Brunelleschi avait représenté le baptistère de Florence, il s'était placé dans l'axe du portail de la cathédrale, un peu à l'intérieur de cette dernière. Les bords du portail constituaient donc une sorte de *cadre* à travers lequel était perçu le décor à reproduire. Alberti reprend et élabore cette idée qui sera fondamentale pour la peinture classique : il faut désormais concevoir le tableau ou la fresque comme la transcription des formes perçues à travers « une fenêtre ouverte ». Plus précisément, ces formes font l'objet d'une *projection* sur le plan idéal défini par les rebords de la « fenêtre ». D'où cette définition : *« Le tableau est une intersection plane de la pyramide visuelle » ;* pyramide qui a pour base le cadre de la « fenêtre » et pour sommet l'œil du peintre. La perspective, en particulier, fournit les moyens de « géométriser » correctement les projections des lignes droites les plus remarquables (verticales, orthogonales au plan du tableau, etc.).

Le détour par la construction théorique, à vrai dire, ne s'impose pas de façon absolue. Car, comme l'explique Alberti, on peut se servir d'un voile très fin et régulièrement quadrillé (« velo ») pour reproduire empiriquement les contours observés ; il suffit de repérer par lecture directe les positions de certains points remarquables sur la « grille » qu'on a placée sur la « fenêtre ». Des méthodes de ce genre ont souvent été utilisées. Dürer, dans un traité écrit en 1525, indiquera, par exemple, qu'on peut se servir d'un fil tendu muni d'un viseur, d'une tige verticale se terminant par un œilleton, etc. (ill. p. 83). Mais cet empirisme ne paraît pas suffisant à Alberti. Bien que ce soit souvent difficile (la simple projection d'un cercle pose déjà un problème théorique délicat !), les structures spatiales du tableau doivent être contrôlées. Pour représenter des décors et des scènes imaginaires, d'ailleurs, la perspective théorique est nécessaire. Bref, l'idéal est de parvenir à une parfaite géométrisation.

Dans son traité, Alberti ne définit pas explicitement le statut du « point de fuite » (qu'il appelle « point central »). S'agit-il d'une fiction mathématique, d'un « point » ayant une réalité physique, d'un symbole de l'infini ? Comme le remarque Samuel Edgerton, Alberti ne nous le dit pas [3]. Cela ne signifie pas qu'il était incapable

3. S. Y. Edgerton, *The Renaissance discovery of linear perspective,* Basic Books, 1975, p. 26.

d'aborder le sujet. Mais il convient de voir que l'idée de parallèles « se rencontrant à l'infini » n'est pas si simple. Léonard de Vinci lui-même, à la fin du XVe siècle, témoignera de cette difficulté : *« L'œil entre deux lignes parallèles ne les verra jamais à une distance assez grande pour qu'elles se rencontrent en un point »...*[4] Ainsi que le remarque L. Brion-Guerry, « il faudra attendre Kepler pour que soit reconnue la convergence des parallèles en un point à l'infini, et mieux encore Desargues pour qu'elle soit explicitement analysée »[5]. Pour les peintres, ces lacunes n'étaient pas un obstacle ; la pratique du « point de fuite », en tout cas, a précédé la théorie !

Un premier système de coordonnées : les pavements

Bien des auteurs, dans les décennies suivantes, rédigèrent des traités de perspective (où ils proposaient parfois des méthodes un peu différentes de la « costruzione legittima » d'Alberti). Mentionnons seulement celui de Filarete (composé en 1460-1464), celui de Piero della Francesca (vers 1474), celui de Pomponius Gauricus (1504), pour ne rien dire des nombreux textes de Léonard de Vinci sur le sujet. Mais c'est avant tout la naissance de la perspective moderne qui nous occupe ici. Mieux vaut donc affiner le schéma historique qui vient d'être sommairement présenté. Car peut-être met-il trop l'accent sur les discontinuités dans l'histoire de la perspective et du « sens de l'espace ». Il importe de rappeler que, même avant Giotto, des mosaïques, des fresques ou des panneaux peints avaient témoigné d'une certaine recherche de la profondeur. Que ce soit chez les Byzantins ou pendant la période carolingienne, il existe quelques œuvres qui, rétrospectivement, présentent des détails très significatifs. Le motif du *plafond,* surtout lorsqu'il était accompagné de poutres ou de caissons, se prêtait assez aisément à une géométrisation suggestive. Ces ébauches de représentation perspective, il est vrai, plongeraient les théoriciens modernes dans une grande perplexité ! Car il y a souvent *plusieurs points de fuite,* soit dispersés un peu au hasard, soit étagés sur une verticale (ill. p. 84). Ce dernier procédé, dit de « l'axe de fuite », a peut-être une origine byzantine ; bien qu'il manque de

4. *Les carnets de Léonard de Vinci* (présentés par E. MacCurdy), trad. française, Gallimard, 11e éd., 1954, vol. II, p. 300.
5. L. Brion-Guerry, *Jean Pélerin Viator,* Les Belles Lettres, 1962, p. 38.

fondements rationnels, il permet ce qu'on pourrait appeler une quasi-perspective [6].

La géométrisation de l'espace pouvait donc être plus ou moins complète, plus ou moins cohérente. Les *pavements en échiquier*, eux aussi faciles à structurer, donnaient une autre occasion d'effets perspectifs. Ainsi Ambrogio Lorenzetti, dans son *Annonciation* (1344), a soigneusement représenté un pavement en recourant à un point de fuite unique (ill. p. 86). L'espace n'est pas totalement unifié ; mais il y a tout de même, comme l'écrit E. Panofsky, une « échelle des valeurs spatiales ». Il suffit en effet de compter les carreaux pour avoir une *mesure*, au sens strict, de la profondeur « objective ». Pour l'histoire de la pensée scientifique, le fait n'est pas sans intérêt. *« Il n'est pas excessif d'affirmer qu'utilisé de cette manière un tel motif (...) représente en quelque sorte le premier exemple d'un système de coordonnées qui, dans une sphère du concret artistique, rend l' " espace systématique " moderne matériellement visible, avant même que la pensée de l'abstrait mathématique l'ait postulé. »* [7] Alberti, ensuite, a synthétisé et conceptualisé ces acquis ; et la géométrie projective, au XVIIe siècle, ira plus loin encore. Ces grands succès, cependant, n'ont été possibles que grâce à un long travail de préparation, à une longue suite de recherches préliminaires.

Les Florentins, comme on dirait aujourd'hui, ont opéré une brillante percée. Mais il faut savoir que les Flamands ont également innové avec leur style propre (qu'on s'accorde généralement à juger plus empirique). Le premier traité de perspective qui ait été imprimé en Europe (Toul, 1505) se rattache justement à la tradition du Nord et a pour auteur un Français, Jean Pélerin Viator. Tous ces détails nous rappellent que, sur le plan des techniques, les explorations ont été nombreuses (pensons par exemple à la « méthode bifocale », utilisant deux points de fuite latéraux). Et que la recherche d'un espace homogène et unifié correspondait certainement à une préoccupation générale des sociétés « avancées » de cette époque. Plus loin, je dirai un mot des nouvelles activités qui s'étaient développées dans une cité aussi dynamique que Florence. Mais je voudrais d'abord évoquer une tradition dont l'influence sur Alberti a été indéniable ; à savoir la longue série des spéculations (tantôt scientifiques tantôt théologiques) relatives à l'*optique*. Par-delà les médiévaux, c'est jusqu'aux Grecs qu'il faut remonter.

6. E. Panofsky, *La perspective comme forme symbolique*, trad. française, Éditions de Minuit, 1975, p. 123.

7. E. Panofsky, même ouvrage, pp. 125-126.

L'optique ancienne : Euclide et Ptolémée

Ainsi Euclide, vers 300 avant J.-C., avait écrit une *Optique*, essentiellement géométrique, fondée sur l'idée que la taille apparente des objets était déterminée par l'angle sous lequel on les voyait. Mais il ne se souciait pas du problème de la représentation de l'espace ; il n'avait donc pas été amené à traiter les questions concernant ce que nous appelons maintenant le point de fuite. Ptolémée, au IIe siècle après J.-C., rédigea également une *Optique*, mais avec des préoccupations plus proches de celles des physiciens et des peintres. Il donnait une grande importance à la notion de « rayon central », qui servait d'axe au cône visuel. C'est ce rayon que, plus tard, Alberti devait appeler « le prince des rayons »... Sur un point essentiel, Ptolémée nuance les idées d'Euclide : au lieu de tenir compte seulement de l'*angle* visuel, il prend en considération les *longueurs*. Selon cette conception, la grandeur apparente de l'objet est inversement proportionnelle à sa distance par rapport à l'œil. Chez les Renaissants, précisément, la priorité des longueurs sur les angles sera clairement affirmée. Pour le dire en termes simples, un objet « deux fois plus grand » est un objet dont la mesure sur le plan de projection est deux fois plus grande ; alors que, selon la conception angulaire d'Euclide, un objet deux fois plus grand est un objet qu'on voit *sous un angle deux fois plus grand*. On touche ici à un problème fondamental qui concerne non seulement l'analyse géométrique, mais la psycho-physiologie de la perception.

A propos de l'influence que les Grecs ont pu exercer, les appréciations varient selon la manière dont on définit leurs conceptions de la grandeur apparente. Erwin Panofsky a établi une opposition radicale entre les Grecs et les Renaissants. *« L'optique des Anciens,* écrit-il, *se trouvait donc, une fois posés les principes de sa démarche, engagée dans une voie résolument opposée à la perspective plane. »*[8] Ce jugement, si l'on tient compte de Ptolémée, mériterait sans doute d'être nuancé. De toute façon, Ptolémée n'a pas élaboré une théorie systématique de la perspective ; s'il a influencé les peintres de la Renaissance, ainsi que nous aurons l'occasion de le voir, c'est par une autre voie. Il semble d'ailleurs que les peintres de l'Antiquité n'ont jamais utilisé la perspective sous une forme absolument rigoureuse ; mais c'est un point discuté.

L'Occident médiéval ignora longtemps le legs théorique des Grecs. C'est seulement au XIIe siècle que les traités d'Euclide et de

8. E. Panofsky, même ouvrage, p. 59.

Ptolémée furent traduits en latin à partir de versions arabes antérieures. Les Arabes eux-mêmes avaient apporté d'importantes contributions, spécialement grâce à Alkindi (IXe siècle), Avicenne et Alhazen (Xe-XIe siècle). Toutes ces œuvres influencèrent les théoriciens médiévaux. Alhazen, qui établissait entre autres que les rayons visuels émanaient des objets, stimula de façon particulièrement nette les spéculations sur l'optique qui se déployèrent au XIIIe siècle (Robert Grosseteste, Roger Bacon, John Pecham). Il n'est pas possible d'esquisser ici un bilan des idées qui furent formulées pendant cette période sur la nature et la propagation des images. Ce domaine d'étude, en tout cas, était bien vivant ; à travers ce qui peut nous apparaître aujourd'hui comme des tâtonnements se préparait une synthèse de plus en plus étroite entre l'analyse géométrique et l'étude de la vision des objets.

Optique et théologie au Moyen Age

De façon directe ou indirecte, Alberti et ses contemporains ont connu cette tradition médiévale. Non seulement le traité de John Pecham avait eu une large diffusion, mais Blaise de Parme avait écrit vers 1390 un traité d'optique *(Quaestiones perspectivae).* Dans les années 1420, en outre, avait circulé un traité *Della prospettiva,* directement écrit en italien et dû sans doute à Paolo Toscanelli. Ce dernier est vraisemblablement l'un des personnages clés du XVe siècle ; ayant des connaissances dans des domaines très divers, il a lancé beaucoup d'idées neuves qui ont influencé aussi bien un Christophe Colomb qu'un Brunelleschi. Il se trouve, hélas, que la figure de Toscanelli est encore assez mal connue ; ce qui complique l'interprétation d'une période où se mêlent de manière parfois très subtile idées anciennes et idées nouvelles. Mais les innovations du XVe siècle doivent être comprises par rapport à un arrière-plan théorique assez riche. Impossible, en tout cas, de s'en tenir à la légende (encore très répandue) de « l'obscurantisme médiéval ».

Il est exact, en revanche, que les auteurs médiévaux se sont intéressés à l'optique dans un cadre théologique propre à étonner les hommes de science du XXe siècle. Samuel Edgerton le souligne avec insistance : l'étude des rayons lumineux avait des motivations religieuses et une signification symbolique. Ainsi Roger Bacon (né vers 1220, mort vers 1292) explique longuement dans son *Opus majus* pourquoi une connaissance poussée de la structure géométrique des formes est nécessaire sur le plan religieux. Car il ne suffit pas de lire la Bible pour y découvrir des principes spirituels ; il faut aussi se représenter littéralement ses récits. L'arche de Noé et le temple de Salomon, affirme Bacon, doivent être perçus par l'intermédiaire de la vue. Analyser les lignes, les angles, les surfaces et les volumes en s'aidant d'Euclide, c'est une manière de mieux percevoir comment la sagesse divine se manifeste dans le monde visible. Robert Grosseteste, qui était l'aîné de Bacon, avait pratiquement intégré l'optique à la théologie [9]. La lumière, en effet, a été créée par Dieu dès le Premier Jour ; elle s'identifie donc à une forme privilégiée de l'énergie divine ; mieux encore, elle fait comprendre analogiquement comment la Grâce se diffuse parmi les hommes. Dans le détail, cette comparaison allait très loin. Bacon, par exemple, expliquait que le rayon lumineux frappant l'œil « directement et perpendiculairement » était l'image parfaite de la Grâce... De tels raisonnements peuvent paraître étranges ; ils n'en constituaient pas moins des encouragements à travailler l'optique avec sérieux.

A la Renaissance, cette façon d'interpréter les phénomènes optiques en leur attribuant un sens symbolique demeurera très vivante. Car l'idéal de l' « imitation de la nature », souvent formulé, n'exclut pas le souci des valeurs ; une œuvre d'art, même « réaliste », se présente comme un message élaboré selon un certain code qui assigne aux formes, aux couleurs et aux éléments proprement spatiaux des significations déterminées. Dans la peinture religieuse, la représentation de l'espace se prête donc à mille nuances grâce auxquelles chaque artiste exprime son interprétation de telle ou telle scène de l'Évangile [10].

Alberti lui-même, bien qu'il ait plutôt été un humaniste qu'un chrétien fervent, a retenu quelque chose des enseignements du XIIIe siècle. Selon lui, les œuvres d'art doivent contribuer à l'équilibre moral des hommes. Une fresque a pour fin de raconter une histoire et de proposer un message (la notion d'*istoria* est essentielle chez Alberti) ; la façon même dont est organisé l'ordre spatial a donc une valeur didactique. Si « moderne » que soit la perspective selon Alberti, elle est encore associée à des préoccupations éthiques et spirituelles [11]. Même chez Newton, on trouvera des spéculations de ce genre. Dans son *Optique*, par exemple, il explique que l'espace est le *sensorium Dei ;* manière de dire que Dieu

9. Voir A. C. Crombie, *Robert Grosseteste and the origins of experimental science, 1100-1700,* Clarendon Press, 1953.

10. Voir M. Baxandall, *Painting and experience in fifteenth century Italy,* Clarendon Press, 1972.

11. Sur la philosophie d'Alberti, voir par exemple A. Blunt, *La théorie des arts en Italie de 1450 à 1600,* Gallimard, 1966, chap. I.

est omniprésent et peut, à tout moment, agir en tout lieu. Héritage, certainement, des traditions médiévales relatives à l'optique.

Le monde nouveau des ingénieurs et des entrepreneurs

Mais d'autres facteurs, beaucoup plus prosaïques, ont également joué. C'est toute une évolution technique, économique et sociale qu'il faut prendre en considération si l'on veut comprendre pourquoi une nouvelle conception de l'espace, plus « rationnelle », a fini par s'imposer. Je m'empresse de le dire, un tel langage ne signifie pas que le capitalisme des Florentins soit la « cause » unique et directe de l'élaboration du système perspectif ! Sous cette forme, le recours aux « facteurs sociaux » risque d'être illusoire. Mais, de façon plus dialectique, il est certainement indispensable de prendre en compte l'apparition de certains *schémas de pensée* étroitement liés à de nouvelles pratiques industrielles, commerciales et politiques.

Car, à partir des Xe et XIe siècles, l'Occident a connu une très forte expansion des techniques et un important mouvement d'urbanisation. Moulins à eau, moulins à vent et machines diverses se multiplièrent ; un nouveau personnage, l'ingénieur, fit son apparition et joua un rôle croissant ; la production et le commerce se firent plus efficaces ; et les banques, bientôt, concrétisèrent de façon dynamique cette grande mutation qui conduisait à l'époque moderne. Progressivement, les entrepreneurs s'affirmèrent comme les créateurs d'un monde nouveau, animé par la recherche du rendement et du profit. Et, corrélativement, une nouvelle *mentalité* s'instaura, empreinte d'un « réalisme » et d'un « rationalisme » tout à fait favorables à l'étude systématique de la nature. Pour que le nouvel idéal soit pleinement explicité, il faudra attendre le XVIIe siècle (Descartes : devenir « comme maîtres et possesseurs de la nature »). Il semble certain, pourtant, que dès le XIIe ou le XIIIe siècle une nouvelle orientation était prise, qu'il est commode de définir à l'aide des notions de *sécularisation* ou de *laïcisation.* Toute une série de normes et d'habitudes propres au monde féodal commençaient à s'effriter, même si les vieilles institutions se maintenaient. Dans le domaine de l'art comme dans celui du savoir, cette évolution générale se traduisait par l'apparition de nouveaux objectifs et d'un nouveau style. La naissance de la perspective, elle aussi, doit être rattachée à ce mouvement historique (voir le chapitre précédent sur « La révolution scientifique du XIIe siècle », et le chapitre suivant sur « Léonard de Vinci et la naissance de la science moderne », ainsi que mon étude intitulée « Au commencement était la machine »).

Une objection préliminaire mérite toutefois attention : n'est-il pas paradoxal (voire contradictoire) de se référer à un conditionnement socio-économique après avoir admis l'influence de certains thèmes théologiques ? En fait, il n'y a là rien de bizarre en soi ; pour employer un mot commode, disons que le développement de

A

B

Dans un traité qu'il a écrit en 1525, Albrecht Dürer enseigne plusieurs méthodes permettant de représenter fidèlement les formes les plus complexes. Ces deux gravures illustrent parfaitement la conception d'Alberti : les contours observés sont projetés sur le plan défini par une fenêtre, l'œil de l'observateur étant fixé en un point précis. Dans l'illustration B, c'est l'extrémité d'une tige qui matérialise la position de l'œil ; dans l'illustration A, le sommet de la « pyramide visuelle » est concrétisé par un anneau fixé dans le mur, à travers lequel passe un fil tendu. Ce fil, représentant le rayon lumineux, permet de déterminer empiriquement la projection de chaque point observé. *(Clichés Roger Viollet.)*

la perspective a pu être *surdéterminé,* des « facteurs » d'ordre religieux ou philosophique se conjuguant avec des « facteurs » plus directement liés à la pratique. Samuel Edgerton, à ce propos, nous met en garde contre la tentation de prêter aux gens de la Renais-

Après coup, il est possible de repérer dans des œuvres anciennes certains éléments qui semblent annoncer la perspective moderne. Le motif du plafond, par exemple, se prêtait bien à certains effets. Dans la *Cène* de Duccio (peinte en 1301-1308), on constate une nette organisation de l'espace, concrétisée en particulier dans le dessin du plafond. La perspective, du strict point de vue géométrique, n'est pas rigoureuse : on peut repérer plusieurs points de fuite irrégulièrement situés sur une verticale centrale. Cette technique, dite « de l'axe de fuite », peut être appliquée de façon plus ou moins systématique et était connue bien avant le XIVe siècle ; les experts, parfois, qualifient cette construction d' « arête de poisson »... Elle a été utilisée, entre autres, dans la *Bible d'Alcuin* (Londres, deuxième quart du IXe siècle) pour la représentation d'un plafond. A l'époque carolingienne, de tels exemples sont très rares ; et ils n'impliquent aucune connaissance explicite des principes de la perspective linéaire. Mais ils confirment que divers procédés techniques, parfois anciens, ont progressivement préparé les grandes réussites du XVe siècle. *(Duccio, cliché Scala.)*

sance un « agnosticisme » qui n'était pas le leur. Il y avait, certes, un mouvement croissant de « laïcisation » ; mais *« le nouveau capitalisme des Italiens a vécu, au moins jusqu'à la fin du XVe siècle, en étroite symbiose avec la foi religieuse léguée par le Moyen Age »*[12]. Il est donc légitime de s'interroger sur les implications des nouvelles activités techniques et commerciales. On peut d'ailleurs penser que les théologiens eux-mêmes, fût-ce à leur corps défendant, ont été marqués par les nouvelles manières de vivre, par les nouvelles exigences de « réalisme », par le nouveau style de pensée. L'ouverture des Franciscains à l'étude de la nature est certainement tributaire d'une évolution générale ; et le philosophe et théologien Nicolas de Cues, quand il fera en 1450 l'éloge de la *mesure* (au sens mathématique du mot), témoignera tout simplement de l'importance prise par certaines techniques intellectuelles dans un monde d'entrepreneurs, d'artilleurs et de banquiers... [13]

L'explosion des « mathématiques pratiques »

Les mathématiques, à la fin du Moyen Age, ont en effet changé de statut social. Auparavant, l'arithmétique et la géométrie n'étaient pas ignorées ; mais c'était essentiellement dans le cadre d'un enseignement *théorique*, à l'Université, que l'on pouvait entreprendre une étude quelque peu sérieuse des nombres et des formes géométriques. Les mathématiques, autrement dit, ne faisaient pas partie de la vie quotidienne ; et les idéaux de rigueur et d'exactitude que nous associons aux mathématiques étaient fort peu honorés. Avec la montée des entrepreneurs, cette situation évolua considérablement. L'art de mesurer et de calculer, désormais, prenait une importance croissante. Les hommes d'affaires devaient déterminer correctement leurs stocks et tenir des comptes exacts ; les banquiers, manipulant l'argent sous des formes de plus en plus variées et de plus en plus « abstraites », avaient besoin de diverses techniques de calcul ; quant aux ingénieurs, ils étaient amenés à utiliser concrètement les mathématiques pour rendre leurs activités plus « rationnelles » (et donc plus efficaces). Dans les arsenaux, dans les ateliers de mécanique et chez les artilleurs, nul doute que le recours aux mesures et le sens du quantitatif ne se soient très sensiblement développés. Ainsi s'explique la création

12. S. Edgerton, ouvrage cité, p. 23.
13. Nicolas de Cues, *Le profane (Idiota)*, 1450. Voir les *Œuvres choisies* éditées par M. de Gandillac, Aubier, 1942, pp. 214 et suivantes.

d'écoles spéciales (écoles d'*abaque*) où pouvaient s'instruire en particulier les futurs commerçants. Cet enseignement était laïque et pratique ; il donnait une certaine culture littéraire, mais (comme le prouvent les manuels qui nous sont parvenus) il mettait l'accent surtout sur les mathématiques.

Dès le XIVe siècle, le motif géométrique du pavement fut méthodiquement utilisé pour organiser l'espace. Selon Erwin Panofsky, « c'est surtout aux frères Lorenzetti qu'on doit ce grand pas en avant ». Dans l'*Annonciation* qu'il a peinte en 1344, Ambrogio Lorenzetti réalise ce qu'on appelle une perspective partielle : la partie supérieure de l'œuvre est dénuée de profondeur, mais le dessin rigoureux du pavement en échiquier, avec point de fuite unique, offre « en quelque sorte le premier exemple d'un système de coordonnées ». Plus tard, évidemment, les mathématiciens et physiciens perfectionneront ces premières démarches de géométrisation de l'espace. *(Cliché Giraudon.)*

La règle de trois, tout spécialement, était l'objet d'exercices répétés ; ne méritait-elle pas le nom de « règle d'or » ou de « clé du marchand » ! Grâce à elle, on pouvait distribuer les bénéfices, répartir les héritages, convertir les valeurs en fonction des taux de change, etc. Mais la géométrie n'était pas moins utile. Non seulement il devint courant de mesurer les hauteurs ou les distances grâce à des méthodes fondées sur les triangles semblables ; mais, à une époque où les poids et les volumes n'étaient pas standardisés, il était essentiel d'avoir de bonnes techniques de mesure. Grâce à des instructions précises, le négociant italien était capable de déterminer, par exemple, le volume d'une barrique. Piero della Francesca, peintre et auteur d'un traité de perspective, écrivit au XVe siècle un manuel pour marchands *(De abaco)* où étaient traités des problèmes de ce genre. Comme l'a montré Michael Baxandall, l'analyse des formes géométriques devint une préoccupation commune aux commerçants, aux ingénieurs et aux artistes (qui eux-mêmes étaient souvent des ingénieurs)[14]. Ce développement des *mathématiques pratiques*, dans l'Italie des XIVe et XVe siècles, aide à comprendre pourquoi et comment le « regard » porté sur les choses s'est transformé, s'est en quelque sorte « géométrisé ». Découvrir des proportions, identifier des triangles, des cônes ou des cylindres, c'était désormais une sorte d' « habitude culturelle » largement développée.

Il se trouve que Brunelleschi, artiste et ingénieur, a sans doute été élève d'une école d'abaque. Alberti, bien qu'il ait reçu une éducation plus classique, était très proche du monde des praticiens ; ainsi que le note Joan Gadol, il a écrit un livre de *Jeux mathématiques (Ludi mathematici)* qui vulgarisait auprès des « classes moyennes » un certain nombre de recettes mathématiques[15]. Il est à peine exagéré de dire que la perspective, bien plus qu'une science spéculative, était l'expression d'une « philosophie pratique », d'une sorte de « projet » visant à réorganiser *à la fois l'espace réel et la représentation de cet espace.* Quelques détails sont très significatifs à cet égard. Même la campagne florentine, par exemple, avait été « mise en ordre »... Je fais allusion au nouveau système *(mezzadria)* grâce auquel les terres cultivables étaient aménagées et exploitées plus efficacement. En 1434, quand Alberti revint à Florence d'où sa famille avait été bannie, il fut sans doute impressionné, écrit Edgerton, par la disposition régulière

14. M. Baxandall, ouvrage cité, pp. 86-93.

15. J. Gadol, *Leon Battista Alberti,* University of Chicago Press, 1969, p. 170.

des terrasses au flanc des collines toscanes, avec leurs oliviers strictement alignés et leurs rangées parallèles de pieds de vigne. « Les intellectuels et les hommes d'affaires du temps d'Alberti appréciaient cette géométrisation du sol non seulement parce qu'elle était belle, mais parce qu'ils étaient convaincus qu'un ordre mathématique de ce genre apportait des profits accrus. »[16]

Que le « sens de l'espace » ait évolué de façon sensible, un autre fait le confirme en toute netteté. Dans les années 1420, à la suite d'un conflit entre Florence et Milan, une frontière rectiligne tout à fait « abstraite » fut établie entre les deux États. *« C'était peut-être la première fois dans l'histoire qu'une ligne mathématique imaginaire — plutôt qu'un repère physique — était reconnue comme limite territoriale. »*[17] Giovanni Cavalcanti, en racontant cet événement dans un texte de 1440, était conscient de cette originalité. L'œil, constatait-il, est devenu « la règle et le compas » grâce auxquels les terres sont découpées ; « tout est soumis à la doctrine géométrique »... Léonard de Vinci reprendra lui aussi cet éloge de la vue, décrétant que l'œil possède une « noblesse » supérieure. « *L'œil,* précisait-il, *est la principale voie par où notre intellect peut apprécier pleinement et magnifiquement l'œuvre de la nature.* » Comprenons que, par le sens de la vue, une véritable science de l'espace devient possible. Car la perspective, toujours selon Léonard, est fondée sur des « démonstrations rationnelles ».

Espace tactile contre espace visuel

W. M. Ivins, même s'il a donné à sa thèse un caractère un peu trop rigide, a judicieusement opposé l'univers perceptif des Grecs, *« tactile et musculaire »,* à celui des Renaissants, essentiellement *visuel.* Dans le premier cas, chaque objet est considéré isolément, comme si sa forme individuelle était connue par le seul toucher ; ce qui interdit pratiquement de concevoir un espace unitaire. Les objets représentés peuvent être juxtaposés, mais non pas mis en relation les uns avec les autres grâce à un réseau mathématique à la fois abstrait et omniprésent. Dans le second cas, au contraire, les objets se situent et s'ordonnent les uns par rapport aux autres dans un espace homogène qui se prolonge indéfiniment dans toutes les directions. D'après Ivins, l'espace « tactile-musculaire » des Grecs imposait d'étroites limites à leur géométrie. Cette dernière, en

16. S. Edgerton, ouvrage cité, p. 35.
17. S. Edgerton, ouvrage cité, p. 114.

effet, était métrique et fondée avant tout sur les notions de congruence et de parallélisme. C'est seulement dans l'espace « visuel » inventé par la Renaissance que la géométrie projective pourra se constituer et qu'il sera possible (pour employer un raccourci) de considérer une parabole comme une ellipse dont le second foyer se trouve à l'infini [18].

Il existe cependant un trait d'union remarquable entre les Grecs et la Renaissance, comme l'ont montré brillamment Joan Gadol puis Samuel Edgerton, à savoir la cartographie ptoléméenne [19]. Le premier portulan connu (1275) vient peut-être de Toscane ; et, dès le début du XVe siècle, Florence a joué un rôle de premier plan dans le développement de la géographie et de la cartographie. Entre ces dernières sciences et la perspective, la relation est étroite. Ptolémée avait d'ailleurs fait lui-même le rapprochement entre l'art de la peinture et celui de la cartographie. Dans les deux cas, il s'agit de construire l'image d'un ensemble donné en respectant les

18. Voir W. M. Ivins, *Art and geometry*, Dover, 1964.
19. J. Gadol signale sa dette envers D. Frey (*Gotik und Renaissance als Grundlagen der modernen Weltanschauung*, B. Filser Verlag, 1929).

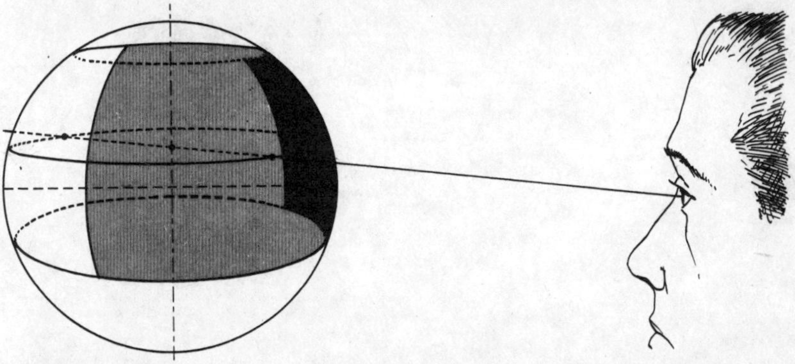

Il est très vraisemblable que la *Géographie* de Ptolémée, dont les Florentins ont pris connaissance au début du XVe siècle, a considérablement stimulé les recherches sur la représentation de l'espace. Ce schéma permet de comprendre l'une des méthodes que proposait Ptolémée (et qu'il n'a d'ailleurs pas utilisée lui-même). Un observateur idéal est placé devant la sphère terrestre, dont il s'agit de reproduire la partie grisée. Son œil est situé dans le plan d'un parallèle judicieusement choisi, en position « centrale » ; à partir de cette position bien déterminée, il est possible de dessiner sur un plan, par projection, les formes observées. La perspective linéaire de la Renaissance peut être considérée comme une application particulière de cette méthode. *(Dessin d'après Samuel Edgerton.)*

justes proportions de ses éléments. En ce sens, la topographie, la cartographie et la perspective apparaissent comme les branches d'une science générale de la représentation spatiale.

En 1400, une copie de la *Géographie* de Ptolémée parvint à Florence et fut bientôt traduite. Tout porte à croire que cette œuvre, comprenant un texte théorique et un atlas, fut beaucoup étudiée. Brunelleschi (peut-être par l'intermédiaire de Toscanelli) et Alberti en tirèrent profit. L'idée même d'utiliser systématiquement une « grille » pour découper, mesurer et représenter l'espace y était exprimée (parallèles et méridiens) ; elle correspondait parfaitement

Cette gravure de Brueghel le Vieux (XVIe siècle), intitulée *le Printemps,* nous rappelle que, par leurs activités agricoles ou horticoles, les hommes peuvent modifier et « rationaliser » la nature. Il est significatif que les Toscans, au début de la Renaissance, aient mis au point un système de culture qui, grâce à des alignements stricts, géométrisait le paysage rural. Ce fait, évidemment, n'explique pas à lui seul le goût des Florentins pour la perspective... Mais il est indéniable qu'un certain changement de mentalité s'est opéré à la fin du Moyen Age ; changement qui conduisait à valoriser dans tous les domaines les notions de proportion, de mesure et d'ordre mathématique. *(Cliché B.N., J.-L. Charmet.)*

à certaines techniques déjà utilisées et à la nouvelle sensibilité dont j'ai parlé précédemment. En deux mots, la redécouverte de la *Géographie* ptoléméenne rendait possible le perfectionnement ou l'invention de divers procédés « rationnels » de représentation.

Ptolémée proposait plusieurs méthodes de projection cartographique. La troisième et dernière, qu'il n'avait pas lui-même utilisée, se présentait comme une construction perspective bien caractérisée. Supposons un observateur idéal placé à une distance déterminée du globe terrestre et dont l'œil se trouve dans le plan d'un parallèle judicieusement choisi. Le procédé de Ptolémée consistait à représenter sur un plan la surface terrestre ainsi observée grâce à une projection tout à fait comparable à celle qu'allait préconiser Alberti (ill. p. 89). C'était la première fois, déclare Edgerton, que des instructions précises étaient formulées afin de constituer une image de ce genre à partir d'un point fixe représentant l'œil de l'observateur[20]. Ptolémée, lui, voulait représenter le « monde habité » familier aux Grecs. Mais il suffisait de transposer la méthode pour ouvrir aux peintres de nouvelles possibilités. Les analyses cartographiques de Ptolémée, avec le recul, semblent conduire directement aux notions fondamentales de la perspective classique.

Il est d'autant plus tentant d'accorder une importance décisive à la *Géographie* de Ptolémée que Leon Battista Alberti s'est beaucoup intéressé à la cartographie. Pendant son séjour à Rome, entre 1432 et 1434, il fit un plan de cette ville. Ce plan est perdu ; mais nous avons un texte *(Descriptio urbis Romae)*, datant des années 1440, où il nous renseigne sur sa technique, laquelle doit certainement beaucoup à Ptolémée. Le principe géométrique est limpide : Alberti, prenant comme point central le sommet de la colline du Capitole, visait les différents monuments de Rome et déterminait leur direction par rapport au Nord ; puis il mesurait la distance séparant chaque monument du point central ; il suffisait alors de reporter sur une feuille ces indications, après avoir choisi une « échelle », pour obtenir une carte fidèle. Alberti utilisait donc ce que nous appelons maintenant un système de coordonnées polaires ; à partir des données qu'il avait réunies, sa carte a pu être reconstituée (ill. p. 92). Nous connaissons également le type d'instrument grâce auquel Alberti faisait ses mesures. C'était un *« horizon »*, composé d'un disque horizontal gradué (48 degrés dont chacun était divisé en quatre « minutes ») et d'un « rayon » mobile, également gradué, qui concrétisait la ligne de visée.

20. S. Edgerton, ouvrage cité, p. 104.

Les visées des artilleurs et des marins

Les deux grandes idées qui servent de base à ce système sont d'une part celle d'*analogie*, qui implique le respect absolu des proportions, d'autre part celle de *visée*, qui va de pair avec une « géométrisation optique » de l'espace. Il est extrêmement intéressant que, dans ses *Jeux mathématiques*, Alberti ait lui-même affirmé la parenté de son « horizon » avec les instruments employés par les

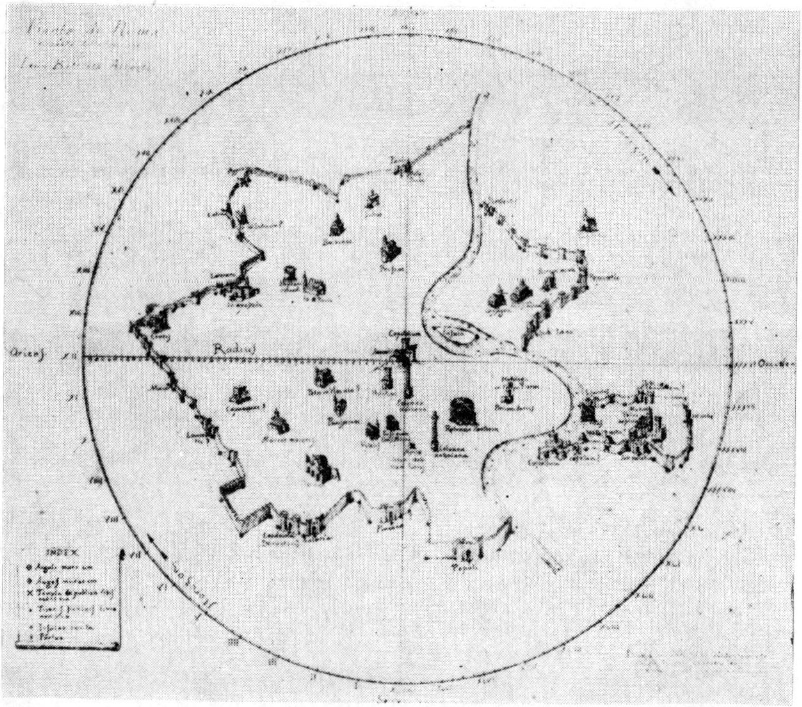

Alberti, à qui l'on doit le premier exposé de la perspective « classique » (1435), s'est beaucoup intéressé à la cartographie. Lors d'un séjour antérieur à Rome, il avait dressé une carte de cette cité en utilisant ce que nous appelons aujourd'hui des coordonnées polaires. Le principe de la méthode était simple : ayant choisi comme « centre » la colline du Capitole, il déterminait grâce à un instrument de visée la direction de chaque point remarquable ; pour définir la position exacte, il n'y avait plus qu'à mesurer la distance entre ce point et le centre. La carte originale est perdue ; mais D. Gnoli et Capannari l'ont reconstituée à partir des données qui ont été conservées. Ces travaux de cartographie ont certainement aidé Alberti à élaborer son système de perspective. *(Cliché J.-L. Charmet.)*

artilleurs et les spécialistes de la cartographie marine. En fait, il avait utilisé un astrolabe, c'est-à-dire l'instrument qui permettait aux astronomes et aux navigateurs de mesurer l'élévation du soleil ou des étoiles. Pour l'adapter à la cartographie terrestre, il n'y avait qu'à le fixer horizontalement et se servir de l'alidade comme « rayon ». (Le « rayon » du cercle, notons-le au passage, doit donc son nom au *rayon* lumineux dont on déterminait la direction.) Ainsi était opérée, très concrètement, une unification générale des divers « espaces » : espace des cartographes, espace des artilleurs, espace des marins, espace des astronomes... Idée promise à un grand avenir, puisqu'elle ouvrait la voie à une « mécanique générale » valable pour les boulets de canon aussi bien que pour les corps célestes !

L'influence de la navigation mérite d'être soulignée ; car Alberti indique expressément que la visée est une opération familière aux marins. Dans ses *Jeux mathématiques,* d'ailleurs, il explique comment on peut dresser des cartes presque uniquement par des visées, en ne recourant qu'à quelques mesures directes. Le merveilleux instrument qu'est le théodolite, si utile non seulement aux astronomes mais aux topographes, naîtra de la combinaison d'un « cercle » horizontal et d'un « cercle » vertical. En ce qui concerne la genèse de la conception albertienne de la perspective, il est en tout cas indéniable que la géométrie pratique des cartographes a joué un rôle. En deux mots, ainsi que l'a montré Joan Gadol, Alberti a opéré la synthèse entre la « fenêtre » de Brunelleschi et les techniques « géographiques » de Ptolémée. Dans le traité *De la peinture,* la perspective est parfois exposée à l'aide des notions cartographiques de « parallèles », de « longitude » et de « latitude » ; c'est au pied de la lettre que doit être pris ce vocabulaire[21]. Bien entendu, il ne faut pas sous-estimer l'importance des autres traditions picturales ou spéculatives qui ont contribué à faire « mûrir » le système de la représentation perspective ; ce n'est pas la redécouverte d'un texte ancien qui, à elle seule, peut « expliquer » l'évolution qui mène de Giotto à Alberti. Mais il semble bien avéré que Ptolémée, souvent perçu comme le symbole de la « vieille science », a participé (fût-ce malgré lui) à la rationalisation du nouvel espace...

Je conclurai par deux remarques. La première concerne cette question : quelle est la « valeur objective » de la perspective albertienne en tant que représentation de l'espace visuel ? Que ce système ait sa rationalité propre et permette de mettre de l'ordre dans

21. J. Gadol, ouvrage cité, p. 74.

la perception, c'est peu douteux. Mais sans doute convient-il de ne pas identifier purement et simplement cette reconstruction avec « l'espace réel ». Car il s'agit précisément d'une reconstruction, fondée sur des présupposés qui, au mieux, aboutissent à une simplification de nos processus perceptifs. Les analyses sont menées comme si l'observateur était borgne ; et comme si son œil unique était immobile... Ces deux postulats, dans le cas gnéral, ne sont pas vérifiés ; et d'emblée apparaissent divers problèmes qui ont donné lieu à de multiples discussions. La sphéricité de l'image rétinienne, dont il faudrait tenir compte dans une étude sérieuse de la psycho-physiologie de la vision, complique encore les choses. Notons seulement que la vision spatiale est un phénomène très complexe qui met en jeu l'apprentissage, la mémoire, des processus de « compensation », des relations avec les données tactiles, etc. La perspective linéaire classique, malgré son intérêt, ne peut être considérée comme douée d'une valeur absolue. Elle est commode, elle donne une certaine satisfaction à l'intellect ; mais d'autres systèmes sont possibles (comme la perspective dite « courbe » ou « curvilinéaire », dont le principe est connu depuis longtemps).

Histoire de l'art et histoire des sciences

Traditionnellement, ce sont surtout les historiens de l'art qui ont étudié la naissance de la perspective. D'où ma seconde remarque : il serait éminemment souhaitable que les historiens des sciences, lorsqu'ils abordent le problème de l'espace à l'aube de la science moderne, fassent eux aussi une place aux apports des « artistes ». Erwin Panofsky et Samuel Edgerton soulignent à juste titre ce qui paraît être une évidence : l'élaboration de la perspective linéaire constitue un épisode important dans l'histoire de la pensée scientifique. Au moment même où les architectes et les peintres découvraient une « spatialité infiniment étendue », écrivait Panofsky en 1927, « la pensée abstraite consommait publiquement et de façon décisive la rupture, jusque-là toujours voilée, avec la vision aristotélicienne du monde en abandonnant la notion d'un cosmos édifié autour du centre de la terre considéré comme un centre absolu et enfermé par la sphère du ciel considérée comme une limite absolue » [22].

22. E. Panofsky, ouvrage cité, p. 157.

C'est au XIVe siècle que l'artillerie commença à prendre de l'importance en Occident. Les débuts furent modestes, et plus bruyants

que meurtriers... Mais, dès le XVe siècle, la situation évolua ; et, bientôt, les ingénieurs responsables des fortifications durent tenir compte des progrès réalisés par les métallurgistes et les chimistes. Pour la balistique, cette innovation militaire fut un puissant stimulant ; et les artilleurs, pour commencer, furent amenés à maîtriser de façon de plus en plus précise toutes les techniques relatives à la mesure de l'espace. Afin d'améliorer les tirs, il fallait en effet mesurer avec exactitude les angles et les distances. L'artilleur est d'ailleurs amené tout naturellement à utiliser les coordonnées polaires ; c'est-à-dire à définir la position d'un objectif par une direction et une « portée ». Cette géométrisation de l'espace était concrètement opérée (comme chez les marins...) grâce à des instruments de visée de plus en plus perfectionnés. La technique de la perspective, à sa façon, contribua à cette entreprise de rationalisation spatiale. *(Gravure allemande, cliché Roger Viollet.)*

Alexandre Koyré, dans un ouvrage qu'il a précisément écrit sur ce sujet, néglige presque complètement le vaste travail de « rationalisation » entrepris par les artistes, les ingénieurs, les cartographes et autres praticiens [23]. Dans l'index de son livre ne figurent même pas les noms de Brunelleschi, de Masaccio et d'Alberti... Ce parti pris de purisme peut se comprendre de la part d'un philosophe idéaliste ; mais, du point de vue de l'histoire des idées et de l'anthropologie culturelle, il est d'une extrême pauvreté. Philosophes et hommes de science ont assurément conceptualisé et affiné les découvertes des initiateurs de la perspective ; mais cette *initiative*, justement, a eu des effets décisifs pour la géométrisation de l'espace. Il serait bien ingrat de l'oublier.

Bibliographie :

E. Panofsky, *La perspective comme forme symbolique*, trad. française, Éditions de Minuit (éd. originale : 1927).

E. Panofsky, *L'œuvre d'art et ses significations*, trad. française, Gallimard, 1969 (voir spécialement l'essai « Artiste, savant, génie », 1962).

J. Gadol, *Leon Battista Alberti, universal man of the early Renaissance*, University of Chicago Press, 1969.

L. Brion-Guerry, *Jean Pélerin-Viator*, Les Belles Lettres, 1962.

S. Y. Edgerton Jr., *The Renaissance discovery of linear perspective*, Basic Books, 1975.

E. Cassirer, *Individu et cosmos dans la philosophie de la Renaissance*, trad. française, Éditions de Minuit, 1983 (éd. originale : 1927).

W. M. Ivins Jr., *Art and geometry. A study in space intuitions*, Dover, 1964 (première édition : Harvard University Press, 1946).

M. Baxandall, *Painting and experience in fifteenth century Italy*, Clarendon Press, 1972.

23. A. Koyré, *Du monde clos à l'univers infini*, trad. française, PUF, 1962.

Une fois que la perspective linéaire fut constituée, divers développements devinrent possibles aussi bien dans le domaine de l'art que dans celui des mathématiques. Cette gravure, tirée d'un traité du dessinateur français Georges Huret (1606-1670), évoque plusieurs applications de la perspective et, tout spécialement, propose des schémas d'anamorphoses ; ces dernières consistent à déformer

géométriquement des figures de telle sorte que, vues sous un certain angle, elles reprennent leur aspect normal. En mathématiques, Gérard Desargues (1593-1662) mérite une mention particulière. Ingénieur et architecte (comme Brunelleschi...), il procéda à une rationalisation très poussée de la perspective et formula en 1639 les notions fondamentales de la géométrie projective (qui étudie les propriétés des figures qui se conservent par transformation homographique). *(Cliché J.-L. Charmet.)*

R. Klein, *La forme et l'intelligible,* Gallimard, 1970.

A. Blunt, *La théorie des arts en Italie de 1450 à 1600,* trad. française, Gallimard, 1966 (édition originale : 1940 ; revue en 1956).

P. Francastel, *La figure et le lieu. L'ordre visuel du Quattrocento,* Gallimard, 1967.

P. Francastel, *Études de sociologie de l'art,* Denoël, 1970.

R. Arnheim, *Visual thinking,* University of California Press, 1969.

E. H. Gombrich, *L'art et l'illusion,* trad. française, Gallimard, 1971 (éd. originale : 1959).

L. B. Alberti, *On painting,* translated with introduction and notes by J. R. Spencer, Yale University Press, 1966.

CHAPITRE IV

Léonard de Vinci
et la naissance de la science moderne

Parmi les grandes figures de la Renaissance, Léonard de Vinci occupe une place de choix. A la fois « humaniste, artiste et inventeur », il apparaît comme l'incarnation idéale (et quasi mythique...) de l' « homme universel ». Mais ce personnage si représentatif est aussi considéré, paradoxalement, comme une exception, comme un « miracle ». Dans quelle mesure cet ingénieur-artiste, passionné par la mécanique autant que par la connaissance de la nature, a-t-il préparé la voie à ce que l'on appelle « la science moderne » ?

« Il n'est pas facile de se faire une idée à peu près claire de la nature et de l'importance de la pensée scientifique de Léonard. »

Ce jugement, formulé il y a quelques décennies par l'historien des sciences E. J. Dijksterhuis, semble avoir gardé toute son actualité [1]. Pour certains spécialistes, Léonard est un grand précurseur de la science moderne. Pour d'autres, au contraire, sa pensée n'a pratiquement rien à voir avec « la science » ; du moins si l'on prend ce mot dans son sens le plus strict. Le contraste qui existe entre l'homme de science et l'artiste est donc saisissant. L'artiste Léonard est reconnu de tous : qui donc s'aviserait de nier la valeur esthétique de la *Vierge aux rochers,* de la *Cène,* de la *Joconde* ! Tandis que Léonard homme de science fait l'objet de vigoureuses controverses.

Qui trop embrasse mal étreint

La plupart des historiens, certes, admettraient que Léonard a *voulu* faire progresser les connaissances. Dans ses carnets (dont

1. E. Dijksterhuis, *The mechanisation of the world picture* (traduit du hollandais), Oxford University Press, 1969, p. 253.

Léonard de Vinci (1452-1519), autoportrait *(Bibliothèque de Turin).*

plusieurs ont disparu mais dont nous possédons tout de même quelques milliers de pages), il manifeste une immense curiosité.

A

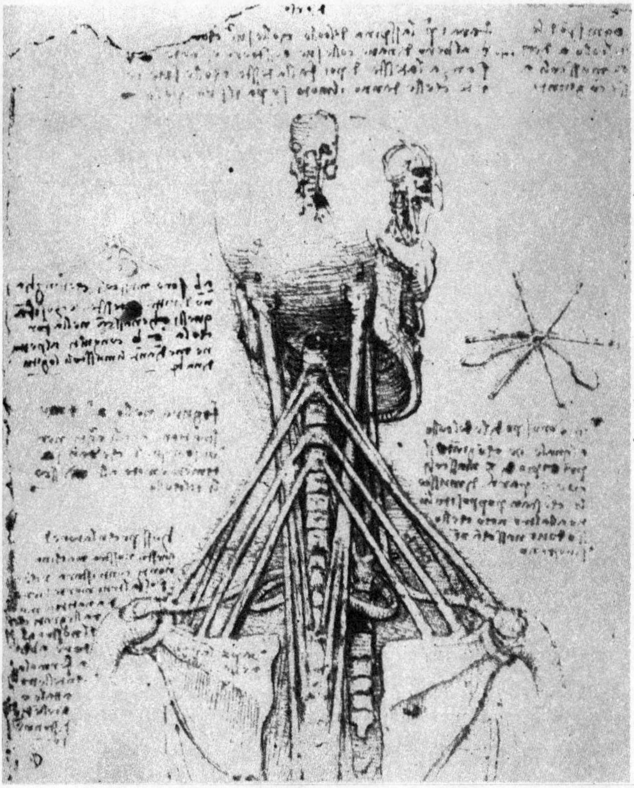

B

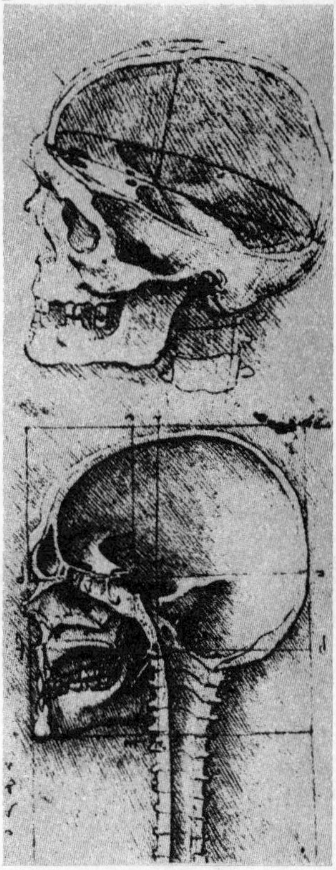

Léonard occupe une place de tout premier plan dans l'histoire de l'anatomie. Comme il le dit lui-même, le bon anatomiste ne doit pas seulement avoir le courage d'affronter l'étude des cadavres, mais posséder des compétences graphiques et en particulier être expert dans l'art de la perspective. Le dessin A représente les muscles du cou ; il montre bien dans quel esprit Léonard observait et reconstruisait ce qu'il nomme, sur ce même feuillet, *« notre machine »*. La colonne vertébrale apparaît comme un véritable mât, les muscles comme de véritables haubans. Dans le cas présent, cette vision analytique et mécanique aboutit même à une certaine sécheresse. Le dessin B nous rappelle que Léonard, sans doute le premier, utilisa une méthode héritée des sculpteurs pour étudier certains détails anatomiques. Elle consistait à injecter de la cire liquide dans les cavités du cerveau ou du cœur afin d'en connaître les formes exactes. S'il existe une anatomie « expérimentale », c'est bien celle de Léonard... *(Bibliothèque royale de Windsor.)*

Mêlant textes et dessins, il accumule observations et spéculations. Parmi les domaines auxquels il s'intéressait, citons l'anatomie, la physiologie, l'histoire naturelle, la médecine, l'optique, l'acoustique, l'astronomie, la botanique, la géologie, la géographie physique, la cartographie, l'étude de l'atmosphère, les problèmes du vol (et de la construction des machines volantes), l'étude du mouvement, les mathématiques, la balistique, l'hydraulique... Et ce n'est pas tout !

Mais voilà : qui trop embrasse mal étreint. Aussi est-ce un lieu commun de regretter que Léonard se soit trop dispersé ; et que, trop souvent, il apparaisse seulement comme un « inventeur ». Un inventeur à qui on a attribué beaucoup de trouvailles : le scaphandre, l'hélicoptère et le roulement à billes, entre autres (pour ne rien dire de la bicyclette...). Mais qui est demeuré assez stérile dans le domaine proprement scientifique. Pour les puristes de l'histoire des sciences, le langage de Léonard manque de rigueur ; sa pensée, trop peu systématique et insuffisamment abstraite, ne se hisse jamais au niveau de la véritable *théorie.* D'où il résulte que, dans la genèse de la science moderne, il aurait eu un rôle nul ou à peu près nul.

Léonard, à vrai dire, semble échapper aux classifications traditionnelles. Un historien des sciences très connu, George Sarton, avait quelque mal à trouver la bonne étiquette. « Léonard, déclarait-il, était un artiste et un mécanicien. » Mais, toujours d'après le même auteur, Léonard était « plutôt philosophe qu'ingénieur » ; et l'on pouvait même le considérer comme « l'un des plus grands hommes de science dans l'histoire du monde ». Voilà un bel éloge. Mais ne nous emballons pas. En fait, on n'est vraiment un homme de science que si on laisse derrière soi des idées clairement expliquées et bien confirmées, susceptibles d'être reprises par d'autres. Or Léonard, selon Sarton, n'a pas eu de postérité. Donc il n'est pas réellement un scientifique...

Selon Alexandre Koyré, autre historien des sciences de grand renom, Léonard « est bien davantage un ingénieur qu'un homme de science ». Et plus précisément un *ingénieur artiste* : « un des plus grands, sans aucun doute, que le monde ait jamais vus ». Léonard demeure cependant « un homme de la *praxis,* c'est-à-dire un homme qui ne construit pas de théories, mais des objets et des machines ». Mieux vaut donc voir en lui un *technologue,* c'est-à-dire quelqu'un qui réfléchit sur les procédés et les méthodes des techniciens. Allons plus loin : « malgré son retard dans le domaine théorique, il est très intéressant pour un philosophe ou un historien des sciences d'étudier Léonard en tant que physicien ». Mais le bilan final, tout bien pesé, est nettement négatif ; le grand ingénieur-artiste, malgré ses efforts, n'a pas réussi à pénétrer dans le royaume de la Théorie.

Cette appréciation est assez nuancée. Son auteur, manifestement, veut être équitable. Léonard a peut-être « compris la vraie structure de l'accélération du mouvement de chute des corps pesants » ; et, « bien qu'il n'ait pas connu le principe d'inertie, (il) n'en a pas moins énoncé des faits qui, pour nous, l'impliquent de toute évidence ». Koyré concède même que « sa place dans l'histoire de la pensée est très importante »[2]. Mais, dès qu'il s'agit de *science* au sens strict, cet historien bute sur ce qu'on pourrait appeler la dialectique infernale de Léonard : plus théoricien que les autres praticiens, Léonard n'est tout de même pas un véritable théoricien...

Technique et science : sœurs ennemies ?

Même un historien des techniques comme Bertrand Gille, qui a beaucoup contribué à une meilleure connaissance de Léonard, paraît éprouver quelques difficultés à définir sa place. A proprement parler, déclare-t-il, il n'y a pas de « méthode de Léonard de Vinci ». Assurément, il faut « lui reconnaître un besoin de rationaliser que l'on ignorait jusqu'alors chez les techniciens ». Et il est vrai qu'il a parfois manifesté de l' « enthousiasme pour l'étude désintéressée ». Mais la conclusion est assez tranchante : « Léonard est bien un ingénieur qui ne se soucie que d'efficacité et qui ne trouve dans l'effort qu'il a fait qu'un moyen de puissance sur le monde matériel. »

L'ambiguïté persiste donc. Ce diable de Léonard apparaît tantôt comme un utilitariste, tantôt comme un amoureux de la pure science. Il serait donc intéressant de savoir : Léonard est-il vraiment un être contradictoire, écartelé entre le désir de l'efficacité pratique et la passion du savoir pur ? Ou bien cette dualité n'est-elle qu'apparente et surtout due aux préjugés d'historiens trop enclins à opposer la pratique et la théorie ?

Dans notre société règne une division du travail qui oppose fortement la technique et la science, l'ingénieur et le « savant ». Et de même, à l'intérieur de l'histoire, existent des cloisonnements très nets : d'un côté l'histoire des techniques, de l'autre l'histoire des

2. Voir A. Koyré, « Léonard de Vinci 500 ans après », dans *Études d'histoire de la pensée scientifique*, Presses Universitaires de France, 1966, pp. 85 et suivantes.

sciences. Simple répartition des tâches, dira-t-on. Mais qui soulève des questions délicates (même si elles ne sont pas toujours explicitées) sur les mérites respectifs de la pratique et de la théorie.

Dans le cas de Léonard, la question est apparemment banale : il s'agit seulement de savoir si la *pensée technique* de Léonard (reconnue par tous) est susceptible en certains cas de déboucher sur une *pensée scientifique* digne de ce nom. Mais, pour répondre, il faut définir ces deux types de pensée. C'est là que les choses se compliquent. Ainsi Alexandre Koyré déclare qu'il faut admettre *« l'existence d'une pensée technique, pensée pratique, essentiellement différente de la pensée théorique de la science »*[3]. Dans le contexte immédiat où apparaît cette phrase, l'auteur veut d'abord affirmer que la technique a pu naître sans le secours de la science ; là-dessus beaucoup d'historiens seraient d'accord. Mais cet énoncé va beaucoup plus loin : il affirme que la pensée technique et la pensée scientifique constituent pour ainsi dire deux univers séparés. Par *essence*, elles sont distinctes. Une telle conception, quand on étudie l'histoire des sciences, a d'importantes conséquences.

Une question disputée :
origines pratiques ou origines spirituelles de la Science ?

D'emblée, en effet, elle constitue un refus de toutes les interprétations qui accordent un certain rôle aux praticiens (artisans, ingénieurs, architectes, etc.) dans la naissance de ce qu'on appelle la science moderne. Alexandre Koyré est aussi explicite que possible : « la nouvelle balistique fut élaborée non par des artificiers ou des artilleurs, mais contre eux ». La science moderne a été engendrée par une « révolution spirituelle »[4]. Il est donc illusoire, toujours selon Koyré, de vouloir expliquer son apparition en se référant aux activités des techniciens (et aux conditions sociales en général).

Cette façon de couper les ponts entre la technique et la science n'est pas « fausse » à proprement parler. Car, conventionnellement, on peut toujours donner des définitions de la science et de la technique qui justifient ce dualisme radical. Mais l'emploi de concepts aussi rigides, du point de vue historique, n'est pas sans inconvénients. Il conduit à poser un dilemme extrêmement brutal *(Léonard est-il un technicien ou un homme de science ?)* comme s'il

3. A. Koyré, *Études d'histoire de la pensée philosophique*, Armand Colin, 1961, p. 308.
4. A. Koyré, *Études d'histoire de la pensée scientifique*, pp. 148-150.

n'y avait qu'à rayer la mention inutile... Dès lors tout est joué. Car Léonard, socialement, est un ingénieur. Si la science est « essentiellement *theoria*, recherche de la vérité », il n'a donc pas pu, par définition, avoir de véritables idées théoriques [5].

Cette façon de voir est encore très répandue ; mais il existe d'autres façons d'aborder le problème. On peut très bien admettre qu'il existe toute une gamme de connaissances allant de la technique la plus « empirique » à la science la plus « abstraite », la plus « théorique ». Entre ces deux pôles extrêmes se situent des savoirs mixtes qu'il est arbitraire de vouloir à tout prix classer comme strictement *techniques* ou strictement *théoriques*. Ce que les carnets de Léonard montrent, justement, c'est que les préoccupations des praticiens peuvent conduire à des recherches (ou à des programmes de recherches) qui n'ont pas grand-chose à envier à la « vraie » science. Mais, avant d'examiner de plus près cette transition de la pratique à la théorie, précisons la situation de Léonard.

Léonard est-il réellement « unique » ?

Assez souvent, en effet, il est présenté comme une exception, comme un cas unique. Étant donné ses réussites artistiques, il apparaît comme le type même du « génie ». Ceci transparaît assez bien dans la manière dont Alexandre Koyré décrit Léonard : c'est *« un géomètre de race »*, il a *« le don, tellement rare, de l'intuition de l'espace »*. Selon René Dugas, autre spécialiste, le message de Léonard serait « la marque d'un destin essentiellement hors série, d'une pensée essentiellement autonome. (...) Rien de tout cela n'est compatible avec l'effort collectif dont procèdent et se nourrissent les traditions ».

Cette dernière affirmation est tout à fait discutable. Léonard a sa place aussi bien dans une certaine tradition « théorique » que dans une lignée d'ingénieurs dont l'existence est maintenant solidement établie. Certes, il n'appartient pas à une « école de pensée » bien définie. Et ce n'était pas un universitaire : pendant que d'autres apprenaient grâce à des cours magistraux et à des livres, il s'instruisait, lui, dans l'atelier de Verrocchio. Léonard lui-même, en déclarant qu'il était « sans lettres », a pu faire croire qu'il se situait en marge de toute culture. Mais c'est inexact.

Pierre Duhem, au début de ce siècle, a montré grâce à de minu-

5. A. Koyré, *Études d'histoire de la pensée scientifique*, p. 360.

tieuses recherches que Léonard devait beaucoup au Moyen Age[6]. Même s'il faut se garder de pousser cette interprétation trop loin, le fait est là : Léonard connaissait plusieurs auteurs médiévaux (et aussi des auteurs anciens, tels qu'Aristote, Euclide et Archimède). Cette connaissance a été tantôt directe, tantôt indirecte. Il est certain, en tout cas, que Léonard est l'héritier de toute une culture ; et que ceci ne simplifie pas la lecture de ses écrits... Tel passage concernant *l'expérience* rend un son très « moderne », par exemple ; mais il s'agit d'idées d'Aristote à peine transposées ! Bien souvent, Léonard n'indique pas le nom des auteurs dont il s'inspire ; mais ses emprunts sont parfois repérables. Grâce à deux carnets retrouvés en 1965 (les *Codex* de Madrid), nous disposons même d'un document remarquable : la liste des cent seize ouvrages que Léonard avait dans sa bibliothèque[7]. Ses spéculations s'appuient donc plus souvent qu'on ne pourrait croire sur le legs culturel des Anciens.

Une longue lignée d'ingénieurs

Même dans le domaine technique, Léonard n'apparaît plus comme un cas absolument exceptionnel. Comme l'ont montré en particulier les recherches de Bertrand Gille, il appartient à une longue tradition d'ingénieurs. L'un des grands ancêtres était l'Allemand Kyeser, né en 1366 et mort au début du XVe siècle : « le premier grand ingénieur qui nous ait laissé une œuvre technique bien établie ». Mais il y en eut bien d'autres, comme par exemple Roberto Valturio, qui vécut au XVe siècle dans l'entourage des Malatesta à Rimini ; ou encore Francesco di Giorgio Martini (1439-1502), l'un des plus importants.

Ces praticiens n'étaient pas toujours de simples « ingénieurs » au sens que ce mot a pris aujourd'hui. Ils s'occupaient non seulement de mécanique, d'hydraulique, de balistique (etc.), mais d'architecture, voire même de sculpture et de peinture. Petit à petit, ils constituèrent tout un capital de connaissances très variées. Léonard ne peut être compris que par référence à eux. Non seulement parce qu'il est leur semblable du point de vue socioprofes-

6. P. Duhem, *Études sur Léonard de Vinci* (3 vol.), Hermann, 1906-1913.

7. Sur la découverte des *Codex* de Madrid, voir P. Thuillier, « De nouveaux manuscrits de Léonard de Vinci », *La Recherche*, n° 75, fév. 1977, p. 195. Il existe une excellente et coûteuse édition : *The Madrid codices* (coffret de cinq volumes), Mc Graw-Hill, 1974.

sionnel ; mais parce que beaucoup d'idées qu'on lui a attribuées ont ici leur source.

Bertrand Gille, à ce propos, a procédé à un bilan comparatif d'une grande sévérité. Il reconnaît que Léonard « est le premier à avoir posé en quelque sorte des problèmes de technique industrielle » et a formulé des conceptions intéressantes en ce qui concerne l'industrie textile, l'hydraulique et la machine à voler. Mais en architecture, déclare Bertrand Gille, « la recherche de Léonard n'offre que peu d'originalité ». Il en va de même pour les appareils de levage. Quant aux pompes aspirantes et foulantes, elles étaient déjà connues de Taccola dans la première moitié du XVe siècle ; et Alberti (1404-1472) avait déjà dessiné des écluses à portes mobiles. Même le scaphandre avait déjà été décrit par Kyeser ; dès les premières années du XVe siècle, on en connaît une version très améliorée. « Le grand Florentin, écrit Bertrand Gille, n'est en rien un précurseur sur le plan strictement technique. » D'autres historiens se montrent moins catégoriques ; mais, dans l'ensemble, les appréciations de Bertrand Gille semblent corriger opportunément le mythe de Léonard.

Il y a plus surprenant encore : Léonard, en fait, n'aurait même pas été un véritable praticien ! Il était architecte et ingénieur (nous dirions volontiers ingénieur-conseil). Mais a-t-il vraiment réalisé les projets qu'il concevait ? Beaucoup de doutes, là-dessus, ont été émis ; et le bilan des réalisations effectives semble plutôt maigre. A diverses reprises, aussi bien lorsqu'il était à Milan au service de Ludovic Sforza que lorsqu'il était au service de François Ier, Léonard a conçu et construit des « machines merveilleuses » destinées à égayer les fêtes données par ses employeurs. Mais on ignore, par exemple, s'il a travaillé aux canaux des environs de Milan. Et, lorsqu'il était à Cloux, près d'Amboise, « on le consulta souvent, (mais) on ne lui demanda aucun travail effectif et réel ». En tant que technicien, il a indéniablement un statut ambigu.

Savoir pour pouvoir

Léonard, dans ces conditions, perd un peu de son prestige et de son pittoresque. Mais les regrets seraient superflus. Mieux vaut admettre que cette ambivalence a donné à Léonard sa spécificité. S'il avait passé son temps sur les chantiers, sans doute n'aurait-il pas eu le loisir de noircir les milliers de pages qu'il a noircies... Ce qui compte, c'est qu'il a été *directement en contact* avec l'univers pratique des ingénieurs : il connaît les difficultés que rencontrent les ouvriers et les chefs de travaux quand il faut effectivement creuser un canal, mouvoir de lourdes charges, calibrer une pièce. Léonard, si l'on peut dire, a intériorisé les préoccupations des praticiens. Comme eux, il a le souci de l'efficacité, du rendement. Il faut savoir afin de pouvoir ; il faut connaître la nature afin de mieux l'exploiter et de mieux la dominer en se fatiguant moins.

Ainsi il écrit : « si tu coordonnes tes notes sur la science des mouvements de l'eau, souviens-toi d'inscrire au-dessous de chaque proposition ses applications, pour que cette science ne demeure pas sans emploi ». Cet autre propos est souvent cité : « la mécanique est le paradis des sciences mathématiques, car c'est grâce à elle qu'on en recueille les fruits ». On a vu là, assez souvent, la preuve de son utilitarisme outrancier et de son incapacité à concevoir une véritable science théorique. C'est, je pense, une interprétation abusive. Car Léonard veut que la science serve. Mais, loin de réduire le vrai à l'utile, il estime que l'action efficace requiert un savoir aussi parfait que possible : c'est *parce que leur science est vraie* que les ingénieurs seront efficaces.

D'où son insistance sur le rôle des mathématiques (garantes des plus hautes certitudes) et sur l'importance du recours à l'expérience. C'est en suivant cette voie qu'on parviendra à des connaissances solides et exactes (pour lesquelles Léonard éprouve un amour certain). Rien à voir avec l'utilitarisme vulgaire qui veut seulement « que ça marche ». Léonard est très explicite : « ceux qui s'adonnent à la pratique sans la science sont comme des marins qui s'embarquent sans gouvernail et sans boussole, et qui ne savent jamais où ils vont ». Certains historiens des sciences ont du mal à admettre que le savoir vrai et la pratique efficace puissent aller de pair. Mais, pour Léonard, les choses étaient claires.

Comment mesurer les apports de Léonard à la Science ?

Admettons donc, au moins provisoirement, que le projet pratique de Léonard a coïncidé avec son projet scientifique. Resterait à évaluer l'apport réel de Léonard à « la science ». Mais comment définir cet apport ? Pour certains, ce sont les *résultats* seuls qui comptent : il faut avoir formulé une nouvelle *loi*, un nouveau *principe*, une nouvelle *théorie*. Il convient alors de rechercher quels sont les énoncés léonardiens qui sont dignes de la Science.

Léonard, par exemple, a-t-il énoncé le principe de l'égalité de l'action et de la réaction ? Il en a eu l'idée, assurément, en quelques cas particuliers. Mais il ne semble pas avoir réussi à lui donner une formulation explicite et générale[8]. Léonard a-t-il connu ce qu'on appelle la règle du parallélogramme des forces ? Pour Pierre Humbert, la réponse est positive ; mais René Dugas, quant à lui, émet de sérieuses réserves. Léonard a-t-il distingué la notion de « travail » de celle de « force »[9] ? On en discute, comme on discute de sa contribution exacte à l'hydrodynamique. D'après certains historiens, Léonard n'aurait eu que quelques intuitions assez sommaires ; d'autres au contraire, comme Carlo Zammatio, estiment qu'il était déjà parvenu à des énoncés fondamentaux. Voici comment J.H. Randall formule son verdict : « On ne peut pas découvrir dans les carnets de Léonard une seule idée qui soit essentiellement nouvelle ou qui ait été inconnue des écoles scientifiques déjà constituées dans l'Italie de son époque. »[10]

N'y a-t-il pas quelque myopie dans cette façon d'évaluer l'originalité de Léonard ? En 1500, « la science moderne » n'existait pas ; et Léonard n'a évidemment pas possédé, sous leur forme parfaite, les théories et les lois de cette science. En revanche, on peut essayer de voir si l'intelligence technique de cet ingénieur n'a pas contribué à engendrer l'intelligence dite « scientifique ». En d'autres termes, peut-on discerner dans les carnets de Léonard, concrètement, la maturation d'une nouvelle attitude « méthodologique », l'explicitation de nouveaux problèmes, une nouvelle manière de concevoir « la nature » ?

Moulin à eau et modèles hydrauliques

A l'époque de Léonard, le moulin à eau était un objet technique de première importance. En tant qu'ingénieur soucieux de rendement, Léonard s'est interrogé sur la meilleure manière de concevoir la disposition des aubes sur la roue motrice. Dans le premier des deux *Codex* de Madrid, on le voit aux prises avec ce problème. Naturellement, il lui manque certaines notions. Du moins s'efforce-t-il d'*analyser*. D'une part il y a la « percussion » de l'eau qui tombe sur l'aube ; si on veut judicieusement utiliser la chute

8. Voir par exemple A. Koyré, *Pensée scientifique*, p. 95 et 223 ; et B. Dibner, « Leonardo as military engineer », dans *Philosophical foundations of science* (R. J. Seeger and R. S. Cohen editors), Reidel, 1974, p. 90.

9. Voir M. Jammer, *Concepts of force*, Harvard University Press, 1957, pp. 166-167.

10. J.H. Randall, « The place of Leonardo da Vinci in the emergence of modern science », dans *Roots of scientific thought*, edited by P.P. Wiener and A. Noland, Basic Books, 1957, p. 209.

d'eau, il faut donc en accroître la hauteur. D'autre part, l'eau agit par son « poids » ; ce qui signifie que si les aubes sont en forme de baquets, l'eau sera retenue pendant quelques instants et pourra exercer une action supplémentaire sur la roue. Cette ébauche d'analyse, à nos yeux, ne va pas très loin. Mais Léonard, de proche en proche, précise ses questions.

Par exemple, est-il vraiment efficace d'avoir des aubes en forme

A B C

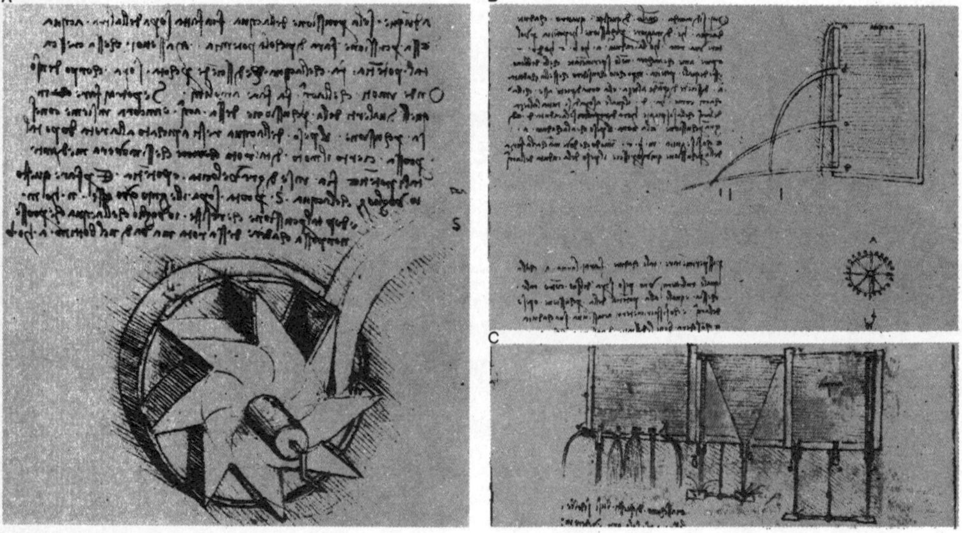

Léonard voulait améliorer les roues des moulins à eau. Il distinguait deux effets : l'eau qui tombe agit d'abord par « percussion », puis, par son seul « poids », elle continue à entraîner la roue, du moins si les aubes sont en forme de baquets (dessin A). Pour que la percussion soit la plus forte possible, il faut qu'elle s'opère sur une surface dure et non pas sur l'eau déjà retenue par l'aube. D'où certaines conclusions destinées à rationaliser le dessin des roues. Léonard s'est aussi interrogé sur les divers facteurs qui déterminent la « puissance » (selon sa propre expression) des chutes d'eau. A côté du dessin B, qui représente quatre jets sortant d'une cuve à niveau constant, il a écrit ceci : « Il me semble qu'ils doivent avoir la même puissance. » Au-dessous, il a dessiné un appareil qui permet en principe de *mesurer* les « puissances » des chutes d'eau : on recueille l'eau sur une petite roue de moulin et on ajoute des poids au crochet jusqu'à ce que l'équilibre soit obtenu. Ainsi, dit-il, on pourra expérimenter *(issperimentare)* et formuler une règle générale *(regola gienerale)*. Sur le dessin C sont figurés divers dispositifs d'expérimentation ; noter tout particulièrement les espèces de balances qui doivent permettre de comparer les « impetus » des jets. *(Madrid I, 142 r, 134 v, 152 r.)*

de baquets ? D'un côté on va y gagner : l'eau retenue continuera à agir par son poids. Mais de l'autre on risque d'y perdre : car l'eau de la chute va tomber non plus sur une surface dure (l'aube en bois), mais sur une surface fluide (l'eau conservée dans le baquet). Ce qui entraîne une perte, nous dirions une baisse de rendement. A partir d'un cas particulier se posent donc divers problèmes. En ce qui concerne la nature de la surface percutée, Léonard avance un énoncé général : « la percussion sera d'autant moins forte que le corps percuté est moins résistant ». Si donc vous voulez accroître la « puissance » *(potentia)* de l'eau, veillez à ce qu'elle frappe un corps solide *(denso)*. Dans le cas de la roue de moulin, il est même possible de trouver une solution optimale : il faudrait que l'eau frappe d'abord la surface dure de l'aube et que, ensuite, elle soit conservée dans une sorte de baquet qui prolonge son action.

Toujours dans le domaine de l'eau, Léonard a essayé de voir comment le courant des rivières agissait sur les berges, comment se formaient les méandres, comment naissaient les tourbillons, etc. On discute évidemment l'intérêt et l'exactitude de ses conclusions. Mais le fait est que, dans ses recherches, Léonard a parfois recouru à une méthode « expérimentale ». Il utilisait en effet des *modèles* qui lui permettaient de reconstituer réalistement, en petit, les cours d'eau ; et donc d'étudier utilement la façon dont se déposaient les alluvions, etc. Des méthodes analogues, sauf erreur, ont été (et sont encore) utilisées par des scientifiques qu'on ne récuse pas.

De l'analogie entre la vis et le plan incliné

En divers cas, on peut distinguer chez Léonard un goût certain de l'analyse proprement théorique. Considérons des « machines simples » telles que la poulie, la vis et le treuil différentiel. Léonard a parfaitement vu que, *spéculativement*, ces trois objets techniques se laissent ramener à un même schéma : celui du plan incliné. Qu'est-ce qu'une vis, sinon un « plan incliné » idéal qu'on a enroulé sur lui-même ? Léonard, de même, montre qu'il y a une identité profonde entre le plan incliné et un jeu de poulies. Du point de vue spéculatif, la longueur « utile » de la corde est comparable à la longueur « utile » du plan incliné. N'y a-t-il pas là quelque chose qui ressemble à une réflexion véritablement théorique ?

Diverses objections sont possibles. On pourra faire valoir, par exemple, que toutes les considérations de ce genre n'étaient pas nouvelles. Peut-être bien ; mais les carnets de Léonard n'en ont pas moins l'intérêt de montrer comment se fait (ou peut se faire) la transition entre attitude technique et attitude scientifique. Au départ, il y a un problème pratique : comment faire pour élever un poids aussi aisément que possible ? Et Léonard donne la réponse : *« il sera d'autant plus facile d'élever un poids qu'on utilisera une pente plus longue »*. Réponse de technicien, si l'on veut. Mais qui nous amène immédiatement à une réflexion théorique. Trop souvent, en lisant certains manuels, on oublie que les « machines simples » ont été primitivement conçues par des techniciens pour alléger les tâches humaines. Grâce à Léonard, on perçoit comment une nouvelle rationalité a pu se développer à l'intérieur même de la pratique (ou en tout cas dans son voisinage immédiat).

De ce point de vue, l'attention que Léonard a accordée à la résistance des matériaux mérite d'être notée. Il s'interrogeait sur la façon dont s'incurveraient ou se rompraient des madriers soumis à des contraintes déterminées ; il réfléchissait sur la meilleure manière de répartir les charges sur une ogive. Ses dessins font ressortir le caractère *analytique* et *quantitatif* de ses recherches : qu'il s'agisse d'une poutre ou d'une voûte, il s'efforce de construire un schéma idéal mettant en évidence le jeu des forces et des résistances. Chemin faisant, il commet des erreurs. Mais, dans le principe, sa démarche est prometteuse. Plus tard, Galilée s'intéressera énormément à ces sortes de problèmes. En 1638, il fera paraître un ouvrage que les historiens des sciences jugent fondamental : les *Discours sur deux sciences nouvelles.* Or l'une de ces deux sciences concerne précisément la résistance des matériaux. Pourquoi ne pas admettre que Léonard, en travaillant sur le même sujet dans un esprit tout à fait comparable, a lui-même été un promoteur de « la science » ?

De l'arbalète comme instrument scientifique

Léonard illustre encore le passage de la pratique à la théorie par un exemple très clair : celui de l'arbalète. Cette arme était un objet

---

Le dessin, tel que le pratique Léonard, ne se réduit pas à l'art de donner l' « impression » de la réalité. C'est aussi un outil d'analyse. Les études ici reproduites (illustration A) prouvent à quel point Léonard se passionnait pour la recherche des structures dynamiques de l'eau : il voulait saisir, à la fois par le crayon et par l'esprit, comment s'engendraient les tourbillons d'un courant qui rencontre un obsta-

A

B

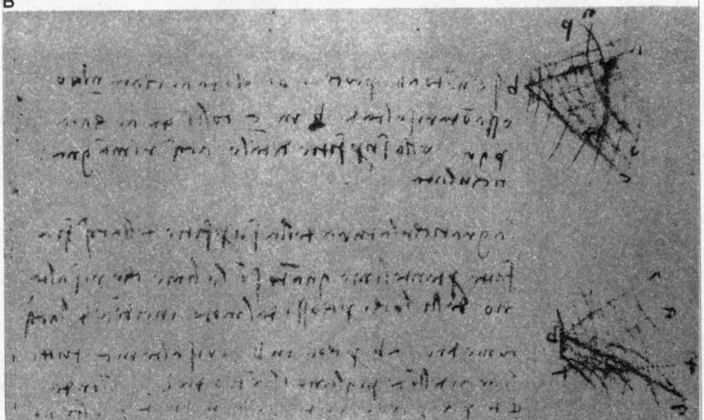

cle. Sur l'illustration B, tirée du second *Codex* de Madrid, Léonard s'est livré à une étude plus « abstraite » : il analyse comment des ondes « rebondissent » sur un obstacle. Huygens, au XVIIe siècle, perfectionnera ces recherches. Précisons que Léonard a l'habitude d'écrire ses notes à l'envers, de droite à gauche ; il faut lire ses textes à l'aide d'un miroir... *(Windsor ; Madrid II, 126 r.)*

commun, un objet « utile » ; il fallait donc en améliorer la construction et l'usage autant que c'était possible. Ainsi sont appa-

A

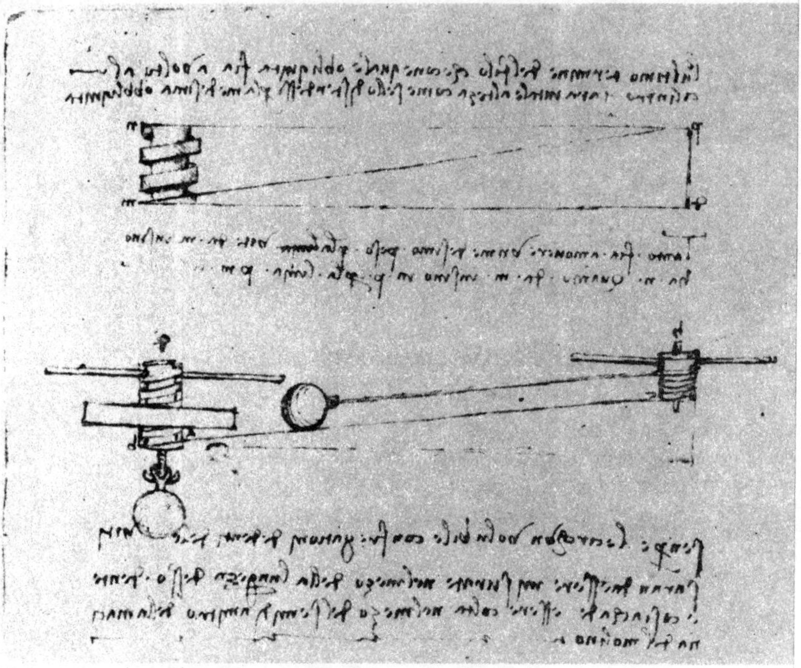

B

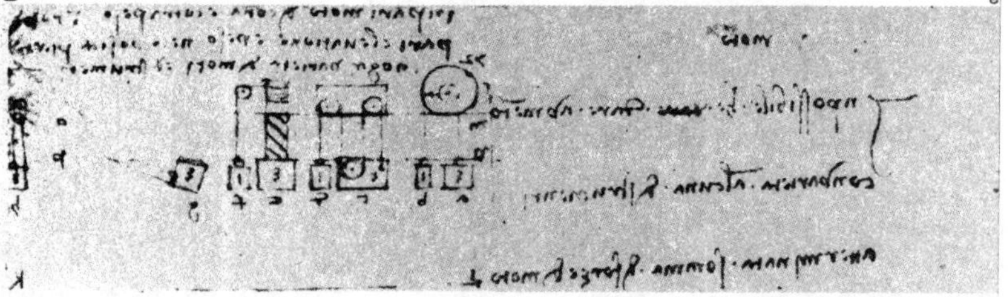

Les « machines simples », qui ont dans la technique et la science occidentales une longue histoire, ont retenu l'attention de Léonard. Le dessin A illustre cette idée : une vis qui a la même « obliquité » qu'un plan incliné a des propriétés tout à fait comparables à celles de ce plan. De même (dessin B) on peut établir une équivalence entre ces deux machines d'une part et la poulie et le treuil différentiel d'autre part. Dans les quatre cas présentés, le poids et le contrepoids sont dans le rapport de trois à un ; et leurs déplacements en hauteur, selon la verticale, sont dans le rapport de trois à un. Voici comment Léonard décrit la situation : « Plus court est le mouvement de la chose mue par rapport au mouvement du moteur, moins grande est la force requise du moteur. » *(Madrid I, 175 r.)*

rues diverses questions : peut-on mesurer la tension initiale d'une arbalète ? Peut-on établir une relation précise entre cette tension et la portée utile ? (A propos des canons, faut-il le dire, des préoccupations semblables se manifestaient aussi.) Ce qui amène Léonard à formuler une problématique dont l'intérêt théorique est évident. L'arbalète, en deux mots, devient un *instrument d'expérimentation.* Certaines grandeurs significatives et mesurables sont définies ; des hypothèses sont formulées ; et un protocole expérimental est pro-

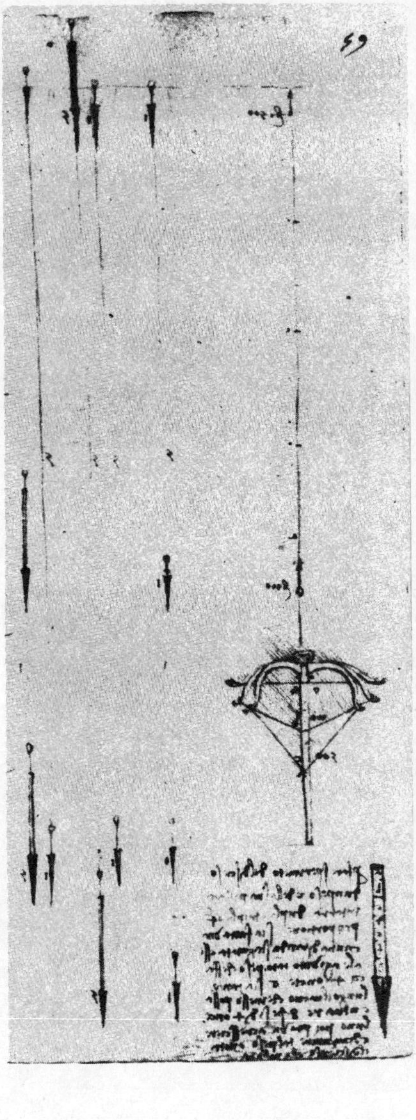

L'arbalète, dans les carnets de Léonard, devient un véritable instrument d'expérimentation scientifique. Sur ce feuillet du premier *Codex* de Madrid, on voit schématisées plusieurs expériences de dynamique. Une flèche est lancée à diverses hauteurs soigneusement mesurées ; il s'agit de savoir à quelle profondeur elle s'enfoncera dans la terre (supposée d' « égale résistance ») en fonction de la hauteur de chute. Une autre série d'expériences doit être effectuée avec une flèche pesant deux fois plus que la première. Léonard propose divers énoncés (nous dirions diverses *hypothèses*). Par exemple : « La flèche tombant d'une hauteur double aura la même pénétration qu'une flèche tombant d'une hauteur simple mais de poids double, pourvu qu'elles aient la même forme. » Léonard, semble-t-il, n'a pas réellement soumis cette proposition à un contrôle expérimental. Mais la méthodologie qu'il a conçue est, dans son principe, tout à fait satisfaisante. En bas et à droite, Léonard décrit par le texte et par le dessin une flèche à poids variable : elle est creuse, d'un poids de 4 onces, et on peut y introduire successivement plusieurs autres poids de 4 onces. *(Madrid I, 59 r.)*

posé afin de les tester. Même si Léonard, en fait, n'est pas allé jusqu'au bout de ses recherches, il a explicité leur orientation et leur méthodologie.

Voici par exemple un énoncé quantitatif et testable : « des flèches de poids égal mais descendant d'une hauteur double pénétreront deux fois plus dans le sol, là où elles frappent, pourvu que le sol soit d'égale résistance et les flèches de forme semblable ». Le moindre élève de classe terminale, de nos jours, a un langage « théorique » plus élaboré. Tandis que Léonard, lui, ignore ce qu'est l' « énergie cinétique »... Mais, épistémologiquement, il a saisi l'essentiel : en réalisant avec soin certaines situations expéri-

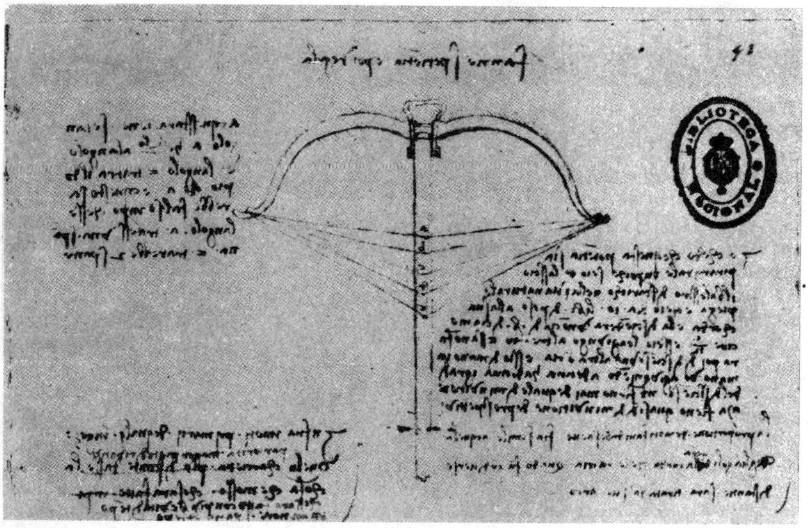

L'arbalète, là encore, sert de support à une réflexion sur les relations existant entre certaines grandeurs mesurables ; en l'occurrence entre la tension de la corde (mesurée en livres) et la position de la corde sur la crosse (mesurée en douzièmes de brasse). L'un des commentaires qui accompagnent ce dessin est particulièrement intéressant ; car Léonard (comme il le fait parfois) y utilise la notion de variation *« pyramidale ».* En effet, si on mesure le déplacement de la corde sur la crosse, on constate qu'il n'est pas proportionnel à la tension. Si on ajoute successivement plusieurs poids de dix livres, la corde se déplace sur la crosse selon des « degrés » de plus en plus petits. D'où un effet de « pyramide » qui, selon Léonard, rappelle les raccourcis étudiés par la *perspective.* Ainsi posé, le problème est déjà relativement complexe ; Léonard n'avait pas les moyens de formuler mathématiquement une solution précise. Du moins a-t-il entrevu que des méthodes d'analyse plus perfectionnées étaient nécessaires. *(Madrid I, 51 r.)*

mentales, il est possible de confirmer ou d'infirmer certains énoncés généraux.

Plusieurs des énoncés proposés par Léonard nous apparaissent maintenant comme faux. Mais ils ont l'immense mérite de mettre en jeu des quantités précisément définies et mesurables. Même aujourd'hui, un physicien peut comprendre sans difficulté cette loi de proportionnalité : « la longueur de la descente de la flèche sera proportionnelle aux poids utilisés pour tendre l'arbalète ». Et cette loi, dans le principe, est susceptible d'être soumise à un contrôle expérimental rigoureux. Non seulement Léonard est conscient de la nécessité de maîtriser parfaitement les conditions des expériences, mais encore il imagine une flèche à poids variable qui constitue un véritable instrument de mesure. « Alors expérimente en augmentant et en diminuant le poids ; et note la (hauteur de) descente et la pénétration. » Tout ceci, répétons-le, est expressément présenté comme une *expérimentation :* « Per fare sperimento del discienso d'un peso e della sua passata in terra... »

Pour rendre compte d'un tel effort de rationalisation, suffit-il de dire (avec Alexandre Koyré) que Léonard se montre *technologue* ? La distinction entre technologie et science, en l'occurrence, me paraît toute verbale. Loin de constituer deux univers radicalement distincts, technique et science sont ici en symbiose. Dans l'histoire traditionnelle de la science moderne, d'ailleurs, les praticiens sont bel et bien présents : « il est curieux de constater, écrit Bertrand Gille, que ce sont effectivement des ingénieurs, Léonard de Vinci, qui ne fut peut-être pas le plus perspicace, Benedetti, Galilée, Stevin, qui sont représentés comme les chaînons qui conduisent à la science classique ». Car le souci des applications utilitaires peut conduire à l'empirisme le plus sommaire ; mais il peut aussi « stimuler le désir d'une explication causale et entraîner des efforts pour mettre au point une méthode plus rationnelle »[11]. A de nombreuses reprises, Léonard affirme qu'il veut trouver des *« règles générales ».* Il faut un préjugé tenace pour nier que de telles règles aient, en maintes occasions, préfiguré ce que nous appelons aujourd'hui des *lois* scientifiques.

Le progrès vers l'abstraction et la quantification

Insistons sur le fait que le développement des techniques favorisait *à la fois* le goût de l'expérimentation et celui de l'abstraction.

11. E. Dijksterhuis, ouvrage cité, p. 243.

Au premier abord, ceci peut surprendre. Mais revenons au cas de l'arbalète. Celle-ci, on l'a vu, se transforme en instrument d'étude expérimentale ; et, en même temps, la trajectoire de la flèche *s'idéalise.* Léonard, en effet, imagine que ce projectile s'élève puis redescend selon une verticale parfaite, sur laquelle (idéalement...) on peut opérer des mesures également parfaites. Cette *géométrisation* simplifie le phénomène étudié : tout est en place pour que l'étude « abstraite » du mouvement (comme dans la science moderne) devienne possible. On peut faire des remarques du même genre à propos de la vis, de la poulie et du plan incliné, qui mettent en évidence des phénomènes physiques *élémentaires* (c'est-à-dire à la fois simples et fondamentaux). L'appareillage de l'atelier ou du chantier, en d'autres termes, devient quasiment impossible à distinguer de celui d'un laboratoire.

Cette démarche vers l'abstraction de type scientifique se manifeste souvent dans les carnets de Léonard. Par exemple, dans le domaine de l'hydraulique, il conçoit divers instruments qui mettent en œuvre, fût-ce implicitement, une interprétation très féconde du phénomène « chute d'eau ». Quels qu'aient été les résultats obtenus en fait par Léonard, il apparaît qu'un certain type d'analyse « scientifique » devient possible (qui prend en compte la pression de sortie des jets d'eau, la hauteur de leur chute, etc.). Pour l'étude du frottement, les carnets proposent aussi des montages expérimentaux très précis. Et il en va de même pour la composition des forces, que Léonard étudie (ou conseille d'étudier) grâce à des dispositifs comprenant des fils, des poulies et des poids.

Beaucoup de ces appareils sont destinés à permettre des *mesures.* Ainsi, afin de comparer les « impetus » (disons les élans moteurs) de deux jets orientés verticalement vers le bas, Léonard conçoit une sorte de balance appropriée (dont les plateaux sont remplacés par des palettes destinées à recevoir les jets). Il a d'ailleurs poussé le raffinement plus loin et donné l'idée d'un appareil permettant de mesurer la « puissance » d'un jet d'eau. Significativement, cet instrument se présente comme une *roue de moulin* en réduction, munie d'un système de contrepoids. Sous cette forme, il n'est sans doute pas d'un emploi très commode... Mais il exprime un évident désir de réaliser des enquêtes expérimentales rigoureuses.

La nécessité, maîtresse de la nature

Léonard n'a pas seulement étudié des objets particuliers. Il a aussi réfléchi, de façon plus philosophique, aux principes impliqués par le nouveau savoir qu'il souhaitait. Par exemple, il affirme avec force que *« la nécessité est la maîtresse et la tutrice de la nature »*. C'est en vertu de cette nécessité que la nature est soumise à des *lois* susceptibles d'être rationnellement connues. Car Léonard emploie expressément la notion de « lois », c'est-à-dire de rapports déterminés et stables entre les « causes » et les « effets ». Assurément, pour ceux qui ont lu Claude Bernard et tant d'autres développements classiques sur le déterminisme, une

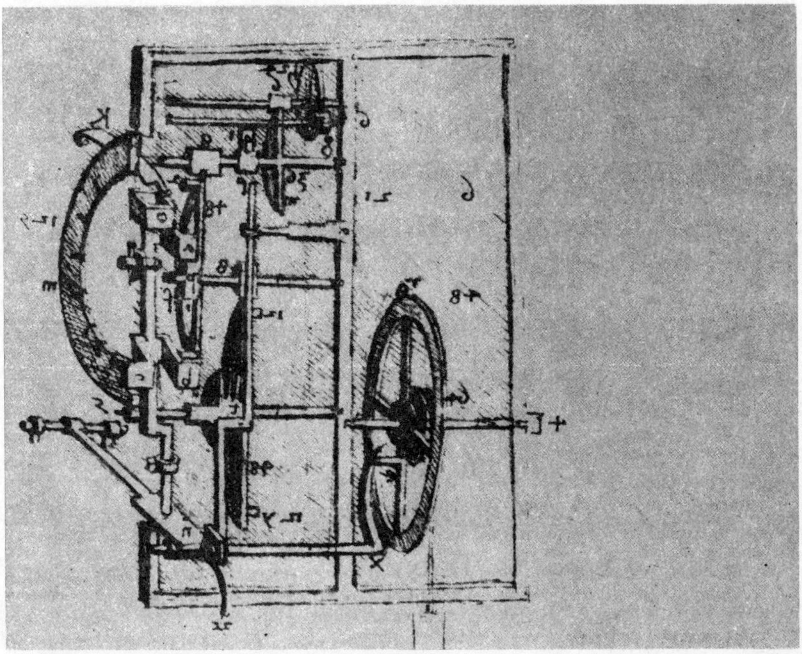

Comme nous le rappelle ce dessin d'horloge à poids, Léonard ne se lassait pas de dessiner des mécanismes. On lui doit une analyse très poussée de ce qu'on appelle les « éléments de machines » (vis, bielles, manivelles, cames, cylindres, etc.). Cette passion pour la mécanique l'a amené à concevoir la nature elle-même sur le modèle de la machine. Le but de la science, c'est précisément de découvrir les lois qui assurent le fonctionnement de la nature selon une stricte nécessité. *(Madrid I, 27 v.)*

telle notion peut paraître quasiment évidente. Mais, du temps de Léonard, il en allait autrement. L'idée d'un ordre causal dominant les phénomènes naturels n'était pas acquise ; et il est spécialement intéressant de noter que les activités techniques ont contribué à instaurer une nouvelle attitude à l'égard de la nature. Tout s'est passé comme si les *mécanismes* conçus et fabriqués par les hommes avaient permis de concevoir (ou en tout cas de concevoir plus nettement) que la nature elle-même se comportait avec une rigueur toute mécanique.

L'un des passages où Léonard évoque les lois de la nature se trouve être un passage où il parle des horloges et de leurs contrepoids. On a l'impression que la réflexion sur le fonctionnement de ce mécanisme exemplaire a favorisé une nouvelle vision du monde extérieur. Les rouages que Léonard a si attentivement et si minutieusement dessinés ont, en ce sens, une portée épistémologique : ils constituaient en quelque sorte un « paradigme », une sorte de *modèle théorique* pour les opérations de la nature. On sait d'ailleurs le rôle qu'a joué la philosophie dite « mécaniste » au XVIIe siècle ; grâce à elle une science nouvelle devenait possible, c'est-à-dire une science débarrassée des « miracles » et des « causes finales ». L'un des grands principes qui soutiennent cette doctrine, c'est que *l'on ne comprend vraiment que ce que l'on fabrique (ou peut fabriquer) soi-même*[12]. De même que l'homme, en combinant roues et engrenages, assure une certaine rationalité, de même il faut postuler que la nature peut être *analysée* et *reconstruite* comme une machine. Idée d'artisan ou d'ingénieur, on n'en peut douter... Et qui s'est imposée, en tout cas, dans une société où les techniciens avaient acquis une forte position socioculturelle.

La promotion sociale des techniques

On retrouve ici un problème auquel j'ai plusieurs fois fait allusion dans les développements précédents : celui des conditions historiques dans lesquelles s'est développée la pensée de Léonard. Comme le déclare Jean Delumeau, il s'est produit à la Renaissance *« une véritable promotion de la technique »* ; et on peut penser qu'il y a un rapport entre ce phénomène social et le succès (également social) d'une nouvelle forme de connaissance. Évitons tout malen-

12. Voir sur cette question majeure l'ouvrage de R. Lenoble, *Mersenne et la naissance du mécanisme*, Vrin, 1942 ; et P. Thuillier, « Au commencement était la machine », *La Recherche*, n° 63, janvier 1976 ; reproduit dans *Le petit savant illustré*, Le Seuil, 1980.

tendu : la « montée des ingénieurs » n'explique sans doute pas à elle seule l'apparition de toutes les idées et de toutes les normes qui constituent la « science expérimentale ». En fait, cette science a des origines lointaines ; elle met en jeu des schémas intellectuels que les Grecs et les penseurs médiévaux avaient perçus plus ou moins nettement. Mentionnons par exemple les médecins hippocratiques ; ou encore les Franciscains qui, dès le XIIIe siècle, avaient parlé de *scientia experimentalis*... Mais il ne faut pas seulement rendre compte de l'origine des idées : il faut essayer de comprendre *pourquoi ces mêmes idées ont pris du poids à une certaine époque*, pourquoi elles ont réussi à conquérir une place de choix et à concurrencer efficacement d'autres formes de connaissance.

Pour Léonard, écrit Ernst Cassirer, l'art ne consiste pas simplement à donner libre cours à son imagination : « il est et reste un authentique et indispensable moyen de comprendre la réalité elle-même ». En d'autres termes, la *« vision »* de Léonard a contribué à préparer l' *« abstraction »* scientifique, à rendre possible une connaissance rigoureuse des formes naturelles (quelles qu'elles soient) et de leurs rapports. En particulier, il a participé à l'élaboration d'une nouvelle conception de *l'espace*. Désormais, l'espace se présente comme le lieu où se déploie, selon une stricte géométrisation, tout un réseau de relations ordonnées. Aussi Panofsky, l'historien de l'art, a-t-il pu opposer *l'espace-agrégat* du Moyen Age (où les formes se juxtaposaient) à *l'espace-système* de la Renaissance. C'est dans ce dernier que la science moderne allait se déployer. Panofsky, en termes très nets, a également souligné l'importance de cette innovation : « c'est bien dans ces constructions en perspective que nous pouvons découvrir les racines de ce que nous appelons un système de coordonnées ». *(Étude pour l'Adoration des rois mages, par Léonard de Vinci. Cliché Alinari.)*

Dans cette perspective, l'importance nouvelle qu'avaient prise les techniques dans la société constitue certainement un facteur essentiel. « Les gouvernements, écrit Jean Delumeau, disposèrent de moyens monétaires accrus pour financer de grands travaux et surtout pour nourrir des budgets militaires de plus en plus gonflés. » Dès lors, « l'intérêt pour les activités concrètes et expérimentales (...) devint un fait de civilisation qu'attestent, dès le XVe siècle, les titres des ouvrages imprimés ». Tel est le fait qui est à retenir : « la technique non seulement attira l'attention des pouvoirs publics, mais encore fit désormais partie intégrante de la culture ». D'où « une profonde conversion intellectuelle (...) : on se détourna quelque peu du *monde des essences* pour se pencher vers *l'univers expérimental* »[13].

« L'ordre réaliste et bourgeois »

Pour désigner cette transformation, sensible dès le XIVe siècle, P. Fierens a parlé de l'instauration d'un « ordre réaliste et bourgeois ». Ce nouvel ordre se caractérise par le goût de l'action rationnellement conduite, goût assez compréhensible dans un monde où s'imposaient les commerçants, les banquiers, les entrepreneurs et les ingénieurs. « La croyance abstraite en une unité supérieure est abandonnée ; l'existence est comprise de façon plus directe, le regard se pose de plus en plus sur le monde extérieur ; les signes d'une maîtrise scientifique apparaissent. » Bertrand Gille, qui cite ce texte, en précise ainsi la signification : « Ce retour au réel de toute la civilisation était exactement parallèle à cette demande d'efficacité dans tous les domaines, dans la politique comme dans l'économique, qui est l'une des caractéristiques principales de la fin du XIVe siècle et au début du XVe. Retour au réel et, aussi, union des savoirs : les travaux des géomètres sur la perspective, les dissections, donneront des éléments nouveaux aux peintres ; le dessin, transformé, servit aux ingénieurs. Praticiens, artistes, ingénieurs, techniciens se sont retrouvés autour des mêmes thèmes, puisèrent aux mêmes sources. Il y a là, dans la pensée humaine, dans l'activité humaine, un moment irremplaçable. »

Léonard, resitué dans l'histoire de son temps, apparaît donc comme l'interprète d'un changement culturel dont les aspects sont

13. J. Delumeau, *La civilisation de la Renaissance*, Arthaud, 1967, pp. 175 et 176.

multiples. En ce qui concerne les connaissances, une mutation s'affirme de plus en plus nettement : alors qu'auparavant les savoirs purement spéculatifs étaient socialement dominants, voici que se font entendre les praticiens si longtemps méprisés, c'est-à-dire les représentants de l'*expérience.* Attention : ceci ne signifie pas que les activités dites intellectuelles vont cesser de se déployer. Mais, comme le dit Ernst Cassirer, l'expérience n'est plus vue comme une instance rivale de la connaissance théorique ; au contraire, « elle devient le vrai milieu, le champ d'activité et le test de la connaissance théorique » [14]. Léonard, c'est clair, n'a pas été le seul artisan de cette évolution (dont on peut faire remonter les premiers signes au XIIe siècle — voir le chapitre précédent). On peut estimer, avec de bons connaisseurs de la Renaissance, qu'il apparaît de façon relativement tardive dans le mouvement qui a conduit à la conquête de l' « objectivité ». Du moins a-t-il activement participé à la transformation qui s'opérait autour de lui, à la prise de conscience de ses conséquences épistémologiques.

Le prétendu vide du XVe siècle

Du point de vue de l'histoire des sciences, cette interprétation aide à résoudre l'un des problèmes posés par le XVe siècle. Divers historiens estiment en effet que cette période a été féconde dans le secteur des arts mais stérile dans celui des sciences. Ainsi George Sarton la considère comme « une dépression entre deux sommets » ; un autre historien, Harcourt Brown, n'y voit qu' « une période de relative stagnation », plus *répétitive* que *créative.* Mais, si on admet que la science et l'art ont alors « eu partie liée pour progresser comme sur un front commun », les choses s'éclairent [15]. Loin d'être une époque creuse, le XVe siècle peut être considéré comme une phase cruciale pendant laquelle un nouveau type de savoir s'est progressivement et irréversiblement constitué. Les notions de *nature,* d'*espace* et de *causalité* ont acquis une nouvelle signification ; un nouvel idéal a pris forme et s'est socialement imposé. A partir de là, les réussites d'un Galilée devenaient possibles.

Ernst Cassirer est allé jusqu'à attribuer à Léonard une place tout à fait centrale : « la vision de la nature de Léonard s'affirma

14. E. Cassirer, *The individual and the cosmos in Renaissance philosophy,* University of Pennsylvania Press, 1972, p. 171.

15. E. Panofsky, *L'œuvre d'art et ses significations,* Gallimard, 1969, p. 106. (Le livre original, en anglais, est de 1955.)

comme un point de transition méthodologiquement nécessaire ; car c'est la " vision " des artistes qui, au début, a défendu les droits de l'abstraction scientifique et lui a préparé la voie » [16]. Peut-être ce jugement fait-il la part un peu trop belle à l'individu Léonard ; car, si grand soit-il, il doit être situé dans un large mouvement collectif. Mais, à cette réserve près, le point de vue semble juste : dans le récit des origines de la science moderne, il faut accorder au praticien Léonard un rôle constitutif.

Bibliographie :

Pour accéder à un intéressant choix de textes, l'ouvrage le plus satisfaisant semble être :

The notebooks of Leonardo da Vinci, edited by J. P. Richter, Dover, 2 vol., 1970. (C'est la réédition d'un ouvrage publié en 1883 sous un titre un peu différent. On y trouve les textes en italien, ainsi qu'une traduction anglaise et des illustrations.)

Les carnets de Léonard de Vinci, Gallimard, 2 vol., 1942. (Cette traduction française a été faite à partir d'une édition anglaise préparée par E. Mac Curdy. Elle ne donne pas les textes originaux ; elle ne contient pas d'illustrations ; l'index a été considérablement appauvri.)

Outre les ouvrages cités dans les notes, on peut consulter :

Léonard de Vinci et l'expérience scientifique au XVIe siècle, ouvrage collectif, CNRS, Presses Universitaires de France, 1953. (Ce sont les actes d'un colloque. Textes de G. Sarton, G. de Santillana, R. Dugas, M. Daumas, A. Koyré, etc.).

B. Gille, *Les ingénieurs de la Renaissance,* Hermann, 1964. (Fondamental. A été réédité en livre de poche dans la collection *Points,* au Seuil.)

Léonard de Vinci : l'humaniste, l'artiste, l'inventeur, publié sous la direction de L. Reti ; Laffont, 1974. (Traduction, pas toujours très fiable, d'un ouvrage anglais. Textes de L. H. Heydenreich, B. Dibner, C. Zammatio, A. Chastel, etc. Très nombreuses illustrations. Utile, mais n'étudie pas systématiquement la pensée « scientifique » de Léonard.)

16. E. Cassirer, ouvrage cité, p. 158. Koyré, lui, n'accorde qu'un très faible rôle aux artistes dans l'évolution du savoir ; voir P. Thuillier, « Sociologie de l'art et histoire des sciences », dans *La sociologie de l'art et sa vocation interdisciplinaire. L'œuvre et l'influence de P. Francastel,* Denoël-Gonthier, 1976.

G. Séailles, *Léonard de Vinci : l'artiste et le savant,* Librairie académique Didier, 1892. (Ancien, mais demeure intéressant et suggestif.)

The scientific revolution, edited by V.L. Bullough ; Holt, Rinehart and Winston, 1970. (Recueil où sont confrontées plusieurs interprétations historiques : E.A. Burtt, H. Brown, J. Gadol, E. Zilsel, etc.)

W.P.D. Whightman, *Science in a Renaissance society,* Hutchinson, 1972.

E. Garin, *La Renaissance, histoire d'une révolution culturelle* (traduit de l'italien), Marabout Université, 1970.

P. Francastel, *La figure et le lieu. L'ordre visuel du Quattrocento,* Gallimard, 1967.

E. Panofsky, *La perspective comme forme symbolique,* Éditions de Minuit, 1957.

S. Moscovici, *Essai sur l'histoire humaine de la nature,* Flammarion, 1968.

CHAPITRE V

Quelles ont été les vraies raisons du déclin de l'astrologie ?

Adversaires et partisans de l'astrologie s'affrontent régulièrement. Les discussions, hélas ! ne sont pas toujours éclairantes. Pourquoi, durant des siècles, des hommes de sciences réputés ont-ils pratiqué l'astrologie ? Et pourquoi a-t-elle fortement décliné vers le milieu du XVIIe *siècle ?*

L'astrologie, aujourd'hui encore, soulève des passions. Ses partisans proclament qu'elle a le statut d'une véritable science. Ses adversaires, qui sont généralement des « rationalistes » militants, affirment au contraire qu'elle est dénuée de toute valeur [1]. Comparée aux savoirs authentiques des astronomes, l'astrologie est pour ainsi dire le prototype de la fausse science. Les discussions qui s'ensuivent, hélas, ne sont pas toujours très limpides. Tandis que les uns font état d'horoscopes remarquablement « vérifiés » par les faits, les autres « démontrent » catégoriquement l'inanité des spéculations astrales. Et il est rare, semble-t-il, que ces échanges d'arguments fassent changer d'opinion les intéressés... Pour aborder une question de ce genre, il se pourrait donc que le recours à l'histoire ne soit pas inutile.

Car le débat épistémologique (c'est-à-dire relatif aux questions de *vérité* et de *fausseté*) a sa raison d'être et son intérêt. Il risque toutefois de faire oublier certains aspects tout à fait concrets des activités astrologiques. Que cela soit clair : il ne s'agit pas d'utiliser des arguments historiques pour réhabiliter l'astrologie. Pour ma part, d'ailleurs, je ne crois pas à la valeur scientifique de cette dernière. Mais, grâce à un coup d'œil sur le passé, on rend possible une meilleure compréhension de la nature et du rôle social de ce « savoir » tout à fait particulier. Même pour saisir la signification des croyances astrologiques dans une société « avancée » comme la nôtre, ce détour historique constitue sans doute un préliminaire indispensable.

Des astronomes astrologues

Venue de l'Orient par l'intermédiaire des Grecs puis des Arabes, l'astrologie était étroitement liée à l'astronomie. Le même mot pouvait d'ailleurs désigner l'astronomie (c'était l'*astrologie naturelle*) et l'astrologie proprement dite (qu'on appelait plus précisément l'*astrologie judiciaire*). Durant des siècles, et encore à l'aube de l'époque moderne, cette pseudo-science a rencontré un vif succès non seulement auprès du « peuple », mais dans les couches « éclairées » de la société. La question se pose donc : comment se fait-il que de nombreux personnages que nous considérons comme d'authentiques hommes de science aient pratiqué l'astrologie ?

1. Cf. le débat autour de l'astrologie et la science dans *La Recherche* n° 140, janvier 1983, p. 118.

Car le fait semble bien établi : des « savants » réputés sérieux ont trouvé parfaitement normal de tirer des horoscopes et d'interpréter à la lumière des principes astrologiques divers phénomènes naturels tels que comètes ou étoiles nouvelles. Ainsi Regiomontanus (1436-1476), astronome et mathématicien allemand dont les contributions scientifiques ne manquaient pas d'intérêt, composa des *Éphémérides* à l'intention des astrologues. Mieux encore, il divisa la sphère céleste selon un système de « maisons » qui eut beaucoup de succès. L'astronome danois Tycho Brahé (1546-1601), qu'on peut considérer comme le meilleur représentant de l'astronomie d'observation au XVIe siècle, s'est toujours intéressé à l'astrologie. Il y voyait une application tout à fait légitime de l'astronomie. Quand apparut la *nova*[2] de 1572, il développa d'audacieuses interprétations. D'après lui, c'était seulement la deuxième fois dans l'histoire du monde qu'une *nova* (c'est-à-dire une étoile brillant brusquement d'un éclat très vif) se manifestait ; et elle annonçait à coup sûr un âge nouveau. Elle suivait de neuf ans, en effet, la conjonction de Saturne et de Jupiter. Et une comète, cinq ans plus tard, était venue confirmer sa signification astrologique. Cet âge nouveau serait un âge de paix et de prospérité ; il commencerait en Russie, en 1632, c'est-à-dire soixante ans après l'apparition de la *nova*...

Tycho Brahé reconnaissait que ces sortes de prédictions étaient délicates — et seulement de l'ordre du probable. Il défendait néanmoins l'astrologie avec vigueur, expliquant que Dieu et la nature ne pouvaient pas envoyer en vain des signes de ce genre. C'était pour lui une évidence. Et, significativement, il mettait sur le même plan les prévisions météorologiques et les prédictions fondées sur les horoscopes ! Au passage, rappelons que les astrologues se croyaient capables, en principe, de prévoir non seulement les destinées individuelles mais le sort futur des villes ou des nations, l'issue des batailles, etc.

Il est bien connu que Kepler (1571-1630), astronome de stature encore plus imposante, pratiqua lui aussi l'astrologie. Dès le début de sa carrière de tireur d'horoscopes, il se montra fort efficace. Il avait prédit une famine, une révolte de paysans et une guerre avec les Turcs ; et les trois événements se produisirent... On a pu écrire que Kepler, en tant que conseiller-astrologue, avait joué dans les campagnes de Wallenstein (1583-1634) un rôle aussi important que les chefs militaires. Galilée (1564-1642) lui-même s'adonna à

2. Étoile qui, demeurée jusqu'alors invisible, présente brusquement un éclat très vif dont l'intensité décline ensuite.

ce genre d'exercice, en particulier à la demande de son patron, le grand-duc de Toscane.

On pourrait multiplier les exemples. Le médecin et astronome français Jean Fernel, au XVIe siècle, se passionna pour l'astrologie au point de négliger sa carrière médicale au profit des horoscopes. La contemplation des étoiles, déclarait-il, était bien plus intéressante ; et il fallut que son beau-père le rappelât à l'ordre. Fernel, pourtant, était un homme « sérieux » ; il travailla par exemple à mesurer le degré du méridien terrestre. L'Espagnol Michel Servet, qui était à la fois théologien et médecin (il finit sur un bûcher à Genève en 1553), s'attira des ennuis en donnant des conférences sur l'astrologie. Car cette « science » faisait l'objet de diverses interdictions ; et, à la demande de la faculté de médecine, le parlement de Paris condamna Servet publiquement. Pour se défendre, ce dernier composa un *Discours apologétique en faveur de l'astrologie,* ce qui ne l'empêche pas de figurer aujourd'hui dans toutes les histoires des sciences à cause de ses idées sur la circulation sanguine (et spécialement sur la circulation pulmonaire)... Le médecin et mathématicien italien Jérôme Cardan (1501-1576), pour citer un dernier nom, avait l'habitude de tirer les horoscopes de ses patients. Cette énumération, bien sûr, ne prouve aucunement la valeur scientifique de l'astrologie ! Mais elle met en évidence que la croyance en cette « science » étrange n'était pas réservée aux esprits incultes.

Les influences astrales étaient « évidentes »

Pour diminuer la portée de ce fait, certains « rationalistes » modernes ont suggéré que les savants du XVIe ou du XVIIe siècle, au fond d'eux-mêmes, étaient conscients de la vanité des horoscopes. Cette explication vaut peut-être pour quelques individualités ; mais elle contourne la question de fond plutôt qu'elle ne la résout. Il y a de bonnes raisons de penser que la tradition astrologique, en fait, était sincèrement acceptée par un grand nombre de gens. Que les astres exercent de façon générale une influence décisive sur les êtres et les choses, n'était-ce pas une sorte d' « évidence » ? Comme le font remarquer certains historiens et sociologues de la connaissance, il semble assez normal qu'une société rurale prenne au sérieux les phénomènes célestes ; car les échecs et les succès de l'agriculture dépendent largement du climat, du cycle des saisons, de la pluie et du beau temps. Mille indices paraissent confirmer l'importance de la Lune, du Soleil, des planètes et des comètes. La santé ne dépend-elle pas de l'air qu'on respire ? Et la qualité de ce dernier ne dépend-elle pas à son tour de ce qui se passe dans le ciel ? Et puis les marées ne manifestent-elles pas l'influence de la Lune ? Quantité de faits (ou de pseudo-faits) étaient facilement interprétables dans le cadre de l'astrologie ; le principe même d'une correspondance entre les phénomènes du macrocosme (l'Univers) et ceux du microcosme (l'Homme) revêtait un caractère tout à fait *naturel.* Les spéculations astrologiques n'étaient que l'expression systématisée d'une foule d' « expériences » accumulées au cours des siècles. Elles

L'astrologie se fonde en particulier sur cette idée : il y a une étroite correspondance entre le *macrocosme* (l'Univers) et le *microcosme* (l'Homme). Cette illustration, tirée d'un recueil médical du XVe siècle, montre quelles sont les parties du corps respectivement soumises aux influences des divers signes zodiacaux. *(Cliché BN.)*

dévoilaient des corrélations dont l'existence, en elle-même, passait pour indéniable, voire pour expérimentalement prouvée... A partir de là, il était normal de recourir à une technique spécialisée, à des calculs permettant la prévision.

Il est d'ailleurs remarquable que les critiques dirigées contre l'astrologie aient très souvent mis en cause sa pratique plutôt que sa théorie. On ne songeait guère à contester l'influence des astres sur les affaires humaines ; en revanche, on jugeait les interventions des astrologues socialement dangereuses. Ainsi Calvin, dans son *Avertissement contre l'astrologie* (1543), fait quelques remarques sur les inexactitudes des horoscopes. Mais le problème essentiel se situe ailleurs : il est théologique et concerne la grâce divine. L'astrologie, en effet, montre la vie humaine comme déterminée par les corps célestes, ce qui n'est guère compatible avec l'idée d'un Dieu libre et tout-puissant... L'art des horoscopes n'est pas essentiellement vu comme faux, mais comme subversif. Avant le milieu du XVIIe siècle, les attaques contre l'astrologie ne viennent que très exceptionnellement des hommes de science (au sens que nous donnons à cette expression). Ceux qui mènent l'assaut, ce sont des théologiens et des hommes d'État.

Le cas de la Royal Society (fondée en 1660) est instructif. Parmi ses premiers membres, plusieurs étaient favorables à l'astrologie (comme Lord Brounker, son premier président). D'autres étaient des opposants. Mais le fait révélateur, c'est qu'il n'y eut pas de grand débat sur l'astrologie. Ainsi que le note le sociologue des sciences Peter Wright cela serait difficilement compréhensible si la croyance aux horoscopes avait paru incompatible avec la science authentique. Mieux vaut penser que les hommes de science, pendant longtemps, ont partagé l'opinion de Francis Bacon : il fallait non pas abolir, mais réformer l'astrologie.

Quant aux représentants de la religion, ils n'étaient pas tous (tant s'en faut) dans l'opposition. Beaucoup de papes n'ont vu aucun inconvénient à utiliser l'astrologie. Paul III (à qui Copernic avait dédié son grand ouvrage d'astronomie *Sur les révolutions des orbes célestes*, 1543) demanda par exemple à Luca Gaurico de lui faire l'horoscope de Martin Luther... Et Luther lui-même, bien qu'il ne fût pas très favorable, s'exprimait avec une certaine modération : « Pour ma part, je tiens l'astrologie pour correcte. Néanmoins, sa pratique est en elle-même incertaine. Les signes dans les cieux et sur la terre ne manquent pas de certitude en eux-mêmes ; mais ils sont l'œuvre de Dieu et des anges, et l'art par lequel on peut en saisir le sens ne peut être trouvé dans les étoiles en tant que telles... »

Comment concilier la croyance aux influences astrales avec l'idée d'un Dieu libre et tout-puissant ? Telle était l'une des objections adressées par les théologiens à l'astrologie. Mais, en pratique, la coexistence était souvent pacifique. Sur le document ci-contre (XVIe siècle), les symboles astrologiques voisinent avec des scènes religieuses. *(Cliché Edimédia.)*

Mathématiques et astrologie

Paradoxalement, l'astrologie a sans doute joué un rôle dans la formation de la science moderne. Rôle indirect et parfois marginal, mais non négligeable... Au XIIe siècle, un grand mouvement de traduction à partir de l'arabe se déclencha en Europe — mouvement qui permit de découvrir des textes scientifiques importants. Or des curiosités qui nous paraissent aujourd'hui suspectes ont servi de stimulant. Comme l'écrit l'historien Lynn White Jr., de nombreux ouvrages d'astronomie, de mathématiques, de médecine, etc. nous sont parvenus « sur le tapis magique de l'astrologie » ! Encore une fois, cela ne signifie pas que cette dernière a intrinsèquement une réelle valeur scientifique. Mais, d'un point de vue historique, elle a contribué à encourager l'étude de sujets scientifiques qui étaient généralement peu et mal enseignés (comme les mathématiques et l'astronomie). La pratique de l'astrologie exigeait d'ailleurs qu'on recourût aux techniques de calcul qui, à l'époque, étaient les plus complexes. Dans la littérature du XIIe siècle, les ouvrages astrologiques ont été un lieu privilégié pour l'utilisations des chiffres arabes ; et, aussi bien au XIIIe qu'au XIVe siècle, de nombreux témoignages montrent que l'astrologue était réputé comme calculateur habile : « Moult expert astrologien et moult subtilleur calculateur » ; « subtil calculateur et grand astrologue »... Le lien entre mathématiques et astrologie est si fort que, bien souvent, le mot *mathematicus* suffit à désigner un astrologue.

Les médecins furent des praticiens de l'astrologie particulièrement actifs. Le postulat de base était simple, à savoir que la santé d'un homme dépendait de la situation des astres lors de sa naissance. Pour déterminer à quel moment et en quelle partie du corps il fallait faire une saignée, par exemple, il était en principe nécessaire de tirer l'horoscope. Pour les clients ordinaires, les médecins pouvaient se contenter de manuels donnant des informations approximatives sur le contexte astrologique. Mais pour les malades importants (famille royale, haute noblesse, haut clergé, etc.), une recherche plus minutieuse s'imposait. Ainsi s'explique que les médecins-astrologues aient souvent été des fabricants d'instruments astronomiques et d'horloges. Au départ, il s'agissait essentiellement d'améliorer la mesure du temps et de calculer avec plus de précision la position des planètes. Giovanni de Dondi, qui enseigna successivement la médecine et l'astrologie aux universités de Padoue et de Pavie (XIVe siècle), construisit une horloge astronomique spécialement digne d'attention. Non seulement elle donnait l'heure, mais elle indiquait le cours des planètes et constituait un calendrier perpétuel très complet (c'est-à-dire incluant les fêtes mobiles). Les plans nous sont parvenus ; ils sont si exacts que cet instrument a été reconstruit de nos jours (et fonctionne à la Smithsonian Institution). Le Français Jean Fusoris, chanoine de Notre-Dame de Paris, fabriqua au début du XVe siècle une machine qu'on pouvait animer manuellement et qui reproduisait les combi-

A la fin du Moyen Age et à la Renaissance, l'astrologie fut très favorablement accueillie aussi bien par « le peuple » que par « l'élite ». Il était sage, avant de prendre une décision, de consulter son horoscope. Sur cette gravure (1580), on voit des astrologues qui, pendant l'accouchement, s'apprêtent à faire le « thème » du nouveau-né. *(Cliché J.-L. Charmet.)*

naisons de cycles et d'épicycles du système astronomique de Ptolémée. Selon les propres termes de Lynn White Jr., c'était une « calculatrice purement mécanique » ; elle donnait directement la situation des planètes et permettait à l'astrologue de tirer ses horoscopes sans faire le moindre calcul...

Dans un monde rural, le rôle des phénomènes célestes est capital. La qualité des moissons dépend des saisons, du climat, de la pluie et du beau temps. Ainsi, grâce à une audacieuse généralisation, est légitimée l'idée que les astres gouvernent tous les aspects de la vie terrestre. (*Codex de Sainte-Hildegarde, Lucques ; cliché Scala).*

Ces cas ne sont pas isolés ; et il faut noter que la tradition de l'astrologie médicale, s'élargissant de plus en plus, a fini par produire des ingénieurs militaires remarquablement inventifs (tels que Guido de Vigevano et Conrad Kyeser). Lynn White Jr. va même jusqu'à affirmer que presque tous les traités techniques importants du XIVe siècle et du début du XVe ont eu pour auteurs des médecins-astrologues. Curieux renversement de situation si l'on pense à l'image courante de l'astrologue, perçu comme spéculateur chimérique et irréaliste !

Des hommes de science aussi célèbres que Tycho Brahé, Kepler et Galilée ont tiré des horoscopes. L'Espagnol Michel Servet, qui devait mourir brûlé vif à Genève en 1553, fut condamné par le parlement de Paris parce qu'il avait enseigné l'astrologie. Pour se défendre, il écrivit un *Discours apologétique en faveur de l'astrologie. (Gravure du XVIe siècle ; cliché J.-L. Charmet.)*

Déterminisme dans un univers structuré

Mais revenons-en à la science proprement dite. Si l'astrologie a contribué à préparer la science moderne, comme l'a bien vu Auguste Comte, c'est parce qu'elle substituait à un univers gouverné par l'arbitraire *un univers structuré, où tout se tenait, et qu'il était possible d'étudier méthodiquement.* A l'heure actuelle, cette démarche peut être jugée dérisoire. Car la science moderne, se développant sur d'autres bases, a remporté des succès qui ont fait pâlir (si j'ose dire) l'étoile de l'astrologie... Mais replaçons-nous dans le contexte historique, c'est-à-dire dans un milieu dominé par la religion chrétienne ; et il est alors possible de voir l'astrologie comme une tentative visant à « rationaliser » l'univers. Désormais, l'avenir n'était plus soumis aux décisions imprévisibles d'un Dieu lui-même imprévisible. Grâce au postulat de l'harmonie cosmique, grâce à l'idée d'un ordre reliant phénomènes célestes et phénomènes terrestres, l'avenir des hommes pouvait être prévu (en principe...). L'astrologie était donc une « fausse science » — tant qu'on voudra. Mais le mot *science* lui-même, ici, est important : il désigne le projet d'une connaissance efficace, mettant en œuvre des lois générales et permettant aux hommes de « contrôler » leur destinée.

Pour employer un langage qui n'était évidemment pas celui des astrologues anciens, les horoscopes présupposaient un certain déterminisme. Déterminisme qui, parfois, s'exprimait sous une forme tout à fait réaliste et même mécaniste. John Aubrey, défenseur de l'astrologie et membre de la Royal Society, le disait crûment : « Nous sommes gouvernés par les planètes de la même façon que les aiguilles d'une horloge sont mues par des roues et des poids. » Conception simpliste, mais susceptible de constituer ce que les épistémologues appellent un « programme de recherche ». A partir de cette hypothèse, généralement présentée sous une forme plus souple, il était normal de rechercher des corrélations significatives entre les situations astrales et divers phénomènes terrestres (tels que variations du climat, suicides, épidémies, etc.).

Sur le fond, concédons que les questions étaient mal posées. Mais, sur le plan méthodologique, les procédures pouvaient être semblables à celles de la science. Par exemple, les astrologues recensaient les grandes épidémies de peste du passé et essayaient de voir s'ils pouvaient les mettre en correspondance avec tel ou tel type de configuration céleste. En ce sens, l'astrologie était « expérimentale » ; et certaines hypothèses pouvaient être testées et réfutées. Ainsi, remarque Keith Thomas, les astrologues ont réfuté l'idée que la peste revenait tous les vingt ans ; et aussi la théorie, rendue plausible par quelques exemples, selon laquelle la cause des épidémies était la mort du monarque régnant... De tels résultats nous semblent bien minces ! Toujours est-il qu'ils correspondent à un effort de « rationalisation ».

Au Moyen Age et à la Renaissance, en tout cas, ce n'est pas en raison de ses qualités épistémologiques que l'astrologie a été

Michel de Nostre-Dame, plus connu sous le nom de Nostradamus, composa vers le milieu du XVIe siècle un recueil de prédictions, qui, aujourd'hui encore, exerce un grand attrait sur de nombreux lecteurs. Sur cette image d'Épinal, Nostradamus est qualifié d'*astronome;* ce qui nous rappelle que, longtemps, la terminologie a été flottante. En fait, l'astronomie et l'astrologie sont restées compagnes pendant des siècles. *(Cliché J.-L. Charmet.)*

accueillie à bras ouverts. Telle est du moins l'opinion de divers historiens et sociologues de la connaissance qui insistent sur l'importance de l'évolution sociale. Au Xe siècle, la culture intellectuelle se développait essentiellement dans les grandes abbayes. Mais, à partir de la fin du XIe siècle, les écoles installées auprès des cathédrales prirent de plus en plus d'importance. On peut supposer que, dans une société de plus en plus urbaine et de plus en plus complexe, le besoin de « contrôler » pratiquement la marche future des affaires humaines a revêtu des formes nouvelles. Comme le suggère Peter Wright, l'Église n'était peut-être plus en mesure de répondre aussi efficacement à une certaine « demande » socio-culturelle. Et l'astrologie serait arrivée à point pour fournir une « vision du monde » plus satisfaisante. Sur les raisons profondes de cette évolution, il règne encore une grande obscurité. On peut admettre, cependant, que l'astrologie apportait un langage et un système d'interprétation très bien adaptés aux aspirations du Moyen Age finissant. Se présentant comme une « science laïque » capable de tout expliquer et de tout prévoir, elle semble avoir apaisé avec une relative efficacité un certain nombre de peurs et d'angoisses.

Daniel de Morley, au XIIe siècle, expliquait ainsi le rôle de l'astrologue : « Prévoyant comment les événements futurs se réaliseront, il sera capable d'empêcher ou d'éviter leurs effets nuisibles, par exemple une guerre générale, une grande famine, un cataclysme terrestre universel, des incendies, des inondations ou une épidémie de peste parmi les hommes ou les animaux. Même s'il ne peut échapper entièrement à ces catastrophes, un homme qui prévoit la suite des événements peut néanmoins les supporter plus facilement que celui qui n'en a aucune connaissance. » La théologie chrétienne pouvait d'ailleurs servir à compléter ce schéma. Il suffisait en effet d'admettre que Dieu avait une puissance supérieure à celle des astres ; dès lors, la prière, guidée par les prévisions astrologiques, apparaissait comme un bon moyen d'écarter les événements fâcheux...

La Bible fournissait un exemple qui passait pour probant : dans le IIe livre des Rois (XX, 1-6), on voit qu'Ézéchias, en priant Dieu, réussit à retarder l'échéance primitivement prévue pour sa mort. De toute façon, la prévision des dangers et des menaces est utile : si on apprend qu'un déluge va se produire, il est possible de se réfugier sur une montagne, etc. L'annonce des catastrophes peut démoraliser, faire peur ; mais elle donne une certaine prise sur l'avenir.

Ce tableau (XVIe siècle) montre une éclipse, qui relève de l'astronomie « sérieuse » ; mais, au premier plan, un astrologue dresse un horoscope... *(Cliché Bulloz.)*

Intoxications et prédictions dangereuses

Il est à peine besoin de le dire : cet art de la prévision n'était pas dénué d'ambiguïtés. Un certain nombre de « faits » annoncés se produisaient précisément parce qu'ils avaient été annoncés — c'est-à-dire parce que les astrologues avaient « manipulé » plus ou moins délibérément les individus concernés. C'est un lieu commun, quand on critique l'astrologie, de dénoncer son pouvoir de suggestion, d' « intoxication ». Rien d'étonnant si, dans le domaine de la politique, les horoscopes étaient considérés avec méfiance. Il n'était pas innocent, par exemple, de prédire la date à laquelle devait mourir le roi. L'astrologue John Heydon, dit-on, fut emprisonné pour avoir déterminé la date de la mort de Cromwell. En 1667, cette charge fut retenue contre le duc de Buckingham : il avait engagé ce même John Heydon pour calculer l'horoscope de Charles II. Dans le domaine religieux aussi, l'astrologie pouvait aisément avoir des effets subversifs. Les spécialistes n'hésitaient pas à faire l'horoscope de Jésus-Christ ; ou encore ils expliquaient par les astres pourquoi telle ou telle religion était dominante dans telle ou telle partie du monde. D'où de nombreuses discussions. Ceux qui étaient contre l'astrologie se référaient au prophète Isaïe (*Isaïe*, XLVII, 13) : ne dénonçait-il pas ceux qui prédisent l'avenir chaque mois en examinant les astres ? Les intéressés, pour se défendre, renvoyaient à la *Genèse* (I, 14), où il est dit que les luminaires du firmament ont été mis là pour servir de « signes »...

Le problème crucial, on l'a vu, concernait la toute-puissance de Dieu : il n'était pas admissible que la volonté divine fût limitée par le déterminisme astral. D'autant que les conséquences morales étaient graves : si la destinée de chaque homme est inscrite dans le ciel, que devient la liberté ? Ces difficultés n'étaient sans doute pas insolubles. Car rien n'empêchait d'affirmer que Dieu lui-même utilisait les astres pour diriger le monde et en particulier les destinées humaines. De très nombreux chrétiens, en fait, semblent avoir facilement concilié leur foi religieuse avec la croyance en l'astrologie. En ce qui concerne la liberté humaine, une solution pouvait également être trouvée. Car on ne saurait trop attirer l'attention sur ce thème qui revient sans cesse dans la littérature astrologique : *« Les astres inclinent mais ne contraignent pas. »* Autrement dit, l'horoscope révèle des prédispositions, des tendances, des risques ; mais les « influences » célestes ne déterminent pas de façon absolue les conduites humaines. Sur le plan de la théorie, il faut reconnaître que la situation n'était pas tout à fait claire. Certains astrologues s'exprimaient en effet comme s'il y avait un déterminisme céleste rigoureux. Comment donc concilier ces interprétations divergentes ? Oui ou non, les affaires humaines dépendent-elles des astres ? Question décisive, semble-t-il, puisque c'est la possibilité même des prédictions astrologiques qui est en cause.

Dans la pratique, toutefois, ces obstacles théoriques étaient largement ignorés et ne gênaient guère les amateurs d'astrologie. D'une part, on affirmait que les astres influençaient les hommes ; c'était le principe fondamental. D'autre part, il était admis que des actions libres étaient possibles. Une fois averti de certains risques, connaissant les aspects positifs et négatifs de la situation, le client de l'astrologue pouvait « choisir » une ligne d'action mieux adaptée, plus efficace. Aujourd'hui, il arrive que l'astrologie soit vue exclusivement comme une théorie ayant pour objet la prévision. Ce qui entraîne des jugements critiques fondés sur des critères logiques et épistémologiques. Mais il faut se rappeler que l'astrologie, à la belle époque, était aussi une *pratique,* au sens le plus quotidien du mot... La tâche des faiseurs d'horoscopes, comme le souligne fortement Keith Thomas, « consistait pour une large part à donner des avis et à aider les hommes à résoudre leurs problèmes personnels et à prendre leurs décisions ». L'astrologue était fréquemment un conseiller, un « directeur de conscience » perspicace. Il recourait, certes, à un savoir théorique, mais aussi à son bon sens, à sa finesse psychologique et à sa connaissance des affaires... Si on néglige cet aspect sociologique, si on considère les horoscopes uniquement sous leur aspect le plus technique, on risque de très mal saisir leur signification concrète ; et de voir des difficultés là où les intéressés n'en voyaient pas.

Le déclin s'amorce

Venons-en à cette question beaucoup plus délicate qu'il n'y paraît : pourquoi l'astrologie, si fortement implantée en Occident depuis le XIIe siècle, a-t-elle connu un très net déclin dans les dernières années du XVIIe ? Qu'il n'y ait pas de malentendu : des critiques ont été continuellement formulées à l'égard de l'astrologie. Bien avant les Mersenne et les Gassendi, un Marbod de Rennes (XIIe siècle) la dénonçait comme une pseudo-science aussi fragile que dangereuse. Mais, pendant des siècles, les attaques et même les condamnations n'ont pas empêché les astrologues de prospérer.

Pourquoi a-t-il fallu attendre la deuxième moitié du XVIIe siècle pour qu'ils perdent une grande partie de leur prestige et de leur influence, en particulier dans les milieux dits « cultivés », dans l' « l'élite » de la population ?

Rétrospectivement, il est tentant de proposer une interprétation « rationaliste » : c'est l'apparition de la science moderne qui aurait démontré l'absurdité de la « science » des horoscopes. Divers arguments peuvent servir à confirmer cette façon de voir. Les fondateurs de l'astronomie moderne, même s'ils n'avaient pas l'intention de combattre l'astrologie, n'avaient-ils pas ruiné les fondements de cette dernière ? Il n'était plus possible, par exemple, de considérer le monde supralunaire comme un monde éternel, absolument stable. Cette région prétendument immuable était en fait soumise au changement, comme le prouvaient les comètes et les étoiles nouvelles ; et il n'y avait donc plus de raisons pour croire que les cieux, à cause de leur « perfection » intrinsèque, gouvernaient les affaires terrestres... Plus généralement, la philosophie mécaniste des Descartes et des Galilée n'avait-elle pas opéré une sorte de grand nettoyage ? L'Univers, désormais, était débarrassé de toutes les « âmes » et de tous les « esprits » qui s'y étaient accumulés. Bien que l'existence d' « effluves » émanant des astres n'ait pas fait l'objet d'une stricte réfutation, on peut penser que la science nouvelle contribuait nettement à discréditer l'astrologie.

Pour un observateur situé au XXe siècle, ces remarques ont un certain poids. Mais, au XVIIe encore, il en allait autrement. Même les hommes de science ont mis beaucoup de temps à voir l'astrologie comme une monstruosité épistémologique. Lorsqu'un savoir (ou un pseudo-savoir) est fortement intégré à un milieu social, il ne suffit pas de formuler des doutes ou des critiques (même solides) pour le disqualifier... Quant à la « réfutation expérimentale » des horoscopes, ce n'était pas une affaire aussi simple qu'on pourrait le penser aujourd'hui. Car les astrologues, bien sûr, se trompaient souvent dans leurs prévisions. Mais il serait naïf de croire que ces échecs constituaient des « preuves » manifestes de la fausseté de leurs spéculations. Il s'agit, semble-t-il, d'un phénomène général : tout système de connaissances a des points faibles et dispose de stratégies plus ou moins habiles pour en minimiser l'importance. Comme disent les épistémologues, une « ceinture de sécurité » est mise en place pour protéger le « noyau dur » ! Ce qui veut dire, concrètement, que les astrologues n'étaient pas en peine pour trouver des explications satisfaisantes à leurs échecs.

Tout d'abord, une excellente excuse était fournie par le leitmotiv déjà mentionné : « Les astres inclinent mais ne contraignent point. » Les horoscopes, pour employer le langage des boursiers, indiquent seulement la tendance... Ils montrent ce qui risque d'arriver si on laisse faire. Au sens strict, ce ne sont pas vraiment des « prédictions » ; toujours il reste une part d'indétermination. D'où il découle qu'une prédiction non réalisée ne constitue pas une réfutation de la « théorie » ! On peut imaginer que, dans certains cas, cette excuse était d'un emploi difficile. Mais il existait

Cette représentation du zodiaque est tirée d'un manuscrit grec du XIVe siècle concernant la composition des médicaments. Ce qui nous rappelle que les liens étaient alors extrêmement étroits entre la médecine et l'astrologie. La santé dépend de l'ordre du cosmos ; pour soigner un malade, il importe donc de tirer son horoscope. Afin d'améliorer leur connaissance de la situation des astres, les médecins-astrologues construisirent des horloges parfois très perfectionnées et divers instruments astronomiques. Intéressante « retombée » des spéculations astrologiques. *(Cliché BN.)*

bien d'autres issues de secours. Le langage dans lequel les prédictions étaient énoncées, par exemple, était souvent ambigu. Il était donc possible de s'en tirer en situant la cause de l'erreur dans une mauvaise interprétation du message des astres : on a cru qu'une certaine description s'appliquait à Dupont alors qu'en fait il s'agissait de Durand, etc. Ou bien l'astrologue pouvait mettre en doute l'exactitude de la date de naissance qui lui avait été fournie. Comment construire des horoscopes justes à partir de données erronées ? D'autres fois, l'échec était tout simplement attribuable à une erreur de calcul : même si la théorie est bonne, un faux pas technique est toujours possible... Et puis tout le monde était d'accord pour reconnaître que plusieurs astrologues étaient des charlatans. C'est ainsi : dans toute profession, il y a des brebis galeuses. Mais les fraudes d'une minorité ne sauraient justifier une condamnation globale de l'astrologie !

En outre, remarque Keith Thomas, un rapprochement avec la médecine, avec la théologie ou avec la « science » juridique est éclairant. Dans ces divers domaines, les experts étaient souvent en contradiction les uns avec les autres. Les querelles doctrinales, dans le christianisme, étaient extrêmement nombreuses. Et on peut tenir pour certain que les médecins (entendons : les médecins non astrologues) connaissaient de nombreux échecs : erreurs de diagnostic, de pronostic, de thérapeutique... Mais les chrétiens, en règle générale, ne perdaient pas la foi à cause des divergences d'opinion entre théologiens ; et l'institution médicale, globalement, conservait sa clientèle. S'il était mécontent de son médecin, le malade allait en consulter un autre ; mais la « science » de la médecine, en tant que telle, n'était pas mise en cause. Cette attitude, si l'on prend en compte la complexité de la *pratique* médicale, est facile à justifier. Mais l'astrologie, elle aussi, était une pratique complexe ; elle « méritait » donc les mêmes égards que la médecine (à laquelle elle était d'ailleurs souvent associée)...

Les réfutations « scientifiques » n'ont pas été décisives

Finalement, il n'est pas tellement étonnant que l'astrologie ait tenu bon pendant des siècles. Du moins si l'on admet qu'elle était adaptée de façon tout à fait satisfaisante aux « besoins » culturels et éthiques d'une certaine société. Sur ce point précis, les travaux des historiens semblent concluants : contrairement à une interprétation courante (et beaucoup trop « intellectualiste »), le déclin de l'astrologie au XVIIe siècle n'est pas le résultat d'une critique purement rationnelle, d'une démonstration en bonne et due forme. En fait, cette prétendue science n'a pas été réfutée ; elle est tombée en désuétude. Comme le dit Keith Thomas, l'astrologie (dans la mesure où elle est morte) est morte de mort naturelle. Et « les scientifiques n'étaient pas représentés aux funérailles » ! Peter Wright, de son côté, souligne que le public, dans sa grande majorité, s'est tout simplement désintéressé du sujet. Cette constatation mérite attention. Mais la question essentielle demeure posée : pourquoi donc la société occidentale, vers le XVIIe siècle, n'a-t-elle plus éprouvé le besoin de recourir massivement aux services des astrologues ? C'est ce recul de la « demande sociale » qu'il faudrait pouvoir expliquer.

Une réponse à première vue satisfaisante est fournie par une hypothèse de l'anthropologue Bronislaw Malinowski. Comme le rappelle Keith Thomas, elle repose sur une idée assez simple : les croyances et activités de type « magique » auraient une fonction pratique bien précise. Non seulement elles serviraient à renforcer l'efficacité des techniques disponibles, mais elles fourniraient le

Les almanachs, largement diffusés, contenaient des informations très variées concernant le calendrier, la météorologie, les activités économiques, etc. On y trouvait aussi des conseils pratiques — et des « prédictions ». *(Cliché J.-L. Charmet.)*

moyen d'affronter les situations exceptionnelles, de résoudre les problèmes échappant aux techniques usuelles. Non pas que les rites « magiques » soient réellement efficaces, au sens strict et scientifique du mot. Mais ils donnent à ceux qui les pratiquent le sentiment rassurant d'avoir un certain pouvoir, d'exercer un certain « contrôle » sur leur univers et sur le déroulement des événements. Le christianisme lui-même fournit un exemple très clair, celui des Rogations : pendant les trois jours précédant la fête de l'Ascension, des processions parcouraient les champs en chantant des psaumes et des litanies afin que Dieu assure de bonnes récoltes et écarte les fléaux menaçant ces dernières (grêle, sécheresse, pillage, etc.). D'où cette formule due à G. et M. Wilson : « La magie est dominante quand le contrôle exercé sur l'environnement est faible. »

Le raisonnement ne manque pas de force : moins on est capable de dominer techniquement les forces extérieures, plus on a tendance à recourir à des moyens extra-techniques. De ce point de vue, on peut considérer l'astrologie comme une activité magique grâce à laquelle une société peu développée sur le plan scientifique et technique essayait de faire face aux difficultés du présent et aux incertitudes de l'avenir. Il est dès lors aisé d'expliquer pourquoi les astrologues ont perdu leur raison d'être : c'est le progrès des sciences et des techniques, au XVIe et surtout au XVIIe siècle, qui les aurait condamnés. Les Occidentaux, ayant acquis de nouveaux moyens de maîtriser leur milieu (aussi bien social que naturel), auraient changé d'attitude devant les « sciences » plus ou moins magiques. On peut par exemple faire valoir qu'ils comprenaient de mieux en mieux le « fonctionnement objectif » de la nature ; qu'ils étaient de mieux en mieux équipés pour exploiter ses ressources (minières, agricoles, énergétiques, etc.) ; qu'ils se déplaçaient plus facilement ; qu'ils recueillaient et faisaient circuler de plus en plus d'informations ; qu'ils avaient mis en place divers systèmes d'assurances ; qu'ils vivaient dans une société plus sûre et moins exposée aux grandes catastrophes ; et ainsi de suite. Le monde des hommes, mieux connu et mieux dominé, aurait été littéralement « exorcisé », débarrassé des démons obscurs qui multiplient les angoisses et favorisent l'obscurantisme...

Un changement de mentalité

Peut-on s'en tenir à une telle interprétation ? C'est douteux. Car, selon Keith Thomas, elle simplifie par trop les faits et résiste mal à un examen précis de la chronologie. De façon générale, estime-t-il, il n'est pas exact que la magie et l'astrologie interviennent automatiquement pour combler les vides laissés béants par les techniques. En fait, les pseudo-sciences sont portées par des traditions culturelles spécifiques ; et il faut se garder de les interpréter par des références trop exclusives au développement scientifique et technique. C'est tout le contexte historique qu'il conviendrait d'analyser, en scrutant avec soin non seulement les savoirs de type « scientifique », les moyens de production et les structures sociales, mais les mentalités, les traditions religieuses et philosophiques, les croyances de toutes sortes. Les « raisons » ou les « causes » du succès de l'astrologie sont sûrement nombreuses et complexes ; et il en va de même pour son déclin. En un premier temps, l'explication est séduisante : les progrès techniques ont chassé l'astrologie. Mais peut-être faut-il raisonner dans l'autre sens : si de nouvelles techniques et de nouveaux savoirs se sont développés, c'est *parce que* la mentalité magique avait régressé et fait place à une mentalité plus soucieuse d'efficacité, plus « rationnelle » au sens moderne du mot.

De nos jours encore, l'astrologie fait partie de la vie quotidienne ; les horoscopes, parfois, sont établis par l'ordinateur ! *(Cliché J.-L. Charmet.)*

Il semble, en effet, que l'astrologie ait décliné *avant* que le monde occidental ait mis au point de nouvelles techniques véritablement efficaces. Autrement dit, le prestige des tireurs d'horoscopes a baissé bien avant que les pionniers du monde nouveau aient trouvé des remèdes à tous les grands maux. Ainsi la médecine magique et astrologique a subi un recul avant que la médecine « moderne » soit devenue une arme réellement efficace contre les maladies et les épidémies. Certains succès partiels, admettons-le, étaient prometteurs. Mais c'est sans doute à juste titre que les historiens insistent sur l'importance d'un changement de mentalité. L'Occident, emporté par un dynamisme encore largement inexpliqué, s'est mis à croire intensément aux possibilités d'action de l'homme.

L'Anglais Francis Bacon, au début du XVIIe siècle, exprima avec force le rêve des temps nouveaux : prolonger la vie, guérir les maladies réputées incurables, accélérer à volonté les processus naturels, découvrir de nouvelles ressources alimentaires, contrôler la pluie et le beau temps, prévoir rationnellement la qualité des moissons, les épidémies, etc. Bien souvent, ce grandiose projet fait écho à ceux des magiciens et des astrologues. Mais quelque chose de nouveau apparaît : au lieu de révérer la tradition, au lieu de se complaire dans l'occulte, les représentants de la philosophie nouvelle préconisent un style fondé sur l'expérimentation contrôlée, sur l'innovation systématique, sur une coopération ouverte et organisée. Voici comment s'exprime Bacon dans *La nouvelle Atlantide* (1627) : « L'objectif de notre institution est la connaissance des causes et des mouvements secrets des choses, l'élargissement des frontières de l'empire humain afin de réaliser tout ce qui est possible. » Descartes, en France, a tenu des propos analogues. Ainsi était défini un vaste programme, dont l'accomplissement était encore à venir, mais qui dessinait le plan d'une société où l'astrologie finirait par ne plus avoir sa place.

Il est à peine besoin de le dire : ce nouveau projet (qui avait un double aspect épistémologique et social) s'inscrivait lui-même dans toute une histoire et constituait l'aboutissement d'une longue période de préparation collective. Il serait simpliste de croire que l'utopie baconienne (ou la philosophie cartésienne) est née comme cela, soudainement, un beau matin du XVIIe siècle. Avec le recul, les historiens peuvent repérer les étapes d'une évolution qui a commencé au Moyen Age et s'est développée pendant la Renaissance. Depuis plusieurs siècles, les techniques avaient beaucoup progressé en Occident (aussi bien quantitativement que qualitativement) ; et, dans plusieurs secteurs de la société, une mentalité de plus en plus « rationaliste » et « réaliste » (au sens moderne de ces mots) s'était affirmée. Toujours est-il que ces changements, survenus progressivement, n'avaient pas suffi à faire apparaître l'astrologie comme absurde ou inutile. Les réussites techniques n'avaient pas suffisamment modifié les conditions de vie pour que les *bases psychologiques* de la croyance en cette pseudo-science fussent supprimées.

En ce sens, Keith Thomas n'a pas tort de dire que la mutation spectaculaire observée au XVIIe siècle « n'était pas tant technologique que mentale ». Ce raccourci ne signifie pas que le développement technique était sans importance et doit être négligé, mais que, à lui seul, il ne saurait tout expliquer. Il allait, assurément, dans le sens d'une « rationalisation » défavorable aux pratiques astrologiques. Mais on a l'impression que, dans la conscience collective, une sorte de cristallisation s'est opérée ; tout se passant comme si la société, à un moment donné, avait délibérément opté pour un nouveau style, pour une nouvelle utopie. Il semble clair, en tout cas, que l'astrologie n'a pas été victime d'une offensive épistémologique. Ce n'est pas parce qu'elle est fausse qu'elle est devenue marginale, mais parce que les acteurs historiques, dans leur majorité, avaient choisi d'investir ailleurs et n'avaient plus rien d'essentiel à lui demander.

Ces considérations historiques peuvent assurément susciter une certaine méfiance chez ceux qui tiennent à critiquer l'astrologie par tous les moyens. En insistant sur les facteurs sociaux et culturels, ne risque-t-on pas de présenter cette pseudo-science sous un jour trop flatteur ? Je répondrai en concédant tout d'abord qu'un problème de fond demeure posé. Que vaut l'astrologie par comparaison avec les sciences proprement dites ? La question est légitime et importante ; aucun historien, je pense, ne prétend que ses propres interprétations peuvent ou doivent se substituer à une critique serrée des fondements de l'astrologie. Mais, à tout le moins, l'histoire élargit les perspectives, met en lumière des aspects souvent négligés et complète opportunément les discussions centrées sur la valeur théorique de l'astrologie. Ne serait-ce que pour critiquer les faiseurs d'horoscopes, il n'est pas indifférent de savoir que leurs « succès » étaient largement dus à un contexte socioculturel favorable. Loin de fournir une justification à la « science » astrologique, la critique historique permet de prendre conscience de son fonctionnement *pratique* et d'en relativiser la valeur en tant que « savoir pur ». Paradoxalement, il se pourrait même que les historiens opèrent une « démythification » plus radicale que certains « rationalistes », puisque le problème même de la vérité de l'astrologie, à la limite, perd toute importance...

Les interprétations historiques proposées, si elles sont fondées, ne sont d'ailleurs pas sans implications pour l'avenir. Elles donnent en effet un certain poids à cette idée : l'astrologie, quoi qu'il en soit de sa valeur « scientifique », fonctionne concrètement comme une croyance, comme une « vision du monde » a priori capable de résister aux réfutations intellectuelles les plus aiguës... Bref, la mort ou la survie de l'astrologie n'est pas au premier chef une affaire théorique, mais une affaire pratique. C'est-à-dire une affaire qui dépend de l'aptitude de telle ou telle société à satisfaire les besoins et les aspirations des hommes. Comme le suggère Keith Thomas, tout échec grave de notre civilisation scientifique et technique est susceptible d'engendrer une crise de confiance, de réveiller ou d'accroître les vieilles angoisses et donc de ressusciter plus ou moins durablement le pouvoir des astrologues (et des « mages » en général). Simple éventualité, certes, mais dont la vraisemblance pourrait être confirmée par des observations tout à fait courantes.

Bibliographie :

K. Thomas, *Religion and the decline of magic*, Penguin Books, 1978.

L. White Jr., *Medieval religion and technology*, University of California Press, 1978.

Lynn Thorndike, *A history of magic and experimental science*, 8 vol., Columbia University Press, 1923-1958.

Marie Boas, *The scientific Renaissance, 1450-1630*, Fontana, 1970.

Gérard Simon, *Kepler astronome astrologue*, Gallimard, 1979.

Peter Wright, « Astrology and science in seventeenth-century England », *Social studies of science*, vol. 5, pp. 399-422, novembre 1975.

Lynn Thorndike, « The true place of astrology in the history of Science », *Isis*, n° 46, pp. 273-278, 1975.

« L'astrologie et la science », débat, *La Recherche*, n° 140, janvier 1983.

CHAPITRE VI

Les jésuites ont-ils été des pionniers de la science ?

*« Je me suis laissé dire que les jésuites avaient aidé à la condamnation de Galilée », écrivait Descartes au Père Mersenne. Plusieurs jésuites, pourtant, avaient été des amis du grand savant florentin. Car, comme lui, ils étaient passionnés de recherche astronomique. Non seulement la Compagnie de Jésus a beaucoup contribué au développement des sciences au début du XVII*e *siècle, mais quelques-uns de ses membres ont analysé de façon particulièrement perspicace les problèmes auxquels étaient confrontées les nouvelles « sciences mathématiques ». Comme l'a montré l'historien américain Peter Dear, il faut donc nuancer les interprétations parfois très simplistes qui ont cours à propos des rapports entre science et religion à l'époque de Galilée.*

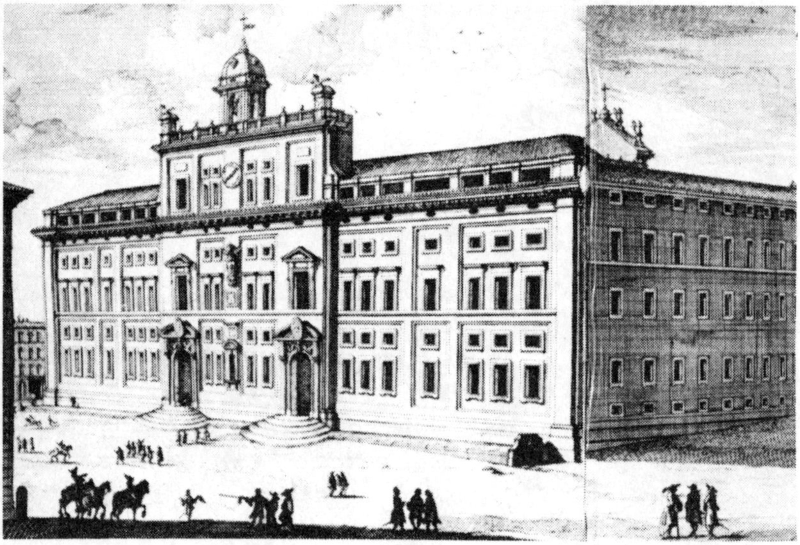

Vers 1600, le Collegio Romano fondé par Ignace de Loyola (1491-1556) était une remarquable institution d'enseignement scientifique. Comme l'écrit l'historien Pietro Redondi, c'était « l'orgueil des jésuites ». Deux mille étudiants venus de toute l'Europe s'y instruisaient et y bénéficiaient, en particulier, de remarquables cours de mathématiques. Bien avant que n'apparaissent la Royal Society et l'Académie des sciences de Paris, les jésuites de Rome avaient créé là une communauté scientifique bien organisée, dynamique et influente. La gravure ci-dessus représente le Collegio Romano à la fin du XVIe siècle, après que le pape Grégoire XIII eut décidé la construction d'un nouveau bâtiment. *(Cliché J.-L. Charmet.)*

Clavius, Blancanus, François d'Aguilon, Christoph Scheiner, tous ces jésuites qui ont pratiqué les sciences à la fin du XVIe siècle et au début du XVIIe sont bien oubliés aujourd'hui. Et les jésuites qui ont vécu à l'époque de Galilée, de façon générale, n'ont pas laissé un excellent souvenir dans l'histoire des sciences. Bien souvent, en effet, ils se sont opposés aux théories coperniciennes et galiléennes ; il leur est même arrivé de participer activement à leur « dénonciation » auprès des autorités catholiques[1]. A première vue, la Compagnie de Jésus ne semble pas avoir beaucoup contribué à la « Révolution scientifique » qui s'est produite au début du XVIIe siècle.

A l'aube de la science expérimentale

De nombreux jésuites, pourtant, ont été des hommes de science actifs et compétents. Le Père Clavius (1537-1612), éminent astronome, fut l'un des promoteurs du nouveau calendrier (réforme grégorienne, 1582) ; le Père Scheiner (1575-1650) observa les taches solaires et expliqua pourquoi le soleil paraissait elliptique en

1. Pourquoi le Saint-Office a-t-il condamné Galilée en 1633 ? Tout le monde connaît la réponse : parce que Galilée avait défendu la théorie astronomique de Copernic. Mais un historien italien, Pietro Redondi, a repris le dossier, découvert de nouveaux documents et renouvelé l'interprétation du célèbre procès (*Galileo eretico,* 1983 ; trad. française : *Galilée hérétique,* Gallimard, 1985). Selon lui, le grand scandale soulevé par Galilée ne concernait pas l'astronomie mais les fondements mêmes de la physique nouvelle. Car Galilée était *atomiste* ; et c'est ce point précis de sa doctrine qui a paru inadmissible aux théologiens romains. Croire que la réalité est constituée d'atomes équivalait à une réhabilitation du matérialisme de Démocrite ; et, plus spécialement, cela ruinait le dogme de l'Eucharistie. Il devenait en effet impossible de comprendre la *transsubstantiation,* c'est-à-dire l'espèce de miracle qui, tout en conservant à l'hostie ses apparences, la transforme en le corps du Christ.

Les jésuites, selon Redondi, ont eu un rôle déterminant dans la dénonciation de l'atomisme de Galilée. Le Père Grassi, en particulier, n'avait pas pardonné à ce dernier les sarcasmes qu'il lui avait adressés dans *L'essayeur* (1623) après leur controverse fameuse sur les comètes. Controverse dans laquelle, ironiquement, Galilée avait tort (il croyait que les comètes n'étaient que d'illusoires phénomènes lumineux).

La thèse de P. Redondi a fait l'objet de diverses objections et ne peut être considérée comme définitive. Mais elle ne manque pas de force. Si elle est exacte, il faudrait admettre que le pape Urbain VIII, en accusant Galilée *seulement* de copernicophilie, lui a plutôt rendu service. Et ce, au grand dam des militants les plus ardents de la puissante Compagnie de Jésus...

s'approchant de la ligne d'horizon ; Francesco Maria Grimaldi fut le premier à mettre en évidence expérimentalement la diffraction de la lumière (*Physico-mathesis de lumine,* 1665) ; et d'autres membres de la Compagnie de Jésus (tels Cabeo, Riccioli, Fabri, Schott, etc.) furent des savants très estimables. Comme l'a montré l'Américain Peter Dear (Cornell University), leurs préoccupations scientifiques et pédagogiques les ont amenés à réfléchir de façon très aiguë aux problèmes épistémologiques qui se posaient alors aux savants européens[2]. La thèse principale de cet historien, c'est que les jésuites ont été les premiers (ou parmi les tout premiers) à cerner avec exactitude les différences qui séparent les « expérimentations » du simple « recours à l'expérience ».

Pour nous, il va de soi que la recherche scientifique exige la réalisation délibérée de tests expérimentaux. Mais, vers 1600, les schémas méthodologiques des hommes de science étaient loin d'avoir la netteté qu'ils ont (en principe) aujourd'hui. En dépit d'une légende tenace, les créateurs de la science nouvelle (et Galilée lui-même) n'ont pas abandonné du jour au lendemain les anciens schémas légués par la tradition aristotélicienne et scolastique. Le mérite des jésuites est précisément d'avoir très tôt *pris conscience* de ce qu'impliquaient certaines innovations apparues dans les *pratiques* de leurs contemporains. Pour saisir la portée de leurs analyses, le plus commode est de commencer par montrer sur quels obstacles a buté Galilée.

Car Galilée, comme cela a été maintes fois noté par les historiens, était tiraillé entre deux conceptions de la science. Tout d'abord, il y a un Galilée qui raisonne en disciple d'Aristote. Selon le philosophe grec, la science consistait à découvrir les vraies « causes » qui étaient à l'œuvre dans la nature. Il fallait même, selon lui, démontrer que la nature devait *nécessairement* se comporter comme elle le faisait. Vaste ambition ! Pour parvenir à la connaissance des tréfonds de la réalité, Aristote demandait qu'on parte de *principes évidents et universels* et qu'on en déduise logiquement des conclusions également absolues. Dans divers textes (et en particulier dans ses *Discours et démonstrations mathématiques concernant deux sciences nouvelles,* 1638), Galilée fait sienne cette conception de la « science » ; et, à plusieurs reprises, il souligne qu'il s'est convaincu de la vérité de certains résultats en

2. P. Dear, « Jesuit mathematical science and the reconstitution of experience in the early seventeenth century », *Studies in history and philosophy of science,* juin 1987, pp. 133-175.

Né à Bamberg en 1537 et mort à Rome en 1612, le Père Clavius était mathématicien et astronome. Parfois surnommé « l'Euclide du XVIe siècle », il a été l'ami de Galilée. Mais il semble avoir également été le premier homme d'Église à dénoncer la théorie de Copernic comme absurde et contraire aux Saintes Écritures... Membre de la Compagnie de Jésus, il entreprit dès les années 1580 de promouvoir l'enseignement des sciences mathématiques dans les institutions pédagogiques de son ordre. Alors que la « philosophie naturelle » était dominante dans les universités, il s'efforça de montrer que des « disciplines mathématiques » comme l'optique et l'astronomie avaient une réelle valeur scientifique ; plusieurs de ses disciples, par la suite, développèrent des analyses épistémologiques précises pour défendre cette conception. *(Cliché BN.)*

mécanique plus par le raisonnement que par le recours aux sens (c'est-à-dire à l'observation et à l'expérimentation)[3].

Mais il existe un autre Galilée plus « moderne », plus conscient des limites du projet cher aux aristotéliciens. Ce second Galilée, au lieu de croire à des démonstrations infaillibles, admet que le recours à l'expérimentation revêt une grande importance. Cette conception est plus proche de la conception « hypothético-déductive » qui est aujourd'hui dominante. Dans des lettres à Baliani et à Carcavi, par exemple, Galilée reconnaît que sa mécanique a le statut d'une hypothèse[4]. Pour savoir si les suppositions formulées correspondent à la réalité physique, il est donc urgent de consulter « le livre de la nature », c'est-à-dire de procéder à des tests expérimentaux.

Ces deux conceptions de la science donnent à « l'expérience » des fonctions différentes. Dans le premier cas (science « déductive » à partir de principes universels), l'examen minutieux des faits n'apparaît pas comme l'indispensable moyen de valider les théories. L'expérience, certes, permet seule de donner un contenu physique aux « principes » initiaux. Mais il s'agit seulement de « l'expérience commune », au sens le plus flou du mot ; et, bien souvent, c'était dans les livres des bibliothèques qu'on allait la chercher... Les expérimentations *a posteriori* servaient surtout, selon une formule de Winifred Lovell Wisan, à rendre les principes théoriques *« évidents à l'intellect »*[5]. Dans le second cas (hypothèses soumises à des tests), les expérimentations ont un rôle essentiel : elles sont la « pierre de touche » des hypothèses et s'inscrivent dans la dynamique de la recherche.

La Compagnie de Jésus et les « sciences mathématiques »

Nos jésuites peuvent désormais entrer en scène. Car l'une de leurs grandes préoccupations était justement de mettre au point une conception des « sciences mathématiques » dans laquelle la place de l'expérimentation serait définie de façon claire et nette. Dès les dernières décennies du XVIe siècle, en fait, les jésuites avaient perçu l'évolution qui se manifestait autour d'eux dans le

3. Voir par exemple une lettre à A. Rocco citée par E. McMullin, « The conception of science in Galileo's work », dans R.E. Butts, J.C. Pitt (eds.), *New perspectives on Galileo,* Reidel, 1978, p. 226.
4. McMullin, étude déjà citée, p. 237.
5. W.L. Wisan, « Galileo's scientific method : a reexamination », dans R.E. Butts, J.C. Pitts, *New perspectives,* déjà cité, p. 43.

domaine du savoir et entrepris de réorganiser le *cursus* de leurs collèges. Ce projet se concrétisa en 1599 dans un texte important *(Ratio studiorum)* qui donnait une large place à l'enseignement des disciplines mathématiques. Le principal artisan de cette réforme était Christophorus Clavius, un Allemand né à Bamberg en 1537. Son idée, qui eut une grande influence dans la Compagnie de Jésus tout au long du XVIIe siècle, c'était qu'il fallait non seulement développer les sciences de type « mathématique » (comme l'astronomie et l'optique), mais leur assurer un statut égal à celui de la *« philosophie naturelle »* enseignée dans les universités.

A cette époque, cette décision était à la fois hardie et importante. La « philosophie naturelle », en effet, n'était qu'une autre désignation de la *« physique »* ; et cette « physique », grâce au statut philosophique que lui avait donné Aristote, avait un prestige culturel bien supérieur à celui des mathématiques. Pour réussir, Clavius et ses disciples s'efforcèrent donc d'inventer une argumentation efficace.

Habilement, ils décidèrent d'utiliser les propres idées d'Aristote pour valider le projet d'une science « mathématique ». Cette façon de couler la science nouvelle dans un moule aristotélicien n'allait pas sans entraîner quelques distorsions... Mais Galilée, lui aussi, a recouru à des procédés de ce genre pour mettre Aristote de son côté. Le philosophe grec n'avait-il pas laissé des analyses épistémologiques souvent fort perspicaces ? Culturellement et intellectuellement, il était judicieux de les « récupérer » pour promouvoir les savoirs nouveaux. Clavius, en outre, ne se priva pas de recourir à l'autorité d'autres Anciens. Ptolémée, par exemple, avait affirmé que *« la philosophie naturelle et la métaphysique, si on considère leur mode de démonstration, doivent être plutôt appelées des conjectures que des sciences, compte tenu de la multitude et de la diversité des opinions »*. Un tel propos pouvait servir à valoriser les disciplines « mathématiques ». Mais, dans le monde universitaire, la référence privilégiée était Aristote. Plusieurs arguments furent donc tirés directement de son œuvre.

Aristote et les sciences « mixtes »

Ainsi le jésuite Blancanus (Giuseppe Biancani) publia opportunément en 1615 un ouvrage où étaient regroupés et commentés tous les textes d'Aristote concernant les mathématiques. Cette étude, selon l'historien Stillman Drake, présente aujourd'hui encore un intérêt certain[6]. Elle confirmait, en tout cas, que l'aristotélisme ne rejetait aucunement les mathématiques. Le principal problème était toutefois de savoir si une science construite mathématiquement (par exemple l'optique géométrique) avait une réelle valeur. Sur ce point précis, la réponse aristotélicienne était nuancée. En deux mots, une discipline mathématique est amenée à raisonner sur des *abstractions ;* les rayons lumineux, par exemple, deviennent des droites qui n'ont plus de signification proprement physique. Mais des démonstrations rigoureuses (comme l'avaient montré Euclide et Ptolémée) étaient ainsi rendues possibles ; grâce à elles, on parvenait à diverses conclusions concernant les phénomènes de réflexion, de réfraction, etc.

La grande faiblesse de ces savoirs-là, aux yeux d'un aristotélicien, c'était leur caractère superficiel : alors qu'une « science » authentique doit révéler les *causes* profondes, les sciences mathématiques fournissaient seulement ce qu'on appelle aujourd'hui des « modèles ». Donnant le *comment* et non le *pourquoi,* elles avaient donc un statut inférieur dans l'échelle des connaissances et étaient couramment qualifiées de « sciences subalternes » ou de « sciences mixtes ». Les jésuites, néanmoins, voyaient là un moyen de légitimer leurs conceptions. Les disciplines mathématiques devaient assurément être distinguées de l'ancienne « physique ». Mais, dans leurs limites, elles avaient une réelle valeur.

Une stratégie opportuniste

Pour les jésuites, il faut bien l'avouer, les sciences mathématiques avaient un grand avantage : puisqu'elles fournissaient seulement des « modèles » conformes aux phénomènes observés, elles repoussaient dans l'ombre les grandes questions de fond. Comme l'a souligné l'historien J.L. Heilbron, c'était une manière d'*éviter les grands débats* concernant par exemple l'astronomie copernicienne[7]. Le pur « mathématicien », en effet, n'a pas besoin d'affirmer catégoriquement la vérité du géocentrisme ou de l'héliocentrisme. Il suffit que sa théorie lui permette de calculer juste, de « sauver les phénomènes ». Au XVIIe siècle, d'ailleurs, les jésuites n'hésiteront pas à utiliser dans leur enseignement la représentation

6. S. Drake, *Galileo at work,* The University of Chicago Press, 1978, p. 441.
7. J.L. Heilbron, *Electricity in the 17th and 18th centuries. A study of early modern physics,* University of California Press, 1979, p. 104.

héliocentrique : si « fausse » qu'elle fût, elle constituait, comme dit Heilbron, une utile fiction mathématique... Le plaidoyer des jésuites pour les mathématiques n'était donc pas neutre. Mais il donnait l'occasion de poser en termes plus serrés cette question majeure : comment l'expérience fonde-t-elle la théorie ?

Contrairement à ce que s'imaginent les détracteurs d'Aristote, ce dernier ne méprisait aucunement le recours aux faits. La vraie « science », selon lui, devait reposer sur des énoncés universels garantis par l'*observation.* Galilée, là encore, savait à quoi s'en tenir : Aristote donne plus de poids aux observations qu'aux arguments abstraits [8]. Mais les jésuites virent qu'il fallait absolument préciser ce que signifiait le « recours à l'expérience ». Car, dans la bouche des philosophes, cette expression avait souvent un sens très vague. A une époque où les ingénieurs devenaient de plus en plus nombreux et où les observations savantes (par exemple en astronomie) devenaient de plus en plus fines, une mise au point s'imposait. Et, de fait, les experts de la Compagnie de Jésus formulèrent des distinctions fort éclairantes.

Ainsi Blancanus, dans un traité d'astronomie publié en 1620 *(Sphaera mundi),* eut l'idée de mettre en contraste la notion de *« phénomène »* et la notion d' *« observation ».* Ces deux mots avaient été utilisés (en particulier par Ptolémée) avec le sens suivant : les phénomènes, c'étaient toutes les apparences offertes par les cieux (déplacement d'une planète, éclipse, etc.) ; et une observation, c'était l'acte par lequel le phénomène était perçu et enregistré par l'astronome. Blancanus, lui, réserva l'appellation de « phénomènes » *aux apparences que tout le monde peut percevoir et qui ont un caractère « évident ».* Exemples : le lever et le coucher du soleil ou de la lune, le déplacement des étoiles de l'est vers l'ouest, la moindre élévation du soleil en hiver, etc. Les « phénomènes », en d'autres termes, désignent les constats simples opérés dans l'*expérience commune.* Comme ils sont « publics », leur évidence peut être facilement établie.

L'expérimentation est une affaire de spécialistes

Les « observations », en revanche, ont pour Blancanus un statut plus complexe. Elles constituent des connaissances empiriques, comme leur nom le suggère ; mais des connaissances qui sont

8. Galileo Galilei, *Dialogue concerning the two chief world systems* traduit par S. Drake), University of California Press, 1967, pp. 55-56.

fournies par des expérimentations *(ab experimentis)*. Or les expérimentations sont réservées à des spécialistes, c'est-à-dire à des gens qui, « grâce à leur travail sérieux et à leurs instruments », étudient assidûment les astres. Il faut par exemple être un astronome compétent et bien équipé pour mesurer les diamètres apparents de la lune et du soleil ou pour enregistrer les rétrogradations des planètes. A partir des résultats particuliers ainsi obtenus, les savants ont la possibilité de formuler des *« observations »*, c'est-à-dire des énoncés universels utilisables pour la construction de nouvelles théories. « Phénomènes » et « observations » sont donc des constats factuels. Mais, alors que les phénomènes sont *publics*, les observations reposent sur des expérimentations *privées*.

Le problème soulevé par Blancanus se posait également en optique. Diverses mesures expérimentales avaient été réalisées par les anciens experts (par exemple en ce qui concerne la réfraction). Mais il était rare que des expérimentations particulières soient mentionnées, en tant que telles, dans les traités. Quand cela arrivait (par exemple chez Alhazen), ce n'était pas, semble-t-il, pour tester une hypothèse de façon décisive, mais plutôt pour illustrer et confirmer les théories proposées.

Chez Euclide et chez Ptolémée, l'optique revêtait essentiellement la forme de démonstrations mathématiques. Même lorsque des opérations expérimentales étaient décrites, elles étaient quasiment indiscernables des constructions géométriques qui en donnaient une interprétation « rationnelle ». Il était donc difficile de distinguer ce qui relevait du domaine de la « vérité » géométrique et ce qui provenait de l'expérimentation proprement dite. La statique d'Archimède, pour prendre un autre exemple significatif, était construite de la même façon : prenant appui sur des énoncés universels « évidents », elle consistait à présenter « déductivement » certains résultats. Les énoncés initiaux, assurément, étaient tirés de l'expérience commune (par exemple : *« Deux poids égaux placés à des distances égales sont en équilibre »*). Mais, à la limite, on peut dire qu'il s'agissait d' « expériences de pensée », c'est-à-dire de *faits idéaux* reconstruits par une simple opération de l'esprit[9]. Or une véritable science expérimentale peut-elle reposer seulement sur une telle base ? Les jésuites, manifestement, souhaitaient que la règle du jeu fût mieux définie.

9. Voir par exemple A. Koyré, « Le *De motu gravium* de Galilée. De l'expérience imaginaire et de son abus », dans *Études d'histoire de la pensée scientifique*, PUF, 1966, pp. 202-249.

Le Père Scheiner et l'optique

Aussi le Père Scheiner, dans son traité d'optique paru en 1619 et intitulé *Oculus (L'œil),* procède-t-il à des analyses parallèles à celles de Blancanus. Au lieu d'opposer les « phénomènes » aux *« observations »,* il les oppose aux *« expériences ».* Mais l'idée est la même : une expérience, pour lui, c'est un énoncé qui résume les

Le Père Scheiner, jésuite, observa en 1611 des taches sur le soleil. Grâce à un télescope qu'il avait lui-même conçu, il pouvait suivre le mouvement du soleil et repérer la position des taches sur une feuille de papier. Galilée réclama la priorité de cette découverte, mais sans doute à tort (et d'autres astronomes, indépendamment, avaient fait les mêmes observations : Thomas Harriot, Johann Fabricius et Domenico Passignani). Dans sa *Rosa ursina* (1626-1630), Scheiner reprocha à Galilée de n'avoir pas indiqué l'inclinaison de l'axe de rotation des taches solaires sur l'écliptique ; il détermina qu'elle était de 7° 30′ (valeur moderne : 7° 15′). Scheiner avait des préoccupations très variées : il construisit un pantographe, affirma que Vénus et Mercure tournaient autour du soleil, montra que la rétine était le siège de la vision, etc. Il fut, comme d'autres membres de la Compagnie de Jésus, très sensible au caractère de plus en plus expérimental des nouvelles recherches ; ce qui l'amena à formuler une distinction très nette entre l'expérience commune et les expérimentations construites délibérément par des experts spécialement équipés. La professionnalisation des activités scientifiques posait divers problèmes ; et les jésuites sentirent très tôt qu'il fallait rompre avec certaines habitudes imposées par la tradition aristotélicienne et scolastique. *(Cliché J.-L. Charmet, Bibl. Mazarine.)*

résultats constatés par un observateur lors de diverses expérimentations. Ainsi on peut établir que la pupille de l'œil se contracte lorsqu'elle est exposée à une lumière vive ; et on dira que cet énoncé est un constat empirique, une « expérience ». Mais ce qui fonde cet énoncé général, ce sont des « expérimentations » particulières *délibérément construites* pour savoir ce qu'il en est. Ces dernières, en général, exigent des moyens techniques spéciaux ; et le Père Scheiner indique nettement qu'elles sont réservées en fait à des professionnels (comme on dirait aujourd'hui). Quant aux procédures et aux résultats expérimentaux, ils sont souvent *obscurs* pour les profanes et difficiles à communiquer.

Du point de vue historique, ces analyses sont instructives. Elles soulignent le caractère original (et beaucoup plus technique) que prenait au début du XVIIe siècle le « recours à l'expérience ». Auparavant, tout le monde était en principe capable de vérifier les prémisses de la « science » ; désormais, notamment à cause de l'apparition du télescope et du microscope, les limites de l'expérience commune apparaissaient nettement. Pendant la période de transition, les implications des nouvelles pratiques n'ont pourtant pas toujours été perçues. Il se trouve que les jésuites, pour diverses raisons socioculturelles, ont été plutôt perspicaces. S'ils n'ont pas résolu tous les problèmes qui surgissaient, du moins en ont-ils perçu quelques-uns. Par exemple, celui qui tenait au caractère *« artificiel »* des démarches expérimentales.

Pour les aristotéliciens, en effet, les « principes » qui fondent une véritable science devaient exprimer « le cours ordinaire de la nature ». Cette distinction entre ce qui est naturel et ce qui est artificiel était essentielle. Si bien qu'un doute était permis à propos des résultats obtenus par les expérimentateurs : en manipulant des lentilles pour produire des images, est-ce qu'ils révélaient bien les structures *« naturelles »* des phénomènes ? Ou bien ne produisaient-ils pas des « monstres », des artefacts dénués de signification ? Une telle question a une signification pratique bien précise (comme l'ont montré par exemple divers travaux sur les expérimentations optiques de Newton [10]). Mais une réponse absolument probante était difficile à fournir. Les jésuites s'en tirèrent tant bien que mal en évoquant la distinction entre science « mathématique » et science « physique ».

La « physique » philosophique, à cause de ses ambitions, devait absolument se préoccuper du caractère « naturel » des principes

10. M. Blay, *La conceptualisation newtonienne des phénomènes de la couleur,* Vrin, 1983.

qu'elle tirait de l'expérience. Mais les disciplines mathématiques, elles, ne prétendaient pas étudier les « causes » ; elles s'efforçaient seulement d'utiliser efficacement des données quantitatives. Dans cette tâche, les « expérimentations » s'avéraient utiles ; et, selon les jésuites, il n'y avait pas lieu de soulever des difficultés qui regardaient seulement les philosophes. Aujourd'hui, on pourrait qualifier cette attitude de « positiviste ». Toujours est-il que les jésuites, par ce biais, pouvaient réclamer une réelle autonomie pour les nouvelles sciences « mathématiques ». Clavius et François d'Aguilon, dès cette époque, étaient convaincus que ces sciences pourraient apprendre beaucoup de choses aux philosophes. Cette option, tout compte fait, a été largement confirmée par l'histoire.

Un autre problème devait être résolu : celui de la communication des expérimentations. En effet, par rapport aux normes de la « philosophie naturelle », l'apparition d'expérimentations *privées* était inquiétante. Comment faire admettre aux profanes que ces connaissances obtenues par quelques experts étaient *« évidentes »* ? Question pratique, concernant avant tout des procédures sociales, mais qui n'en était pas moins urgente. Les jésuites, à vrai dire, n'ont pas réussi à formuler une réponse claire. Comme c'était encore l'habitude au début du XVIIe siècle, ils ont généralement recouru à la présentation « géométrique » ; les expérimentations particulières, quand elles étaient mentionnées, n'avaient souvent qu'un rôle secondaire. Mais, assez logiquement, les *controverses* scientifiques conduisirent les experts à communiquer aussi concrètement que possible certaines expérimentations qu'ils jugeaient décisives. Peter Dear mentionne deux cas où des jésuites recoururent de façon marquée à la « rhétorique expérimentale ».

Expérimenter devant témoins

Le premier cas est celui d'Orazio Grassi et de la controverse qui l'opposa en 1618 à Galilée à propos des comètes. La discussion fut trop complexe pour être résumée ici. Elle amena en tout cas le Père Grassi à produire une réfutation expérimentale à propos de cette question : est-ce qu'un « vaisseau hémisphérique », lorsqu'il tourne autour de son axe, entraîne l'air qui y est enclos ? Seul l'examen des faits pouvait trancher. Grassi, dans sa *Libra astronomica (La balance astronomique),* entreprit donc le récit détaillé d'une expérimentation qu'il avait faite. L'originalité ne tenait pas au fait que la description était précise et accompagnée d'un dessin (le cas était fréquent), mais à ce que la réalisation des opérations était présentée *comme un événement historique.*

Le compte rendu, ainsi que le souligne Peter Dear, revêt quasiment une forme juridique : tel jour, en tel lieu, Untel a fait ceci et cela, ce qui peut être confirmé par des témoins dont voici les noms... Grassi, effectivement, mentionne des témoins. Il y avait plusieurs jésuites du Collegio Romano et d'autres Pères ; et aussi Virginio Cesarini, le brillant érudit à qui Galilée dédia un peu plus tard *L'essayeur.* Comment douter d'un « fait » si bien circonstancié, si soigneusement contrôlé ? On voit apparaître ici les normes d'un langage nouveau et directement adapté aux exigences de la science « expérimentale ». Mais le Père Grassi lui-même ne trouvait pas ce recours à des expérimentations « privées » très satisfaisant. N'était-ce pas renoncer à une *évidence* complète ? Aussi éprouva-t-il le besoin d'ajouter cette remarque : *« Ces choses sont confirmées de façon certaine par l'expérimentation ; mais, même sans cette expérimentation, la raison suffirait à nous enseigner qu'il en est bien ainsi. »* Il n'était pas facile, décidément, de rompre avec les anciennes coutumes « rationalistes »...

Cabeo et la philosophie magnétique

Le second cas concerne un autre jésuite, Niccolo Cabeo, qui publia en 1629 un ouvrage important sur les phénomènes magnétiques et électriques : *Philosophia magnetica*[11]. Sa méthode faisait une large part aux raisonnements mathématiques, mais il était sensible à l'importance des expérimentations. Comme son œuvre constituait une critique des idées formulées par William Gilbert dans son *De magnete* (1600), il jugea nécessaire de défendre les siennes dans un style expérimental. Dans sa « Préface au lecteur », il souligna vigoureusement que tous les faits mentionnés résultaient d'expérimentations. Expérimentations qu'il avait répétées « encore et encore » ; et qui pouvaient être garanties par des « témoins nombreux » expressément convoqués pour observer le « spectacle » avec attention...

Répétons-le, l'idée même de pratiquer des tests expérimentaux n'était pas neuve. Mais, au début du XVIIe siècle, les meilleurs hommes de science avaient bien du mal à reconnaître explicitement et pleinement leur fonction. Même ceux qui avaient une tournure d'esprit nettement expérimentale demeuraient plus ou

11. J.L. Heilbron, *ouvrage cité,* p. 183.

moins soumis aux normes de la « philosophie naturelle ». Les « techniques de justification », pour reprendre une formule de Peter Dear, n'avaient guère évolué. En ce domaine, les jésuites ont fait preuve d'originalité. Bien qu'ils n'aient pas été les seuls à sentir qu'il y avait des problèmes, ils les ont analysés avec une particulière acuité. Sans doute d'autres historiens seront-ils amenés à nuancer ou à compléter les thèses de Peter Dear. Mais il semble clair que les jésuites ont eu une réflexion épistémologique assez neuve.

Quelles qu'aient été leurs arrière-pensées stratégiques, ils ont contribué à définir les « disciplines mathématiques » comme autonomes ; et donc à les soustraire à la juridiction des autorités théologiques et philosophiques. Ils ont compris que le développement des pratiques expérimentales créait une situation nouvelle et que l'invention de nouvelles *normes de légitimation* devenait nécessaire. Normes qui permettraient de donner aux expérimentations privées (et donc peu évidentes) le statut d'expérimentations *semi-publiques ;* c'est-à-dire garanties par leur répétition, mais aussi par la présence de témoins compétents, honnêtes et donc dignes de confiance. La Compagnie de Jésus n'a certes pas inventé la science moderne, mais elle a fait mûrir la *théorie de la science* qui lui correspond. C'est déjà beaucoup.

CHAPITRE VII

De l'art à la science : la découverte de la trajectoire parabolique

Galilée, en 1638, démontra que la trajectoire idéale d'un projectile était une parabole. Comment est-il parvenu à ce résultat ? Selon certains historiens, il s'agit d'une découverte purement théorique ; Galilée ne devrait donc rien aux divers praticiens qui s'étaient occupés de balistique. Mais d'autres, au contraire, soulignent que des artistes (ou des artistes-ingénieurs comme Léonard de Vinci) avaient déjà « perçu » la trajectoire parabolique. Est-il possible que les tâtonnements des artilleurs et des dessinateurs aient stimulé et inspiré les géomètres savants ?

Quelle est la forme de la trajectoire parcourue par un caillou que nous venons de lancer ? Galilée a fourni et démontré la réponse : ce caillou décrit une trajectoire parabolique. En fait, à cause de la résistance de l'air, le problème est un peu plus compliqué qu'il ne paraît au premier abord ; il faudra attendre 1687 pour que Newton établisse de façon stricte la nature de la courbe balistique. Mais Galilée avait de bonnes raisons d'être fier. Dans ses *Discours sur deux sciences nouvelles* (1638), avant même de présenter ses résultats, il proclame l'importance du travail qu'il a accompli. Malgré tous les efforts déployés par les philosophes, ce phénomène fondamental qu'est le mouvement demeurait fort mal connu. J'ouvre, déclare-t-il sans fausse modestie, *« l'accès à une science aussi vaste qu'éminente, dont mes travaux marqueront le commencement et dont des esprits plus perspicaces que le mien exploreront les parties les plus cachées »*[1].

La science galiléenne n'a pas surgi du néant

Il est vrai que le grand Florentin a frayé un nouveau chemin, un chemin que les Newton et les Laplace transformeront en voie royale. Il ne faut pourtant pas s'imaginer que la science galiléenne est née *ex nihilo.* Un lecteur trop pressé pourrait croire, en parcourant les *Discours sur deux sciences nouvelles,* que Galilée a tout fait : ayant forgé de toutes pièces toutes les notions nécessaires à l'analyse du mouvement de chute libre et du mouvement des projectiles, il aurait inventé puis testé expérimentalement divers énoncés théoriques, etc. Ce tableau demande à être sérieusement nuancé.

Galilée, si grands qu'aient été ses mérites, a tout d'abord bénéficié d'un vaste travail collectif mené avant lui par de nombreux théoriciens. Car le Moyen Age et la Renaissance, en ce qui concerne la théorie du mouvement, n'ont pas été aussi stériles que le prétendent beaucoup de textes de vulgarisation. Bien que le vocabulaire et les préoccupations des philosophes médiévaux aient été en général très différents des nôtres, ils avaient défini et utilisé des notions analogues et parfois identiques à celles qui nous sont aujourd'hui familières : vitesse, vitesse instantanée, accélération,

1. Galilée, *Discours concernant deux sciences nouvelles,* trad. de M. Clavelin, A. Colin, 1970, p. 125.

accélération uniforme, etc.[2]. Dès le XIVe siècle, l'idée de quantifier rigoureusement le mouvement s'était affirmée ; et des procédés mathématiques relativement complexes permettaient d'établir des relations quantitatives précises entre vitesse et espace parcouru. Les doctrines d'Aristote avaient été critiquées à maintes reprises et des théories nouvelles du mouvement étaient apparues. Le cas de l'Espagnol Domingo de Soto est assez spectaculaire : en 1545, dans un commentaire de la *Physique* d'Aristote, il avait explicitement considéré le mouvement de chute libre comme un mouvement uniformément accéléré (on disait alors « mouvement uniformément difforme »)[3].

Mais la découverte de la trajectoire parabolique des projectiles n'a pas seulement été une affaire théorique. A cause du développement des armes à feu et en particulier des canons, maints praticiens s'intéressaient à la balistique — et donc à la cinématique et à la dynamique. Des artistes, en outre, avaient étudié à leur manière les trajectoires des boulets de canon (ou des jets d'eau). A la fin du Moyen Age et à la Renaissance, plusieurs de ces artistes étaient des artistes-ingénieurs : non seulement ils étaient amenés à représenter les mouvements de divers corps, mais ils avaient une connaissance directe des situations concrètes où ces phénomènes jouaient un rôle. Ils avaient l'occasion de fabriquer, de manipuler ou de contempler des bombardes ou des canons, mais aussi des machines très variées : moulins, foulons, machines textiles, moutons, etc. A cause du développement de l'hydraulique (régularisation des cours d'eau), ils s'étaient familiarisés avec divers phénomènes hydrodynamiques. Toute une « expérience du mouvement » s'était donc constituée au contact des réalités techniques, dans une société qui se « mécanisait » de plus en plus.

De l'empirisme à la science théorique

Cette expérience, en fait, était très diversifiée. A côté d'artilleurs complètement « empiriques », il y en avait d'autres qui s'effor-

2. Voir E. Grant (ed.), *A source book in medieval science,* Harvard University Press, 1974 ; et P. Duhem, *Le système du monde,* 10 vol., Hermann, 1913-1960. Pour une critique de Duhem, voir par exemple *On the threshold of exact science. Selected writings of Anneliese Maier,* University of Pennsylvania Press, 1982.

3. A.C. Crombie, *Histoire des sciences de saint Augustin à Galilée,* Presses Universitaires de France, 1959, t. I, p. 298 ; et W.A. Wallace, « The enigma of Domingo de Soto : " uniformiter difformis " and falling bodies in late medieval physics », *Isis, 59* (1968), pp. 384-401.

1A et 1B. Puisqu'il était impossible de percevoir directement le déplacement d'un boulet de canon, les anciens experts reconstituaient la trajectoire en utilisant les théories dont ils disposaient. L'illustration 1A, tirée d'un livre publié à Londres en 1561 par Daniele Santbech, représente une trajectoire inspirée par la tradition aristotélicienne. Le présupposé théorique qui lui sert de fondement, c'est qu'un mobile ne peut avoir deux mouvements à la fois. Ou bien il a un mouvement « violent », dû à une action extérieure ; ou bien il a un mouvement « naturel » (dans le cas d'un boulet, un mouvement de haut en bas qui l'entraîne vers le centre de la Terre). D'où l'analyse que le dessinateur a concrétisée : le boulet, violemment propulsé, commence par se mouvoir de façon rectiligne ; puis, la résistance du milieu ayant rendu sa vitesse nulle, il tombe soudainement en chute libre à partir du point *p.* Dès la fin du Moyen Age, au XIVe siècle, une théorie différente avait été mise au point par les scolastiques (en particulier par Jean Buridan et Albert de Saxe). Ils refusaient entre autres l'explication d'Aristote selon laquelle l'air servait à communiquer au boulet la force nécessaire à l'entretien de son mouvement. Selon Buridan, le boulet recevait un *« impetus »* (un élan) qui avait un rôle moteur et disparaissait progressivement. L'illustration 1B montre des trajectoires conformes à cette théorie. Après un parcours rectiligne, le boulet était dépourvu d'*impetus* et, livré à luimême, amorçait la descente en décrivant une courbe ; la troisième et dernière phase correspondait à une chute libre verticale, absolument rectiligne. Cette conception « tripartite » conserva des partisans jusque dans la seconde moitié du XVIIe siècle. *(Clichés X, tdr.)*

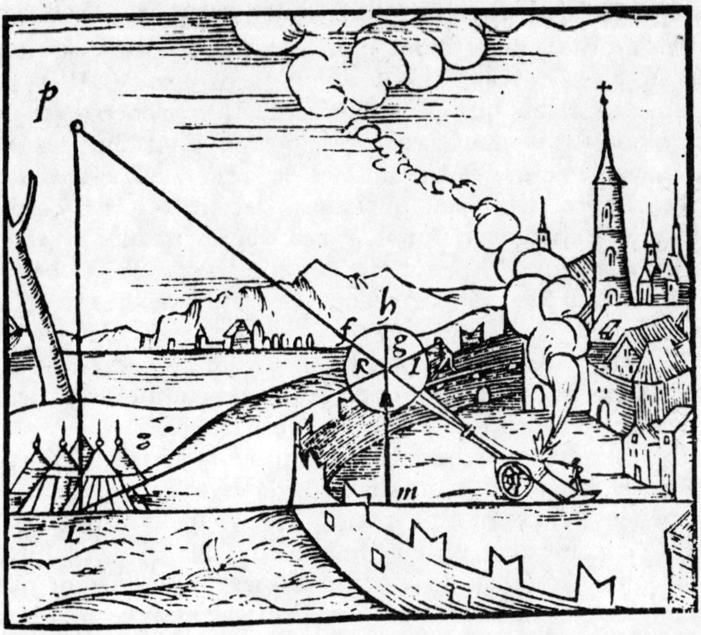

A.

B.

çaient de rationaliser leur art ; et, à côté des purs « manuels », il y avait des esprits animés d'une grande curiosité théorique dont le plus célèbre est Léonard de Vinci (voir le chapitre IV). Il est indéniable, en tout cas, que le problème de la « science » (et de la représentation) du mouvement s'est posé très tôt chez les praticiens. Les ingénieurs, bien avant Galilée, avaient esquissé des analyses balistiques et formulé quelques « recettes » ; et les artistes, dans le même contexte culturel, avaient représenté des trajectoires de type parabolique. Il peut donc être intéressant de s'interroger : les observations des praticiens n'ont-elles pas joué un rôle dans la genèse des idées « scientifiques » relatives à la trajectoire parabolique ? Galilée, par des voies plus ou moins détournées, n'a-t-il pas profité de certains *schémas perceptifs* élaborés autour de lui par des ingénieurs et des artistes de plus en plus réalistes ?

Ces questions apparemment très simples soulèvent en fait de nombreuses difficultés et ont donné lieu chez les experts à de violents débats. Aujourd'hui même, beaucoup d'historiens des sciences en contestent ou en minimisent l'intérêt. Pour justifier leur refus ou leur manque d'empressement, ils déclarent que la science véritable est *autonome* : les théorisations et les expérimentations authentiques s'inscrivent dans une évolution propre et obéissent à une sorte de logique « interne ». Il est donc vain (peu fécond, en tout cas) de vouloir mettre au jour les « racines » ou les « bases » socioculturelles des savoirs scientifiques.

Alexandre Koyré, il y a quelques décennies, a fortement exprimé cette conception puriste. La science, disait-il, est essentiellement une « recherche de la vérité ». Elle *« a toujours eu une vie propre, une histoire immanente »* ; et *« c'est seulement en fonction de ses propres problèmes, de sa propre histoire qu'elle peut être comprise »*. Florence, affirmait-il catégoriquement, n'explique pas Galilée. Essayer de montrer le contraire était à ses yeux « une entreprise complètement chimérique ». En ce qui concerne la trajectoire des boulets de canon, l'apport des praticiens avait été nul ; car, toujours selon Koyré, *« la nouvelle balistique fût élaborée non par des artificiers ou des artilleurs, mais contre eux »*. La science moderne, en conséquence, ne doit rien à « l'expérience spontanée du sens commun ». Si cette dernière a eu un rôle, *« ce fut un rôle négatif, celui d'obstacle »*[4]. Alexandre Koyré s'opposait donc à tous ceux qui (tels L. Olschki et E. Zilsel) avaient établi une étroite relation entre le développement de la science moderne et le déve-

4. A. Koyré, *Études d'histoire de la pensée scientifique*, PUF, 1966, p. 360, pp. 148-149.

loppement socio-économique de l'Italie du Nord pendant la Renaissance.

Contre certaines interprétations parfois très simplistes, cette réaction a été utile. Les progrès réalisés par les praticiens, en effet, n'engendrent pas toujours directement des « percées » théoriques ; et il ne suffisait pas d'observer attentivement des tirs d'artillerie pour formuler une juste analyse du mouvement des projectiles. Ceux qui défendent cette conception sommaire de « la science » sous-estiment certainement l'importance du travail spéculatif ; ils finissent par oublier le caractère hautement « abstrait » de ces constructions intellectuelles que sont les concepts d'*inertie* ou de *composition des forces.* Sur ce point, Koyré avait raison : la théorie n'est pas une simple « copie » de la pratique et doit en être distinguée.

Le pouvoir des images

Mais est-ce une raison pour affirmer que les développements théoriques *ne doivent rien* aux manières de faire et aux manières de voir qui apparaissent chez les praticiens ? Cette question est toute différente. Galilée, tout en apportant une contribution théorique bien particulière, a pu tirer profit d'un certain nombre de schémas mis au point par les ingénieurs et les artistes. Pour évaluer l'ampleur de cette dette, le plus simple est de rappeler grâce à quelques images caractéristiques comment a évolué la représentation cinématique des projectiles à partir de la fin du Moyen Age.

L'illustration 1A est une gravure sur bois tirée d'un traité publié par Daniele Santbech en 1561. Elle résume graphiquement une interprétation qui remonte à Aristote et décompose la trajectoire du boulet en *deux segments de droite.* Dans la tradition aristotélicienne, il était en effet couramment admis qu'un corps ne pouvait avoir qu'un seul mouvement à la fois. Le premier segment correspondait à une phase de mouvement *violent* (on appelait ainsi tout mouvement imposé à un corps par une intervention extérieure). Le second segment, vertical, correspondait à une phase de mouvement *naturel* : ayant été ralenti par la résistance du milieu, le boulet finissait par avoir une vitesse nulle et redescendait directement en chute libre, désormais soumis à la seule action de la pesanteur. Évidemment, cette analyse théorique conduisait à des conclusions peu conformes aux faits (par exemple à propos de l'angle de tir donnant la portée maximale). Mais elle s'est longtemps imposée ;

et le dessinateur, en l'occurrence, a scrupuleusement reproduit le schéma des théoriciens.

L'illustration 1B, extraite d'un traité d'artillerie de Diego Ufano paru en 1621, présente une autre analyse balistique dont l'origine principale se situe au XIVe siècle. La théorie qui lui sert de base, c'est celle de l'*impetus* ; à savoir une théorie anti-aristotélicienne qui postulait l'existence d'une certaine puissance motrice capable d'entraîner le boulet (« impetus », en latin, signifie élan, impulsion). Mise au point par Jean Buridan, cette théorie s'efforçait d'éviter les difficultés auxquelles Aristote s'était heurté en attribuant à l'air un rôle moteur dans le mouvement violent ; et, de façon lointaine, elle annonçait les spéculations sur l'inertie. Au début de sa carrière, d'ailleurs, Galilée a utilisé la théorie de l'*impetus*. Elle avait abouti, en particulier avec Albert de Saxe (né vers 1316, mort en 1390), à une conception de la trajectoire des projectiles qui nous paraît aujourd'hui assez bizarre mais qui a eu des adeptes jusque dans la seconde moitié du XVIIe siècle. Elle consistait à décomposer le parcours du boulet en *trois segments* : un segment de droite qui correspondait au trajet effectué sous l'action de l' « impetus » communiqué par le canon ; un segment de courbe qui commençait lorsque l' « impetus » s'était épuisé et que le projectile était désormais sans moteur ; et un segment de droite qui représentait la chute libre finale. Cette analyse tripartite nous paraît plus réaliste : elle évite l'angle aigu du schéma précédent. Mais elle allait être contestée. Sinon par des discours, du moins par des *images* de plus en plus paraboliques...

Le regard de Léonard de Vinci

Tirée d'un recueil de notes et de dessins composés par Léonard de Vinci dans les dernières années du XVe siècle (le *Codex Madrid I*), l'illustration 2A témoigne du renouvellement de la vision du mouvement qui s'est opéré à la Renaissance. Léonard de Vinci, en représentant cette famille de courbes continues et à peu près paraboliques, fait preuve d'un évident souci de rationalisation géométrique. Certes, il ne donne ni équations ni démonstrations ; mais, dans le texte accompagnant ce dessin, nous apprenons qu'il s'agit de trajectoires résultant de la combinaison d'un mouvement « naturel » (dû à la pesanteur) et d'un mouvement « accidentel » (dû à l'impulsion initiale). Ainsi était explicité, fût-ce de façon sommaire, le principe de la *composition des mouvements*, principe grâce auquel Galilée réussira à élaborer une interprétation rationnelle de la trajectoire. Cet exemple fait sentir comment intuition visuelle et analyse intellectuelle pouvaient collaborer chez les artistes-ingénieurs. Rappelons à ce propos que Léonard de Vinci, contrairement à ce que l'on croit parfois, n'était pas un cas isolé. Il appartenait à une tradition d'ingénieurs cultivés, polyvalents et soucieux de réfléchir sur leurs propres activités afin de mieux les comprendre et de les rendre plus efficaces[5]. L'illustration 2B, qui provient également du *Codex de Madrid I* et représente des jets d'eau, confirme le caractère systématique des spéculations graphi-

5. Voir B. Gille, *Les ingénieurs de la Renaissance,* Hermann, 1964.

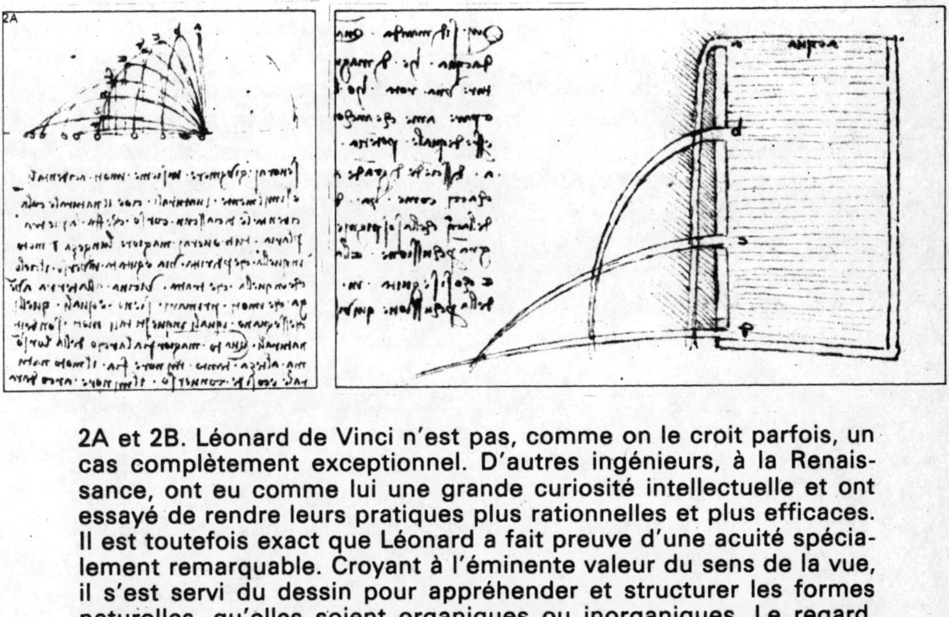

2A et 2B. Léonard de Vinci n'est pas, comme on le croit parfois, un cas complètement exceptionnel. D'autres ingénieurs, à la Renaissance, ont eu comme lui une grande curiosité intellectuelle et ont essayé de rendre leurs pratiques plus rationnelles et plus efficaces. Il est toutefois exact que Léonard a fait preuve d'une acuité spécialement remarquable. Croyant à l'éminente valeur du sens de la vue, il s'est servi du dessin pour appréhender et structurer les formes naturelles, qu'elles soient organiques ou inorganiques. Le regard, pour lui, était un authentique instrument d'analyse intellectuelle. Ces deux schémas, tirés du *Codex de Madrid I,* montrent qu'il avait découvert à sa façon la trajectoire « parabolique ». Ces courbes, bien sûr, ne sont pas définies en termes de géométrie pure. Mais d'une part Léonard de Vinci a complètement abandonné le schéma tripartite et conçu les trajectoires comme des courbes uniques et continues ; d'autre part il a écrit au-dessous de l'illustration 1A que le mouvement des projectiles était un *mouvement composé,* c'est-à-dire conjuguant un mouvement de chute libre et un mouvement « accidentel » imposé par l'impulsion initiale. Cette idée essentielle sera plus tard utilisée par Galilée. *(Clichés X, tdr.)*

ques de Léonard de Vinci. En d'autres dessins, d'ailleurs, il a directement représenté des boulets de canon en mouvement dans l'atmosphère.

Ces dessins ou des dessins analogues ont pu aider Galilée à entreprendre ses analyses théoriques. Mais ils avaient une autre fonction tout aussi importante : grâce à eux, les anciens schémas perceptifs étaient contestés et même détruits. C'est un thème psychologique classique : notre manière de voir les objets est conditionnée dans une large mesure par ce que nous avons appris. Des interprétations acceptées depuis des siècles constituent de véritables carcans pour la perception ; carcans d'autant plus durs à briser qu'ils échappent le plus souvent à la conscience des sujets concernés. Pour qu'une science nouvelle devienne possible, il fallait donc se débarrasser des représentations élaborées par les théoriciens précédents. Le rôle des artistes, dans cette tâche, a certainement été considérable. En dessinant des courbes continues (et non plus tripartites), ils sapaient en particulier la théorie de l'*impetus.* C'était une manière de transmettre aux experts ce message stimulant sinon subversif : *« Les théories actuellement admises ne sont pas en accord avec notre expérience. Inventez-nous une nouvelle théorie — et une trajectoire qui ressemble enfin à ce que nous vous dessinons... »*

Gardons-nous toutefois de trop insister sur l'aspect « empirique » des spéculations d'un artiste tel que Léonard de Vinci. A sa manière, il avait déjà largement rationalisé son expérience. Pour assister aux premiers débuts de la trajectoire « parabolique », il faut remonter plus haut. Même après Léonard de Vinci, d'ailleurs, certains artistes ont continué à dessiner des trajectoires semblables sur des bases essentiellement empiriques. Cette iconographie plus ou moins « naïve », même si elle n'a rien apporté de décisif à Galilée, confirme que la perception « parabolique » tendait spontanément à se généraliser.

La parabole (ou quasi-parabole) des praticiens

L'illustration 3A, par exemple, est tirée de la *Vie de saint Jean-Baptiste* peinte par Giovanni di Paolo vers le milieu du XVe siècle ; le sang qui jaillit du cou du saint décrit une courbe qui est certainement plus proche de la théorie de Galilée que de celle de Buridan... L'illustration 3B provient d'un *Livre d'heures* peint par Jean Bourdichon vers la fin du XVe siècle ; elle représente David en train de contempler Bethsabée au bain. La trajectoire décrite par le jet de la fontaine témoigne d'un certain réalisme ; on n'y retrouve aucunement la trajectoire tripartite chère aux théoriciens de l'*impetus*.

Pour qui veut savoir comment les ingénieurs de la Renaissance percevaient le monde physique, les « théâtres de machines » sont des documents précieux. C'étaient des livres d'images dans lesquels étaient graphiquement décrits toutes sortes d'engins et de machines plus ou moins aptes à fonctionner. L'illustration 3C reproduit partiellement une planche figurant dans un ouvrage publié en 1588 par l'ingénieur Agostino Ramelli : *Le diverse et artificiose machine.* L'eau qui coule dans le bas de l'image suit une trajectoire qui est nettement « prégaliléenne ». Une autre catégorie de praticiens s'intéressait aux trajectoires des jets d'eau : celle des architectes, des urbanistes. Tirée d'un ouvrage de *Perspective* publié en 1599 et dû à Hans Vredeman de Vries, l'illustration 3D confirme que la perception de l'espace et du mouvement s'était modernisée avant que la théorisation savante n'ait été opérée. Comme l'a si souvent noté Pierre Francastel, les praticiens avaient eux-mêmes commencé à rationaliser leurs représentations en utilisant certains procédés géométriques ; mais c'est l'*intuition sensible* qui leur servait de guide, les techniques mathématiques n'ayant qu'un rôle instrumental. Galilée, en explicitant les « principes » et en radicalisant la mathématisation, est allé plus loin. La discontinuité qui est ainsi soulignée ne doit cependant pas faire oublier que cette « percée théorique » parachevait une longue évolution antérieure et demeurait tributaire d'une « vision du monde » née dans la pratique. *« Le pas a été franchi par les artistes avant les spéculations. »*[6]

Un exemple qui ne manque pas de piquant concrétise bien ce retard de la théorie par rapport à l'art. Dans un traité destiné essentiellement aux artilleurs, la *Nuova scienza* (1537), le géomètre italien Niccolo Tartaglia avait accepté la conception tripartite de la trajectoire ; selon lui, un boulet parcourait un segment de droite, un arc de cercle, puis un nouveau segment de droite (chute libre finale). Il avait du mal à admettre qu'un mouvement puisse être mixte (à la fois « naturel » et « violent ») ; la trajectoire d'Albert de Saxe lui apparaissait comme une bonne approximation. Mais l'illustrateur, en dessinant le frontispice de cet ouvrage (illustration 4), a représenté une trajectoire différente de celle qui est décrite dans le corps du texte : une bombarde projette un boulet qui suit une trajectoire de type parabolique ! Par la suite, dans les *Quesiti*

6. P. Francastel, *La figure et le lieu*, Gallimard, 1967, p. 253.

et invenzioni diverse (1546), Tartaglia modifiera son opinion ; mais le dessinateur, en 1537, savait déjà à quoi s'en tenir...

Les historiens idéalistes, certes, ont toujours la possibilité de nier que ces images aient pu stimuler les démarches intellectuelles des vrais « savants ». A. Rupert Hall écrivait naguère que des dessins comme ceux de Léonard de Vinci ne constituaient que des « trucs » d'illustrateur sans intérêt scientifique[7]. Mais, avec Bernard Berenson et quelques autres, on peut au contraire penser que Léonard s'est délibérément servi du sens de la vue pour approfondir des questions généralement considérées comme théoriques et abstraites. *« L'œil,* affirmait-il, *est la principale voie par où notre intellect peut apprécier pleinement et magnifiquement l'œuvre infinie de la nature. »* Cela valait pour l'anatomie, mais aussi bien pour les questions de mécanique. Et souvenons-nous que Galilée, selon de bonnes sources, avait d'abord voulu devenir peintre...[8]

Images et concepts

Une telle remarque, évidemment, ne saurait convaincre ceux qui nient l'importance de la contribution des praticiens. L'un de

7. A.R. Hall, *The scientific revolution, 1500-1800,* Beacon Press, 1962, p. 79.

8. *Erwin Panofsky,* ouvrage collectif, Centre Georges-Pompidou, Pandora Éditions, p. 206.

3A, 3B, 3C et 3D. Galilée, dans ses *Discours* de 1638, a démontré géométriquement ce « théorème » fondamental : la trajectoire d'un projectile est parabolique. L'idée sur laquelle il s'appuyait, c'était qu'un projectile se meut en combinant deux mouvements : celui qui est dû à l'impulsion initiale et celui qui résulte de l'action de la pesanteur. En raisonnant ainsi, Galilée reprenait une interprétation qu'avaient déjà formulée divers auteurs tels que Léonard de Vinci, Niccolo Tartaglia et Guidobaldo dal Monte (mouvement « composé » ou « mixte »). Quant à la forme de la courbe, elle avait déjà été visualisée (et parfois de façon très précise) par divers peintres et dessinateurs. Bien qu'une théorie proposée par les philosophes médiévaux analysât la trajectoire selon un schéma tripartite (voir illustration 1B), ces artistes avaient préféré dessiner une courbe continue qui pouvait facilement évoquer une parabole. A la fin du Moyen Age et à la Renaissance, cette figuration « parabolique » semble avoir été assez usuelle. Giovanni di Paolo, vers le milieu du XVe siècle, dessine comme une courbe continue le jet de sang qui s'échappe de saint Jean-Baptiste décapité (3A). Jean Bourdichon, vers la fin de ce même siècle, recourt à une forme analogue en peignant Bethsabée au bain (3B ; voir le jet de la fontaine). Dans un

ouvrage de l'ingénieur Agostino Ramelli (1588) et dans un traité de *Perspective* de Vredreman de Vries (1599), le désir de définir une forme géométrique simple et réaliste est également sensible (3C et 3D). Les artistes et les praticiens étaient donc parvenus à une trajectoire de type « moderne » bien avant que la preuve théorique n'ait été fournie. Grâce à Guidobaldo dal Monte, Galilée avait d'ailleurs été très directement orienté vers l'idée de parabole. Sa contribution a consisté à montrer que la trajectoire d'un boulet pouvait être « déduite » de façon rigoureuse si l'on admettait que son mouvement était composé. *(Clichés X.)*

leurs grands arguments, c'est qu'il y a une différence de nature entre les *images* et les *concepts.* La science authentique, selon eux, est théorique et exige un travail intellectuel très spécial ; il est donc impossible qu'elle ait pour ancêtres des gens qui recouraient aux images ou aux formes inférieures du langage... On retrouve ici la vieille opposition manichéenne entre travail manuel et travail intellectuel. De la part d'historiens qui veulent *écrire* l'histoire et privilégient le maniement des *mots,* cette prise de position est bien compréhensible : ils ont du mal à reconnaître l'intérêt des inventions ou découvertes qui se laissent mal définir dans le langage conceptuel. A la limite, le non-verbalisable n'existe pas !

Il n'est toutefois pas évident que la discontinuité entre les « niveaux cognitifs » soit aussi radicale. Comme l'ont maintes fois noté les psychologues et les linguistes, les images sont partout. Même si les théoriciens les affinent ou leur donnent de nouveaux contenus, elles sont installées au cœur même du discours — et donc de la pensée... Souvent, certes, il faut lutter contre elles, éviter les pièges qu'elles tendent. Mais, souvent aussi, elles ont une valeur heuristique, aiguillonnent et structurent la pensée théorique. De Kepler à Einstein en passant par Faraday, Darwin, Kekulé et cent autres, légion sont les cas où des images ont eu une fonction positive. De ce point de vue, il semble justifié d'admettre qu'une certaine continuité est possible entre les images des praticiens et les concepts des théoriciens.

Mais, pour des raisons évidentes, la preuve n'est pas facile à établir. Il va bientôt y avoir trente ans, Giorgio de Santillana faisait ce constat : *« Nous n'avons pas encore créé les techniques qui nous permettraient d'analyser l'espèce de no man's land qui se trouve entre l'art et la science »*[9]. Aujourd'hui encore, on est loin d'avoir trouvé des solutions complètement satisfaisantes. Mais certaines recherches se sont révélées fructueuses et on comprend mieux l'importance d'un texte bien connu que Galilée a placé tout au début de ses *Discours* de 1638. Il y déclare que l'arsenal de Venise, tout spécialement par son quartier des « travaux mécaniques », a ouvert *« un large champ de réflexion (...) aux esprits spéculatifs ». « Toutes sortes d'instruments et de machines y sont en effet constamment mis en œuvre par un grand nombre d'artisans dont certains, tant par les observations que leurs prédécesseurs leur ont léguées que par celles qu'ils font sans cesse eux-mêmes, allient nécessairement la*

9. G. de Santillana, « The role of art in the scientific Renaissance », dans M. Clagett (ed.), *Critical problems in the history of science,* The University of Wisconsin Press, 1962 (1re éd. : 1959), p. 34.

plus grande habileté au jugement le plus pénétrant. » Conscient d'avoir une dette envers les praticiens, Galilée reconnaît sans détour que les conversations avec les ouvriers les plus expérimentés l'ont « *plus d'une fois aidé à chercher l'explication de certains faits non seulement étonnants, mais encore mystérieux et quasi inimaginables* ».

Bien que Galilée soit souvent présenté comme un pur savant, il ne voyait aucune opposition entre la technique et la science. Cette dernière, à ses yeux, devait être *utile*[10] ; et il ne plaçait certes pas les arts des ingénieurs dans une catégorie inférieure. Faut-il rappeler que la deuxième « science nouvelle » exposée dans les *Discours* n'est autre que celle de la *résistance des matériaux* ? Qu'une enquête sur les rapports entre pratique et théorie ait une réelle signification, cela nous est d'autre part confirmé par les résultats qu'ont déjà obtenus certains historiens.

Une nouvelle perception de l'espace et du temps

La science moderne n'a en effet pu se développer qu'en menant à bien la *géométrisation de l'espace.* Il fallait que fût défini un espace homogène, isotrope, infini, structurable grâce à un système de coordonnées tridimensionnelles permettant des mesures rigoureuses. Les théoriciens, bien sûr, sont intervenus pour expliciter la conception de cet espace « abstrait » et quantitatif. Mais il avait littéralement été « inventé » par des praticiens. Ce sont eux qui, progressivement et concrètement, avaient transformé la manière de voir le monde physique. La géométrisation (au sens savant du mot) a essentiellement consisté à systématiser une *restructuration de la perception* qui avait déjà été opérée dans la culture ambiante (voir le chapitre III sur « Espace et perspective au Quattrocento »). Jacques Le Goff, de son côté, a brillamment montré que le concept de temps, vers le XVe siècle, a lui aussi été profondément transformé[11]. Au temps cyclique des paysans et des hommes d'Église, les horlogers et les marchands ont substitué un temps linéaire, homogène et mesurable. C'est l'apparition de nouvelles machines, de nouvelles structures socio-économiques et d'une nouvelle mentalité plus réaliste qui a entraîné cette transformation

10. Galilée, *Discours concernant deux sciences nouvelles,* « L'éditeur aux lecteurs », p. 3 ; et *Les mechaniques de Galilée,* traduites par Mersenne, PUF, 1966, pp. 23-25.

11. J. Le Goff, *Pour un autre Moyen Age,* Gallimard, 1977 (première partie : « Temps et travail »).

de la sensibilité puis des catégories cognitives. Si le temps et l'espace ont pour ainsi dire été remodelés, il semble légitime de prolonger l'enquête à propos du mouvement (et en particulier à propos de la trajectoire des projectiles).

Un problème qui touche à la fois à la psychologie et à la logique apparaît aussitôt : étant donné que les nouvelles manières de percevoir le temps, l'espace et le mouvement sont apparues de façon largement *inconsciente*, comment établir qu'il y a réellement continuité entre elles et les discours savants d'un Galilée ? Est-il possible de décrire correctement le *continuum* qui va des images aux concepts ? Les historiens « internalistes », en principe, n'ont pas besoin de résoudre ce problème ; car l'intellect des hommes de science, selon eux, fonctionne dans un univers isolé et autonome. Mais, pratiquement, il est difficile d'éviter ce sujet. Même Alexandre Koyré, historien très « puriste », a été conduit à reconnaître que certains schémas cognitifs ont un statut ambigu. Léonard de Vinci, écrit-il, a appliqué *instinctivement* le principe de l'égalité de l'action et de la réaction[12]. Bertrand Gille, historien des techniques, a utilisé de son côté la notion de savoir *inconscient*; il remarquait, par exemple, que les ingénieurs de la Renaissance avaient fait intervenir la notion de masse *« sans doute inconsciemment »*[13]. Quant à Pierre Francastel, ses études de sociologie de l'art l'ont conduit à parler de *« connaissances théoriques latentes »*. Cette expression a un grand intérêt. A la Renaissance, déclare Francastel, les arts et les mathématiques constituaient deux « langues parallèles » qui permettaient aux hommes de construire des représentations de la réalité ; et, bien qu'elles soient différentes, ces deux langues sont *« des constructions qui révèlent des mécanismes intellectuels et des connaissances théoriques latentes chez tous les individus d'une époque »*[14]. Il va de soi que cette manière de voir peut être discutée. Mais, sous une forme quelque peu provocante, elle invite à reconnaître l'existence de « théorisations embryonnaires » inventées par les ingénieurs et les artistes. Entre les *formes concrètes* proposées par ces derniers et les *formes intelligibles* proposées par les théoriciens, il y aurait des analogies structurales ; et donc des filiations possibles.

12. A. Koyré, *Études* déja citées, p. 95.
13. B. Gille, *Les ingénieurs de la Renaissance,* déjà cité, p. 219.
14. P. Francastel, *Sociologie de l'art,* Denoël-Gonthier, 1970, p. 151.

Observer, puis démontrer

La lecture des *Discours* montre d'ailleurs que Galilée était prêt à accepter une filiation de ce genre : *« On a observé que les corps lancés, ou projectiles, décrivent une courbe d'un certain type ; mais que cette courbe soit une parabole, personne ne l'a mis en évidence »*[15]. Ce texte définit l'apport précis de Galilée : il a établi la nature exacte de la courbe grâce à une démonstration géométrique. Mais, en même temps, nous apprenons que des observations suggestives avaient déjà été faites. Le titre complet du livre de Galilée, rappelons-le, s'énonce ainsi : *Discours et démonstrations mathématiques concernant deux sciences nouvelles.* Épistémologiquement, il y a là un point important : Galilée a une conception très « rationaliste » de la science. Le but premier de l'activité scientifique, pour lui, n'est pas de tester des hypothèses (« méthode hypothético-déductive »), mais de formuler des « principes » à partir desquels est possible un « exposé démonstratif, c'est-à-dire géométrique »[16]. Dans ces conditions, il est essentiel d'avoir une *idée préliminaire* de ce qu'il faut démontrer. C'est en utilisant certaines « observations initiales » que le théoricien pourra faire son œuvre. Il serait à peine exagéré de dire que le schéma de Claude Bernard est inversé : au lieu que les « faits » servent à confirmer la théorie, c'est la théorie qui doit « prouver » les faits déjà établis...

Cette démarche, évidemment, n'était pas nouvelle. Archimède, dans son traité sur *La méthode,* avait déjà remarqué qu'il est tout de même plus facile de formuler une démonstration mathématique quand on a dès le début une idée du résultat auquel il faut parvenir[17] ! Elle confirme, en tout cas, l'importance du point de départ observationnel. Galilée dans les *Discours,* donne un exemple très éclairant. Par les récits des canonniers, il avait appris que le tir projetant le boulet le plus loin était « obtenu pour l'élévation de 45 degrés » ; son travail proprement scientifique a consisté à prouver rationnellement que cela devait être ainsi. Il va jusqu'à écrire que son résultat théorique doit être accepté comme certain *« sans qu'il soit besoin de recourir à l'expérience »*[18].

Galilée, il est vrai, attache une valeur certaine à ce que nous appelons maintenant les tests expérimentaux. Il est très vraisemblable

15. Galilée, *Discours* déjà cités, p. 125.
16. Même ouvrage, p. 4.
17. Archimède, *Des corps flottants. Stomachion. La méthode,* Les Belles Lettres, 1971, p. 84.
18. Galilée, *Discours* déjà cités, p. 229.

qu'il a procédé à des expérimentations sur le mouvement, si l'on en juge par certaines notes qu'il a laissées (voir le chapitre V sur « Galilée et l'expérimentation ») ; et, dans ses œuvres imprimées, on trouve mention de quelques vérifications expérimentales. Pour concrétiser la trajectoire prarabolique d'un projectile, par exemple, il n'y a qu'à faire rouler une boule humide sur un miroir incliné [19]. Mais les « démonstrations », répétons-le, constituent pour lui l'essentiel. Il est donc bien normal qu'il se soit montré reconnaissant envers ceux qui avaient pu l'orienter vers les bons *« théorèmes »* et tout spécialement vers celui-ci : *« Un projectile qu'entraîne un mouvement composé d'un mouvement horizontal uniforme et d'un mouvement naturellement accéléré vers le bas décrit au cours de son déplacement une trajectoire semi-parabolique. »*

Reste à aborder de front cette difficulté : Galilée a-t-il pu utiliser efficacement, en tant que théoricien, les images très approximatives proposées par les artistes ? Il ne s'agissait que de quasi-paraboles. Est-il pensable qu'elles aient engendré d'une façon ou d'une autre les authentiques paraboles conçues *géométriquement* par Galilée ? La réponse, me semble-t-il, doit être plutôt positive. Non seulement Galilée mentionne des observations antérieures qui étaient intéressantes pour les théoriciens, mais il lui est plusieurs fois arrivé de recourir à des *analogies qualitatives* dans ses spéculations sur les trajectoires. Ainsi, dans les *Discours,* il utilise l'image de la corde tendue pour faire comprendre la composition des forces qui agissent sur un projectile.

Comme tout le monde peut le constater, écrit-il, il est impossible de *« tendre une corde de telle manière qu'elle reste parfaitement*

19. Même ouvrage, p. 120. Voir aussi p. 144.

La *Nuova scienza* de Niccolo Tartaglia, parue en 1537, révèle bien involontairement le décalage qui existait au XVIe siècle entre la vision des artistes et les spéculations théoriques des géomètres. Dans ce traité destiné principalement aux artilleurs, l'auteur définissait la trajectoire d'un boulet de canon en utilisant le schéma tripartite mis en honneur au XIVe siècle par les scolastiques de l'université de Paris : d'abord un parcours rectiligne, puis un arc de cercle, enfin un segment de droite vertical correspondant à un mouvement de chute libre. Tartaglia, d'ailleurs, savait qu'il ne s'agissait que d'une approximation ; et dans un ouvrage ultérieur, il a reconnu très clairement que la pesanteur courbait la trajectoire sur toute sa longueur. Mais, dès 1537, l'artiste responsable de l'illustration de la *Nuova scienza* avait utilisé le frontispice pour représenter une trajectoire beaucoup plus « moderne » : une bombarde, à gauche, expédie

dans les airs un boulet qui, contrairement aux indications données dans le corps du traité, se meut selon une courbe continue et approximativement parabolique. L'artiste, donc, était en avance sur le géomètre ! Platon, Aristote et Euclide sont présents sur ce même frontispice, en tant que pères-fondateurs de la pensée théorique. Mais Aristote (en haut de l'image) n'aurait certes pas reconnu comme sienne la nouvelle trajectoire... *(Cliché J.-L. Charmet.)*

droite et parallèle à l'horizon »[20]. Pourquoi ? Tout simplement parce que le poids de la corde s'oppose à la force qui sert à la maintenir tendue. La transposition au cas d'une trajectoire est immédiate : de la même façon, le boulet est attiré vers le bas par la gravité alors que « la force du canon le pousse horizontalement ». Galilée exploite délibérément cette analogie pour ses spéculations cinématiques : *« Peut-être trouverions-nous quelque correspondance entre le cas du projectile et celui de la corde. »* Car la corde, « qu'elle soit fortement tendue ou non, revêt une forme très voisine de la parabole ». On peut d'ailleurs le vérifier, ajoute Galilée, en dessinant une parabole sur un plan vertical et en faisant pendre une chaînette entre deux clous plantés à même hauteur : la chaînette *« se courbe et s'adapte à la parabole ».*

Dans un autre passage des *Discours,* Galilée est encore plus catégorique : *« cette chaînette prend en se pliant la forme d'une parabole »*[21]. En fait, il n'en est rien. La chaînette prend la forme d'une courbe transcendante précisément dénommée « chaînette » ; courbe dont on peut définir l'équation en recourant à la notion de cosinus hyperbolique (qui était complètement étrangère à Galilée). Il est patent, en tout cas, que Galilée n'hésitait pas à utiliser la notion de « parabole » de façon assez souple, comme une sorte de désignation générique qui s'appliquait à plusieurs types de courbes. Dans ces conditions, les anticipations des peintres et des graveurs reprennent de l'intérêt. Leurs « paraboles » indiquaient la bonne voie de recherche. Il suffisait de reformuler le problème en ces termes : quelle est la courbe géométrique continue (c'est-à-dire non « tripartite ») qui peut être facilement définie et qui s'adapte bien aux formes suggérées par les artistes ? Que Galilée ait pensé aux coniques et spécialement à la parabole, cela n'est guère surprenant.

Les analogies « qualitatives » de Guidobaldo dal Monte

Il y a mieux encore. Très vraisemblablement, l'Italien Guidobaldo dal Monte (1545-1607) a été le premier à suggérer explicitement que la trajectoire des projectiles était parabolique. Et c'est en comparant cette trajectoire à la forme d'une corde pendant entre deux clous qu'il a eu cette idée. A la Bibliothèque nationale de Paris, il existe un manuscrit où Guidobaldo dal Monte décrit son raisonnement, fondé en particulier sur la symétrie du mouvement

20. Même ouvrage, pp. 240-241.
21. Même ouvrage, p. 120.

d'un boulet : en montant et en descendant, écrit-il, ce boulet décrit la même courbe[22]. Non seulement Guidobaldo assimilait cette courbe symétrique à celle d'une corde suspendue par ses extrémités, mais il expliquait que le mouvement du projectile était composé (mouvement « violent » plus mouvement « naturel » de chute libre).

Guidobaldo dal Monte, à vrai dire, hésitait entre deux coniques, ne sachant pas s'il fallait préférer la parabole ou l'hyperbole. Mais cette hésitation même est instructive ; les géomètres intéressés par ce sujet, guidés implicitement par un *principe de simplicité,* ne pouvaient guère manquer de penser aux coniques... Galilée, précisons-le, connaissait bien Guidobaldo et a échangé avec lui toute une correspondance entre 1588 et 1607. Il savait que ce dernier avait fait une expérience *(esperienza)* pour confirmer que la trajectoire était bien symétrique ; et sans doute y a-t-il participé. Il suffisait, raconte Guidobaldo, de lancer une boule enduite d'encre sur une table tenue presque verticalement : *« Quoique la boule rebondisse pendant sa course, elle laissera des traces qui montreront clairement qu'elle monte puis descend de la même manière. »* Galilée, on l'a vu, a repris cette expérience en la modifiant quelque peu : il utilise un miroir de métal peu incliné et humecte la boule de bronze avec de l'eau plutôt qu'avec de l'encre.

Les emprunts de Galilée sont d'ailleurs si nets qu'il a été accusé d'avoir « volé » à Guidobaldo la théorie de la trajectoire parabolique. Au sens strict, c'est inexact. Car c'est Galilée qui a fourni la *démonstration mathématique* et donc validé « scientifiquement » le résultat. Mais ce triomphe ultime n'a pas été obtenu seulement par un « éclair de génie »... Derrière la grande œuvre de Galilée, on peut discerner une longue série d'intuitions et de tâtonnements très suggestifs. Les artistes, les artilleurs et divers « amateurs éclairés » avaient répandu de nouvelles images ; silencieusement, ils avaient remis en question les interprétations des théoriciens précédents et imposé une nouvelle problématique. Ces efforts collectifs peuvent paraître modestes. Mais il est raisonnable de croire qu'ils ont contribué à faire mûrir les théorisations de Galilée.

Connaître, c'est d'abord « sentir »...

Malgré les dénégations des historiens « aristocratiques », il serait donc opportun de continuer les recherches sur ces arrière-

22. P. L. Rose, *The Italian Renaissance of mathematics,* Droz, 1975, pp. 227-229.

plans. Comme l'écrivait en 1927 Ernst Cassirer, les analyses menées par Léonard de Vinci ont constitué une étape *« méthodologiquement nécessaire »* vers la science moderne : *« Ce fut la vision artistique qui, la première, fit valoir les droits de l'abstraction scientifique et lui prépara le terrain. »*[23] De nombreux historiens des sciences, trop enclins à croire à la « supériorité » du travail intellectuel, ont du mal à accepter cette idée. Pour que la situation change, peut-être faudrait-il écouter plus attentivement Léonard de Vinci et, au lieu de les traiter comme des lieux communs plus ou moins poétiques, utiliser ses propos comme de fécondes hypothèses de travail. Celui-ci entre autres : *« Toute notre connaissance tire son principe du sentir. »*

23. E. Cassirer, *The individual and the cosmos in Renaissance philosophy*, University of Pennsylvania Press, 1972, p. 158.

CHAPITRE VIII

Galilée a-t-il expérimenté ?

Galileo Galilei (1564-1642) est l'une des principales figures du panthéon scientifique de l'Occident. Non seulement il a apporté des contributions importantes à l'astronomie et à la physique, mais il est considéré comme l'un des fondateurs de la méthode expérimentale.

Cette idée est très répandue et ne manque pas de vraisemblance ; Galilée, en effet, a lui-même décrit des expérimentations qu'il aurait réalisées. Certains historiens des sciences ont pourtant émis de très graves réserves. Selon eux, les expériences de Galilée n'ont joué qu'un rôle secondaire dans ses recherches. Ils vont même jusqu'à suggérer qu'il était impossible, avec les ressources techniques de l'époque, d'expérimenter utilement.

D'autres historiens, au contraire, estiment que la réputation de Galilée en ce domaine est méritée. Pour le prouver, ils ont répété ses expériences et étudié ses manuscrits inédits. Galilée a-t-il vraiment recouru à la méthode expérimentale ?

Quelle idée Galilée se faisait-il de « la méthode scientifique » ? Comment a-t-il construit ses propres théories ? Et, plus spécialement, dans quelle mesure a-t-il recouru à l'expérimentation ?

« Empiristes » et « rationalistes »

Ces questions, chez les historiens des sciences, font l'objet de multiples et âpres débats. Selon les uns, Galilée était un expérimentateur habile ; mieux encore, il mérite d'être considéré comme

Galilée, pour établir les lois du mouvement, a-t-il expérimenté ? La réponse est apparemment simple, puisque Galilée lui-même, dans les *Discours sur deux sciences nouvelles* (1638), déclare qu'il a fait une centaine d'expériences avec le plan incliné. Au XIXe siècle, il était couramment admis que le « père de la physique moderne » avait appliqué la « méthode expérimentale ». Mais, dans les années 1920-1930, certains historiens des sciences remirent cette idée en question. Selon eux, il était difficile de croire que Galilée ait pu, avec les moyens dont il disposait, réaliser des expériences assez précises pour être considérées comme des tests significatifs. Dans les années 1960-1970, d'autres historiens réagirent ; ils étudièrent les manuscrits inédits de Galilée et refirent ses expériences pour prouver qu'il avait été un bon expérimentateur. Le débat, à l'heure actuelle, est encore ouvert. La fresque ici reproduite, qui date de la première moitié du XIXe siècle, prétend représenter l'une des grandes expériences de Galilée. La scène se passe à Pise, en présence de Jean de Médicis. Une boule est en train de rouler le long d'un plan incliné ; Galilée est debout au centre *(Fresque de Giuseppe Bezzuoli. Cliché Alinari-Viollet.)*

le véritable fondateur de la « méthode expérimentale » chère aux physiciens modernes. Selon les autres, il s'agit là d'un mythe. Galilée, déclarent-ils, travaillait à une époque où l'on ne disposait pas d'une instrumentation scientifique suffisamment précise. D'une part, il est très douteux que le grand physicien ait conçu la recherche scientifique de la même manière que nous : bien qu'il fasse souvent allusion à des « expériences », il ne leur accordait pas le même rôle que lui accordent les chercheurs modernes. D'autre part, même s'il l'avait voulu, Galilée aurait été incapable de réaliser des mesures assez fines pour être réellement significatives. Aujourd'hui encore, ces deux camps s'affrontent. En ce qui concerne les travaux de Galilée sur la chute des corps, par exemple, les discussions vont bon train. Les partisans d'un Galilée-expérimentateur affirment qu'il a trouvé ses idées en manipulant des boules et des plans inclinés, animé par le constant souci de « dialoguer avec les faits ». Mais la réplique des opposants ne se fait pas attendre : si Galilée a formulé une bonne théorie du mouvement, c'est justement parce qu'il était avant tout un *théoricien*, capable de spéculer hardiment sur les phénomènes. La référence à « l'expérience », tout compte fait, n'a qu'un intérêt secondaire !

Les non-spécialistes ont parfois du mal à voir l'enjeu de ces discussions. Et pourtant, du point de vue culturel et épistémologique, cet enjeu n'est pas négligeable : ce qui est en question, c'est une certaine « image de la science », une certaine manière d'interpréter le travail scientifique. De façon simplifiée, on peut dire que deux grandes traditions s'affrontent depuis plusieurs siècles dans la culture occidentale. Les « empiristes », d'un côté, valorisent au maximum l'expérience comme source de connaissances ; tandis que les « rationalistes », eux, insistent sur les pouvoirs de l'intellect, du raisonnement « pur ». Ces conflits sont d'ordre théorique, d'ordre philosophique. Mais ils ne sont pas neutres sur le plan de l'idéologie. En arrière-plan, il est aisé de repérer une opposition très ancienne qui remonte au moins jusqu'aux Grecs du IVe siècle avant Jésus-Christ. A savoir l'opposition entre le *travail manuel* et le *travail intellectuel*, entre la *pratique* et la *théorie*. Le problème de l'expérimentation, si l'on peut dire, a une évidente dimension symbolique. Ainsi s'explique la violence de certaines controverses au sujet de celui qui est généralement considéré comme le père fondateur de la physique moderne. Chaque historien ou chaque épistémologue tient à ce que le cas Galilée illustre et confirme sa propre conception de « la science », de « la raison » et de « l'expérience »...

Une physique apparemment très simple

Il arrive aussi que les non-spécialistes s'étonnent qu'on prenne tellement au sérieux des questions de physique apparemment très simples. Selon eux, il n'était guère difficile de découvrir les principales lois du mouvement. Prenons en effet une boule de bronze ou de plomb et laissons-la tomber sur le sol. Ce que nous observons est une « chute libre ». L'étude de ce phénomène occupe l'un des tout premiers chapitres de nos manuels de physique ; et n'importe quel potache, à l'heure actuelle, apprend en classe de seconde que la chute libre obéit à une loi fondamentale habituellement formulée sous la forme d'une fonction bien banale : $s = 1/2\ gt^2$. Cette loi permet de calculer la distance parcourue en fonction du temps écoulé depuis l'instant initial. Traduisons : le mouvement de chute libre est un mouvement uniformément accéléré. *Accéléré,* parce que sa vitesse croît à chaque instant ; *uniformément accéléré,* parce que sa vitesse croît régulièrement et proportionnellement au temps écoulé depuis le début de la chute. Quelques formules simples résument les propriétés essentielles de ce mouvement. Tout ceci, répétons-le, fait partie des rudiments. Pourquoi donc faudrait-il s'interroger longuement sur la « méthode » suivie par Galilée lorsqu'il s'est penché sur ce problème ?

Après coup, effectivement, l'élaboration de la cinématique et de la dynamique « classiques » peut apparaître comme une entreprise toute simple. Mais remontons le cours du temps et mettons-nous à la place de Galilée ; très vite, alors, nous changerons d'opinion. Car, à la fin du XVIe siècle et au début du XVIIe siècle, plusieurs théories qui nous semblent aujourd'hui bien bizarres étaient enseignées dans les universités. Il n'est pas possible de les résumer ici (théorie des « lieux naturels », provenant d'Aristote, ou théorie de l'*impetus,* plus tardive). Mais une chose est sûre : Galilée, pour créer sa « science nouvelle » de la mécanique, devait lever beaucoup d'obstacles et inventer des schémas très différents de ceux qu'il avait appris pendant ses études. A vrai dire, l'idée même d'étudier « mathématiquement » les divers mouvements était antérieure. Mais il restait à franchir un pas décisif et à opérer, essentiellement, une efficace « géométrisation » de la mécanique élémentaire.

La tâche était énorme : il fallait non seulement mettre au point de nouveaux concepts et un nouvel outillage mathématique, mais formuler un nouveau cadre général, une nouvelle « philosophie de la nature »[1]. Galilée lui-même, d'ailleurs, n'y est pas parvenu sans peine. Et c'est pour cela que la question est historiquement et épistémologiquement digne d'attention : comment Galilée s'y est-il pris pour découvrir ces fameuses lois qui nous semblent si « évidentes » ? Pour un homme du XXe siècle, sans doute est-il tentant de répondre en se référant aux fameux canons de « la méthode expérimentale » : Galilée, en testant des hypothèses simples grâce à des expériences, a dû rapidement découvrir les bonnes lois... Il semble, hélas, que ce tableau optimiste demande à être sérieusement nuancé. Le mieux est d'y aller voir ; c'est-à-dire de recourir aux documents et de suivre attentivement Galilée dans quelques-unes de ses démarches « expérimentales ». Des surprises nous attendent peut-être.

Galilée expérimentateur : boule et plan incliné

Considérons, par exemple, les recherches de Galilée sur « le mouvement naturellement accéléré » telles qu'elles sont décrites dans ses *Discours concernant deux sciences nouvelles* (1638). Cet ouvrage, comme on sait, se présente sous la forme d'un dialogue entre trois personnages : Simplicio (qui incarne la philosophie traditionnelle héritée en particulier d'Aristote), Sagredo (qui joue le rôle d'un « honnête homme » curieux et ouvert) et enfin Salviati (qui sert de porte-parole à Galilée lui-même). Dans la « troisième journée », il est question de la chute libre. Salviati explique que, pour l'instant, il serait assez stérile de « rechercher la cause de l'accélération du mouvement naturel ». Le but de notre auteur (c'est-à-dire de Galilée) est *« seulement de nous faire comprendre qu'il a voulu découvrir et démontrer quelques propriétés d'un mouvement accéléré (quelle que soit la cause de son accélération), où la grandeur de la vitesse croît le plus simplement possible en proportion même du temps et où (car cela revient au même) en des temps égaux ont lieu des additions égales de vitesse ».* Ce qui est fondamental, dans cette définition, c'est l'idée que la vitesse est proportionnelle au *temps* écoulé depuis le début du mouvement. Galilée lui-même, en effet, a longtemps cru que la vitesse du mouvement uniformément accéléré était proportionnelle à l'*espace* parcouru. Aussi ce point est-il fortement souligné : « Il est faux (...) que la vitesse

1. Cela apparaît tout à fait clairement, en particulier, dans le *Dialogue sur les deux grands systèmes du monde,* publié par Galilée en 1632.

croisse comme l'espace. » A partir de là, il est possible de démontrer quelques « propositions » fondamentales (ou « théorèmes »).

La seconde de ces propositions s'énonce ainsi : *« Si un mobile, partant du repos, tombe avec un mouvement uniformément accéléré, les espaces parcourus en des temps quelconques par ce même mobile sont entre eux en raison double des temps, c'est-à-dire comme les carrés de ces mêmes temps. »* Dans la physique d'aujourd'hui, cette loi est en général exprimée sous la forme d'une fonction : $s = 1/2\ gt^2$ (où g représente l'accélération). Mais Galilée n'utilise pas ce langage, il se contente de comparer des rapports : les espaces parcourus sont entre eux comme les carrés des temps (nous écririons aujourd'hui : $s_1/s_2 = t_1^2/t_2^2$). A la suite de quoi il démontre un corollaire remarquable : les espaces successifs parcourus en des temps égaux sont entre eux « comme la série des nombres impairs ». Si le mobile parcourt une unité de longueur pendant la première unité de temps, il parcourra trois unités de longueur pendant la deuxième unité de temps, cinq unités pendant la troisième unité de temps, etc.

C'est alors que Simplicio, le représentant de la science médiévale, pose une question évidemment capitale qu'on peut ainsi résumer : « Certes, cela découle de votre définition du mouvement uniformément accéléré. Mais est-ce que la nature utilise effectivement un tel mouvement dans la chute libre ? Pouvez-vous nous dire si vos expériences donnent des résultats conformes à vos conclusions théoriques ? » Le représentant de Galilée répond positivement et courtoisement : *« Votre demande, qui est d'un véritable homme de science, est tout à fait raisonnable. (...) [Galilée] n'a nullement négligé de faire les expériences ; soucieux moi-même de m'assurer que l'accélération des graves en chute libre s'opère bien selon la proposition que nous avons décrite, j'en ai plus d'une fois cherché la preuve expérimentale, en sa compagnie, de la façon suivante. »* La description de cette expérimentation, on le verra, a suscité de nombreuses et vives discussions chez les historiens des sciences. Il est donc opportun d'en reproduire fidèlement la partie essentielle :

« Dans une règle, ou plus exactement dans un chevron de bois, long d'environ douze coudées, large d'une demi-coudée et épais de trois doigts, nous creusions un petit canal d'une largeur à peine supérieure à un doigt, et parfaitement rectiligne ; après l'avoir garni d'une feuille de parchemin bien lustrée pour le rendre aussi glissant que possible, nous y laissions rouler une boule de bronze très dure, parfaitement arrondie et polie. Plaçant alors l'appareil dans une position inclinée, en élevant l'une de ses extrémités d'une coudée ou deux au-dessus de l'horizon, nous laissions, comme je l'ai dit, rouler

la boule dans le canal en notant (...) le temps nécessaire à une descente complète ; l'expérience était recommencée plusieurs fois afin de déterminer exactement la durée du temps, mais sans que nous découvrissions jamais de différence supérieure au dixième d'un battement de pouls. La mise en place et cette première mesure étant accomplies, nous faisions descendre la boule sur le quart du canal seulement : le temps mesuré était toujours rigoureusement égal à la moitié du temps précédent. Nous faisions ensuite varier l'expérience, en comparant le temps requis pour parcourir sa moitié ou les deux tiers, ou les trois quarts, ou toute autre fraction ; dans ces expériences répétées une bonne centaine de fois, nous avons toujours trouvé que les espaces parcourus étaient entre eux comme les carrés des temps, et cela, quelle que soit l'inclinaison du plan, c'est-à-dire du canal dans lequel on laissait descendre la boule. »[2]

Des mesures précises étaient-elles possibles ?

Cette expérimentation, à première vue, est très convaincante. Et très ingénieuse, puisque Galilée, pour commencer, a eu l'habileté de transposer le problème de la chute libre proprement dite en un problème plus facile à traiter expérimentalement : celui d'une boule roulant sur un plan incliné. Le dispositif est décrit assez minutieusement : Galilée, en particulier, indique qu'il a revêtu le « canal » d'une feuille de parchemin. Pour mesurer le temps, il utilisait « un grand seau rempli d'eau ». Celle-ci s'écoulait par un orifice percé dans le fond et était ensuite pesée « à l'aide d'une balance très sensible ». En comparant les quantités d'eau recueillies, il était possible de déterminer « les différences et proportions entre les temps ». De façon tout à fait méthodique, en faisant varier les distances parcourues et les inclinaisons du plan, des données multiples étaient accumulées. Galilée, si on l'en croit, a répété sa manipulation au moins cent fois. N'a-t-on pas là l'archétype d'une expérimentation « moderne » ? Pendant longtemps, les historiens des sciences ont admis que le récit des *Discours sur deux sciences nouvelles* était véridique et exact. Galilée, véritable symbole culturel, apparaissait donc comme le père fondateur de « la méthode expérimentale ». Ernst Mach et bien d'autres auteurs,

2. Voir la traduction des *Discours concernant deux sciences nouvelles* faite par Maurice Clavelin, Armand Colin, 1970, pp. 143-144.

avec plus ou moins d'insistance, soulignaient l'importance décisive du recours à l'expérience dans la genèse de la mécanique [3].

Mais, il y a une cinquantaine d'années, une réaction s'est dessinée. D'abord avec Paul Tannery puis avec Alexandre Koyré et ses *Études galiléennes* (1935-1939), l'idée se fit jour que Galilée, malgré les apparences, n'avait pas recouru à l'expérimentation autant qu'on l'avait cru [4]. Bien sûr, on ne peut nier tout caractère expérimental à la science galiléenne ; les références à « l'expérience » y sont assez fréquentes. Mais Alexandre Koyré, avec une vigueur toute particulière, émettait des doutes et des réserves sur l'intérêt et même sur la réalité des expérimentations de Galilée. Trop souvent, déclarait-il en substance, on a tendance à croire que ce grand physicien a découvert ses principaux schémas théoriques grâce à l'observation ou à l'expérience. Il aurait par exemple eu l'idée de l'isochronisme du pendule en contemplant le balancement d'un lustre ; ou encore il aurait confirmé que tous les « graves » tombaient en chute libre à la même vitesse en faisant tomber divers corps du haut de la tour de Pise. Légendes, affirmait Koyré. Concédons-le : « L'expérience seule peut nous fournir les données numériques sans lesquelles notre connaissance de la nature reste incomplète et imparfaite. » Et c'est aussi grâce à l'expérience que nous pouvons savoir « lesquels des moyens multiples, tous aptes à produire un certain effet, sont effectivement choisis par (la nature) dans un cas donné » [5]. Mais historiquement, déclarait Koyré, il est clair que Galilée a fait ses découvertes par une voie qui n'a rien d'empirique. Les fameuses expérimentations elles-mêmes ont été marginales, voire complètement inutiles. Si tant est qu'elles aient été effectivement réalisées...

Ainsi « l'assertion galiléenne de la chute des graves (...) ne repose, on s'en est bien rendu compte, que sur des raisonnements *a priori* et des expériences imaginaires. Jamais, jusqu'ici, nous n'avons été mis en présence d'une expérience réelle »... Mieux encore, le même historien tenait à revendiquer pour Galilée *« la*

3. Voir E. Mach, *La mécanique. Exposé historique et critique de son développement*, publié en allemand en 1883 et traduit (sur la quatrième édition) en 1904 chez Hermann. Cet ouvrage conserve un très grand intérêt et vient d'être réédité par Jacques Gabay (Paris).

4. P. Tannery, « Galilée et les principes de la dynamique », in *Mémoires scientifiques*, tome VI, E. Privat, Toulouse, 1926. La publication des *Études galiléennes* de A. Koyré a commencé en 1935 ; l'édition définitive, chez Hermann, est de 1939.

5. A. Koyré, *Études d'histoire de la pensée scientifique*, PUF, 1966, pp. 235-236. (Les références renvoient à cette édition ; mais il existe une réédition : Gallimard, 1973.)

gloire et le mérite d'avoir su se passer d'expériences (nullement indispensables, ainsi que le démontre le fait même d'avoir pu s'en passer), et pratiquement irréalisables avec les moyens expérimentaux à sa disposition ». Examinant les expériences concernant le plan incliné,

Galileo Galilei (1564-1642) *(Sustermaus. Cliché Roger Viollet.)*

Koyré constate que « l'exécution n'est pas à la hauteur de l'idée ». Il est « rigoureusement impossible » que les résultats obtenus aient pu aussi exactement concorder avec les prévisions théoriques. Dans un article de 1953, la même idée est reprise : le dispositif destiné à l'étude du mouvement d'une boule de bronze était très rudimentaire. Et comment mesurer correctement le temps à l'aide d'un récipient laissant couler un filet d'eau ? *« Quelle accumulation de sources d'erreur et d'incertitude ! Il est évident que les expériences de Galilée sont complètement dénuées de valeur. »*[6]

D'ailleurs, ajoute Koyré, les « savants » de l'époque ne s'y sont pas tous laissé prendre. Il cite le Père Mersenne qui, dans son *Harmonie universelle,* écrivait ceci : « Je doute que le sieur Galilée ait fait les expériences des chutes sur le plan. »[7] Descartes, de son côté, niait en bloc les expérimentations galiléennes. Bref, « toutes les expériences de Galilée, du moins toutes les expériences réelles et aboutissant à une mesure et à un chiffre, ont été trouvées fausses par les contemporains ».

Une méthode de contrôle : refaire les expériences

Ces critiques ne manquent pas de force. Mais diverses recherches menées depuis une vingtaine d'années ont conduit certains historiens à des interprétations tout à fait différentes. En 1961, Thomas Settle a par exemple publié un article destiné à montrer que Galilée avait fort bien pu expérimenter avec le plan incliné comme il le raconte dans les *Discours*[8]. Le dispositif utilisé était très proche du dispositif original. Settle insistait même sur le fait qu'il avait évité de recourir à du matériel trop perfectionné... Après avoir déterminé les distances successives que devait parcourir la boule, il avait observé le mouvement de cette dernière et mesuré les temps selon le procédé indiqué par Galilée : de l'eau s'écoulait dans un cylindre gradué et les quantités recueillies (proportionnelles aux temps) étaient évaluées grâce à une lecture directe. On considère évidemment que le débit de l'eau est régulier ; cette situation est à peu près réalisée si l'on utilise un seau

6. Voir Koyré, *Études d'histoire de la pensée scientifique,* p. 235, p. 258 ; et *Études galiléennes,* p. 154.

7. L'ouvrage cité de Mersenne est de 1636-1637 ; son auteur, en l'écrivant, n'avait donc pas connaissance de l'édition imprimée des *Discours* (1638).

8. T.B. Settle, « An experiment in the history of science », *Science,* 1961, *133,* pp. 19-23.

assez grand, où le niveau de l'eau ne varie guère entre le début et la fin de l'expérience. Galilée, lui, parle d'une pesée ; mais on sait que, dès le XVIe siècle, il était possible de faire des pesées à 0,2 gramme près ![9] Selon Settle, en tout cas, les résultats étaient excellents ; même en expérimentant sans une grande minutie, il s'avérait que l'on pouvait efficacement confirmer certains « théorèmes » de Galilée par une méthode quasiment identique à celle qu'il avait indiquée. La mesure du temps (grand sujet de dispute !) ne semblait pas soulever de difficultés majeures. Les moyennes des mesures obtenues pour chaque distance correspondaient tout à fait aux « prédictions » théoriques (les écarts étant au maximum de l'ordre de 1 ou 2 %).

Un autre historien, Stillman Drake, professeur à l'université de Toronto, a scruté au début des années 1970 les manuscrits inédits de Galilée que possède la Bibliothèque nationale de Florence et a refait des expériences que Galilée avait sans doute réalisées. Citons encore James MacLachlan, qui a pratiqué plusieurs fois ce genre de contrôle. Les conclusions sont identiques : de façon générale, Galilée a été un expérimentateur beaucoup plus efficace que ne le disait Koyré. Aussi bien dans les manuscrits que dans les œuvres publiées, on trouve des allusions à des expériences réellement faites qu'il convient de prendre au sérieux. D'une part Galilée aurait fait des mesures précises concernant le mouvement d'une boule roulant le long d'un plan incliné ; d'autre part il aurait étudié quantitativement la trajectoire parabolique de la même boule après l'instant où elle a quitté le plan incliné pour tomber en chute libre.

Difficultés chronologiques

Pour la compréhension du travail scientifique de Galilée, ces résultats sont en principe importants. S'ils étaient exacts, il deviendrait possible de réinterpréter le cheminement intellectuel qui a conduit Galilée à une juste conception de la « chute des graves ». La période qui va de 1604 à 1609 semble avoir été cruciale à cet égard. C'est en effet de 1604 que date la première mention (dans une lettre à Paolo Sarpi) de cet énoncé décisif : l'espace parcouru est comme le carré du temps écoulé depuis l'instant initial (s est proportionnel à t^2). Mais il faut noter que Galilée, à cette époque, croit encore — de façon erronée — que la vitesse est proportion-

9. La source indiquée par Settle est le *De re metallica* d'Agricola (1556).

nelle à l'espace parcouru. D'où le problème qui se pose à l'historien : comment Galilée a-t-il été amené à corriger son erreur ? De même, comment est-il parvenu à avoir des idées claires sur la trajectoire parabolique ? Pour le moindre étudiant d'aujourd'hui, les choses sont simples. Si le boulet de canon décrit une parabole, c'est qu'il y a composition de deux mouvements : un mouvement horizontal (obéissant au principe d'inertie) et un mouvement de haut en bas (c'est-à-dire une chute libre uniformément accélérée). Mais Galilée ne disposait pas d'un outillage théorique aussi solide que le nôtre. Bien des obscurités ou des imprécisions subsistaient, aussi bien à propos du « principe d'inertie » (que Galilée ne concevait pas exactement comme nous) qu'à propos du concept d'accélération ou de la composition des mouvements. Ainsi s'explique l'intérêt d'une enquête. Galilée a-t-il découvert la trajectoire parabolique de manière purement théorique, grâce à une « déduction » opérée à partir des « principes » ? Ou bien a-t-il été aidé par diverses constatations expérimentales ?

Disons-le tout de suite : bien que le dossier ait été considérablement enrichi, il est encore difficile de reconstituer avec exactitude toutes les étapes du travail intellectuel de Galilée. Et ce pour des raisons multiples qui concernent, entre autres choses, la chronologie des manuscrits inédits. Selon Drake, « Galilée a découvert la trajectoire parabolique en 1608 et en a donné la démonstration mathématique au début de 1609, bien qu'il n'en ait fait mention dans un texte imprimé que trente ans plus tard ». Il est possible, suggère-t-il, que des expériences menées pendant la période

---

Les grandes œuvres de Galilée, telles que *L'essayeur* (1623), le *Dialogue sur les deux grands systèmes du monde* (1632) et les *Discours concernant deux sciences nouvelles* (1638), ne sont pas des traités scientifiques au sens moderne du mot. L'auteur, certes, y aborde directement certains problèmes théoriques. Mais il consacre de nombreuses pages à des exposés de style « philosophique » et déploie beaucoup d'efforts pour convertir ses lecteurs à une nouvelle conception de la nature, à une nouvelle manière de l'analyser. Le frontispice du *Dialogue,* qu'on voit ici, représente Aristote, Ptolémée et Copernic en train de discuter. Chronologiquement, une telle rencontre eût été difficile à organiser... Mais, épistémologiquement, elle a une signification très précise. A noter que, même dans ce contexte très « abstrait », l'activité industrielle et commerciale du monde où vivait Galilée est évoquée (au moins de façon symbolique). Ainsi, entre Ptolémée et Copernic, on perçoit un navire. Et, au début des *Discours,* un personnage qui sert de porte-parole à Galilée évoque l'arsenal de Venise : « Quel large champ de réflexions me paraît ouvrir aux esprits spéculatifs la fréquentation de votre

fameux arsenal, seigneurs Vénitiens, et particulièrement le quartier des travaux mécaniques. Toutes sortes d'instruments et de machines y sont en effet constamment mis en œuvre par un grand nombre d'artisans dont certains, tant par les observations que leurs prédécesseurs leur ont léguées que par celles qu'ils font sans cesse eux-mêmes, allient nécessairement la plus grande habileté au jugement le plus pénétrant. » *(Cliché Roger Viollet.)*

1607-1609 aient contribué à mettre le physicien italien sur la bonne voie. Dans les spéculations historiques de ce genre, il y a souvent une bonne part d'incertitude ; même si l'argumentation est satisfaisante du point de vue logique, il est en effet délicat de dater certains feuillets. Plusieurs méthodes sont possibles (analyse des filigranes ou analyse de l'écriture, par exemple) ; mais, le plus souvent, quelques doutes subsistent. Reste enfin à savoir si le nouveau « fait » qui a renouvelé le sujet est bien établi : oui ou non, sommes-nous sûrs que Galilée a pratiqué des expérimentations répondant (ou répondant à peu près...) aux normes jugées actuellement acceptables [10] ?

Avant d'esquisser une réponse, précisons les enjeux épistémologiques déjà évoqués. Car le sens de ces controverses ne peut être compris que si elles sont replacées dans un contexte plus général. Il est difficile d'en douter : si Stillman Drake a découvert les traces d'un si grand nombre d'expérimentations chez Galilée, cela est largement dû à ses préconceptions concernant la physique en général et la mécanique galiléenne en particulier. Une telle remarque ne signifie aucunement que cet historien ait « biaisé » délibérément l'interprétation des manuscrits qu'il a essayé de décrypter ; mais que ses recherches ont été guidées par une certaine « image de la science », par certaines hypothèses de travail relatives au milieu historique dans lequel vivait Galilée, etc. Il est d'ailleurs significatif que cet historien, dans les premières lignes d'un de ses articles, s'en soit pris expressément aux thèses d'Alexandre Koyré. Ce dernier, constatait-il, réduit la part de l'expérimentation à un point extrême : et il se trouve que cette opinion est accueillie généralement avec faveur. Pourquoi donc, demandait Drake, réimprime-t-on certains textes de Koyré sans même mentionner que les thèses en ont été « réfutées » ?

Alexandre Koyré, dans son style propre, n'hésitait pas à expliciter ses intentions polémiques. A l'égard des « empiristes », toujours portés à exagérer l'importance des procédures expérimentales, il se montrait parfois assez mordant. C'est ainsi : il y a plusieurs traditions dans l'histoire des sciences. Et chacune promeut sa propre épistémologie. Galilée étant un « ancêtre » spécialement important, les luttes sont souvent vives. Suivant les cas, Galilée devient un platonicien, un kantien, un expérimentaliste, un positiviste, etc. [11] !

10. S. Drake and J. MacLachlan, « Galileo's discovery of the parabolic trajectory », *Scientific American*, march 1975, pp. 102-110.

11. Voir L. Geymonat, *Galilée,* trad. fr., Laffont, 1968, p. 337.

Galilée était-il « platonicien » ?

La grande idée de Koyré, justement, c'est que Galilée incarnait l'héritage du platonisme. Autrement dit, Galilée croyait que, grâce aux mathématiques, les physiciens réussissent à saisir la structure intime de la réalité. *La théorie* (entendons la théorie mathématique) *exprime l'essence du réel*[12]. Et les idées théoriques ne proviennent pas de l'expérience, mais de notre raison. La science, dans cette perspective, consiste à penser, à spéculer ; c'est l'exercice pur de l'intellect qui nous donne accès aux vrais principes, à l'explication ultime de la réalité. Les démarches expérimentales sont d'emblée dévaluées. Tout l'accent, en revanche, est mis sur l'activité de la pensée, sur la possibilité de « remonter » par la réflexion vers des vérités que nous avons oubliées. Pour résumer ses convictions, Koyré utilisait cette formule qui revient chez lui comme un leitmotiv : *« La bonne physique se fait a priori*[13]. *»*

Le sens de l'interprétation historique proposée par cet auteur est donc évident : pour lutter contre tous les « empirismes » et autres « positivismes », il a construit un Galilée *aprioriste.* C'est-à-dire un Galilée qui, à la limite, « n'a pas besoin de l'expérience pour reconnaître le vrai ». Dans le cadre de la métaphysique « platonicienne », c'est tout à fait normal. Car *« l'homme est déjà en possession des vrais principes de la nature du monde physique*[14] *»*; il suffit donc de rechercher en soi-même... Dans d'autres textes (dont j'ai cité certains), Koyré se montre moins radical. Mais la ligne principale de sa pensée est bien celle qui vient d'être indiquée. En tant qu'antidote contre la croyance naïve en l'expérience, elle n'est pas sans vertus. Alexandre Koyré a eu le mérite de détruire l'image d'un Galilée qui aurait fondé la mécanique simplement en regardant rouler des boules ! En fait, il fallait que ce dernier se livre à tout un travail d'abstraction et de conceptualisation, qu'il analyse le réel en inventant audacieusement certains schémas et en critiquant toute une série de pseudo-évidences accumulées au cours des siècles. Cette activité rationnelle, les *Études galiléennes* l'ont vigoureusement mise en évidence.

Mais il se pourrait que, emporté par son enthousiasme, Koyré ait quelque peu dépassé la cible. Galilée était-il vraiment « platoni-

12. A. Koyré, *Études galiléennes*, p. 156.
13. A. Koyré, *Études d'histoire de la pensée scientifique* p. 190, p. 249 ; *Études galiléennes*, p. 227.
14. A. Koyré, *Études galiléennes*, p. 227.

cien » ? De nombreux historiens en doutent et ont considérablement nuancé (sinon détruit) ce portrait épistémologique. Citons, parmi plusieurs autres, l'historien français Maurice Clavelin. Dans son livre sur *La philosophie naturelle de Galilée* (1968), il conteste que Galilée ait jugé possible une saisie rationnelle des « essences », une vision purement spéculative des structures de la nature. Il cite par exemple ce texte tiré d'une des *Lettres sur les taches solaires* : « Je tiens la recherche des essences pour non moins impossible et inutilement fatigante dans les substances élémentaires les plus proches et dans les substances célestes les plus éloignées. » [15]

En d'autres termes, les physiciens n'ont pas la faculté de trouver les « principes », les « théories » et les « lois » à la lumière d'une raison absolue et transcendante. Comme tout le monde, ils peuvent se tromper dans leurs spéculations ; et aucun critère supérieur ne leur permet d'échapper à coup sûr à l'erreur. Certes, il faut de la hardiesse intellectuelle ; mais, le plus souvent, des tâtonnements sont inévitables. Ce qui revient à dire que « l'expérience », *parfois sous des modalités très complexes et très indirectes,* joue un rôle ; Galilée, comme ses successeurs, a mis en œuvre une dialectique dont l'un des pôles était la raison et l'autre la pratique expérimentale (sous forme d'expérimentations proprement dites ou encore d'observations bien conçues). A force de répéter que « la bonne physique se fait *a priori* », on risque de créer des malentendus ; et de laisser croire que la physique (au sens moderne du mot) ne se distingue en rien de la métaphysique... On peut certes penser que les physiciens font un peu plus de « philosophie » qu'ils ne veulent bien le dire. Mais de là à les confondre tout crûment avec les métaphysiciens, il y a un grand pas ! Comme le dit Maurice Clavelin, il n'y a aucune raison de croire que Galilée considérait les « principes » de sa science comme des *connaissances innées* : « Ces principes ne sont ni imposés de force à la réalité ni simplement induits de l'observation : ce sont des constructions rationnelles, solidaires d'une expérience minutieusement analysée, et que le physicien peut convertir ensuite en autant de guides pour une compréhension effective des phénomènes naturels [16]. »

Après ces quelques remarques, revenons-en aux travaux des his-

15. M. Clavelin, *La philosophie naturelle de Galilée,* Armand Colin, 1968, p. 395. De nombreux historiens ont critiqué la thèse de Koyré sur Galilée « platonicien ». Voir, parmi bien d'autres, L. Geymonat (déjà cité) et M.A. Finocchiaro, *Galileo and the art of reasoning,* Reidel, 1980 (chap. 9).

16. M. Clavelin, *La philosophie naturelle...*, p. 432.

toriens qui ont répété (ou prétendu répéter...) les expériences de Galilée. Leurs résultats résistent-ils à un examen critique ? S'ils sont concluants, en quoi modifient-ils les idées que l'on se faisait sur l'épistémologie galiléenne ? La réponse, reconnaissons-le, n'est pas facile à formuler. En un premier temps, en effet, on avait pu penser que tout était limpide : puisque l'expérience du plan incliné (telle qu'elle est décrite dans les *Discours*) pouvait être refaite, ne fallait-il pas voir en Galilée un expérimentateur ? Mais à l'euphorie a succédé l'heure des critiques. La démarche qui permet d'affirmer que Galilée a expérimenté s'appuie elle-même, paradoxalement, sur des hypothèses et des spéculations variées... Il ne faut donc pas s'étonner si des affirmations un peu triomphalistes concernant les expérimentations galiléennes ont été remises en question. Quelques points positifs, néanmoins, semblent avoir été acquis.

L'exploration des manuscrits inédits

Un exemple particulièrement significatif est fourni par le verso d'un feuillet inédit (et conservé dans le volume 72 des manuscrits de Galilée déposés à la Bibliothèque nationale de Florence). Ce feuillet, qui a beaucoup fait parler de lui, porte le numéro 116. On y voit deux schémas dont l'un est particulièrement intéressant (ill. p. 210). Il ne s'agit que d'un dessin sommaire, exécuté sans souci excessif de précision. Mais cinq trajectoires à peu près « paraboliques » peuvent être distinguées ; elles ont une même origine et une même tangente horizontale en cette origine. En bas de ce schéma figurent plusieurs nombres ; et plusieurs calculs sont disséminés sur le feuillet.

Si l'on en croit un article de Stillman Drake paru en 1973, Galilée s'est servi de ce schéma pour résumer les résultats d'une expérimentation conduite avec un plan incliné [17]. Le plan incliné était posé sur une table. Une boule de bronze, guidée par un « canal », pouvait rouler le long de ce plan à partir d'un point soigneusement déterminé. En bout de course, sa trajectoire était orientée horizontalement par un « déflecteur ». En d'autres termes, l'extrémité inférieure du canal était légèrement incurvée : la boule, parvenue à ce « déflecteur » avec une certaine vitesse, partait à l'horizontale et décrivait une trajectoire « libre » avant de tomber sur le sol. La

17. S. Drake, « Galileo's experimental confirmation of horizontal inertia : unpublished manuscripts », *Isis*, 1973, *64*, pp. 290-305.

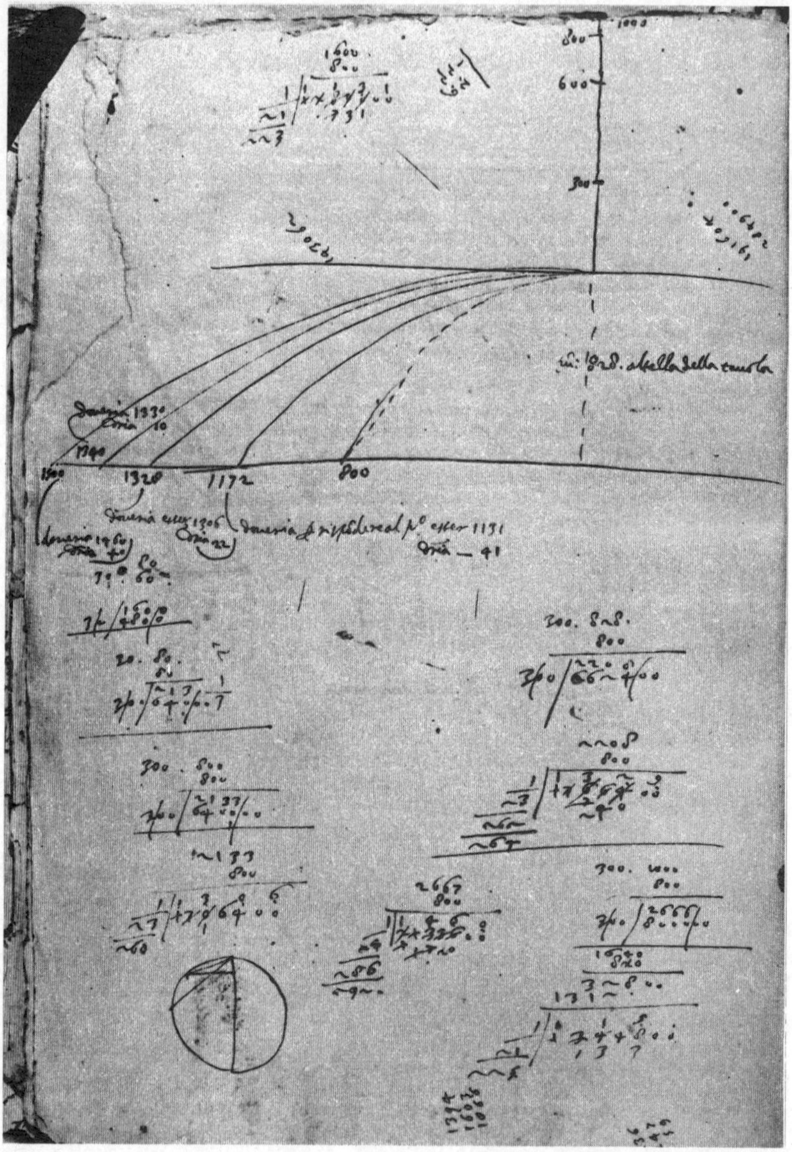

Dans les manuscrits inédits de Galilée se trouve un feuillet (le « folio 116 » du volume 72) dont l'interprétation est très discutée. Selon Stillman Drake, le principal schéma qui figure sur ce document prouve que Galilée a effectivement expérimenté. On discerne, en effet, (voir dessins p. 210) cinq trajectoires à peu près paraboliques ; trajectoires qui, selon Drake, ont été obtenues grâce à un dispositif table, ainsi que l'indique Galilée, avait une hauteur de 828 « points », c'est-à-dire à peu près 77,7 cm (le « point » valait environ 0,95 mm ; 180 points, pour être précis, équivalent à 169 de nos millimètres...).

Pour déterminer la position initiale de la boule, Galilée mesurait une distance verticale que nous appellerons *h* : c'est la distance qui sépare le point de départ du plan supérieur de la table. Grâce à un moyen quelconque (la boule pouvait par exemple être enduite d'encre), Galilée était capable de repérer la position exacte du point de chute. Il était alors aisé de mesurer la distance (appelons-la *d*) parcourue horizontalement par le projectile pendant sa chute libre. Ce dispositif expérimental est relativement simple. Mais, si l'on veut obtenir un phénomène « pur », encore faut-il que le « canal » soit parfaitement rectiligne... Il faut, de plus, être sûr que des glissements « parasites » ne vont pas perturber la course de la boule. Galilée, comme le montre le texte des *Discours* que nous avons cité, était conscient de ces difficultés. C'est pourquoi il insiste sur la nécessité de recouvrir le « canal » d'un parchemin bien choisi. On peut imaginer que le « déflecteur » se raccordait correctement au plan supérieur de la table (sans trop ralentir la boule) et que l'impact avait lieu sur un sol dur et bien plat (par exemple sur une dalle de marbre poli). Il va de soi que Galilée pouvait répéter l'expérience en faisant varier la hauteur *h*, c'est-à-dire la position initiale de la boule. Admettons que toutes les difficultés relatives aux mesures soient résolues de façon satisfaisante. Nous rencontrons alors cette question de fond : quel était le but poursuivi par Galilée en expérimentant de cette façon ?

---

aisément reconstituable. Un plan incliné était posé au bord d'une table (dont Galilée indique la hauteur : 828 « points », soit 77,7 cm environ). L'expérience consistait à laisser rouler une boule le long d'une rainure creusée dans le plan incliné ; la position initiale de la boule était soigneusement mesurée grâce à la hauteur *h* (distance verticale entre la position de départ et le plan de la table). A l'extrémité inférieure de la rainure était fixé un « déflecteur » qui incurvait la trajectoire de façon à ce que la boule parte en chute libre horizontalement. Celle-ci, finalement, touchait le sol à une distance *d*, mesurée horizontalement par rapport à la table. Il était aisé de répéter l'opération en faisant varier la hauteur *h* (c'est-à-dire la position initiale de la boule). L'unité de mesure était le « point » (approximativement égal à 0,95 mm). *(Cl. G. Sansoni.)*

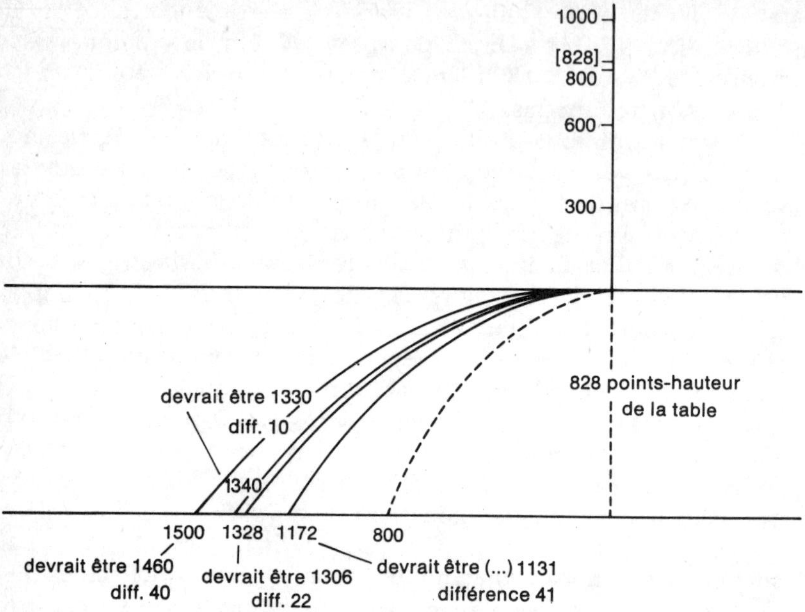

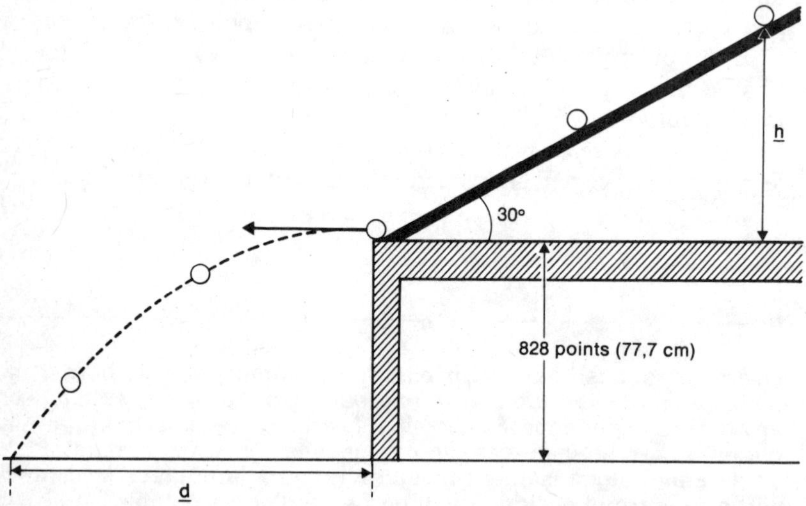

Le but de Galilée, toujours selon Drake, était de tester l'énoncé suivant : le mobile continue uniformément son mouvement horizontal s'il ne se heurte à aucune résistance. La distance *d*, si cet énoncé était vrai, devait être proportionnelle à la vitesse acquise par la boule en bas du plan incliné ; et cette vitesse dépendait elle-même de la hauteur *h* choisie. Galilée, à la différence des physiciens modernes,

Divers indices semblent confirmer la thèse « expérimentaliste »

Selon Stillman Drake, il voulait tester cette idée, à savoir que *le mobile continue uniformément son mouvement horizontal s'il ne se heurte à aucune résistance.* (J'évite volontairement d'évoquer le « principe d'inertie », car, je l'ai dit, Galilée ne le concevait pas exactement de la même façon que nous.) Le raisonnement de Galilée peut se résumer ainsi. Le mobile, projeté horizontalement, mettra toujours le même temps (quel que soit *h*) pour aller de la table au sol après avoir quitté le plan incliné (le mouvement *vertical*, en effet, se réduit à une « chute libre » simple). Supposons (c'est l'idée à tester) que le mobile continue uniformément sa course horizontale ; alors la longueur *d*, pour chaque expérience,

Hauteur h déterminant la position initiale de la boule	Distance horizontale d calculée par Galilée	Distance d mesurée expérimentalement par Galilée	Ecart (explicitement calculé par Galilée) entre la distance calculée et la distance mesurée	Pourcentage d'erreur
300		[800]*		
600	1131	1172	41	3,7
800	1306	1328	22	1,7
828	1330**	1340	10	0,8
1000	1460	1500	40	2,8

L'unité de longueur est le "point" (environ 0,95 mm).
* Cette mesure (d = 800 points) ne correspond à aucune "prédiction" théorique. C'est une mesure faite par Galilée (h = 300) afin de calculer les valeurs de d pour les quatre valeurs suivantes de h.
** Galilée, sur le schéma, indique une valeur "prédite" de 1 330 ; mais le calcul qui figure sur le même manuscrit donne 1 329.

ne pouvait pas calculer facilement la valeur absolue de cette vitesse ; il recourait seulement, en effet, à des proportions (du type $d_1/d_2 = v_1/v_2$, $v^2{}_1/v^2{}_2 = h_1/h_2$, etc.). Mais, grâce à un essai préliminaire destiné à déterminer une mesure de base (d = 800 pour h = 300), il pouvait tout de même faire des « prédictions théoriques » quantitatives ; on voit d'ailleurs sur le manuscrit les calculs faits par Galilée. Dans le bas du schéma figurent deux séries de nombres dont le sens paraît très clair : d'une part les *« doveria »* (qui expriment ce qui *devrait* être trouvé) ; d'autre part les mesures réalisées expérimentalement. Galilée lui-même a mesuré les écarts, qui sont assez faibles. Certains historiens estiment que les résultats, justement, sont de trop bonne qualité ! Selon eux, il n'est pas possible que Galilée, avec les moyens dont il disposait, ait pu aboutir à une telle précision... Mais Stillman Drake et James MacLachlan ont refait l'expérience et obtenu des résultats satisfaisants.

sera proportionnelle à la vitesse acquise par le mobile à l'instant où il quitte le déflecteur. Une fois cela admis, il est possible de concevoir la confrontation de la théorie avec « les faits ». D'une part, il faut calculer grâce à la théorie quelle vitesse la boule *devrait* avoir acquise en bas de la pente ; et ce, en choisissant librement plusieurs positions de départ. Il devient alors possible de calculer la distance *d*. D'autre part, il faut faire l'expérience pour chacune de ces positions et mesurer les distances *d* effectivement parcourues. Si l'hypothèse à tester est exacte, les prédictions théoriques et les mesures expérimentales doivent coïncider (ou du moins être très proches).

La situation, hélas, était un peu plus compliquée ! Car un physicien moderne a les moyens théoriques de calculer directement la vitesse acquise par le mobile lorsqu'il quitte le déflecteur (l'inclinaison du plan et la hauteur *h* étant connues). Mais Galilée, plus démuni, ne pouvait procéder de façon aussi rapide. Il ne possédait pas la loi (la « fonction » mathématique) qui aurait donné immédiatement les résultats et se servait seulement de proportions : la vitesse est *proportionnelle* à la racine carrée de la hauteur *h*, etc. [18]. Pourtant, en se servant d'un premier essai pour déterminer une mesure de base, il était capable, grâce à un théorème relatif à la chute libre, de calculer les *« doveria »* quantitativement, c'est-à-dire les distances précises que l'expérience *devrait* donner.

Après tous ces détours, qui supposent de la part de Galilée une certaine habileté théorique et expérimentale, nous voici à peu près au bout de nos peines. Le folio 116, en effet, porte des indications qui confirment fortement la reconstitution de Stillman Drake. Au-dessous de chaque « parabole » du schéma se trouve un nombre qui traduit très certainement le résultat expérimental (toutes les mesures sont faites en « points »). Et, à côté de chacun de ces nombres, se trouve celui qui exprime la prédiction théorique. Cette juxtaposition de deux séries de nombres paraît difficile à expliquer autrement que ne l'a fait Drake. Ne sommes-nous pas en présence d'une *expérimentation* au sens le plus strict et le plus moderne du mot ? Calculs théoriques, construction délibérée et méthodique d'un dispositif, confrontation explicite de ce que la nature « devrait » faire et de ce qu'elle fait réellement, tout y est. Les résultats sont reproduits dans un tableau. Galilée lui-même a

18. L'emploi des proportions a du moins un avantage : il permet de ne pas expliciter des « constantes » parfois difficiles à déterminer. Galilée, par exemple, ignorait que le roulement de la boule « absorbait » les 2/7 de g.

calculé et noté les écarts (qui vont de 10 à 41 « points » et correspondent à des erreurs assez faibles). Les calculs qui se trouvent sur ce même feuillet 116 montrent que Galilée a utilisé un « théorème » bien précis (dit de la moyenne proportionnelle) pour calculer ses prédictions théoriques.

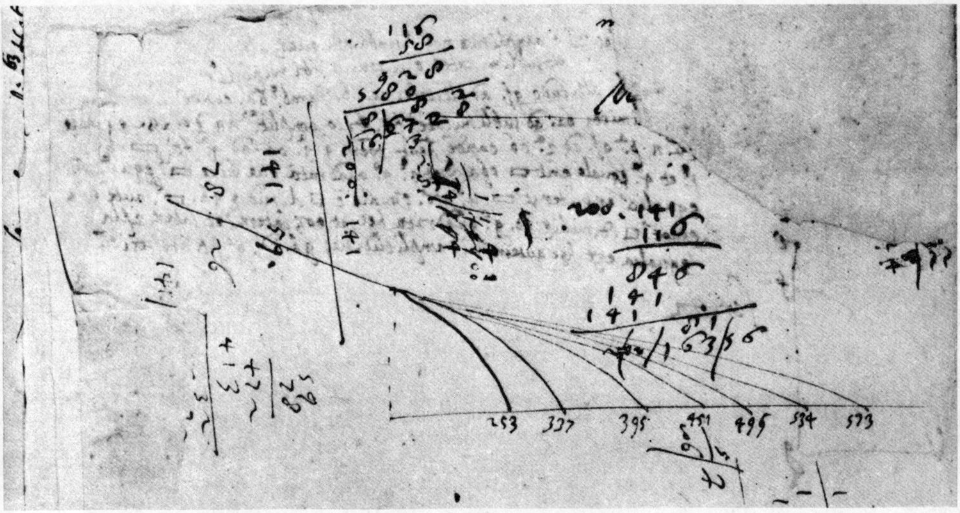

Sur le feuillet 114 des manuscrits inédits figure un schéma qui, d'après Stillman Drake, résume les résultats d'une expérimentation réelle. Galilée l'aurait faite pour résoudre un problème qu'il aurait rencontré antérieurement au cours de l'expérience du feuillet 116. En effet, en vue de vérifier un théorème particulier, il aurait fait partir la boule d'une hauteur égale à la hauteur de la table (*h* 828 points). Le résultat, en principe, aurait dû être de 1656 points (deux fois 828 points). Mais ce nombre ne concordait ni avec le résultat théorique prédit par une autre méthode (d = 1330), ni avec la mesure expérimentale (d = 1340). Cela peut s'expliquer par le fait que Galilée ne possédait pas la loi exacte qui décrit le mouvement d'une boule roulant sur un plan incliné. Aussi aurait-il repris l'examen de la question en utilisant un plan incliné simple (sans « déflecteur »). La boule partait d'une hauteur déterminée, roulait et était projetée *obliquement* en chute libre. La distance *d,* comme dans l'expérience du feuillet 116, était mesurée pour plusieurs hauteurs *h.* D'où les résultats indiqués par Galilée : 253, 337, 395, 451, 534 et 573 points. Par le calcul, souligne Drake, Galilée était incapable de prédire ces longueurs ; leur statut expérimental est donc indéniable... L'expérience, refaite par Drake et MacLachlan, a donné des résultats proches de ceux de Galilée (la hauteur de la table étant cette fois de 500 points, et non de 828 comme dans l'expérience du feuillet 116). *(Cliché G. Sansoni, Florence.)*

Par la suite, Stillman Drake a essayé d'améliorer sa démonstration. En collaboration avec James MacLachlan, il a refait l'expérience suggérée par le feuillet 116 et publié en 1975 ses conclusions [19]. Initialement, il pensait que le plan incliné faisait avec la table un angle de 64 degrés. Mais, reconsidérant le problème plus concrètement, Drake a abouti à une évaluation bien plus faible : 30 degrés. Ayant reconstruit le dispositif, les deux historiens-expérimentateurs ont obtenu des résultats très semblables à ceux de Galilée. Mais, précisent-ils, les valeurs absolues étaient un peu plus grandes. Il est regrettable que ces valeurs n'aient pas été publiées : il serait alors possible d'apprécier plus exactement la véritable portée de ce contrôle. En fait, Drake et MacLachlan se contentent d'indiquer qu'ils ont réussi des mesures présentant la même « allure » (le même « pattern ») que celles de Galilée. Cette information est tout à fait crédible, mais elle laisse place à certaines interrogations.

Selon Drake, Galilée aurait entrepris après l'expérience du feuillet 116 une expérience un peu différente dont on trouve le schéma sur le feuillet 114 (ill. p. 213). Le dispositif général était le même : plan incliné à 30 degrés, la boule finissant sa course en chute libre. Mais Galilée, cette fois, n'aurait pas modifié le mouvement grâce à un déflecteur. La trajectoire, sur le manuscrit, apparaît comme à peu près parabolique, mais est plus « aplatie » que sur le feuillet 116 (et a évidemment une tangente oblique à l'instant du départ en chute libre). Il est tentant de supposer, comme le fait Drake, que Galilée a répété l'expérience du feuillet 116 après avoir ôté le déflecteur. Les nombres portés en bas du dessin exprimeraient les

19. S. Drake and J. MacLachlan, « Galileo's discovery... », déjà cité.

Le feuillet 117 du volume 72 des « manuscrits galiléens » illustre bien les difficultés qu'on rencontre lorsqu'il faut interpréter certains schémas et certains chiffres dont Galilée n'a pas donné explicitement la signification. Stillman Drake, qui voit en Galilée un adepte de la méthode expérimentale, a suggéré que quatre nombres figurant sur ce manuscrit (196, 155, 121 et 100) représentaient des mesures expérimentales. Pour les obtenir, Galilée aurait fait rouler une boule sur un plan *horizontal* et aurait mesuré les distances parcourues en des intervalles de temps égaux et successifs. Drake a répété l'expérience avec un plan de 6 pieds (1,83 m) dans lequel était creusée une rainure ; et il a obtenu des « relations semblables ». Un autre historien, Ronald Naylor, estime que cette interprétation est arbitraire et que ces nombres ont été obtenus par un calcul théorique. Pour le montrer, il se réfère à un schéma qui figure sur

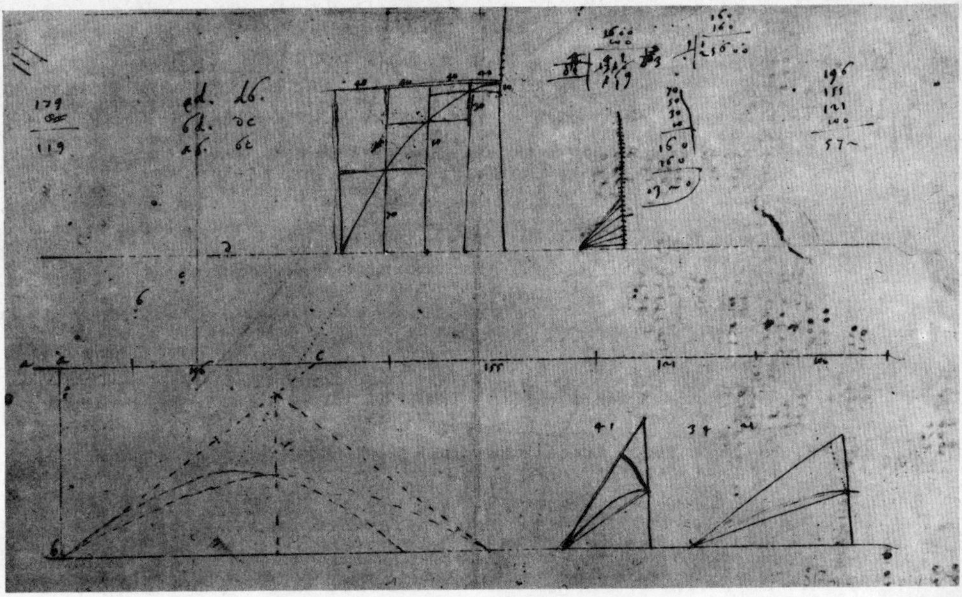

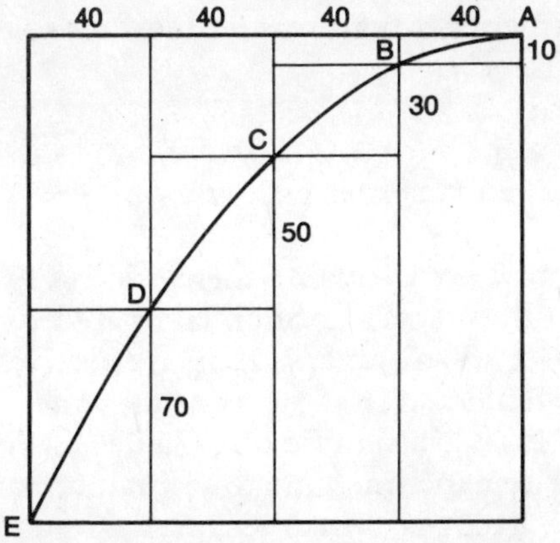

le même manuscrit et est reproduit ci-dessus de façon plus lisible. Galilée aurait assimilé chaque segment de parabole (AB, BC, etc.) un segment de droite dont il aurait calculé la longueur grâce au théorème de Pythagore (AB $= \sqrt{(40)^2 + (10)^2}$, etc.). D'après Naylor, il suffit d'attribuer à AB la valeur 100 pour retrouver des valeurs de BC, BD, et DE identiques (à très peu de chose près...) aux nombres indiqués par Galilée. C'est donc ce procédé de calcul qui expliquerait la série numérique en question. Cet argument, il faut le reconnaître, ne manque pas de poids. Il nous rappelle que certaines hypothèses hardies sur les expérimentations de Galilée ne doivent être acceptées qu'après un examen serré. *(Cliché G. Sansoni, Florence.)*

mesures effectuées successivement avec sept positions initiales différentes. Cette interprétation est d'autant plus convaincante que Galilée n'avait pas les connaissances qui lui auraient permis de calculer *théoriquement* les distances horizontales parcourues pendant une chute de ce genre. Ces nombres, peut-on penser, proviennent donc d'une série d'expériences.

Stillman Drake et James MacLachlan ont fait les calculs (comme pour l'expérience du feuillet 116) en utilisant les formules de la mécanique classique ; ils ont constaté que les « prédictions » ainsi obtenues étaient très proches des résultats indiqués par Galilée. Ayant répété l'expérience elle-même, ils déclarent que leur hypothèse est bien confirmée : leurs mesures sont légèrement supérieures à celles de Galilée, mais ont une « allure » générale très semblable. En première approximation, la situation semble assez claire : tout se passe comme si les schémas des manuscrits résumaient des expériences réellement effectuées. On peut d'ailleurs expliquer assez aisément les écarts constatés. Car, ainsi que l'indiquent les deux auteurs, les résultats varient de façon non négligeable selon la dimension des boules et la largeur des rainures utilisées. Il suffit donc de quelques différences très faibles dans les dispositifs expérimentaux pour que les mesures soient elles-mêmes sensiblement différentes.

Un paradoxe : les résultats sont peut-être trop précis !

Paradoxalement, c'est la qualité même de ces expérimentations qui pourrait paraître suspecte... Si on compare les distances calculées par Galilée et les distances qu'il a effectivement mesurées (expérience du feuillet 116), on constate que les écarts sont minimes (ill. p. 211). Cela signifie que Galilée est (ou serait...) parvenu à une maîtrise expérimentale tout à fait remarquable. Est-ce vraisemblable ? Surtout si on admet, avec Alexandre Koyré, que l'instrumentation de l'époque était rudimentaire, un certain scepticisme devient légitime. Mais Galilée était un spécialiste des instruments de mesure (pensons à son « compas militaire », qui était un peu, en ce temps, l'équivalent de la règle à calcul ou de la calculette...) ; et il travaillait en collaboration avec des artisans expérimentés. Peut-être ne faut-il pas se hâter de déclarer « rigoureusement impossibles » les expériences dont les manuscrits 116 et 114 suggèrent la réalité.

De toute façon, les « défenseurs » de Galilée-expérimentateur n'ont pas toujours la tâche facile ; et il semble bien que le désir de trouver dans les manuscrits des comptes rendus d'expériences puisse jouer des tours... Stillman Drake, par exemple, a découvert sur le feuillet 117 une série de nombres (136, 155, 121 et 100) qu'il a interprétée ainsi : Galilée aurait fait rouler une boule sur un plan horizontal, le long d'une rainure *ad hoc*, et aurait mesuré les distances parcourues au cours d'intervalles de temps successifs et égaux[20]. Drake, comme confirmation, argue du fait qu'il a répété l'expérience et a obtenu des « relations semblables ». Un autre historien, Ronald Naylor, a affirmé en 1975 qu'une autre interprétation était plus vraisemblable[21]. Car sur le même manuscrit, non loin de la série de nombres concernée, se trouve un schéma qui a pu servir de support à des calculs théoriques aboutissant précisément à ces mêmes nombres (ill. p. 215). Indiquons le principe : par une approximation délibérée, Galilée aurait identifié plusieurs segments de parabole successifs aux diagonales de certains rectangles et aurait calculé leur longueur en recourant au théorème de Pythagore. En donnant à la longueur du premier segment la valeur 100, on retrouve (à peu de chose près...) la série de nombres qui fait l'objet du débat. Conclusion : ces nombres ont une origine théorique (et non pas expérimentale). Cette réfutation n'est sans doute pas absolument décisive. Mais elle a beaucoup de force et constitue une invitation à la prudence. Il serait regrettable que, après avoir nié un peu hâtivement l'existence des expériences galiléennes, on se mette à en trouver partout ; et même là où il n'y en a pas.

Un historien français, Pierre Costabel, dans un texte publié en 1975, a formulé une argumentation analogue afin d'établir que l'expérience du feuillet 116 n'a jamais été réalisée[22]. Il admet que deux séries de nombres ont été comparées par Galilée ; mais il conteste que l'une de ces séries représente des résultats expérimentaux. A noter que Pierre Costabel ne nie pas catégoriquement la possibilité que Galilée ait fait des expériences. Mais le feuillet 116, selon lui, ne constitue pas une preuve satisfaisante ; il montrerait seulement que Galilée a spéculé de façons variées sur le problème de la chute libre, en utilisant *plusieurs sortes de calculs théoriques* et en les comparant « abstraitement ». L'argumentation proposée,

20. S. Drake, « Galileo's experimental confirmation... », déjà cité, pp. 293-296.

21. R. Naylor, « An aspect of Galileo's study of the parabolic trajectory », *Isis*, sept. 1975, *66*, pp. 394-396.

22. L'étude de P. Costabel est parue dans M.L. Righini Bonelli and W.R. Shea, *Reason, mysticism and experiment*, Science history publications (New York), 1975, pp. 177-187.

dans son détail, est assez compliquée ; elle n'aboutit pas, semble-t-il, à des résultats clairs et vraiment probants. Mais elle signale des détails troublants et peut faire réfléchir ; elle nous rappelle, une fois de plus, qu'il subsiste du mystère dans le cas Galilée...

Impossibilité de répéter certaines expériences ?

Signalons encore une discussion concernant une expérience assez semblable à celle que décrit Galilée dans la « troisième journée » des *Discours.* Comme nous l'avons vu, cette dernière consistait à faire rouler une boule le long d'un plan incliné en mesurant le temps qu'elle mettait pour une descente complète, puis pour le quart d'une descente, puis pour la moitié, etc. ; l'objectif était de confirmer que les espaces parcourus sont proportionnels aux carrés des temps. Drake pense avoir découvert sur le verso du feuillet 107 les résultats d'une expérience complémentaire : toujours afin de tester sa loi fondamentale, Galilée aurait mesuré les espaces successifs parcourus en des temps égaux par une boule roulant sur un plan *très faiblement* incliné (1,7 degré)[23]. D'après Drake, c'est en chantant régulièrement (en battant la mesure comme un métronome) que Galilée se serait assuré de l'égalité des intervalles de temps. La procédure expérimentale qui est hypothétiquement reconstituée ne manque pas d'ingéniosité. Mais Ronald Naylor, pour de solides raisons, estime que les nombres figurant sur le feuillet 107 ne peuvent absolument pas correspondre à une expérimentation réelle[24].

Pour le montrer, cet historien a lui-même fait l'expérience en utilisant deux plans inclinés (l'un de 5 mètres, l'autre de 2 mètres) qui se trouvent à l'Institut d'histoire des sciences de Florence. Pour mesurer les unités de temps, il s'est servi d'un métronome. Par précaution, afin d'éliminer « l'équation personnelle », les diverses séries de mesures ont été effectuées successivement par deux expérimentateurs : Ronald Naylor lui-même et Thomas Settle. Il est apparu, après six séries d'expérimentations correspondant à trois inclinaisons (1 sur 10, 1 sur 30, 1 sur 15), que les erreurs étaient énormes. Si l'interprétation de Drake était correcte,

23. S. Drake, « The role of music in Galileo's experiments », *Scientific American,* june 1975, pp. 98-104.
24. R. Naylor, « The role of experiment in Galileo's early work on the law of fall », *Annals of science,* july 1980, *37,* pp. 363-373.

il faudrait admettre que Galilée, sans disposer de métronome, a pu obtenir des résultats d'une qualité très nettement supérieure (l'erreur ne dépassant jamais ± 2 % et étant généralement inférieure à 1 % !). D'après Naylor, c'est une impossibilité de fait : sur un plan très faiblement incliné, une confirmation aussi précise ne peut être réalisée. Les « résultats expérimentaux » que Stillman Drake a cru pouvoir découvrir sur le feuillet 107 ne peuvent donc provenir d'une expérience de ce type. Poursuivant logiquement sa critique, Naylor suggère que l'expérience rapportée par Galilée dans la troisième journée des *Discours* n'a pu être aussi satisfaisante qu'il le dit. Aussi convient-il d'être circonspect : l'illustre physicien, parfois, a pu « enjoliver » quelque peu ses récits d'expérimentations...[25]

De l'art de manipuler le vin et l'eau

Cela étant admis, gardons-nous de nier systématiquement l'existence de ces dernières. Alexandre Koyré, sous prétexte de prudence, est certainement allé trop loin : en affirmant de manière passablement dogmatique que les seules expériences intéressantes de Galilée étaient des expériences imaginaires, il a contribué à décourager les chercheurs qui auraient pu explorer les aspects expérimentaux de la science galiléenne. Une attitude aussi rigide peut conduire à des catastrophes, comme le montrera un dernier exemple qui, lui, paraît très probant. Dans la première journée des *Discours concernant deux sciences nouvelles*, en effet, Galilée raconte une expérience qu'il présente comme réelle et qu'il raconte ainsi : *« On remplit d'eau un globe de cristal muni d'un orifice pas plus large qu'un brin de paille, puis on le retourne vers le bas : l'eau malgré sa gravité considérable et sa propension à descendre dans l'air, celui-ci malgré sa disposition contraire pour s'élever, refusent l'un comme l'autre de passer par l'orifice et demeurent tous deux opiniâtrement sur leur position ; si en revanche on place l'ouverture dans un récipient contenant du vin rouge, dont la gravité est à peine inférieure à celle de l'eau, on verra aussitôt celui-ci s'élever lentement dans l'eau sous forme de traînées rouges, et cette dernière, avec une*

25. Des problèmes de ce genre se posent à propos d'autres scientifiques. Voir par exemple R. Fisher, « Has Mendel's work been rediscovered ? », *Annals of science*, april 15, 1936, *1*, pp. 115-137. Cet auteur montre que certains résultats expérimentaux de Mendel sont d'une *incroyable* précision...

égale lenteur, descendre dans le vin, sans se mélanger, si bien qu'en fin de compte le globe se remplira complètement de vin et l'eau pas-

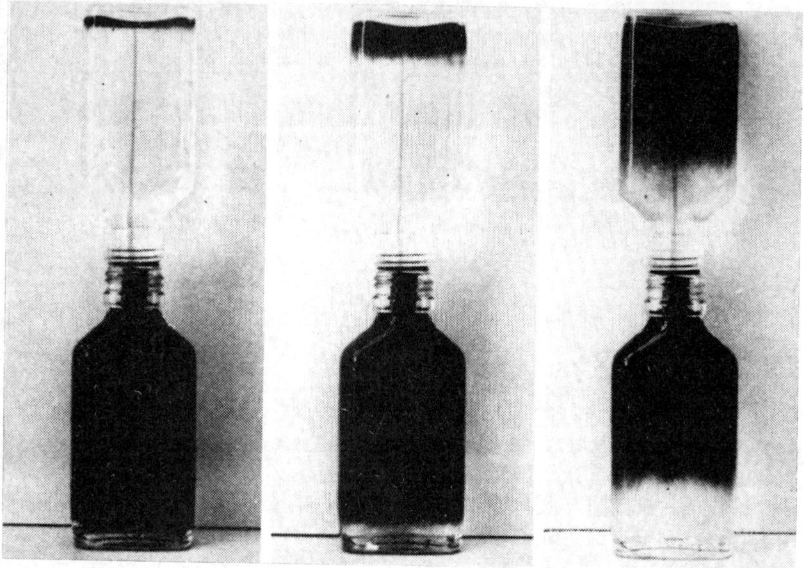

Dans les *Discours sur deux sciences nouvelles,* Galilée raconte une expérience assez simple. En deux mots, elle consiste à mettre en contact, grâce à un petit orifice, un récipient supérieur contenant de l'eau et un récipient inférieur contenant du vin rouge. On voit alors, déclare Galilée, le vin s'élever lentement à travers l'eau « sous forme de traînées rouges » et s'accumuler dans le haut du récipient supérieur. Symétriquement, l'eau descend lentement dans le vin, sans se mélanger à lui, et s'accumule au fond du flacon inférieur. Certains historiens (et en particulier Alexandre Koyré) ont pensé que ce phénomène ne pouvait pas se produire et que l'expérimentation décrite par Galilée était « imaginaire ». En fait elle est aisément réalisable, ainsi que l'a montré James MacLachlan en 1971 en la répétant sous plusieurs variantes. J'ai pour ma part refait l'expérience en utilisant un montage très commode qui consiste à relier un flacon d'eau et un flacon de vin par un bouchon que traverse un très court tuyau (5 mm de diamètre environ). La description donnée par Galilée apparaît comme très satisfaisante. Au bout d'un certain temps, de légères turbulences provoquent progressivement un mélange partiel de l'eau et du vin. Quand Galilée déclare que les deux liquides peuvent complètement changer de récipients sans se mélanger, il « idéalise » certainement l'expérience... Mais le principe, en tout cas, paraît exact. *(Clichés P. Thuillier.)*

sera tout entière dans le récipient inférieur[26]. » Les informations données par Galilée sont d'une grande clarté ; et l'expérience est assez facile à répéter. Or Koyré, lui, s'est dispensé de regarder expérimentalement ce qu'il en était. Ce qui ne l'a pas empêché de conclure que cette expérience était imaginaire.

Galilée, déclare-t-il spirituellement, n'a sans doute « jamais mis de l'eau dans son vin » ; et le récit de ses observations n'est pas vraisemblable. Tout au plus, Galilée a « entendu parler » d'une expérience de ce genre ; mais il est difficile de croire qu'il l'a réalisée. En effet, déclare Koyré, il suffirait de refaire cette « expérience surprenante » pour constater que les choses ne peuvent pas se passer ainsi : « On verrait bien le vin monter dans le ballon de cristal (rempli d'eau) et l'eau descendre dans le vase (plein de vin) ; mais on ne verrait pas l'eau et le vin se substituer purement et simplement l'un à l'autre : on verrait se produire un mélange[27]. » Et l'historien des sciences va jusqu'à refaire (mentalement) l'expérience sous une forme différente. Au lieu d'un orifice, il en faudrait deux. Un petit tuyau (ou une paille) A pointerait vers le haut, c'est-à-dire vers l'eau ; un petit tuyau (ou une paille) B pointerait vers le bas, c'est-à-dire vers le vin : « On verrait alors, écrit Koyré, un trait de vin jaillir du tuyau A vers le haut du ballon, et un trait d'eau vers le bas du vase, le vin s'accumulant en haut et l'eau en bas. Hélas, même dans ce cas, il y aurait mélange ; en outre, c'est *d'un* orifice et non de *deux* que Salviati [le porte-parole de Galilée] munit son ballon ; et il ne lui adjoint pas de paille. »

Le malheur, c'est que l'interprétation de Koyré est fort mal confirmée par l'expérience. Pour le montrer, James MacLachlan a répété en 1971 les opérations décrites par Galilée[28]. En utilisant plusieurs dispositifs analogues ou identiques au dispositif original, il a observé le phénomène annoncé. Dans certains cas, il a mis directement l'orifice du récipient d'eau (environ 6 mm de diamètre) en contact avec la surface du vin. Dans d'autres cas, il s'est servi d'une paille pour assurer la communication entre les deux liquides. Les résultats sont semblables ; la présence d'une paille ou d'un petit tuyau n'introduit aucune variation sensible. (Ce dernier dispositif me paraissant plus commode, c'est celui que j'ai utilisé pour refaire cette expérience élémentaire ; voir ci-contre.) Les grandes lignes de la description de Galilée sont donc manifeste-

26. Galilée, *Discours...*, trad. Clavelin, p. 60.
27. Voir A. Koyré, *Études d'histoire...* pp. 243-245.
28. Les résultats ont été publiés dans J. MacLachlan, « A test of an " imaginary " experiment of Galileo », *Isis*, 1973, *64*, pp. 374-379.

ment exactes. Et les historiens des sciences qui en doutent, comme Alexandre Koyré et Maurice Clavelin à sa suite, auraient pu aisément le vérifier[29].

Bien que cela puisse paraître surprenant, on voit le vin s'élever sous la forme d'un filet, traverser l'eau et s'accumuler lentement dans le haut du récipient supérieur. En même temps, l'eau s'écoule dans le récipient inférieur et s'accumule dans le fond sans que se produise aucun mélange. A noter cependant que, au bout d'un certain temps, des perturbations se produisent généralement : quand la moitié du vin et la moitié de l'eau à peu près se sont remplacées, le vin et l'eau tendent à se mélanger. Ce phénomène se produit de façon progressive ; il est dû, sans doute, aux légères turbulences qui finissent par se créer. Il est donc difficile d'obtenir un échange absolument parfait et complet de l'eau et du vin. Galilée, en affirmant qu'il a constaté un tel résultat, « idéalise » certainement l'expérience ; il opère un passage à la limite... Mais, malgré cela, on peut considérer qu'il a réellement fait (ou vu faire) la manipulation qu'il décrit. Contrairement à ce que dit Koyré, elle n'a rien d'imaginaire ni d' « impossible » en soi. Le mélange des deux liquides ne se produit que tardivement ; et le récit des *Discours,* pour l'essentiel, est « réaliste ». De nouveau, on est conduit à reconnaître les talents expérimentaux de Galilée. Le fait qu'une telle expérience puisse paraître banale à un physicien moderne ne change rien à l'affaire. Inutile de supposer, avec Alexandre Koyré, que les vins du XVIIe siècle avaient des propriétés spéciales « qui les rendaient immiscibles avec l'eau »...

L'enquête n'est pas terminée

Le bilan général demande à être formulé en termes mesurés : contrairement à ce qui a été affirmé catégoriquement par certains historiens, il semble possible que Galilée se soit livré à des expérimentations de bonne qualité. Il faudrait donc réhabiliter, pour ainsi dire, l'expérimentateur Galilée. Ce résultat, toutefois, ne peut être considéré comme définitivement acquis ; divers doutes demeurent permis et il est probable que les débats continueront. Le problème, en tout cas, se pose aujourd'hui autrement que dans les années 1950. Ce renouvellement a été dû, pour une large part,

29. Voir dans la traduction des *Discours* par M. Clavelin la note 34, p. 252.

à l'étude des manuscrits inédits conservés à Florence. Pour terminer, je voudrais formuler trois remarques.

Tout d'abord, comme le notent divers historiens et épistémologues, il est important de distinguer deux rôles possibles des expérimentations. Elles peuvent avoir une fonction *« heuristique »*, c'est-à-dire suggérer de façon plus ou moins directe une idée théorique nouvelle ; c'est à quoi servent par exemple les « expériences pour voir », qui révèlent au physicien un élément nouveau ou l'orientent vers la bonne loi. Ou bien l'expérimentation, soigneusement conçue et préparée pour une fin bien précise, sert à *confirmer* une loi ou une théorie déjà formulées. L'expérience du plan incliné dont parle Galilée dans les *Discours* est précisément du second type : possédant la loi fondamentale de la chute libre, il voulait savoir si « la nature » s'y conformait effectivement. Aucune idée nouvelle n'était recherchée ; Galilée se livrait seulement à un test. Même des résultats relativement imprécis, en de telles circonstances, peuvent être considérés comme de « bonnes confirmations ». Le problème le plus délicat, en fait, est posé par les expérimentations « heuristiques ». Pour les historiens, la question est alors la suivante : est-ce grâce à des « explorations expérimentales » (à des « tâtonnements empiriques ») que Galilée a découvert la loi du mouvement, la composition des mouvements, la trajectoire parabolique, etc. ?

La réponse, dans l'état actuel des connaissances, semble devoir être très nuancée. Il se peut, comme le suggère Drake, que Galilée ait été aidé dans ses spéculations sur la trajectoire parabolique par des résultats expérimentaux qui, initialement, devaient servir à tester ce que nous appellerions la loi d'inertie. Mais cela n'est pas certain. Tout ce qu'on peut dire, c'est que Galilée a fait des déclarations qui rendent la chose vraisemblable. Dans son *Dialogue sur les deux grands systèmes du monde,* en effet, il explique qu'il est bien commode de connaître à l'avance les résultats qu'on veut démontrer... Aristote, écrit-il, avait sûrement eu l'idée de certaines de ses « conclusions » grâce à des observations ou des expériences ; ensuite seulement, il les a déduites par le raisonnement. De même, ajoute-t-il, Pythagore connaissait assurément la « vérité » de son fameux théorème avant de le démontrer rigoureusement. Bref, *« le fait de connaître avec certitude une conclusion n'est pas du tout négligeable lorsqu'on veut en découvrir la preuve »*[30] ! C'est une attitude réaliste. Il ne faudrait donc pas s'étonner si des tâtonne-

30. Cité par Drake, « Galileo's discovery... », p. 110. C'est Salviati, le représentant de Galilée, qui parle.

ments expérimentaux avaient aidé Galilée à imaginer certains schémas théoriques. Koyré, en insistant trop unilatéralement sur la spéculation *a priori*, nous empêche de prêter attention à cet aspect de la méthodologie galiléenne.

Galilée, « père de la physique moderne », a aussi une face médiévale...

En deuxième lieu, il peut être utile de mettre en garde contre une modernisation abusive de Galilée. Bien que les experts en discutent toujours, le « père de la physique moderne » était redevable, certainement, à ses prédécesseurs du Moyen Age. Quelques théorèmes concernant le mouvement uniformément accéléré étaient connus dès le XIVe siècle ! Et, dans sa conception même de « la science », Galilée se montre parfois fidèle à des idéaux qui ne sont pas ceux de Claude Bernard... Là encore des précautions s'imposent. En deux mots, on peut dire que Galilée oscille entre deux philosophies. Tantôt il se conforme à l'idéal « archaïque » (hérité d'Aristote) d'une science *parfaitement démonstrative* : à partir de « principes » tout à fait évidents, des « théorèmes » eux-mêmes évidents sont déduits. Tantôt il raisonne de façon plus souple, plus « moderne », en valorisant le rôle des tests *expérimentaux*. Les textes qu'il nous a laissés, à cet égard, sont d'une grande diversité (voire contradictoires...). D'où les débats entre « aprioristes » et « expérimentalistes ». Le plus raisonnable est, me semble-t-il, de ne pas vouloir donner à la pensée de Galilée plus de cohérence qu'elle n'en a. Parfois il souligne le rôle de « la raison », parfois celui de l'expérience sensible ; respectons cette complexité et même ces ambiguïtés. Il est tout à fait acceptable de voir en Galilée un « pionnier » de la science expérimentale, mais il serait naïf d'ignorer les autres aspects de sa pensée. De ce point de vue, certains rappels à l'ordre de Koyré ont toujours leur raison d'être.

Il apparaît, enfin, que les historiens des sciences ne doivent pas hésiter, en certains cas, à se transformer eux-mêmes en expérimentateurs (l'aide des scientifiques eux-mêmes étant bien sûr éminemment souhaitable...). Certes, Koyré ne se lasse pas de répéter que « la bonne physique se fait *a priori* ». Mais la mauvaise aussi, bien souvent ! Que ce soit en physique ou en histoire des sciences, la pure spéculation a des vertus mais également des limites. A côté de l'audace théorique, il faut donc faire une place au souci du contrôle expérimental. Bref, même un historien peut être amené à manier des boules, des plans inclinés — ou des bouteilles de vin.

Les manipulations de ce genre ne suppriment pas tous les doutes et ne résolvent pas toutes les questions. Mais elles permettent de redresser des interprétations erronées et, éventuellement, d'élargir les perspectives.

Bibliographie :

Galilée, *Discours concernant deux sciences nouvelles,* trad. fr. par M. Clavelin, Armand Colin, 1970.

Galilée, *Dialogues et lettres choisies,* trad. fr. par P. H. Michel, Hermann, 1966.

E. Mach, *La mécanique. Exposé historique et critique de son développement,* trad. fr. sur la 4e édition, Hermann, 1904 (première édition : 1883). Rééd. Jacques Gabay, Paris, 1987.

A. Koyré, *Études galiléennes,* Hermann, 1939.

A. Koyré, *Études d'histoire de la pensée scientifique,* PUF, 1966 (rééditées par Gallimard, 1973).

M. Clavelin, *La philosophie naturelle de Galilée,* Armand Colin, 1968.

L. Geymonat, *Galilée,* trad. fr., Laffont, 1968 (édition originale : 1957).

Galilée. Aspects de sa vie et de son œuvre, PUF, 1968 (études de R. Taton, M. D. Grmek, D. Dubarle, E. Namer, M. Clavelin, S. Moscovici, F. Russo, etc.).

B. Kousnetsov, *Galilée,* trad. fr., Mir, 1973.

P. Feyerabend, *Contre la méthode,* trad. fr., Seuil, 1979 (édition originale : 1975).

S. Drake, *Galileo at work. His scientific biography,* The University of Chicago Press, 1978.

R. E. Butts and J. C. Pitt (eds), *New perspectives on Galileo,* Reidel, 1978 (voir en particulier W. L. Wisan, « Galileo's scientific method : a reexamination » ; et E. McMullin, « The conception of science in Galileo's work »).

E. Namer, *Le beau roman de la physique cartésienne et la science exacte de Galilée,* Vrin, 1979.

M.A. Finocchiaro, *Galileo and the art of reasoning,* Reidel, 1980.

Outre les articles de T. B. Settle, S. Drake, J. MacLachlan et R. Naylor mentionnés dans les notes, on pourra consulter :

S. Drake, « Galileo's 1604 fragment on falling bodies », *British journal for the history of science,* 1969, *4,* pp. 340-358.

S. Drake, « Galileo's discovery of the law of free fall », *Scientific American,* may 1973, pp. 85-92.

W. R. Shea and N. S. Wolf, « Stillman Drake and the Archimedean grandfather of experimental science », *Isis,* sept. 1975, *66,* pp. 397-400.

S. Drake and J. MacLachlan, « Reply to the Shea-Wolf critique », *Isis,* sept. 1975, *66,* pp. 400-403.

S. Drake, « Galileo on sense experience and foundation of physics », *Isis,* march 1977, *68,* pp. 108-110.

N. Koertge, « Galileo and the problem of accidents », *Journal of the history of ideas,* july-sept. 1977, XXXVIII, pp. 389-408.

S. Drake, « Ptolemy, Galileo and scientific method », *Studies in history and philosophy of science,* june 1978, pp. 99-115.

R. H. Naylor, « Galileo's theory of projectile notion », *Isis,* déc. 1980, pp. 550-570.

R.H. Naylor, « Galileo's early experiments on projectile trajectories », *Annals of science,* july 1983, pp. 391-396 (avec un commentaire de S. Drake).

CHAPITRE IX

La résistible ascension de la théorie atomique

La théorie atomique est née au début du XIX*e siècle. Mais, pendant longtemps, elle s'est heurtée aux résistances de nombreux chimistes. Plusieurs autres théories lui faisaient concurrence : équivalentisme, atomes-tourbillons de Kelvin, chimie mathématique de Brodie... Comment la théorie atomique a-t-elle fini par s'imposer ?*

« On peut maintenant considérer l'hypothèse atomique comme une théorie scientifiquement bien fondée. » Ainsi s'exprimait le chimiste Wilhelm Ostwald en 1908, c'est-à-dire un siècle après la formulation de la théorie atomique par John Dalton [1]. Longtemps Ostwald avait douté de la réalité des atomes ; le paradoxe, c'est qu'il se décidait à y croire précisément à l'époque où ils ne pouvaient plus être tenus pour de petits corps insécables. A la fin du XIXe siècle, en effet, l'électron avait été découvert. Contrairement à ce que l'étymologie du mot suggère, l'*atome* ne pouvait plus être considéré comme un élément ultime, absolument indissociable. La théorie atomique classique, bien sûr, n'était pas purement et simplement supprimée ; en un sens elle était même confirmée. Mais elle changeait de signification. Il n'était plus possible, désormais, de prendre au pied de la lettre ce que Maxwell écrivait en 1875 dans l'*Encyclopaedia Britannica :* « l'atome (ἄτομος) est un corps qui ne peut pas être coupé en deux ».

Un scepticisme très répandu

Le cas d'Ostwald est un cas extrême ; on cite souvent son scepticisme à l'égard des atomes comme un bel exemple d'aveuglement, voire comme un scandale. Avec le recul, il semble que tout chimiste raisonnable aurait dû se sentir obligé, au XIXe siècle, de croire à la théorie atomique. N'est-ce pas cette théorie, en effet, qui a permis de mettre au point la notion de masse atomique, la notion de valence, la notion de structure ? De loin, il est tentant de supposer que la théorie de Dalton offrait un cadre « évident » et « naturel » pour toutes les recherches chimiques qui se sont déroulées de 1808 à 1897. En fait, la théorie atomique s'est toujours heurtée à des oppositions extrêmement tenaces. Les réticences d'Ostwald, historiquement, n'ont rien d'exceptionnel. Il y a seulement une centaine d'années, les atomes donnaient encore lieu à de violents débats [2]. Certes, il y a toujours eu des défenseurs de la

1. Dalton a eu l'idée de la théorie atomique dès 1803. La première partie de son grand ouvrage *A new system of chemical philosophy* est parue en 1808. Sur Dalton, voir *Harvard case histories in experimental science,* Conant and Nash (eds.), Harvard University Press, vol. 1 ; et *John Dalton and the progress of science,* D.S.L. Cardwell ed., Manchester University Press, 1968.

2. Voir *The atomic debates,* W.H. Brock ed., Leicester University Press, 1967 ; et sur la controverse française de 1877 : P. Colmant, « Querelle à l'Institut entre équivalentistes et atomistes », *Revue des questions scientifi-*

théorie atomique ; mais nous allons voir que plusieurs grands chimistes la refusaient ou l'interprétaient de façon très peu orthodoxe. Mieux, on lui opposait d'autres théories, par exemple les « tourbillons » de William Thomson ou la chimie « mathématique » de Brodie. Au XXe siècle, ces conceptions sont oubliées ou paraissent marginales. C'est peut-être dommage... Car, outre qu'elles ont un intérêt historique, elles correspondent à des problèmes fondamentaux qui aujourd'hui encore n'ont pas tous reçu une solution parfaite.

Prenons le cas de la France. La théorie de Dalton, au début du XIXe siècle, fut assez froidement accueillie par les scientifiques les plus influents de l'époque : Laplace et Berthollet. En 1837, le chimiste Jean-Baptiste Dumas déclare : « Si j'en étais le maître, j'effacerais le mot *atome* de la science, persuadé qu'il va plus loin que l'expérience. » Wurtz, successeur de Dumas à l'École de médecine, est un atomiste résolu. Mais, même après 1860, il lui faut lutter pour faire admettre atomes et molécules. Dans l'opposition, il y a entre autres Sainte-Claire Deville : « Je n'admets ni la loi d'Avogadro, ni les atomes, ni les molécules, refusant de croire ce que je ne puis ni voir ni imaginer. » Marcelin Berthelot s'en tint longtemps à un refus obstiné. C'est à cause de ces antiatomistes que la France adopta de façon très tardive la théorie atomique. Il fallut attendre 1893 pour qu'elle soit officiellement mise au programme de l'enseignement secondaire ; or, en 1893, la classification de Mendéléiev avait plus de vingt ans et les électrons allaient entrer en scène...

Ce phénomène de « résistance » fut spécialement marqué en France, mais il ne lui était pas particulier. De l'autre côté de la Manche, Edmund J. Mills se livrait par exemple en 1871 à une dure attaque. Les atomes, déclarait-il, sont encore plus incroyables que ne l'était le phlogistique, ce fluide imaginaire grâce auquel Stahl prétendait expliquer la combustion. Ironiquement, il constatait qu'on avait attribué au carbone des poids atomiques variés : tantôt 6, tantôt 3, tantôt 12. Il concluait fermement : « la théorie atomique n'a aucune base expérimentale ». Tout le monde n'allait pas aussi loin. Le clan des atomistes était important, en effet, du moins si on prend le mot « atomistes » en un sens très large. Ce point est à souligner, car même les partisans des atomes étaient

---

ques, 143, 4, 493-519. Le recueil de textes originaux édité par D.M. Knight, *Classical scientific papers,* American Elsevier, 1968 est très utile. De façon générale, consulter J.R. Partington : *A history of Chemistry,* 4 volumes parus, Macmillan, 1961-1970.

loin d'être d'accord entre eux. Ainsi que l'indique Kekulé en 1867, le contenu de la théorie était incertain. Il y avait par exemple quatre points de vue au moins sur l' « atomicité » (nous parlerions aujourd'hui de valence[3]). Les uns considéraient que c'était une propriété fondamentale et fixe ; d'autres pensaient que le même élément pouvait avoir selon les cas une « atomicité » de 1, de 2, de 3, etc. ; d'autres encore classaient les éléments en deux groupes, ceux du premier groupe pouvant avoir des « atomicités » impaires et ceux du second des « atomicités » paires... Kekulé remarquait à ce propos que les mathématiciens et les physiciens, devant ces conceptions disparates, en venaient à considérer la chimie « avec mépris ».

Les longues errances de la théorie atomique

Le problème était d'ailleurs obscurci par l'ambiguïté du vocabulaire. Dalton parlait d'*atomes simples* et d'*atomes composés* ; Avogadro, lui, ne parlait que de *molécules.* Pour un bachelier d'aujourd'hui, ces notions sont limpides. Mais tant qu'il n'y eut pas une théorie solide de la valence, les difficultés furent nombreuses. L'idée qu'un gaz aussi banal que l'hydrogène puisse être di-atomique (au sens moderne du mot) n'était pas du tout évidente. Pour Dalton, l'hydrogène s'écrivait ⊙ ; en notation moderne, cela signifie H, c'est-à-dire que l'atome d'hydrogène, pour lui, se confondait avec la molécule. De même, il notait l'eau : ⊙○ (c'est-à-dire HO). Cela dérivait de sa conception de la *simplicité :* il avait énoncé diverses règles qui, en gros, exigeaient qu'on donne toujours à un composé la formule la plus « simple » possible. Dans le cas de deux corps susceptibles de donner plusieurs

3. Sur la notion de valence, voir le très intéressant livre de C.A. Russel : *The History of Valency,* Leicester University Press, 1971.

C'est le Suédois Berzelius (1779-1849) qui utilisera des lettres pour représenter les éléments chimiques. Dalton, lui, utilisait un système de signes conventionnels permettant de représenter les « atomes simples » et les « atomes composés ». Cette planche, extraite du *New System of Chemical Philosophy* (1808), donne plusieurs exemples :
1 : hydrogène ; *2 :* azote ; *3 :* carbone ; *4 :* oxygène ; *5 :* phosphore ; *6 :* soufre ; *21 :* eau ; *22 :* ammoniac ; *26 :* oxyde nitreux ; *31 :* acide sulfurique ; *33 :* alcool ; *34 :* acide nitreux ; *37 :* sucre.
Pour Dalton, l'hydrogène et l'oxygène sont des gaz monoatomiques

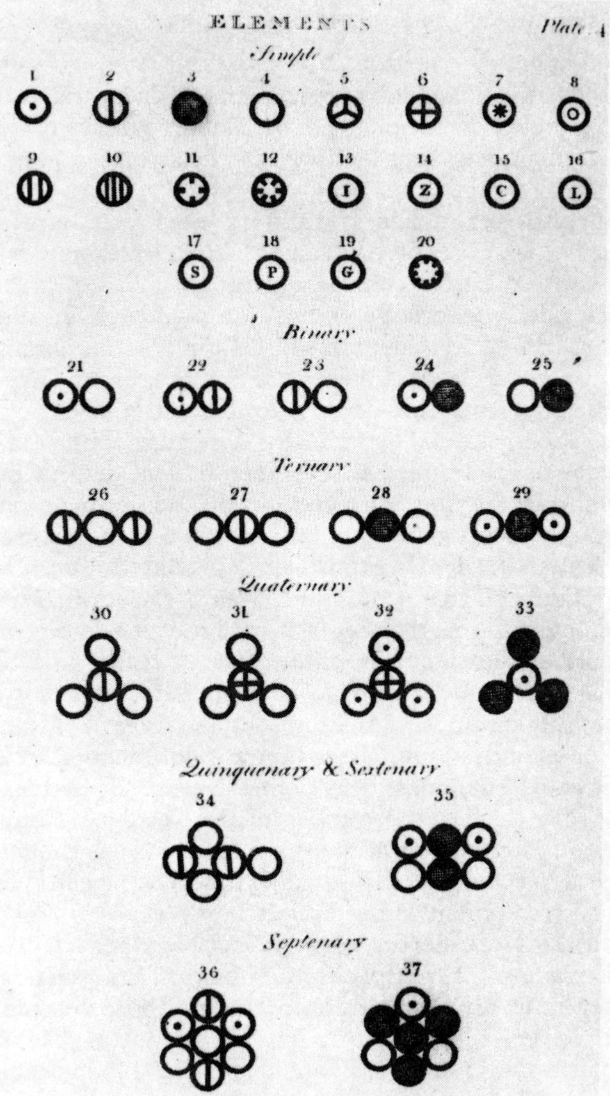

(en langage moderne). Remarquer aussi que, en vertu de sa conception de la *simplicité* des corps chimiques, Dalton donne pour l'eau une formule qui s'écrirait maintenant HO et pour l'alcool la formule CH_3. *(Collection Viollet.)*

composés, ce système conduisait à diverses difficultés bien compréhensibles. L'alcool, par exemple, était noté :  (c'est-à-dire un atome d'hydrogène et trois atomes de carbone). C'était là un gros obstacle lorsqu'il fallait déterminer les divers poids atomiques. Les « règles de simplicité » de Dalton pouvaient sembler parfaitement logiques ; mais leur logique, hélas, n'était pas celle de la nature.

Il fallut plusieurs dizaines d'années pour que la situation s'éclaircisse. Cela ne se fit pas sans mal ; et les fameuses règles furent souvent critiquées comme constituant l'un des principaux points faibles de la théorie de Dalton. La confusion fut d'ailleurs renforcée par un autre malentendu : Dalton n'admit jamais la loi de Gay-Lussac sur la combinaison des volumes ni l'hypothèse d'Avogadro. Pourtant, c'est de ce côté qu'était le salut : en 1858, Cannizzaro souligna que l'hypothèse d'Avogadro donnait la clé du problème des poids atomiques. Dès lors, il allait devenir possible de mettre en place toutes les pièces du puzzle. Pour un chimiste du XXe siècle, la solution de Cannizzaro est d'une lumineuse « évidence » ; et il est facile de reconstruire l'histoire de façon harmonieuse et logique. Dans la pratique, il en est allé autrement. En 1860, au Congrès de Karlsruhe, la situation était encore confuse : aucun accord sur les poids atomiques ne fut réalisé, il fut seulement admis que chaque chimiste continuerait à utiliser son système... Un seul point positif, mais absolument capital : Cannizzaro distribua un texte qui indiquait la bonne voie. Mendéléiev était là (il avait vingt-six ans), ainsi que Lothar Meyer. Ce dernier écrira plus tard : « les écailles me tombèrent des yeux... ». Comme les rapports entre la chimie et la physique n'étaient pas toujours très bons, il n'est pas indifférent de noter que Cannizzaro, pour sa part, était résolument interdisciplinaire (ainsi qu'on dirait aujourd'hui) : « Nous devons expliquer et légitimer les différents critères auxiliaires (chaleur spécifique, isomorphisme, analogie chimique) dont nous nous servons en prenant d'abord comme pierre de touche la théorie d'Avogadro et de Clausius. »[4] Kekulé, au contraire, insistait sur la nécessité de distinguer « la molécule physique de la molécule chimique ».

4. Clausius avait déduit l'hypothèse d'Avogadro de la théorie cinétique des gaz.

Les entités théoriques : réalités ou fictions ?

Les difficultés dont nous venons de dire un mot concernaient l'aménagement technique, pour ainsi dire, de la théorie : comment déterminer les poids atomiques, les valences, etc. ? Mais la notion même d'atome soulevait d'autres problèmes : les atomes sont-ils réels ? Quelle est la portée exacte de la théorie atomique ? *Pratiquement,* beaucoup de chimistes se « convertissaient » à la nouvelle théorie lorsqu'elle remportait des succès. Mais l'adoption *pratique* de la théorie n'impliquait pas nécessairement la croyance en l'existence réelle des atomes. Il y a là une ambiguïté qu'il convient de mettre en évidence : on peut se servir quotidiennement d'une théorie sans admettre véritablement la réalité des *« entités théoriques »* auxquelles cette théorie renvoie. Cette attitude a été très répandue au XIXe siècle, aussi bien en France qu'en Angleterre. Pour désigner ces formes atténuées de la théorie atomique, les historiens Brock et Knight parlent de la « textbook tradition ». De nombreux manuels présentaient en effet « l'atome » comme un mot commode pour exprimer divers résultats expérimentaux ; mais à proprement parler l'existence des atomes n'était pas reconnue. La théorie atomique était prise en un sens très faible, comme un langage utile ou bien comme un instrument intellectuel qui rendait provisoirement service [5]. Le chimiste W. T. Brande écrivait ce texte typique : « La doctrine atomique ou théorie des proportions définies a été mêlée à beaucoup de vues hypothétiques ; mais il sera très satisfaisant et très utile de la considérer comme une collection indépendante de faits. »

Cela soulève évidemment la grande question : dans quelle mesure les faits sont-ils indépendants des théories ? En l'occurrence, peut-on admettre que la loi des proportions définies et la loi des proportions multiples n'expriment que des *faits,* par contraste avec le caractère spéculatif et hasardeux de la théorie atomique proprement dite ? La réponse donnée en 1832 à cette question par l'Irlandais Michael Donovan est du plus haut intérêt : il est faux, déclarait-il, que les lois de combinaison soient simplement des énoncés de faits ; elles contiennent autant de présupposés théori-

5. Nous préférons ne pas parler de « positivisme » et de « positivistes », car ces mots sont souvent utilisés à tort et à travers, en des sens aussi divers qu'imprécis. Historiquement et conceptuellement, ces emplois incontrôlés peuvent susciter de graves confusions.

ques que la théorie de Dalton, même si ceux-ci ne sont pas explicités. En un sens Donovan a parfaitement raison : les fameuses « lois » vont plus loin que l'expérience et contiennent déjà beaucoup de « théorie ». Il y a donc une certaine naïveté à croire qu'elles sont purement empiriques et théoriquement neutres. Cela étant clairement reconnu, il faut tout de même remarquer que *plusieurs* interprétations théoriques de ces lois étaient possibles. La notion d'« atome » n'était pas une notion bien définie ; et en particulier (comme la suite l'a confirmé) il n'y avait aucune raison absolue de croire positivement et sans réserve en l'existence d'atomes matériels, indissociables, différents pour chaque élément, etc. Il va de soi qu'en doutant des atomes les chimistes risquaient de ralentir des recherches destinées à être fécondes : leur manque de foi diminuait la valeur heuristique de la théorie atomique. Mais l'exemple de Dalton lui-même montre qu'un engagement inconditionnel pouvait aussi conduire à des blocages. Idéalement, il faudrait pouvoir concilier deux attitudes : sur le plan spéculatif, se méfier des enthousiasmes aveugles pour des idées encore douteuses — et, sur le plan pratique, prendre au sérieux ces mêmes idées pour leur faire « donner » tout ce qu'elles peuvent donner. En fait, pour des raisons évidentes, cet équilibre entre la conviction et la critique est très délicat à réaliser. Après coup, il est aisé de reprocher aux uns de ne pas avoir assez douté et aux autres d'avoir été trop sceptiques. Mais sur le moment, pour parler comme Popper, la recherche effective consiste à procéder par « conjectures et réfutations » successives : il est sans doute vain de croire qu'on peut

John Dalton (1766-1844) fut d'abord connu pour ses travaux sur les mélanges gazeux, sur la vapeur et sur l'expansion des gaz par la chaleur. Il fut un professeur et un conférencier réputé. L'idée d'« atome » n'était pas neuve, mais c'est lui qui sut en faire la base d'une théorie efficace, susceptible d'être mise en œuvre expérimentalement. A l'aide de tiges et de boules de bois peintes en couleurs différentes, il construisit des modèles qui ressemblaient à ceux de la stéréochimie moderne.
(Collection Viollet.)

faire l'économie de ces oscillations dialectiques entre l'audace spéculative et la prudence critique[6].

Même chez Dalton, il y avait des ambiguïtés

Même si l'on s'en tient à Dalton, la signification de la théorie n'est pas évidente. Il semble qu'il ait hésité entre deux interprétations : une interprétation forte affirmant que la matière était composée d'atomes indestructibles et irréductibles, et une interprétation plus modérée présentant les atomes comme des unités *chimiques* peut-être décomposables. Dans le premier cas, l'atome se définit comme « ce qui ne peut être dissocié » ; dans le second, comme « ce qui, si on obtenait une éventuelle dissociation, donnerait quelque chose de qualitativement différent »[7]. Étant donné que cette distinction n'apparaissait pas très clairement aux contemporains, il ne faut pas s'étonner des flottements qui ont pu s'ensuivre.

D'où le succès persistant, au XIXe siècle, de l'*équivalentisme.* C'était la version prudente (voire édulcorée) de l'atomisme. Au lieu de parler d'atomes, on donnait les poids du corps A susceptibles de se combiner avec un poids défini du corps B. Des tables d' « équivalents » permettaient de rendre compte des diverses combinaisons connues. Il était couramment admis que c'était là une simple description de l'expérience, sans surcharge théorique. Naturellement, cette interprétation est très contestable ; les formules chimiques, d'ailleurs, suggéraient fortement l'existence d'atomes ou de molécules au sens daltonien. L'équivalentisme strict, en outre, privait le « modèle » atomique de ses vertus explicatives. Dalton aimait construire des « atomes composés » (nos molécules) à l'aide de boules et de bâtonnets ; c'était une orientation féconde, en particulier pour rendre compte de l'isomérisme. Car pour un équivalentiste il n'y avait pas d'explication au fait que des corps ayant même composition présentaient des propriétés différentes. La notion de structure, au contraire, constituait une solution. Il se trouve que Dalton n'est pas allé très loin dans cette direction, entre autres parce qu'il croyait que des atomes de même type se repoussaient. C'est seulement dans la deuxième moitié du XIXe siècle que se feront les progrès décisifs (travaux de Kekulé et Couper en

6. K.R. Popper : *Conjectures and refutations : the growth of scientific knowledge,* Harper Torchbooks, 1968 (1re édition : 1962).
7. Voir *The atomic debates,* déjà cité, pp. 7 et 8.

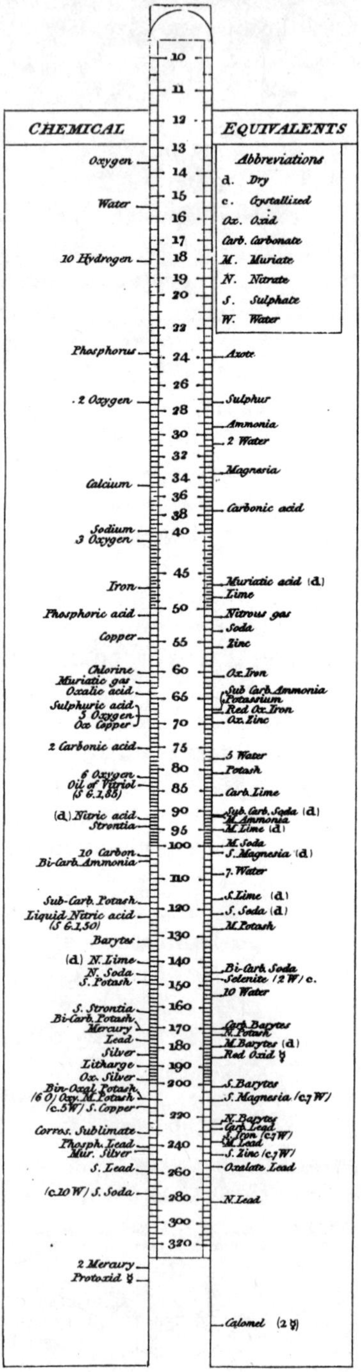

En 1813, William Hyde Wollaston composa à l'intention des chimistes une « échelle synoptique des équivalents ». Elle se présente comme une sorte de règle à calcul : grâce à la partie mobile qui se trouve au centre, il est facile de savoir quel poids de chaque composant est contenu dans un poids quelconque d'un composé donné. Il n'est pas question d'atomes, mais simplement d'*équivalents*, c'est-à-dire des poids susceptibles d'entrer en combinaison. Dans la position indiquée, l'échelle permet de voir, en lecture directe, que 60,7 grammes environ d'oxyde de fer contiennent à peu près 13,6 grammes d'oxygène et 47,1 grammes de fer.

1857-1858, de Van't Hoff et Le Bel en 1874). Il est indéniable que les succès de la stéréochimie favorisaient une conception « réaliste » de l'atome (et n'avaient été possibles que grâce à elle).

Des opposants tenaces : les partisans de l'unité de la matière

Une des idées de Dalton était que les phénomènes chimiques s'expliquent par l'existence d'éléments de types *différents*. Cela conduisait à admettre des dizaines d'atomes irréductibles : l'atome d'oxygène est différent de l'atome d'hydrogène qui est lui-même différent de l'atome d'azote, et on ne voit rien qui soit commun à ces divers constituants de la matière. Ce point fut vivement discuté par toute une série de chimistes qui étaient choqués de cette diversité. La nature, selon eux, devait procéder par des voies plus simples : derrière cette apparente multiplicité d'éléments, il devait y avoir quelque chose de plus simple et de plus fondamental. Sous des formes diverses, les partisans de « l'unité de la matière » s'opposèrent au système de Dalton, qu'ils jugeaient trop compliqué.

William Prout, par exemple, avait avancé l'hypothèse que tous les poids atomiques étaient des multiples de celui de l'hydrogène : l'hydrogène était la « matière première » dont tous les autres éléments n'étaient que des composés. L'ennui, c'est que, pour obtenir ces multiples, Prout devait donner des coups de pouce aux chiffres généralement acceptés. Ce genre de hardiesse réussit parfois ; et en d'autres cas, comme celui-ci, il échoue... Vu l'imprécision des mesures de l'époque, la tentative de Prout n'était pas absurde dans son principe, mais elle suscita des controverses. Berzelius déclara que « dans aucun cas, lorsque le poids atomique d'un corps simple se rapproche du multiple d'un autre corps, on ne doit rendre le nombre donné par l'expérience égal à ce multiple ». Dumas, sans prendre parti pour ou contre Prout, notait en 1843 que les poids atomiques de l'oxygène et de l'hydrogène étaient effectivement dans un rapport entier. Mais en 1860 le chimiste belge Jean Servais Stas fit abandonner l'hypothèse de Prout : elle n'était qu'une « pure illusion ». Aujourd'hui, en pensant aux protons, aux électrons et aux neutrons, nous pouvons discerner en quel sens l'intuition « unitaire » recelait un embryon de vérité. Il est frappant de remarquer à ce sujet que Prout lui-même avait imaginé une possible décomposition de l'hydrogène : ce dernier pouvait être composé de petits corps situés « plus bas dans l'échelle ». Mieux encore, il envisageait que les « sous-molécules » puissent ressembler aux « matières impondérables comme la chaleur ». On est libre de voir là, si l'on y tient, une anticipation prophétique ; en 1834, en tout cas, il s'agissait de spéculations totalement a priori.

Au même courant « unitaire » se rattachaient des gens comme Humphry Davy ou Thomas Graham. Ce dernier n'admettait qu'un seul constituant de la matière ; toutes les différences que nous constatons entre les éléments venaient de différences dans les conditions du *mouvement* de cette particule ultime. Il proposait un modèle dynamique qui, lui aussi, peut paraître moderne aujourd'hui : « plus rapide est le mouvement, plus grand est l'espace occupé par l'atome, un peu de la même façon que l'orbite d'une planète dépend de la vitesse qui lui a été imprimée ». Edmund J. Mills, un chimiste assez métaphysicien, critiquait la théorie atomique, en 1871, parce qu'elle était fondée sur la discon-

Friedrich August Kekulé (1829-1896).

Lord Kelvin (1824-1907).

Edward Frankland formula la théorie de la valence au milieu du XIXe siècle (1852-1860). Mais il croyait que la valence d'un élément pouvait varier. Le chimiste allemand Friedrich August Kekulé pensait au contraire que la valence d'un élément est constante. En 1857-1858, simultanément avec Archibald Scott Couper, il attribua au carbone la valence 4. Il est célèbre aussi pour avoir proposé en 1865 la formule hexagonale du benzène.
En 1867, Lord Kelvin a proposé un modèle particulier d'atome : l'« atome-tourbillon ». Il lui semblait, en effet, qu'il était difficile d'expliquer l'élasticité de la matière si on admettait qu'elle était composée de petites particules solides et compactes. D'où l'idée d'un atome dynamique, formé d'une sorte d'anneau tubulaire de fluide en mouvement. Ce modèle arrivait sans doute trop tard pour que les chimistes s'y intéressent.

tinuité. Il niait que la loi des proportions définies et celle des proportions multiples prouvent l'existence des atomes ; et du strict point de vue logique, il n'avait pas tort. Il recourait à une analogie : de même qu'en géométrie on peut produire des points de rebroussement en conjuguant correctement des mouvements continus, de même les discontinuités observées en chimie peuvent fort bien résulter de continuités plus profondes. Mills va d'ailleurs plus loin : il doute non seulement des atomes, mais de la matière. Leibniz ne disait-il pas que « les atomes matériels sont contraires à la raison » ? Et Faraday, plus récemment, n'a-t-il pas souligné le caractère extrêmement hypothétique des prétendus atomes ?

Adolphe Wurtz (1817-1884).

Henri Sainte-Claire Deville (1818-1881).

Marcelin Berthelot (1827-1907).

Atomistes et équivalentistes eurent un vif débat à l'Académie des sciences de Paris en 1877. Troost, un équivalentiste, déclencha l'affaire en présentant une communication sur une « nouvelle méthode pour établir l'équivalent en volume des substances vaporisables ». Wurtz, qui était à la tête des atomistes, réfuta les idées de Troost. Mais Sainte-Claire Deville avait pris parti pour ce dernier ; et le 28 mai 1877, Wurtz réagit fermement : « Le maintien du principe de l'équivalence dans la notation chimique ramènerait la Science aux temps de Dalton, de Wollaston et de Richter. Ce serait un anachronisme, mieux encore un recul, et la Science ne recule pas ».
Berthelot vola au secours de l'équivalentisme ; l'atomisme, selon lui, n'était qu'une hypothèse arbitraire et très contestable. Dans l'Académie elle-même, la querelle tourna court. Mais Wurtz allait bientôt publier chez Masson, en 1879, un livre essentiel sur *la Théorie atomique*. Les équivalentistes menaient désormais un combat d'arrière-garde. Il fallut cependant attendre 1891 pour que Berthelot consente à utiliser la notation atomique.

Mieux vaut y voir une « illusion matérialiste ». La matière, en fait, n'est que *« de la force soumise à certaines déterminations »*[8].

Des tourbillons à la chimie mathématique

Deux autres théories méritent d'être mentionnées. L'une était due à William Thomson (alias Lord Kelvin) : la théorie des « atomes tourbillons » (*vortex atoms*, 1867). L'idée remontait au moins à Malebranche : « Que la matière subtile ou éthérée est nécessairement composée de petits tourbillons. » Pour élaborer ce nouveau modèle, Kelvin s'appuya entre autres sur les travaux de Helmholtz relatifs aux mouvements tourbillonnaires dans un fluide homogène et incompressible. L'atome obtenu se présentait comme une sorte de tourbillon tubulaire formant un anneau. Kelvin proposait sa théorie comme un approfondissement de la théorie cinétique des gaz. Elle rendait mieux compte, selon lui, des vibrations révélées par la spectroscopie et des phénomènes d'élasticité. Il ne semble pas que les chimistes aient accordé beaucoup d'attention à la nouvelle théorie cinétique de la matière ; elle devait leur sembler trop spéculative.

L'autre théorie fit plus de bruit ; elle fut proposée il y a un peu plus de cent ans (1866-1877) par Sir Benjamin Collins Brodie[9]. Le changement proposé était radical : les lettres gecques utilisées par Brodie ne représentaient plus des éléments, mais des *opérations*. Ainsi, en effectuant une certaine opération sur l' « unité d'espace », on obtient de l'hydrogène : α. Grâce à une seconde opération, on obtient de l'eau : $\alpha\xi$. Ce système était délibérément conçu pour remplacer la théorie atomique. Désormais, inutile de supposer des atomes peut-être inexistants ; on désignait les substances en se référant à des opérations bien connues des chimistes. Autre avantage, selon Brodie : la nouvelle théorie se présentait comme un véritable instrument de calcul, comme une algèbre. Souvent, du côté des philosophes et des chimistes, l'absence d'une chimie *mathématique* (et donc vraiment « scientifique »...) avait été déplorée. Cette lacune était comblée — et même de façon raffinée. Car Brodie avait emprunté son formalisme à Boole (dont l'*Analyse*

8. Comme plusieurs autres chimistes de cette époque, Mills se réfère aux atomes spéciaux qu'avait inventés le jésuite Boscovich au XVIIIe siècle : de purs points mathématiques doués d'inertie et susceptibles de s'attirer ou de se repousser selon une certaine loi.

9. Pour en savoir plus sur le cas peu connu mais intéressant de Brodie, voir *The atomic debates* et les *Classical scientific papers*, déjà cités.

mathématique de la logique était parue en 1847). Ce formalisme, à dire vrai, soulevait bien des difficultés techniques ; il était en outre très éloigné des habitudes intellectuelles des chimistes. Dans les années 1870, la théorie atomique allait acquérir une cohérence qui explique l'échec de Brodie.

. Non seulement il ne rendait pas compte de l'isomérisme, mais sa notation suggérait par exemple que le chlore et l'iode étaient des composés : $\alpha\chi^2$, $\alpha\omega^2$. Brodie lui-même interpréta d'ailleurs ses symboles d'opérations comme s'il s'agissait d'*éléments* ; et il suggéra que, « dans un temps ou un lieu éloigné », l'existence de « portions de matière » plus élémentaires que celles que nous connaissons était possible. Se référant aux travaux de Miller et Huggins en spectroscopie astronomique, il avançait l'idée qu'aux très hautes températures certains constituants simples existaient à l'état isolé ; c'est la baisse de température qui provoquait les combinaisons donnant ce que nous appelons des corps simples. William Crookes, en 1886, reprendra cette idée. Formulant explicitement une comparaison avec l'évolutionnisme biologique, il proposera un véritable évolutionnisme chimique (l'un des grands arguments étant constitué par la découverte de l'hélium solaire, due à Norman Lockyer). Encore une fois, une théorie réputée « fausse » était à l'origine de suppositions assurément stimulantes. Il faut en tout cas souligner la variété des hypothèses qui étaient offertes. Les succès de la théorie atomique ne doivent pas nous cacher la diversité et parfois le grand intérêt des spéculations non orthodoxes [10].

Paradoxes et historicité de la recherche

Il va de soi que les quelques épisodes évoqués ci-dessus ne donnent pas un tableau complet de la chimie atomique au XIXe siècle : il n'a pas été question du problème des « affinités » chimiques, des recherches sur le rôle de l'électricité, des rapports entre chimie inorganique et chimie organique, etc. Si l'on voulait recenser les « influences » d'ordre philosophique, il faudrait aussi mentionner le courant allemand de la *Naturphilosophie :* Davy, Faraday, Mills et Ostwald, par exemple, semblent en avoir été tributaires. Mais,

10. Sur les développements philosophiques et théoriques importants auxquels a donné lieu la pensée newtonienne de 1687 à 1815, voir l'ouvrage important de R. E. Schofield : *Mechanism and materialism*, Princeton University Press, 1970.

pour l'épistémologue, l'aventure des atomes est, même sous cette forme incomplète, un riche sujet de réflexion, ne serait-ce qu'à cause des paradoxes qu'elle présente. Pour le chimiste du XXe siècle, il est par exemple étonnant que Dalton n'ait pas accepté les idées de Gay-Lussac et d'Avogadro. La logique de l'histoire n'est pas celle des manuels : il y a des retards surprenants, des détours inattendus. A la fin du XIXe siècle, Mendéléiev n'admettra pas que les atomes puissent être composés de particules plus élémentaires ; et pourtant il nous semble que c'était le meilleur et le plus simple moyen d'expliquer les périodicités de la fameuse classification. Sur ce point, des chimistes « attardés » reprennent rétrospectivement un net avantage...

Les rapports entre les diverses disciplines peuvent aussi retenir l'attention. C'est la physique (en particulier la théorie cinétique des gaz) qui a fourni certaines clés essentielles ; mais, à l'époque, la synthèse n'était pas toujours facile à réaliser. L'astrophysique, ainsi qu'on l'a vu, a eu aussi son rôle à jouer ; et on pourrait même citer la logique et la biologie. Mais, de façon plus générale, la théorie atomique offre l'occasion de réfléchir au rôle *historique* des théories. L'idée des atomes, en soi, n'était pas neuve : elle avait été soutenue régulièrement de Leucippe et de Démocrite jusqu'aux spéculations corpusculaires de Newton ; et, en outre, c'était même une idée « fausse », puisque les atomes peuvent être dissociés. Mais tout cela est accessoire. Le fait qui compte, c'est que Dalton a su théoriser la notion d'atome au bon moment, sous une forme qui la rendait efficace dans le travail expérimental. En mettant l'accent sur la mesure du *poids,* il orientait la pratique des chimistes dans la bonne direction : non pas vers la Vérité absolue, mais vers des travaux précis et des discussions également précises. Maxwell a très bien exprimé le caractère historique de ces conjonctions favorables entre *théories* et *méthodes :* « Dans le progrès scientifique, il arrive une période déterminée où une méthode correspondant à (une) théorie est utile. » Dalton a précisément été l'homme d'une situation déterminée : il a eu la chance, compte tenu des techniques de son temps, de lancer l'idée qui devait se révéler opératoire et constructive. Qu'importe si plus tard son atome a subi de nouvelles métamorphoses.

CHAPITRE X

Darwin était-il darwinien ?

Darwin est devenu une sorte de monstre sacré. Parce qu'il est un « grand homme de science », un théoricien « génial » ; mais aussi parce qu'il a modifié l'image que les hommes se faisaient d'eux-mêmes. C'est maintenant un lieu commun de comparer la révolution darwinienne *à la* révolution copernicienne. *L'une avait chassé notre planète du centre de l'univers ; la seconde a fait perdre à l'homme la suprématie qu'il s'octroyait sur les autres animaux. Il se trouve en outre que Darwin, même s'il ne l'a pas voulu, a servi de caution au « darwinisme social » (qui prétend appliquer à la vie sociale le principe de la sélection naturelle). Ces raisons expliquent sans doute pourquoi Darwin a suscité une curiosité tout à fait exceptionnelle. Les historiens des sciences ont scruté sa vie dans ses moindres détails, enquêté sur ses « sources », analysé ses conceptions géologiques, biologiques et anthropologiques. L'accent sera mis ici sur l'habileté qu'il a dû déployer pour donner une certaine cohérence à sa théorie. Théorie qui est plus complexe qu'on ne le laisse généralement entendre.*

On parle beaucoup du darwinisme, du néo-darwinisme, voire du néo-néo-darwinisme. Paradoxalement, il se pourrait que ce succès ait contribué à faire oublier le darwinisme authentique, à savoir celui de Darwin lui-même. Telle est la rançon de la gloire. A travers les remaniements multiples qu'elle a subis d'August Weismann à Jacques Monod et à quelques autres, la théorie darwi-

« En Allemagne, des bergers ont gagné des paris en reconnaissant chaque mouton dans un troupeau de cent têtes qu'ils n'avaient que depuis quinze jours. » Darwin avait de bonnes raisons pour multiplier les notations de ce genre. Pour lui, en effet, la variabilité des individus était un phénomène essentiel. Loin d'être des fluctuations négligeables, les petites différences présentées par les organismes constituent la véritable source de l'innovation biologique. Comme disent les commentateurs, Darwin a eu une pensée « populationnelle » : au lieu de voir une espèce comme une entité éternelle, il l'a vue comme une population composée d'individus différents et susceptibles de se transformer au cours du temps. L'idée même de *variation* est donc au cœur de la théorie de la sélection : c'est parce que les individus varient qu'une population peut progressivement se transformer en une nouvelle « espèce » *(Cliché Bernard et Catherine Desjeux).*

nienne de l'évolution a tellement évolué qu'elle en est souvent devenue méconnaissable.

Du point de vue du « progrès de la science », le fait est très compréhensible : ce qui compte, pour les spécialistes d'aujourd'hui, ce sont les versions modernes du darwinisme. Il est plus gênant, toutefois, de constater que diverses présentations prétendument « historiques » de la pensée de Darwin sont gravement inexactes. A se demander si ses œuvres sont vraiment lues... Si c'est le cas, pourquoi sa « théorie de la descendance avec modification » est-elle si fréquemment résumée en quelques propositions simplistes qui en dissimulent l'extraordinaire complexité ? Peut-être ne serait-il pas mauvais de se replonger dans les œuvres du grand homme ; et tout spécialement dans les deux livres où sont exposés les fondements de sa théorie de l'évolution : *L'origine des espèces au moyen de la sélection naturelle ou la préservation des races favorisées dans la lutte pour la vie* (1859) et *De la variation des animaux et des plantes sous l'action de la domestication* (1868) [1].

Ce pèlerinage aux sources est susceptible de nous réserver des surprises. Car même des concepts réputés élémentaires sont parfois « à double fond » ; et nous découvrirons toute une série de « théories auxiliaires » qui compliquent singulièrement l'ensemble du système. Qui sait ? Il n'est pas impossible que Darwin, parfois, se révèle fort peu « darwinien »... Mais, pour commencer, définissons son projet principal et présentons sommairement sa théorie de la sélection naturelle. Ensuite seulement nous serons en mesure de comprendre sa *stratégie globale ;* c'est-à-dire l'ensemble des démarches théoriques extrêmement complexes grâce auxquelles il a renforcé et protégé son hypothèse de la sélection.

« Créations spéciales » et progressionisme

Darwin l'a maintes fois répété : son objectif était de ruiner la théorie des « créations spéciales », théorie selon laquelle les diverses espèces avaient été créées séparément. De nos jours, pour des raisons évidentes, les créationistes ont très mauvaise réputation. Mais, à l'époque de Darwin, leur théorie n'était pas une diva-

1. *L'origine des espèces* a eu six éditions ; *La variation,* deux. A noter qu'aucune des trois traductions françaises de *L'origine* (C. A. Royer, J. J. Moulinié, E. Barbier) ne donne le titre exact et complet de l'original anglais ; nulle part on ne retrouve l'expression relative aux « races favorisées ». Toutes les citations du présent chapitre, sauf indications contraires, sont tirées de ces deux ouvrages.

gation réservée à des marginaux ignorants ; de nombreux scientifiques (et même des naturalistes aussi distingués que Richard Owen et Louis Agassiz) la prenaient tout à fait au sérieux. Le fait n'est pas aussi scandaleux qu'on pourrait penser. Car la croyance aux créations séparées n'excluait pas l'idée d'une *succession de formes vivantes selon des séries progressives.* C'est ce qu'on appelle le progressionisme ; il consiste à admettre que des organismes de plus en plus complexes sont apparus au cours de l'histoire du globe.

La « théologie naturelle », comme on disait, n'était donc pas intrinsèquement absurde. Le révérend Adam Sedgwick, qui enseigna les sciences naturelles à Darwin, admettait qu'il y avait eu une « progression organique ». Les céphalopodes, déclarait-il en 1850, avaient constitué à une certaine époque « le plus haut type de la vie animale » ; plus tard, les poissons avaient représenté les formes les plus parfaites ; puis étaient apparus les reptiles ; vinrent ensuite les mammifères et, enfin, l'homme. « Ce développement historique des formes et des fonctions de la vie organique durant les époques successives semble marquer une évolution de la puissance créatrice, manifestée par une ascension graduelle vers un plus haut

Charles Darwin (1809-1882). *(Cliché Radio Times Hulton Picture Library.)*

type d'être. » Le philosophe allemand Johann Gottfried Herder (1744-1803) avait exposé des idées assez différentes, mais qui témoignent peut-être, elles aussi, du succès de la notion de progression : « Des pierres aux cristaux, des cristaux aux métaux, de ceux-ci aux plantes, des plantes aux animaux et des animaux aux hommes, nous voyons que la forme d'organisation s'élève. »

Ce serait donc une erreur de croire que l'importance de la paléontologie et de l'anatomie comparée, par exemple, était méconnue avant Darwin (et même avant Lamarck). En fait, la conception d'une *progression* des formes vivantes au cours des âges était relativement banale. La grande différence avec l'évolutionnisme moderne, c'est qu'un Adam Sedgwick n'admettait pas une descendance continue entre les formes successives. Il y avait bien un développement dans le temps ; mais les nouvelles formes apparaissaient grâce à des « créations », que seule la puissance divine pouvait expliquer. La tâche de Darwin consistait donc essentiellement à découvrir par quels mécanismes une espèce pouvait engendrer une autre espèce. A cette condition seulement, il serait possible de mettre fin aux illusions des créationistes.

La sélection naturelle

La principale explication proposée par Darwin (et qui a fait sa gloire) est la théorie de la sélection naturelle. Les espèces sont des populations d'individus ; et, comme le prouvent d'innombrables faits, ces individus peuvent varier, c'est-à-dire manifester au fil des générations des différences de conformation plus ou moins marquées. Telle est la première notion clé : celle de *variation.* Puis Darwin met en évidence ce qu'il appelle la *lutte pour l'existence.* Là encore, il s'agit d'un phénomène tout à fait général. Mais attention : cette lutte doit être comprise « dans le sens général et métaphorique ». Elle ne désigne pas seulement les affrontements directs et violents, comme lorsque « deux animaux carnivores, en temps de famine, luttent l'un contre l'autre à qui se procurera les aliments nécessaires à son existence », mais également toutes les situations où des êtres vivants sont confrontés à des difficultés menaçant leur survie. Par exemple, « on arrivera à dire qu'une plante, au bord du désert, lutte pour l'existence contre la sécheresse, alors qu'il serait plus exact de dire que son existence dépend de l'humidité ». L'enjeu n'est pas seulement la survie de l'individu, « mais son aptitude à laisser des descendants ». Ce point est essentiel : le véritable succès consiste à laisser derrière soi une nombreuse progéniture.

Quant à l'origine de cette compétition permanente, elle s'explique aisément dans le cadre d'une conception malthusienne (et la référence à Malthus est d'ailleurs tout à fait explicite). Étant donné « la rapidité avec laquelle tous les êtres organisés tendent à se multiplier », il est inévitable qu'un grand nombre de ceux-ci soient détruits à un moment ou à un autre. « Autrement, le nom-

Darwin, dans ses études, fit preuve d'une certaine nonchalance. Si on en croit ses biographes, il préférait les chiens et la chasse au travail intellectuel. Son père, le Docteur Robert Darwin, lui déclara un jour qu'il serait une honte pour sa famille ! Tout d'abord, le jeune Charles fut orienté vers la médecine ; mais les cours de l'Université d'Édimbourg ne suscitèrent chez lui qu'un très médiocre intérêt. Pourquoi ne deviendrait-il pas pasteur dans l'Église anglicane ? Darwin alla donc à l'Université de Cambridge pour obtenir les titres requis ; et, bien que ce n'ait pas été son objectif principal, il s'initia à la géologie. Il lui fut alors proposé de s'embarquer sur le *Beagle.* Ce navire avait essentiellement une mission cartographique (Terre de Feu, Chili, îles Galapagos, etc.) ; mais le commandant, Robert Fitzroy, était prêt à prendre un naturaliste à son bord. Bien que son père ait d'abord opposé un refus, Darwin partit le 27 décembre 1831 pour un tour du monde qui devait durer jusqu'en octobre 1836. Il en profita pour faire une ample moisson d'observations géologiques, botaniques et zoologiques — et aussi pour réfléchir aux grandes questions de l'histoire naturelle... C'est de 1837 environ que datent ses premières spéculations sur la « transmutation » des espèces. *(Le* Beagle *d'après une gravure du XIXe siècle).*

bre [des] descendants deviendrait si considérable qu'aucun pays ne pourrait les contenir. »

Darwin peut alors introduire le concept de *sélection naturelle* proprement dit. Pour cela, il s'appuie sur une analogie. Il suffit de supposer que la nature procède de la même manière que les horticulteurs et les éleveurs. Pour former de nouvelles « races », ces derniers opèrent un tri systématique et prolongé entre leurs fleurs et leurs animaux. Pourquoi ne pas imaginer que la nature procède selon la même méthode ? Darwin sait de quoi il parle : « Je me suis associé à plusieurs éleveurs importants et je fais partie de deux *Pigeons-clubs* de Londres. La diversité des races de pigeons est vraiment étonnante. » La sélection artificielle, comme l'a dit Youatt, est « la baguette magique au moyen de laquelle [l'éleveur] peut appeler à la vie les formes et les modèles qui lui plaisent ». Bien souvent, un ornithologiste qui ne connaîtrait pas l'origine artificielle de certaines variétés de pigeons (Messager anglais, Culbutant courte-face, Barbe, Grosse-gorge, etc.) pourrait croire qu'il est en présence de plusieurs « espèces bien distinctes ». L'hypothèse de la sélection naturelle consiste à transposer dans la nature ce processus.

La lutte pour la vie joue en quelque sorte le rôle de filtre : elle laisse survivre les individus qui présentent des caractères avantageux — et elle détruit les autres. Ainsi se constituent de nouvelles « races », de nouvelles « variétés » qui, progressivement, vont acquérir le statut d'*espèces* nouvelles. « J'ai donné le nom de *sélection naturelle* ou de *persistance du plus apte* à cette conservation des différences et des variations individuelles favorables et à cette élimination des variations nuisibles.[2] »

Ce langage théorique pouvait être critiqué à cause de son anthropomorphisme. Aussi Darwin a-t-il précisé, une fois de plus, qu'il recourait à de simples métaphores. « La nature » n'est pas une sorte de personnage mystérieux, doué de conscience et d'intentions ; il ne faut pas croire qu'elle s'identifie à « une puissance active ou divine ». De même, il faut éviter de prêter de l'intelligence à la « sélection naturelle ». En fait, elle fonctionne de façon aveugle. C'est simplement une façon de désigner l'ensemble des mécanismes qui contrôlent la reproduction des êtres vivants.

2. Comme l'indique Darwin, l'expression de persistance du plus apte est empruntée à Herbert Spencer.

Théorie principale et théories auxiliaires

Les deux notions de variation et de sélection naturelle forment le noyau dur du darwinisme. Aussi a-t-on souvent jugé commode (et particulièrement « scientifique »...) de condenser *L'origine des espèces* en une série d'énoncés simples et soigneusement agencés. Voici par exemple comment débute une présentation formelle citée par l'historien Conway Zirkle : « 1. Tous les organismes varient ; il n'y en a pas deux qui soient exactement semblables. 2. Il naît plus d'individus qu'il ne peut en exister dans l'espace disponible. 3. En conséquence, il y a une compétition acharnée entre toutes les formes de vie (" lutte pour la vie "). 4. Les plus faibles ou les moins adaptés sont éliminés », etc. Cette façon de s'exprimer, qui n'est aucunement celle de Darwin, me semble avoir un double inconvénient.

D'une part, elle risque de dissimuler derrière une apparence de rigueur plusieurs difficultés conceptuelles. Quel est le rapport exact entre la notion de « lutte pour la vie » et la notion de « sélection naturelle » ? Ou encore : la « persistance du plus apte » ne constitue-t-elle pas un cercle vicieux ? En effet, un individu adapté est un individu qui réussit à survivre dans des conditions données. Mais alors, dire que « les individus adaptés survivent » revient à avancer une tautologie : « les individus qui survivent survivent » ! Formule assurément irréfutable, mais dont la puissance explicative peut être mise en doute. Pour éliminer les obscurités de ce genre, des théoriciens se sont efforcés d'imaginer des énoncés plus précis [3]. Mais maintenant encore, par exemple à propos de la définition des mutations « utiles », des problèmes analogues se posent.

D'autre part, les présentations formalisées donnent une idée inexacte du darwinisme authentique, je veux dire du darwinisme de Darwin. Tout au plus reste-t-il une sorte de squelette, une image exagérément simplifiée et incomplète de la vaste synthèse originelle. En effet, une fois admis que la théorie de la sélection naturelle a un rôle central, il faut encore se rendre compte que divers compléments sont indispensables. Ces compléments, les épistémologues leur donnent le nom de *théories auxiliaires*. En leur absence, la théorie principale est concrètement inapplicable ou insuffisamment explicative. Par exemple, il ne suffit pas que

3. Voir par exemple M. Ruse, « Natural selection in *The origin of species* », *Studies in history and philosophy of science*, février 1971, pp. 311-351.

des variations s'accumulent pour que la formation des espèces soit élucidée. Il faut encore que l'on comprenne comment les populations concernées se sont différenciées. Darwin a eu beaucoup de mal à résoudre cette question de la *divergence.* Voici comment il résume cette découverte dans son *Autobiographie :* « Je me rappelle l'endroit précis de la route où, étant dans ma voiture, la solution s'imposa à mon esprit. (...). La solution, comme je le pense, est que les descendants modifiés des formes dominantes et en voie de croissance tendent à s'adapter à de nombreuses et différentes localités dans l'économie de la nature. » Mais plusieurs points restaient obscurs. Les naturalistes discutaient entre autres du rôle de *l'isolement.* A la différence de Moritz Wagner, Darwin estimait qu'il n'était pas nécessaire que deux populations soient isolées géographiquement pour qu'elles divergent. Ces additions à la théorie initiale, dans la pratique, sont essentielles.

L'étonnante diversité des « variations »

C'est pourquoi il convient de ne pas se laisser abuser par l'apparente limpidité de certaines notions. Les développements de Darwin sur les *variations* sont par exemple d'une extrême complication. D'après lui, elles ont toujours des causes ; causes que nous ignorons en général, mais qui doivent être cherchées dans le milieu ambiant : « Les variations de toutes sortes et de tout degré sont directement ou indirectement causées par les conditions extérieures auxquelles chaque être organisé et surtout ses ancêtres ont été exposés. » Mais c'est surtout la grande diversité des variations qui mérite attention.

Les conditions de vie, en effet, provoquent chez les êtres vivants des modifications de types différents. Parfois, il y a action *directe :* les conditions agissent « directement sur l'organisation entière ou sur certaines parties seulement ». D'autres fois, l'action est *indirecte :* les conditions affectent alors « le système reproducteur ». On peut le constater, la notion darwinienne de variation n'a pas grand-chose à voir avec la notion moderne de « mutation ». Il peut arriver, selon Darwin, que les variations concernent les « éléments sexuels » ; mais c'est plutôt l'exception. En général, elles portent sur l'organisme adulte ou sur l'embryon[4].

Vient ensuite une autre distinction. L'action du milieu peut pro-

4. Voir par exemple la conclusion, très significative, du chapitre XXII de *La variation des animaux et des plantes.*

duire des effets *définis* ou des effets *indéfinis*. Dans le premier cas, tous les organismes ou presque tous les organismes sont modifiés de la même manière. Tout se passe comme si les conditions exté-

Darwin a expliqué qu'il n'avait pas été influencé de façon significative par Lamarck ; et qu'il ne devait rien non plus à son grand-père, Erasme Darwin, généralement considéré comme l'un des « précurseurs » de Lamarck. Mais peut-être ne faut-il pas prendre ces déclarations au pied de la lettre. Car Darwin a lu (et même admiré) la *Zoonomie* qu'avait écrite son aïeul ; et, certainement, il a tiré profit de certaines idées qui y étaient développées. Ainsi Erasme Darwin écrivait : « La cause finale de la confrontation entre mâles semble être celle-ci : l'animal le plus fort et le plus actif doit propager l'espèce, qui par là-même est améliorée. » Bien que le langage soit différent, on trouve une idée analogue dans *L'origine des espèces*. En fait, l'objection principale que Darwin formulait à l'égard de son grand-père était d'ordre épistémologique : il lui reprochait de fonder ses vastes spéculations évolutionnistes sur des observations insuffisantes. *(Cliché National Portrait Gallery, London.)*

rieures, littéralement, poussaient la population concernée dans une direction bien déterminée... Dans le second cas, « nous nous trouvons en présence d'une grande variabilité flottante ». Cette fois-ci,

On a retrouvé des notes personnelles (datant de 1837 ou 1838) où Darwin énumère avec minutie, sur deux colonnes, les avantages et les inconvénients d'un éventuel mariage... D'un côté, il est agréable de ne pas vivre seul et d'avoir des enfants. Mais, de l'autre, la vie familiale risque de faire obstacle aux voyages d'étude. La maison sera bien tenue, mais Darwin le souligne vigoureusement : le mariage entraînera « une terrible perte de temps » ! Toujours est-il que le 29 janvier 1839 Darwin épousait Emma Wedgwood. C'était une femme très pieuse, qui enseigna à ses enfants le credo unitarien. Darwin, lui, avait des convictions religieuses beaucoup plus superficielles ; et on peut penser que, dans la dernière partie de sa vie, il devint à peu près complètement agnostique. Des documents assez émouvants montrent qu'Emma et Charles souffrirent tous les deux de cette différence. *(Cliché American Museum of Natural History.)*

les variations ne sont pas orientées ; elles sont désordonnées. Mais Darwin, notons-le, ne considère pas ces variations comme des événements rares : elles se produisent « chez un grand nombre d'individus vivant ensemble ».

Une délicate question doit encore être réglée : la sélection s'exerce-t-elle sur de grandes ou de petites variations ? Autrement dit, l'évolution est-elle continue ou discontinue ? Pour Darwin, le choix n'était guère douteux. La matière première de l'évolution, pour ainsi dire, est fournie par les petites variations auxquelles il donne le nom de « différences individuelles ».

Comme on pouvait s'y attendre, cette préférence est justifiée par des considérations proprement scientifiques (et entre autres par des arguments embryologiques). Mais Darwin se réfère aussi à des postulats philosophiques. Pour lui, *« la nature ne fait pas de sauts » ;* il est impossible, *a priori*, que les espèces se transforment de façon discontinue, par des « bonds » évolutifs. Maints détails confirment que ce principe est d'ordre métaphysique. En particulier, Darwin récusait tous les théoriciens « catastrophistes » qui voulaient expliquer l'histoire géologique et biologique de notre planète par des cataclysmes divers (tels que le Déluge) et par des créations successives opérées par Dieu (ou par on ne sait quelle puissance mystérieuse). Au-delà ou en deçà de la seule « science », des intérêts d'un autre ordre étaient donc en jeu. L'un des principaux arguments qui fondent le refus des grandes variations brusques, c'est que cela équivaudrait à « entrer dans le domaine des miracles[5] ».

Il faut toutefois aller plus loin et évoquer de véritables problèmes de « stratégie ». En effet, les grandes variations s'intégraient mal à l'ensemble de la théorie de la sélection naturelle. On peut penser que Darwin, afin de préserver la cohérence de son système explicatif, n'a pas été fâché de se débarrasser de ces gênantes variations en les qualifiant de « monstruosités ». Si l'on veut comprendre comment se posait concrètement ce délicat problème, il convient de jeter d'abord un coup d'œil sur les conceptions de Darwin en matière d'*hérédité.*

5. Au début de ses spéculations sur l'évolution, cependant, Darwin avait émis cette idée : « si une espèce se transforme en une autre, ce doit être grâce à un saut ». Voir S. Herbert (ed.), *The red notebook of Charles Darwin*, British Museum (Natural history), 1980, p. 66.

Une grande absente : la génétique « moderne »

Quand Darwin a écrit *L'origine des espèces,* Mendel n'avait pas encore publié sa fameuse étude : *Expériences sur les plantes hybrides.* Ce texte, qui fonde la génétique moderne, date de 1865. Darwin, en principe, aurait pu en prendre connaissance par la suite ; cela lui aurait permis de rectifier et de compléter sa théorie. Mais il n'en a rien été. Comme l'ensemble des naturalistes de son temps, Darwin a ignoré le mendélisme. Il faudra attendre le Hollandais Hugo de Vries, l'Allemand Carl Erich Correns et l'Autrichien Erich Tschermak pour que les grandes lois mendéliennes soient « redécouvertes » (1900)[6]. D'où l'importance de cette question : comment Darwin expliquait-il les phénomènes de transmission héréditaire ? Car il fallait rendre compte de la conservation des « bonnes » variations ; ce qui impliquait le recours à une théorie génétique.

Darwin a décrit la situation sans complaisance. *« Les lois qui régissent l'hérédité sont pour la plupart inconnues. Pourquoi, par exemple, une même particularité, apparaissant chez divers individus de la même espèce ou d'espèces différentes, se transmet-elle quelquefois et quelquefois ne se transmet-elle pas par hérédité ? Pourquoi certains caractères du grand-père, ou de la grand-mère, ou d'ancêtres plus éloignés, réapparaissent-ils chez l'enfant ? Pourquoi une particularité se transmet-elle souvent d'un sexe, soit aux deux sexes, soit à un sexe seul, quoique non pas exclusivement au sexe semblable ? »* L'hérédité, par malheur, paraissait « très capricieuse ». Faute de mieux, Darwin dut se contenter de quelques principes généraux qui nous paraissent aujourd'hui insuffisants et inadéquats.

Tout d'abord, il concède que toutes les variations ne sont pas héréditaires. Pour la cohérence de sa théorie, ce fait n'est pas trop gênant. Il suffit que beaucoup de variations favorables soient transmises. C'est bien le cas : « le nombre et la diversité des déviations de conformation transmissibles par hérédité (...) sont presque infinis ». Darwin se réfère de nouveau aux éleveurs, qui ont une grande connaissance pratique de ces questions : « tous ont pour axiome fondamental que le semblable produit le semblable ».

6. Certains historiens pensent que Tschermak ne doit pas être considéré comme un véritable « redécouvreur » du mendélisme. Voir par exemple des remarques de C. Stern dans C. Stern and E. R. Sherwood (eds.), *The origin of genetics. A Mendel source book,* W. H. Freeman, 1966, pp. X-XI.

Mais ceci n'explique pas que des caractères possédés par les ancêtres disparaissent et réapparaissent (atavisme) ; et comment se fait-il que divers caractères possédés par un parent soient inégalement transmis à la descendance ? Pour un généticien actuel, la solution de principe est simple. Gène récessif, gène dominant, génotype, phénotype, caractère polygénique, pléiotropie, etc. : autant de concepts qui expliquent les fantaisies apparentes de l'hérédité. Mais Darwin, lui, ne disposait pas de cet arsenal théorique.

Il connaissait des faits remarquables et parlait par exemple de caractères *prédominants* et de caractères *latents*[7]. Il a même formulé une « hypothèse provisoire », baptisée *pangenèse*, qui permettait de concevoir la transmission héréditaire selon un modèle mécaniste. En résumé, il supposait que les cellules de toutes les parties du corps émettaient « de petits grains ou atomes », nommés *gemmules*, qui circulaient dans l'organisme et s'agrégeaient en « éléments sexuels ». Cette conception peut paraître très moderne : les gemmules composées d' « atomes » ne ressemblent-elles pas aux gènes de la génétique post-mendélienne ? Mais, en fait, l'hypothèse de la pangenèse expliquait à la fois trop et trop peu. Elle expliquait trop, puisqu'elle justifiait l'hérédité des caractères acquis... Et elle expliquait trop peu, puisqu'elle ne donnait aucune précision sur les mécanismes grâce auxquels certaines gemmules s'exprimaient ou au contraire demeuraient silencieuses, etc. Darwin, malgré le prix qu'il accordait à son hypothèse, ne s'en est pratiquement pas servi ; elle occupe dans son œuvre une situation marginale. Tout compte fait, il demeurait donc démuni devant les manifestations déroutantes de la transmission héréditaire. Pis encore, il a été amené à prendre au sérieux une idée théorique tout à fait contestable mais couramment admise par ses contemporains : la *blending inheritance.* Traduisons : l'hérédité par mélange (ou hérédité intermédiaire).

Un désastre théorique : l' « hérédité intermédiaire »

D'après cette conception, les caractères des deux parents se transmettent en se « mélangeant », à peu près comme se mêlent deux liquides. Supposons par exemple qu'une fleur blanche soit croisée avec une fleur de la même espèce dont la couleur est rose.

7. Par exemple, se référant à Gärtner, Darwin parle de la « prépondérance de transmission ». Il décrit les caractères « latents » aussi comme des caractères « dormants ».

En vertu de l' « hérédité par mélange », la descendance manifestera un caractère intermédiaire, disons une teinte d'un rose très léger. De même, supposons qu'un bélier à courtes pattes soit croisé avec une brebis « normale » ; le résultat sera un mouton (ou des moutons) à pattes « moyennement » courtes. Dès lors, on conçoit la formidable difficulté que devait surmonter la théorie de la sélection naturelle : *comment expliquer qu'un caractère nouveau puisse se conserver intégralement ?* Tout sujet porteur d'une « variation », en se croisant avec un sujet dépourvu de cette même variation, devait engendrer un rejeton « intermédiaire ». C'est-à-dire un rejeton ne possédant la variation originale que sous une forme dégradée. Dans un langage qui n'est pas celui de Darwin, on peut

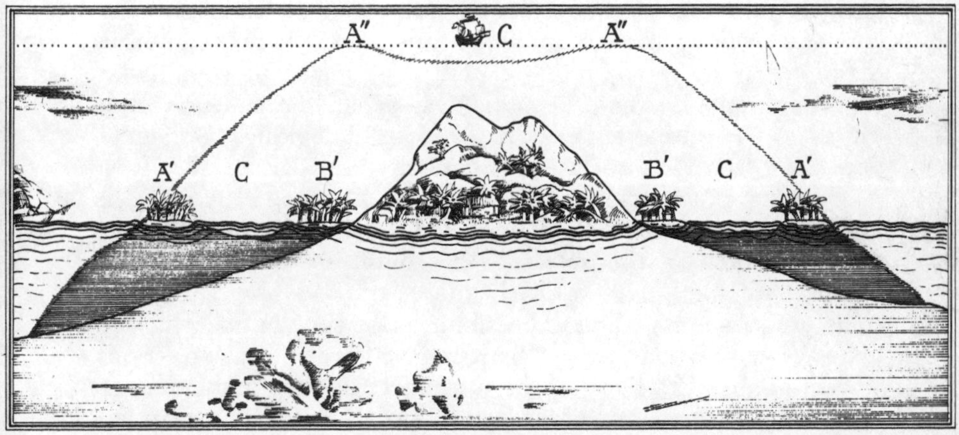

Aujourd'hui, Darwin est célèbre essentiellement à cause de sa théorie de la « transmutation » des espèces. Mais, surtout au début de sa carrière, il s'est énormément intéressé à la géologie ; à eux seuls, ses écrits sur des sujets géologiques constituent une œuvre non négligeable. Darwin, entre autres choses, a expliqué l'origine des récifs de corail. D'après Lyell, considéré comme le plus grand géologue de son époque, les atolls s'étaient formés sur des volcans immergés. Darwin formula une théorie toute différente (dont Lyell, d'ailleurs, reconnut aussitôt la supériorité). Les coraux ne peuvent pas vivre à une profondeur dépassant 120 pieds ; il est donc plus simple d'admettre que les divers récifs de corail s'expliquent par l'affaissement progressif de certains terrains. Quand une île s'enfonce, par exemple, un récif barrière peut se former par accumulation graduelle de corail dans la zone la plus proche de la surface (A'B', B'A'). Les coraux morts servent de support aux coraux vivants. Finalement, si l'affaissement se prolonge, seul l'atoll demeure visible (A''A''). *(D'après un schéma original de Darwin.)*

parler d'une sorte d'effacement génétique. A cause de l'hérédité intermédiaire, les innovations vont disparaître ; au mieux, elles vont se « diluer ». Les croisements, de façon générale, ont pour effet de diminuer l'efficacité des processus sélectifs.

Nous retrouvons alors le problème de stratégie auquel j'ai fait allusion. *Comment définir les variations pour que l'ensemble du système demeure solide ?* Il serait abusif de penser que Darwin a vraiment « truqué » sa théorie de la variation afin de sauver à tout prix sa théorie de la sélection. Mais il a été contraint, semble-t-il, de procéder à de délicats aménagements. Ainsi il a mis un grand acharnement à dénier tout intérêt évolutif aux grandes variations brusques. Pourquoi ? Certainement parce qu'il y voyait des déviations pathologiques ; mais aussi parce que sa conception de l'hérédité lui interdisait de les juger utiles. A ses yeux, en effet, les grandes variations brusques étaient des variations rares et même *uniques.* Or une variation unique, à cause de l' « hérédité intermédiaire », est une variation qui ne peut se propager intacte à travers les générations. La logique interne de la pensée darwinienne imposait donc que cette catégorie d'innovations biologiques (Darwin les appelait « sports » ou « single variations ») soit laissée de côté.

L'un des plus perspicaces critiques de Darwin, Fleeming Jenkin, mit cette faiblesse en évidence dans un article paru en 1867 dans la *North British review*[8]. Présentant ses arguments sous forme mathématique, il affirmait que la transmission des « variations uniques » était une impossibilité. Darwin, comme plusieurs textes en témoignent, perçut clairement la force de ces objections. Je pensais bien, déclare-t-il en substance, que les grandes variations n'étaient pas très utiles pour l'évolution ; mais Jenkin m'a prouvé que c'était encore plus vrai que je ne croyais. Il importait donc de mieux souligner la distinction entre deux sortes de variations (petites variations et variations brusques) ; et d'affirmer catégoriquement que, du point de vue évolutif, les petites variations (les « différences individuelles ») étaient les plus importantes. Mais d'autres difficultés surgissaient.

De l'art de sauver une théorie menacée

Car ces dernières variations, elles aussi, pouvaient être « effacées » par l'hérédité intermédiaire. De plus, elles étaient de *faible*

8. Jenkin enseignait les arts de l'ingénieur à Glasgow. Le texte est reproduit par Hull dans *Darwin and his critics* (voir Bibliographie).

ampleur. Ainsi que le soulignait Jenkin, comment imaginer que des « différences » aussi minimes puissent produire de nouveaux organes ? Pour s'en sortir, Darwin n'avait guère le choix : il devait postuler que les mêmes petites variations apparaissaient simulta-

Le naturaliste anglais Alfred Russel Wallace (1823-1913) est parvenu, indépendamment de Darwin, à l'idée d'évolution par sélection naturelle. En 1858, il adressa à Darwin, afin qu'il le fasse publier, un article décisif : « De la tendance des variétés à s'écarter indéfiniment du type primitif. » Pour Darwin, qui mûrissait sa théorie mais n'avait rien publié sur elle, ce fut un véritable coup de massue : si l'article de Wallace paraissait, il perdait la « priorité » ! Par bonheur, deux amis influents et complaisants, Lyell et Hooker, résolurent le problème avec efficacité (sinon avec élégance). Tout simplement, ils présentèrent à la *Société linnéenne de Londres* deux textes de Darwin sur la sélection naturelle (un bout de manuscrit et une lettre adressée à Asa Gray) — et ils les firent suivre de l'article de Wallace. Ce dernier, notons-le, était au loin, dans l'archipel malais, et n'avait même pas été averti... C'est ainsi que l'honorable Charles Darwin, en toute innocence, conserva une « priorité » qui, selon la stricte déontologie, aurait dû lui échapper. *(Cliché National Portrait Gallery, London.)*

nément dans un très grand nombre d'individus — et aussi qu'elles étaient susceptibles de réapparaître plusieurs fois de suite. Mais ces hypothèses, malgré leur hardiesse, risquaient d'être encore insuffisantes. Aussi Darwin insista-t-il de plus en plus sur d'autres idées qui avaient l'avantage de rendre son système vraisemblable.

En premier lieu, il donna une importance plus grande à l'action directe des conditions extérieures. Selon ses propres termes, le problème était « des plus embarrassants ». Mais Darwin avait de bonnes raisons pour modifier ses interprétations : « Sans doute ai-je attribué à l'origine trop peu de poids à l'action directe des conditions. » Plus précisément, il faut comprendre que « l'action directe et définie des changements de conditions » est capable de transformer une population dans un sens déterminé. Il suffit qu'il y ait « uniformité des causes » dans l'environnement pour qu'il y ait « uniformité des effets » dans les organismes. Cette explication tombait à pic : grâce à elle, il était possible de limiter les effets désastreux de l'hérédité intermédiaire[9].

En second lieu, Darwin introduisit dans *L'origine des espèces* des remarques relatives à « la tendance à varier de la même manière ». Cette idée, elle aussi, est très commode ; elle revient à imaginer que le milieu donne une sorte d'élan aux organismes. Même si l'individu qui a varié ne transmet pas exactement ses nouveaux caractères à ses descendants, il leur communique « une tendance à varier dans la même direction ». Ainsi est freinée l'action dissolvante de l' « hérédité intermédiaire ». Quel est le statut exact de cette « tendance » ? Son existence est-elle véritablement prouvée par les « faits » ? Ou bien Darwin l'a-t-il inventée afin d'expliquer la survivance de certains caractères ? Le moins qu'on puisse dire, c'est que ces remaniements de la théorie semblent parfois assez arbitraires.

Rappelons en outre que Darwin ajouta aux dernières éditions de *L'origine* des développements relatifs à ce que nous appelons aujourd'hui les variations neutres. Il se rendit compte, en effet, qu'il existait des variations qui ne sont « ni avantageuses ni nuisibles ». Dans ses premières spéculations, il avait sous-estimé leurs effets. Mais, par la suite, il estima qu'elles expliquaient des phénomènes très importants ; en particulier, elles donnaient peut-être la

9. Les citations de cet alinéa sont tirées d'une lettre à K. Semper écrite le 19 juillet 1881 (voir la traduction française de *La vie et la correspondance de C. Darwin,* tome II, p. 729) et de *La descendance de l'homme,* seconde édition anglaise, troisième édition française, Reinwald, 1891, p. 28, p. 63.

clé du polymorphisme de certaines espèces. On trouve dans *La descendance de l'homme* cette déclaration : « c'est là, je crois, l'une des omissions les plus graves qu'on ait pu jusqu'à présent relever dans mon ouvrage ». On peut s'interroger sur la cohérence de l'ensemble de toutes ces hypothèses auxiliaires. Il est clair, en tout cas, que Darwin a beaucoup transformé sa théorie initiale ; et que ces transformations n'ont pas toujours été imposées par la découverte de nouveaux « faits » (il s'en faut de beaucoup), mais plutôt par le souci de parer aux difficultés qui apparaissaient.

Multiplicité des processus évolutifs.
Ou : Darwin loin du « darwinisme »...

Ces indications ne donnent encore qu'une faible idée de la complication du darwinisme authentique. Jusqu'ici, je l'ai en effet présenté comme s'il était fondé exclusivement (ou essentiellement) sur l'idée d'évolution par sélection naturelle. Mais il est temps de montrer pourquoi cette façon de faire est discutable et même trompeuse. Darwin, certes, a toujours donné une grande place à la théorie de la sélection. Il serait pourtant inexact de croire que tous les caractères réputés « importants » ont été sélectionnés (au sens fort du mot) ; et que seule la sélection est capable d'expliquer la formation des espèces. *Pour Darwin, il existe de nombreux autres processus évolutifs — processus qu'il distingue souvent et expressément de la « sélection naturelle ».*

On vient de le voir, la théorie darwinienne a fini par faire place à une sorte de *neutralisme :* des variations neutres (c'est-à-dire « sans importance pour la prospérité de l'espèce ») peuvent se transmettre à la descendance. Par exemple, la plupart des mammifères sont couverts de poils, la plupart des reptiles sont couverts d'écailles, etc. Nous avons tendance à juger que ces conformations ont « une importance vitale essentielle pour l'espèce » et qu'elles ont donc été « sélectionnées ». Mais, en fait, rien n'est moins certain. Diverses causes, selon Darwin, pu jouer et rendre ces différences morphologiques « constantes » ; mais sans que la sélection naturelle intervienne.

Peut-être les effets des variations « insignifiantes » sont-ils très marginaux. Mais il n'en va sûrement pas de même en ce qui concerne cette autre théorie auxiliaire : *l'usage et le défaut d'usage.* Darwin admet l'hérédité des caractères acquis, à la différence des généticiens modernes, et n'a aucun mal à concevoir que l'habitude puisse faire naître des caractères qui seront ensuite conservés.

Laissons-lui la parole : « L'usage (...) renforce et développe certaines parties, tandis que le non-usage les diminue ; et (...) ces modifications sont héréditaires. (...) Beaucoup d'animaux possèdent des organes dont on ne peut expliquer la présence que par les effets du non-usage. » Par exemple, l'autruche a pris l'habitude de se défendre « à coups de pied » contre ses ennemis ; ne se servant plus de ses ailes pour fuir en volant, elle est devenue définitivement incapable de voler.

Comment expliquer l'origine des espèces ? Darwin, pour répondre, s'est appuyé sur une analogie : de même que les éleveurs créent des « races » (ou des « variétés ») en sélectionnant systématiquement leurs sujets, de même « la nature » crée de nouvelles espèces en opérant mécaniquement un tri entre les animaux et en préservant les mieux « adaptés ». L'illustration représente des pigeons ayant obtenu des prix lors d'une exposition organisée en 1864 par l'un des clubs auxquels appartenait Darwin. Si l'on ne savait pas que toutes les races de pigeons descendent d'une même souche, écrivait-il, on prendrait le Messager anglais, le Culbutant courte-face, le Grosse-gorge et le pigeon Paon pour des espèces bien distinctes. En soi, l'hypothèse de Darwin était séduisante ; il suffisait d'admettre que, par accumulation de « variations », une variété pouvait se transformer en espèce. Mais les anti-darwiniens contestaient la validité de la comparaison entre sélection artificielle et sélection naturelle. Comme ils le soulignaient avec véhémence, jamais un éleveur n'avait à proprement parler créé une nouvelle *espèce. (Cliché Derk Witty.)*

Bien sûr, on peut toujours supposer que ce type de processus est en quelque sorte « surveillé » de loin par la sélection naturelle. Mais Darwin lui-même indique que les habitudes peuvent jouer indépendamment de cette dernière. Ainsi on ne sait pas quelle est la cause des palmures observées chez les « chiens aquatiques ». Il se peut que ce soit la sélection de variations accidentelles. Mais on ne peut exclure une autre hypothèse : ces chiens auraient acquis des palmures parce qu'ils avaient pris l'habitude d' « écarter les doigts ». De même pour la girafe. Il est fort possible que son long cou et ses longues jambes doivent s'expliquer par « l'usage prolongé de toutes les parties ». En pratique, il n'est pas facile de savoir quel mécanisme évolutif précis est intervenu : « Quelle est la part qu'il faut attribuer aux habitudes seules ? Quelle est celle qu'il faut attribuer à la sélection naturelle des variétés ayant des constitutions différentes ? (...) C'est là une question très obscure. »

Une autre modalité de l'évolution est encore possible : les individus se transforment par la seule action des *lois de la croissance*. Il existe en effet des corrélations organiques qui font que certaines variations en entraînent d'autres. Il peut arriver, par exemple, que le fort développement d'un organe ait pour contrecoup le moindre développement d'un autre organe. « Nous voyons, écrit Darwin, qu'on peut attribuer, indépendamment de la sélection naturelle, aux lois de la croissance et à l'action réciproque des parties un grand nombre de modifications morphologiques chez les plantes. » *L'action directe et définie des conditions* et la *tendance à varier dans une même direction* peuvent aussi faire évoluer une population entière ; et Darwin précise bien : « sans l'aide d'aucune espèce de sélection ».

Mentionnons enfin la *sélection sexuelle,* que Darwin distingue très soigneusement de la sélection naturelle (et qu'il a étudiée en détail dans *La descendance de l'homme*). Elle dépend, explique-t-il, « de la lutte entre les individus d'un sexe, ordinairement les mâles, pour s'assurer la possession de l'autre sexe ». Certains caractères, par exemple, sont préservés uniquement parce qu'ils permettent aux mâles de « séduire » plus efficacement les femelles. D'autres naturalistes, comme Alfred Russel Wallace, ne croyaient pas au bien-fondé de cette théorie auxiliaire [10]. Pour Darwin, néanmoins, elle constituait un processus évolutif particulier.

Très souvent, dans l'enseignement et la vulgarisation, le darwi-

10. Sur ce problème, consulter A. R. Wallace, *Le darwinisme,* traduction française, Lecrosnier et Babé, 1891, en particulier le chapitre X et la page 369.

nisme est identifié purement et simplement à la théorie de la sélection naturelle. Mais, comme le montre l'énumération précédente, c'est là une réduction tout à fait abusive. Le système de Darwin est un système pluraliste. Mieux encore, un système dont divers éléments n'ont rien de « darwinien »...

Une théorie « éclatée » et de moins en moins « sélectionniste »

En soi, ce pluralisme explicatif est légitime : si « la nature » se comporte ainsi, pourquoi ne pas le dire ? Encore faudrait-il que l'on puisse discerner dans quelles circonstances il faut recourir à l'usage ou au non-usage, aux lois de la croissance, à la sélection sexuelle, etc. Or Darwin se trouve souvent en difficulté lorsqu'il doit appliquer concrètement sa théorie. Par exemple : « il est impossible, dans la majorité des cas de cette nature, d'établir une ligne de démarcation entre les effets de la sélection naturelle et ceux de la sélection sexuelle[11] ». Ou encore : « quand une variation présente une très faible utilité pour un être quelconque, nous ne sommes pas en mesure de dire quelle part il convient d'attribuer à l'action accumulatrice de la sélection naturelle et quelle part il convient d'attribuer à l'action définie des conditions ». En langage technique, on peut donc dire que plusieurs des concepts darwiniens ne sont pas *opératoires.* Non seulement la théorie est « éclatée », mais il n'est même pas toujours possible de repérer les modes d'évolution qui ont été particulièrement efficaces dans telles ou telles circonstances.

Darwin cherche parfois à s'en tirer en distinguant les caractères « importants » de ceux qui ne le sont pas. Mais la définition de ces caractères a sans doute le défaut d'être circulaire. En définitive, un caractère « important » est un caractère qui est utile et possède une signification spécifique (propre à l'espèce) ; bref, c'est un caractère qui mérite d'être sélectionné. Mais alors, est-il vraiment fécond de dire que la sélection naturelle a trié et retenu les caractères « importants »... ? C'est la valeur même de la théorie globale qui est en cause.

Au cours des années, pour faire face aux objections, Darwin a tenté de perfectionner sa théorie en la modifiant ou en la précisant. Parfois même, il donne l'impression de s'excuser. Dans *La descendance de l'homme,* il fait cet aveu : « J'admets maintenant que, dans *L'origine des espèces,* j'ai probablement attribué un rôle trop

11. *La descendance de l'homme,* édition citée, p. 230.

Darwin, en 1859, avait une telle foi dans les effets de la sélection naturelle qu'il n'hésitait pas à imaginer la transformation de l'ours noir en une sorte de baleine : « Je ne peux voir aucune difficulté dans le fait qu'une race d'ours, grâce à la sélection naturelle, soit rendue de plus en plus aquatique dans sa structure et ses habitudes, avec une gueule de plus en plus grande, jusqu'à ce que soit produite une créature aussi monstrueuse qu'une baleine »... Par la suite, ce passage disparut de *L'origine des espèces ;* et Darwin admit expressément qu'il avait « probablement attribué un rôle trop considérable à l'action de la sélection naturelle ». En particulier, il souligna que beaucoup de modifications n'étaient « ni avantageuses ni nuisibles » aux organismes où elles apparaissaient. Ces variations, selon Darwin, étaient susceptibles de se conserver, surtout dans de petites populations. Voici le texte original, qui fait immanquablement penser à la « dérive génétique » et au « neutralisme » de Kimura : « Des modifications produites de cette manière, qui n'ont ni avantage ni désavantage pour l'organisme modifié, seront tout particulièrement favorisées (...) par l'isolation dans une petite région, où un petit nombre seulement d'individus vivraient et dans des conditions presque uniformes. » *(Cliché G. Houel/Atlas Photo.)*

considérable à l'action de la sélection naturelle ou à la persistance du plus apte. » Des critiques comme Mivart, écrit-il en 1878, racontent que je me sers exclusivement de la sélection naturelle. Mais c'est faux : « nul autre que moi n'a fait autant d'observations sur les effets de l'usage et du défaut d'usage [12] ». Quelques commentateurs sont allés jusqu'à suggérer que Darwin, à la fin de sa vie, était devenu plus ou moins « lamarckien ». C'est certainement une erreur ; bien que Darwin ait cru à la transmission des caractères acquis, il n'a jamais repris à son compte les thèses essentielles du Français. Il semble, en revanche, que le formidable édifice théorique de *L'origine des espèces* se soit progressivement et sensiblement dégradé. En le remaniant, Darwin y a peut-être introduit certaines incohérences ; mais sans réussir pour autant à en accroître la puissance explicative.

N'oublions pas que les obstacles à surmonter étaient nombreux. Même le « fait de l'évolution », comme on dit, n'était pas évident. Darwin s'est montré particulièrement sensible à cette objection : s'il y a eu évolution progressive par « descendance », comment expliquer « la distinction bien tranchée des formes spécifiques et l'absence d'innombrables chaînons de transition les reliant les unes aux autres » ? Théoriquement, on s'attendrait à ce que la paléontologie révèle « l'existence passée de gradations infiniment nombreuses (...) reliant entre elles presque toutes les espèces éteintes ou encore vivantes ». Mais Darwin reconnaît volontiers qu'il en va autrement. Les séries fossiles, le plus souvent, sont incomplètes et présentent de graves lacunes. L'un des plus célèbres adversaires du darwinisme, Louis Agassiz, qui était aussi un scientifique de premier plan, estimait donc que la « filiation généalogique » des espèces successives n'était aucunement prouvée [13].

La question précédente était étroitement liée à celle-ci : l'évolution est-elle continue ou discontinue ? Darwin était un partisan

12. Lettre inédite à W. C. Greg, citée par P. J. Vorzimmer dans l'ouvrage mentionné dans la bibliographie, p. 264.

13. Voir P. Thuillier, « Un anti-évolutionniste de choc : Agassiz », *La Recherche*, n° 40, décembre 1973, p. 116. Reproduit dans *Darwin and C°*, Complexe, 1981.

« Le géologue n'est point embarrassé de voir que l'Angleterre possède les mêmes quadrupèdes que le reste de l'Europe, parce qu'il est évident que les deux régions ont été autrefois réunies. Mais, si les mêmes espèces peuvent être produites sur deux points séparés, pourquoi ne trouvons-nous pas un seul mammifère commun à l'Europe et à l'Australie ou à l'Amérique du Sud ? » Ces quelques

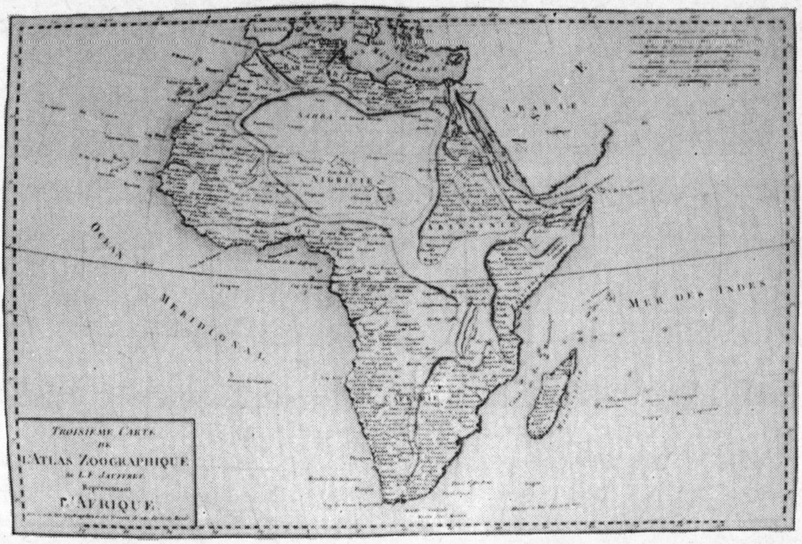

lignes tirées de *L'origine des espèces* montrent l'importance des questions concernant la distribution géographique des animaux. Selon Darwin, il faut admettre des « centres uniques de création » : chaque espèce n'est apparue qu'une fois — et, si l'on rencontre la même espèce sur deux territoires éloignés, c'est qu'il y a eu migration. Mais la dispersion des organismes ne s'est pas toujours faite de façon simple : il faut tenir compte des changements géologiques et climatiques, expliquer comment certaines espèces végétales ou animales ont pu franchir de grandes distances, etc. C'est l'occasion de souligner le caractère « pluridisciplinaire » de la théorie de l'évolution : non seulement Darwin devait s'y connaître en matière de classification, d'embryologie et d'hérédité, mais il avait besoin de solides connaissances géographiques et géologiques. *(Cartes tirées de l'*Atlas zoographique *de L.F. Jauffret.) (Cliché J.L. Charmet.)*

convaincu de la continuité et, afin de faire accepter son point de vue, il s'est efforcé d'établir « l'imperfection des documents géologiques » : beaucoup de formes intermédiaires ont été accidentellement détruites (ou n'ont pas encore été retrouvées). Cette nouvelle hypothèse auxiliaire ne réglait cependant pas la question de façon définitive ; et la preuve en est que le débat, aujourd'hui encore, est ouvert...[14]

L'accumulation de petites « variations » peut-elle expliquer l'apparition de nouvelles « espèces » ?

En ce qui concerne le mécanisme même de la sélection naturelle, de très graves doutes étaient permis. Que valait l'analogie fondamentale utilisée par Darwin ? Selon lui, la sélection artificielle légitimait le concept de sélection naturelle. Au premier abord, le parallèle est satisfaisant. De même que l'éleveur crée de nouvelles variétés de pigeons ou de vaches, la nature crée mécaniquement de nouvelles *variétés* — variétés qui deviendront des *espèces.* Mais cette interprétation supposait qu'on ait accepté des définitions très particulières de la variété et de l'espèce. Comme on dirait aujourd'hui, il fallait reconnaître la légitimité de la conception « populationnelle » : une espèce ne se définit pas comme une essence absolument fixe et éternelle, mais comme une population mouvante, susceptible de varier au cours du temps. Imaginons que cette question ait été clairement résolue ; il restait à examiner si la comparaison entre les deux formes de sélection était valide.

Les éleveurs, c'est indéniable, réussissent des prouesses. Mais parviennent-ils à produire de véritables « espèces » ? En termes plus précis, peut-on admettre que la variabilité des populations existant à un instant donné est sans limite ? Darwin postulait qu'il en était ainsi. Des variations nouvelles, susceptibles de s'accumuler, surviennent en permanence. Puisqu'une variété est une espèce en voie de formation, rien d'étonnant à ce que la sélection, au fil des millénaires, réussisse à produire de nouvelles espèces. Mais les opposants protestaient vigoureusement : jamais les éleveurs n'ont à proprement parler créé une « espèce ». On ne peut donc pas croire que toute la diversité observée dans la nature (classes, ordres,

14. Voir P. Thuillier, « Le " scandale " du British Museum », *La Recherche,* n° 125, septembre 1981, p. 1016. Reproduit dans *Darwin and C°* sous le titre : « Darwin est-il mort une seconde fois à South Kensington ? ».

familles, genres, espèces) est correctement expliquée par cette comparaison boiteuse entre sélection artificielle et sélection naturelle.

En fait, disait Fleeming Jenkin, une plante ou un animal ne peut se modifier qu'à l'intérieur de certaines limites : il existe une « sphère de variation » dont l'organisme ne peut pas sortir. En outre, toujours selon Jenkin, les animaux et les plantes manifestent une « tendance au retour » : non seulement ils ne peuvent varier indéfiniment, mais beaucoup de sujets reviennent à leur « condition première », à la conformation de la « souche originelle ». On s'en doute, Darwin avait des répliques toutes prêtes. Mais les « faits » ne confirmaient pas toujours ses interprétations ; et les « preuves » décisives manquaient. De nos jours, le problème se pose sous une forme beaucoup plus précise (spécialement grâce à la distinction entre génotype et phénotype). Mais il n'est pas sûr qu'il soit résolu de façon totalement satisfaisante. Dans les années 1860, à plus forte raison, il était légitime de se demander si des « variations » très faibles suffisaient à rendre compte de la formation d'espèces nouvelles.

Je citerai encore, parmi de nombreuses autres critiques, celle que St. George Jackson Mivart, naturaliste chevronné, avait formulée à propos des « phases premières des conformations utiles ». En termes plus explicites, comment croire que la sélection puisse « percevoir » et conserver des innovations qui, à leur début, ne peuvent qu'être minimes et peu avantageuses pour l'organisme ? Darwin, à la différence de certains autres évolutionnistes, pensait que les modifications étaient très graduelles. Il était donc difficile de comprendre comment les « premiers rudiments » d'un organe préhensile, par exemple, pouvaient donner prise à la sélection. Darwin, dans le chapitre de *L'origine des espèces* où il répond aux objections, a étudié quelques cas précis. Il considère par exemple les organes pédicellaires des échinodermes (des sortes de pinces à trois bras) et en arrive à cette conclusion : « chaque gradation comprise entre le piquant ordinaire fixe et le pédicellaire fixe serait donc avantageuse à l'animal ». Et la sélection, en conséquence, serait en mesure de s'exercer à chaque étape.

Il n'empêche que le problème de l'utilité des rudiments demeurait posé ; et que, plus généralement, la notion d'*utilité évolutive* souffrait de diverses imprécisions et obscurités. Dans *La descendance*, Darwin a lui-même indiqué qu'il fallait se garder « d'indiquer avec trop d'assurance quelles sont les modifications qui peuvent être avantageuses à chaque être ». Une telle concession signifie que de lourdes incertitudes pèsent sur la théorie de la sélection.

Heureusement, l'ensemble du système darwinien était souple et riche en explications subsidiaires. Darwin pouvait toujours (en principe) surmonter les objections. Quand la sélection naturelle ne fonctionnait pas, il n'avait qu'à se référer à l'action directe des conditions ; quand cette dernière ne donnait pas satisfaction, il pouvait encore évoquer l'usage ou le non-usage des parties ; et ainsi de suite... Autrement dit, la théorie darwinienne était irréfutable (ou quasiment irréfutable).

Noyau dur et ceinture de sécurité

Pour parler comme certains épistémologues, il y avait un *noyau dur* et une *ceinture de sécurité*. Le noyau dur, c'était la théorie de la sélection naturelle ; la ceinture de sécurité, c'était le vaste dispositif de théories et de concepts auxiliaires qui assurait la protection du noyau dur. Plutôt que de présenter le darwinisme comme une construction axiomatique, il vaut mieux l'imaginer comme un système organique très complexe (et passablement élastique). Darwin, certes, ne doit pas être confondu avec les métaphysiciens délirants ! Il était très soucieux de respecter les « faits » ; et tout son travail scientifique visait à la rigueur. Mais, pratiquement, force est de constater que sa dextérité théorique pouvait frôler l'opportunisme. On a parfois l'impression, en le lisant, que des coups de pouce interviennent assez arbitrairement afin de préserver coûte que coûte le fameux noyau dur.

Du vivant même de Darwin, des critiques épistémologiques très dures ont été formulées à son égard. Le révérend Samuel Haughton, physiologiste et géologue, s'exprima en 1860 sans ménagement aucun : « Si un chimiste ou un minéralogiste quelconque s'avisait de mettre en avant une théorie géologique [aussi médiocre] sur l'origine de la soude et de la chaux, ses confrères le prendraient pour un aliéné. » Haughton, à vrai dire, ne semble pas avoir été un juge particulièrement compétent. Mais un autre témoignage est d'un grand intérêt. Il émane de William Hopkins, spécialiste des mathématiques (et en particulier des mathématiques appliquées à la physique et à la géologie) : « Nous osons l'affirmer sans crainte d'être contredit, une théorie physique relative à la matière organique qui ne reposerait pas sur de meilleures données (...) serait instantanément et totalement rejetée par toute personne qualifiée pour la juger. » Donnant au mot expliquer un sens très strict, Hopkins ajoutait : « La théorie de M. Darwin ne peut rien expliquer, car elle est dans l'impossibilité d'assigner une relation nécessaire entre les phénomènes et les causes auxquelles elle les rapporte[15]. » J. F. W. Herschel, qui était l'une des hautes autorités scientifiques de l'époque, résuma son opinion en une formule devenue fameuse : la théorie de la sélection était « la loi de higgledy-piggledy », c'est-à-dire une spéculation inconsistante.

Ces jugements semblent toutefois trop brutaux. Comme Darwin lui-même l'a remarqué, ils ne tiennent pas compte de la spécificité et de la diversité des sujets abordés par les naturalistes. Pour élaborer une théorie de l'évolution, il fallait en effet synthétiser et organiser une énorme masse de faits géologiques, paléontologiques, biogéographiques, anatomiques, physiologiques, embryologiques, éthologiques, génétiques, etc. Aussi Darwin avait-il du mal à accepter qu'on lui reprochât de ne pas formuler une théorie aussi strictement formalisée que la mécanique newtonienne...

« Sans théorie, pas d'observation »

Si l'on voulait avancer, il était nécessaire d'adopter un autre style de pensée, d'autres méthodes intellectuelles. Ainsi que l'écrivait Darwin à Lyell, « *avec le critérium de preuves* [de Hopkins], *les sciences naturelles ne feraient aucun progrès, car je suis convaincu que sans théorie il n'y aurait pas d'observation*[16] ». Remarque tout à fait réaliste et judicieuse, qui nous rappelle qu'il est souvent naïf de juger une théorie en termes de *vérité* et de *fausseté,* au sens immédiat et absolu de ces mots. Une bonne théorie, c'est d'abord une théorie qui suscite de bonnes questions et de bonnes observations, qui permet d'établir une sorte de « dialogue » avec les phénomènes. Bien sûr, le langage théorique de Darwin est souvent flou ; bien sûr, les « règles de correspondance » (grâce auxquelles on doit pouvoir associer rigoureusement concepts et observations) manquent souvent de rigueur. Mais enfin Darwin n'avait pas tort de proclamer qu'il avait introduit de l'intelligibilité dans un domaine demeuré jusqu'alors très obscur. Grâce à l'arsenal théorique qu'il proposait, des recherches nouvelles et plus précises devenaient possibles.

D'un point de vue proprement historique, il convient de souligner que les « erreurs » et les « lacunes » étaient inévitables. Nous

15. Les articles de S. Haughton et de W. Hopkins sont reproduits par Hull dans *Darwin and his critics.*

16. Lettre à Lyell du 1er juin 1860 ; voir *La vie et la correspondance de C. Darwin,* tome II, p. 179.

avons vu que Darwin, en particulier, avait des connaissances très frustes en matière d'hérédité. En 1859, c'est le contraire qui eût été étonnant. Plutôt que de voir là une « déplorable faiblesse », peut-être serait-il plus équitable d'apprécier comment Darwin, sur la base de nombreuses idées erronées ou incertaines, a réussi à

Lord Kelvin (1824-1907)

Selon Darwin, l'évolution des espèces est un phénomène très lent et très graduel. Car « la nature ne fait pas de sauts » ; si elle est efficace, biologiquement parlant, c'est parce qu'elle dispose de très longues durées, évaluables en centaines de millions d'années. Or, peu de temps après la parution de *L'origine des espèces,* une formidable attaque fut lancée par le physicien Lord Kelvin. Selon lui, la Terre n'était habitable que depuis quelques dizaines de millions d'années. Ce résultat, mathématiquement calculé, était fondé sur des considérations thermodynamiques (refroidissement de la Terre, etc.). Darwin fut très impressionné ; et Kelvin lui-même, non sans arrogance, souligna « la complète futilité de la philosophie de Darwin ». Aujourd'hui, évidemment, les affirmations du physicien paraissent totalement erronées. Mais Darwin, pour adapter sa théorie aux nouvelles durées géologiques, se sentit obligé de la modifier : il y introduisit des corrections (parfois aux dépens de sa cohérence interne) et insista sur divers mécanismes évolutifs capables d'accélérer le rythme de l'évolution. En particulier, il accorda un plus grand rôle aux effets héréditaires de l'usage et du non-usage. *(Cliché B.N. Paris. Ph. Jeanbor, Archives Photeb.)*

construire une théorie aussi efficace. Comme je l'ai souligné, il a été un stratège habile — et parfois un peu trop habile. Mais répétons-le : certains des « faits » qu'il devait décrire et interpréter paraissaient contradictoires. Plus tard, grâce au mendélisme, beaucoup de ces apparentes contradictions devaient disparaître : l'hérédité « quantique », miraculeusement, rendait compte de phénomènes très disparates. Darwin, lui, s'en est tiré par de laborieuses « négociations » théoriques, en manipulant comme il pouvait les définitions et les concepts. L'essentiel est de voir ces manœuvres comme elles étaient, dans leur contexte, avec leurs bons et leurs mauvais côtés ; et de ne pas les dissimuler, ensuite, derrière des éloges superficiels du « génie » darwinien.

Du « génie », du travail collectif et de la vertu d'obstination

Qu'est-ce d'ailleurs que le « génie » ? L'une des idées impliquées dans cette notion, semble-t-il, est celle d'originalité. Encore faudrait-il pouvoir définir ce qui fait de *L'origine des espèces* une création originale. Ce n'est pas si facile. Darwin, toujours soucieux d'affirmer sa « priorité » dans les découvertes, n'admettait pas volontiers que le sujet était « dans l'air ». Mais, ainsi que sa propre petite-fille, Nora Barlow, l'a confirmé, il serait imprudent de le croire sur ce point[17]. En fait, l'idée d'évolution était bel et bien « dans l'air » ; et Darwin, si remarquables qu'aient été ses travaux, peut être considéré comme l'un des points d'aboutissement de toute une vaste entreprise collective.

Dans la notice historique qu'il a ajoutée à *L'origine des espèces*, il a d'ailleurs donné les noms d'un certain nombre de théoriciens qui avaient eu des idées plus ou moins analogues aux siennes. Cette liste, grâce aux efforts des historiens, a été considérablement allongée. On y trouve pêle-mêle Empédocle, Lucrèce, al-Jâhiz, Hobbes, Benoît de Maillet, Diderot, Buffon, Erasme Darwin (le grand-père de Charles), Wells, Matthews, Geoffroy Saint-Hilaire, Blyth, Spencer et bien d'autres... Beaucoup de ces « sources » sont très indirectes ou dénuées d'importance ; il est néanmoins assuré que Darwin avait des dettes envers maints prédécesseurs (et qu'il a parfois mis de la mauvaise volonté à reconnaître tel ou tel emprunt). En outre, la « théorie de la sélection » est un exemple classique de ce qu'on appelle les découvertes simultanées : Alfred Russel Wal-

17. Voir l'*Autobiography* de Darwin éditée par Nora Barlow, Norton, pp. 123-124, pp. 153 et suivantes.

lace, indépendamment, était parvenu en 1858 aux mêmes idées que Darwin et lui aurait même ravi la priorité officielle si les amis de ce dernier n'y avaient mis bon ordre. Mais sans doute cette manière d'aborder la question est-elle encore trop anecdotique.

Darwin, en fait, était tributaire de tout un mouvement général des sciences de son temps. Il devait beaucoup, en particulier, à la géologie, à l'anatomie comparée et à l'embryologie. Et n'oublions pas les éleveurs, non plus que les fonctionnaires coloniaux, les missionnaires et les voyageurs de toutes sortes qui lui fournissaient une abondante moisson d'informations... Mais Darwin n'a pas seulement emmagasiné et utilisé des « faits ». Il les a interprétés ; et, pour cela, a recouru à des schémas généraux qui s'étaient développés dans son milieu culturel. Comme l'a remarqué l'historien Milton Millhauser, aussi bien dans le domaine des sciences naturelles que dans celui de l'histoire humaine, « il était devenu courant de penser en termes de croissance et de changement ». Et, plus d'une fois, Darwin a repris et adapté à ses propres besoins des concepts qui avaient mûri dans d'autres secteurs. L'une des plus grandes innovations du darwinisme, par exemple, consiste en l'application systématique de la pensée « populationnelle » : l'espèce est conçue comme une population d'individus variables, et donc comme une entité « statistique » et fluctuante. Les idées démographiques de Thomas Robert Malthus, dans la genèse de cette idée capitale, ont joué un rôle [18] ; et, indirectement, la *statisti-*

18. Significativement, comme Darwin, A.R. Wallace s'est référé à Malthus.

Dans *L'origine des espèces* (1859), Darwin avait seulement fait allusion au cas particulier de l'humanité. Le sujet était dangereux ; mieux valait attendre. Mais Darwin avait des opinions bien précises. Dans un gros ouvrage sur *L'ascendance de l'homme et la sélection sexuelle* (1871), il expliqua en toute netteté que l'homme était un mammifère et descendait d'autres mammifères. Nos ancêtres, déclarait-il, s'imaginaient qu'ils étaient issus de demi-dieux ; ou bien, dans une perspective chrétienne, ils croyaient que l'homme avait été « l'objet d'un acte séparé de création ». Comme le montrent l'anatomie comparée et la paléontologie, il n'en est rien. Pour comprendre l'homme, il faut recourir à la théorie de l'évolution — quitte à élargir cette dernière afin qu'elle prenne en compte les qualités mentales et morales propres aux êtres humains. Darwin, conjuguant biologie et anthropologie, traçait un vaste programme de recherches ; en outre, il contribuait à imposer culturellement une

nouvelle « image de l'homme ». Au passage, il situait le « sauvage » comme intermédiaire entre l'animal et l'homme civilisé. Et, dans la conclusion, il souhaitait que les hommes soient « soumis à une lutte rigoureuse ». Il faut maintenir une « concurrence ouverte », affirmait-il, afin que « les mieux doués » puissent réussir. Ces propos ont servi à justifier le racisme et ce qu'on appelle le « darwinisme social ». (*Indiens de la Terre de Feu. Gravure de C. Martens tirée du compte rendu scientifique du voyage du* Beagle).

que sociale du Belge Adolphe Quételet a aussi servi de « modèle »[19].

Dans la synthèse finale que constitue *L'origine des espèces*, Darwin a incontestablement fait preuve d'originalité. Mais il serait simpliste de le considérer comme un homme qui, par son seul « génie », a soudain inventé des idées radicalement nouvelles. L'idée d'évolution était déjà largement répandue, ne serait-ce que grâce aux écrits d'Erasme Darwin, de Lamarck et de Chambers (auteur des *Vestiges de l'histoire naturelle de la création*, 1844). Le mécanisme de la sélection naturelle avait également été perçu par des auteurs divers, beaucoup moins connus. Ce qui distingue Darwin, ce n'est donc pas tant la découverte de nouvelles idées qu'un extraordinaire acharnement à les articuler entre elles, à en tirer les conséquences et à les confirmer par une incroyable quantité de « faits » bien choisis. Ces démarches, assurément, exigeaient des qualités proprement intellectuelles. Mais une fois de plus est vérifiée la justesse du mot d'Einstein : seul un monomaniaque obtient des résultats... Bref, Darwin a eu la foi. Anticipant avec hardiesse, refusant de se laisser impressionner par l'absence de « preuves », il a avancé patiemment — sans craindre de compenser une « erreur » apparemment ruineuse par d'autres « erreurs »... Darwin, par-dessus tout, a été un homme têtu et obstiné.

Bibliographie :

La base de toute étude sur Darwin est évidemment constituée par ses œuvres. Voici quelques titres (suivis de la date de leur première parution) :

Voyage d'un naturaliste autour du monde fait à bord du navire le Beagle de 1831 à 1836 (1839) ; *Les récifs de corail, leur structure et leur distribution* (1842) ; *L'origine des espèces* (1859) ; *De la fécondation des orchidées par les insectes et des bons résultats du croisement* (1862) ; *Les mouvements et les habitudes des plantes grimpantes* (1865) ; *De la variation des animaux et des plantes sous l'action de la domestication* (1868) ; *La descendance de l'homme* (1871) ; *L'expression des émotions chez l'homme et les animaux*

19. Chambers, qui par ses *Vestiges de la création* a préparé le chemin au darwinisme, a explicitement recouru aux idées de Quételet : même si on ne peut s'en apercevoir dans les cas individuels pris séparément, des populations comme les populations humaines sont soumises à des « lois ».

(1872) ; *Des effets de la fécondation croisée et de la fécondation directe dans le règne végétal* (1876).

Les traductions françaises du XIXe siècle sont devenues pratiquement introuvables. Les rééditions encore disponibles sont rares : *L'origine des espèces* (en deux volumes) et *Le voyage d'un naturaliste* (version tronquée) chez Maspero. Les éditions Complexe ont réédité naguère *La descendance de l'homme* (deux volumes) et *L'expression des émotions.*

Autre ouvrage fondamental, également devenu introuvable sur le marché : *La vie et la correspondance de Charles Darwin,* édité par Francis Darwin (trad. française en deux volumes, Reinwald, 1888). La famille de Darwin ayant censuré le texte original, il est indispensable de recourir à :

N. Barlow (ed.), *The autobiography of Charles Darwin, 1809-1882,* W.W. Norton, 1969 (première édition : 1958).

A quoi il faut ajouter :

F. Darwin (ed.), *More letters of Charles Darwin,* 1903 (réédité en 1972 par Johnson Reprint Corporation).

Mais une magistrale édition de la correspondance complète est en cours. Trois volumes ont déjà paru :

F. Burkhardt, S. Smith (eds), *The correspondence of Charles Darwin,* vol. 1 : *1821-1836* ; vol. 2 : *1837-1843* ; vol. 3 : *1844-1846,* Cambridge University Press, 1985-1987.

L'ouvrage suivant donne des extraits des carnets :

H. E. Gruber, *Darwin on man. A psychological study of scientific creativity, together with (...) unpublished notebooks* (transcribed by P.H. Barrett), E.P. Dutton, 1974.

Mais il existe maintenant une édition complète qu'on peut considérer comme définitive :

P.H. Barrett, P.J. Gautrey, S. Herbert, D. Kohn, S. Smith (eds), *Charles Darwin's notebooks, 1836-1844,* British Museum, Cambridge University Press, 1987.

P. H. Barrett (ed.), *The collected papers of Charles Darwin,* 2 vol., The University of Chicago Press, 1977.

Avant de publier *L'origine des espèces,* Darwin avait rédigé une bonne partie d'un gros ouvrage sur la sélection naturelle (dont *L'origine* ne constitue qu'un « abstract »). Le manuscrit a été publié par R.C. Stauffer : *Charles Darwin's Natural selection,* Cambridge University Press, 1975.

Ce « roman biographique » peut rendre service :

I. Stone, *The origin,* Cassell, 1980.

Sur les sciences de la vie avant Darwin et sur ses « précurseurs » (qui sont souvent de pseudo-précurseurs...) :

A. de Quatrefages, *Charles Darwin et ses précurseurs français,* Germer Baillière, 1870.

D. King-Hele, *Doctor of revolution. The life and genius of Erasmus Darwin,* Faber and Faber, 1977.

R.W. Burkhardt, *The spirit of system. Lamarck and evolutionary biology,* Harvard University Press, 1977.

E. Guyénot, *Les sciences de la vie aux XVIIe et XVIIIe siècles. L'idée d'évolution,* Albin Michel, 1957.

J. Roger, *Les sciences de la vie dans la pensée française du XVIIIe siècle,* Armand Colin, 1963.

C. Zirkle, « Natural selection before the " Origin of species " », *Proceedings of the American philosophical society,* avril 1941 (vol. 84), pp. 71-123.

C. Limoges, *La sélection naturelle. Étude sur la première constitution d'un concept (1837-1859),* Presses Universitaires de France, 1970.

Les ouvrages suivants permettent de situer Darwin dans son temps et éclairent les aspects scientifiques et philosophiques de sa pensée :

P. Appleman (ed.), *Darwin. Texts, backgrounds, contemporary opinion, critical essays,* W.W. Norton, 1970.

A. de Quatrefages, *Les émules de Darwin,* Félix Alcan, 1894.

W. Irvine, *Apes, angels and Victorians,* Meridian Books, 1955.

L. Eiseley, *Darwin's century. Evolution and the men who discovered it,* Doubleday, 1958.

E. Manier, *The Young Darwin and his cultural circle,* Reidel, 1978.

D.L. Hull, *Darwin and his critics. The reception of Darwin's theory of evolution by the scientific community,* Harvard University Press, 1973.

G. Himmelfarb, *Darwin and the Darwinian revolution,* W.W. Norton, 1968 (1re édition : 1959).

S.A. Barnett (ed.), *A century of Darwin,* Heinemann, 1958 (réédition : Mercury Books, 1962).

M.T. Ghiselin, *The triumph of the Darwinian method,* University of California Press, 1969.

M. Ruse, *The Darwinian revolution. Science red in tooth and claw,* The University of Chicago Press, 1979.

Sur la réception des idées de Darwin dans divers pays :

T.S. Glick (eds), *The comparative reception of Darwinism,* University of Texas Press, 1974.

Y. Conry, *L'introduction du darwinisme en France au XIXe siècle*, Vrin, 1974.

Ouvrages généraux en français :

M. Duval, *Le darwinisme,* Delahaye et Lecrosnier, 1886.

M. Prenant, *Darwin,* Hier et aujourd'hui, 1946.

J. Rostand, *Charles Darwin,* Gallimard, 1947.

E. Gilson, *D'Aristote à Darwin et retour,* Vrin, 1971.

D. Bouanchaud, *Charles Darwin et le transformisme,* Payot, 1976.

P. Thuillier, *Darwin and Co,* Complexe, 1981.

Quelques articles épistémologiques et historiques :

R. M. Young, « Darwin's metaphor : does nature select ? », *The monist,* 1971 (vol. 55), pp. 442-503.

R. M. Young, « Evolutionary biology and ideology : then and now », *Sciences studies,* april 1971 (vol. 1), pp. 177-206.

E. Mayr, « The nature of the Darwinian revolution », *Science,* 2 june 1972 (vol. 176), pp. 981-989.

M. Rudwick, « Darwin and Glen Roy : a " great failure " in scientific method », *Studies in history and philosophy of science,* august 1974 (vol. 5), pp. 97-185.

J. Brown, « Darwin's botanical arithmetic and the principle of divergence, 1854-1858 », *Journal of the history of biology,* spring 1980 (vol. 13), pp. 53-89.

R. A. Richardson, « Biogeography and the genesis of Darwin's ideas on transmutation », *Journal of the history of biology,* printemps 1981 (vol. 14), pp. 1-41.

Darwin a souffert d'une longue et mystérieuse maladie. Plusieurs causes ont été évoquées (empoisonnement à l'arsenic, maladie de Chagas, etc.) ; il semble que la « composante psychologique » ait été importante. Voir par exemple :

P. B. Medawar, *The art of the soluble,* Penguin Books, 1969, pp. 71 et suivantes.

R. Colp Jr., *To be an invalid. The illness of Charles Darwin,* The University of Chicago Press, 1977.

Sur Darwin et la religion, les discussions ont été nombreuses. Ces deux ouvrages récents sont utiles :

N. C. Gillespie, *Charles Darwin and the problem of creation,* The University of Chicago Press, 1979.

J. R. Moore, *The post-darwinian controversies. A study of the protestant struggle to come to terms with Darwin in Great Britain and America,* Cambridge University Press, 1979.

Pour éviter que Alfred Russel Wallace n'ait la « priorité » à laquelle il pouvait prétendre, Darwin et ses amis se sont livrés à des manœuvres que les historiens ne jugent pas toujours très « honnêtes ». En outre, il semble que Darwin a utilisé les idées de certains auteurs (et en particulier de Blyth) sans reconnaître ses dettes. Le débat est toujours ouvert. Voici les ouvrages qui contiennent les critiques les plus fortes :

H. L. McKinney, *Wallace and natural selection*, Yale University Press, 1972.

A. C. Brackman, *A delicate arrangement. The strange case of Charles Darwin and Alfred Russel Wallace*, Times Books, 1980.

L. Eiseley, *Darwin and the mysterious Mr. X. New light on the evolutionists*, J. M. Dent and sons, 1979.

Sur le « darwinisme social » :

J. Novicow, *La critique du darwinisme social*, Alcan, Paris, 1910.

R. Hofstadter, *Social Darwinism in American thought*, Beacon Press, revised edition, 1955 (première édition : 1944).

R. C. Bannister, *Social Darwinism. Science and myth in Anglo-American social thought*, Temple University Press, 1979.

G. E. Simpson, « Darwin and social Darwinism », *Antioch review*, 1959 (tome 19), pp. 33-45.

R. C. Bannister, « The survival of the fittest is our doctrine : history or histrionics ? », *Journal of the history of ideas*, juillet-septembre 1970 (vol. XXI), pp. 377-398.

J. A. Rogers, « Darwinism and social darwinism », *Journal of the history of ideas*, avril-juin 1972 (vol. XXXIII), pp. 265-280.

J. E. Greene, « Darwin as a social evolutionist », *Journal of the history of biology*, printemps 1977 (vol. 10), pp. 1-27.

L.L. Clark, *Social Darwinism in France*, The University of Alabama Press, 1984.

L.L. Clark, « Le darwinisme social en France », *La Recherche*, nº 196, février 1988.

CHAPITRE XI

La science existe-t-elle ? Le cas Pasteur

Pendant très longtemps, l'histoire des sciences a consisté à peindre une fresque où étaient exaltés les vertus et les mérites des « grands savants ». Idéalisant la Méthode scientifique, flattant parfois outrageusement les pionniers de la Connaissance, de nombreux hagiographes et certains historiens « internalistes » ont ainsi élaboré une sorte de mythe qui correspondait aux aspirations scientistes des sociétés dites avancées. Aujourd'hui, certains « sociologues des sciences » systématisent de façon agressive les critiques déjà adressées à ce tableau parfois mystificateur. En science comme ailleurs, affirment-ils, c'est le règne des « rapports de force ». Finalement, la « rationalité » scientifique s'évanouit ; et les sciences elles-mêmes perdent toute existence. Le cas de Pasteur permet de tester ces vues radicales et meurtrières.

Louis Pasteur, qui êtes-vous? Dans notre culture, la réponse est immédiate et paraît évidente : Pasteur (1822-1895) est l'une des gloires de la science, un « chimiste et biologiste français qui a fondé la microbiologie ». Membre de l'Académie des sciences et de l'Académie française, il a été (et est sans doute encore) l'objet d'une sorte de culte. Comme le dit un dictionnaire usuel : *« Sa figure de savant désintéressé lui a valu le titre de bienfaiteur de l'humanité » (Petit Robert,* 1974*).* Ce portrait n'idéalise-t-il pas quelque peu le modèle? Pasteur, par exemple, était-il tellement « désintéressé »? Ou bien n'a-t-il pas plutôt été un inventeur ambitieux et parfois dogmatique, intelligent certes, mais beaucoup plus réaliste et beaucoup plus intégré aux pratiques sociales de son temps que ne le racontent certains hagiographes? Divers critiques ont enquêté. Une image nouvelle de Pasteur et de la « révolution pastorienne », petit à petit, prend forme ; et le mythe du « grand savant » se désagrège de plus

« Une vérité nouvelle, en science, n'arrive jamais à triompher en convainquant les adversaires et en les amenant à voir la lumière, mais plutôt parce que finalement ces adversaires meurent et qu'une nouvelle génération grandit, à qui cette vérité est familière. » Ainsi s'exprimait Max Planck, prix Nobel de physique (1918), dans son *Autobiographie scientifique*[1]. Ce texte provocant pose un problème sérieux : quels sont les facteurs qui assurent le succès d'une théorie nouvelle ? En principe, une théorie cohérente et bien confirmée sur le plan expérimental devrait s'imposer « rationnellement » aux experts. Mais Planck laisse entendre que l'acceptation des théories est une affaire plutôt laborieuse et même violente. Tout comme une vulgaire idéologie, une innovation théorique n'acquerrait droit de cité qu'au terme d'une sorte de lutte. Les partisans de la théorie A étant exterminés, la théorie B pourrait enfin devenir la théorie dominante...

Pasteur : « grand savant » ou mandarin abusif ?

Pour ceux qui souhaitent écrire l'histoire des sciences, il serait important de voir clair sur ce point. Mais l'accord est loin d'être parfait. Pour les uns, la production et l'acceptation des théories doivent être décrites comme des processus « rationnels » : les scientifiques sont des gens méthodiques qui confrontent systématiquement « faits » et « hypothèses », réussissant ainsi à éliminer les « erreurs » et à « valider » efficacement leurs propres énoncés. Mais d'autres préfèrent une version plus réaliste. Contrairement à ce que raconte la Légende Dorée, la science se développe grâce à des conjectures extrêmement risquées, grâce à des manœuvres et des manipulations habiles mais souvent fort douteuses, grâce à des coups de force aussi variés que peu « rationnels ».

C'est un vieux débat. D'un côté se trouvent les « internalistes »,

1. M. Planck, *Autobiographie scientifique*, Albin Michel, 1960, p. 84.

---

en plus. Mais c'est l'éternel problème : « jusqu'où faut-il aller trop loin » dans cette démythification ? A force de mettre en évidence les aspects sociologiques et de sous-évaluer les aspects épistémologiques, certains experts évacuent peut-être le bébé avec l'eau du bain. Le mythe de la Science Pure est sûrement insoutenable ; mais certaines manières de déprécier la pensée scientifique (et même de nier son existence) ne sont pas justifiées pour autant. *(Cliché Jean-Pierre Vieil.)*

qui insistent sur la rationalité et l'autonomie des démarches scientifiques ; de l'autre, des historiens et des sociologues des sciences qui (de façon plus ou moins virulente) manifestent le désir de mettre au jour les *comportements réels* des scientifiques, avec leurs anomalies et leurs bizarreries, avec leurs ruses et leurs déviations. Qui a raison ? En principe, il suffit d'y aller voir : en étudiant attentivement les situations de recherche, on devrait pouvoir déterminer comment s'effectuent la genèse et la validation des théories, dans quelle mesure sont respectés les canons idéaux de la Méthode Expérimentale, etc. C'est précisément pour cette raison qu'un chercheur américain, Dennis Temple, vient de réexaminer un « cas » très significatif : celui de la théorie de la fermentation proposée au milieu du XIXe siècle par Louis Pasteur[2]. Le problème se résume ainsi : est-il vrai, comme l'ont prétendu certains, que Pasteur a procédé de façon brutale et épistémologiquement inadmissible, ne reculant pas devant un abominable cercle vicieux ? Ou bien faut-il discerner derrière ce prétendu « cercle » une stratégie tout à fait légitime ? En termes plus socio-culturels : Pasteur s'est-il conformé au modèle du « grand savant », comme le veulent des historiens qui sont souvent des hagiographes ? Ou bien n'a-t-il été qu'un mandarin abusif, utilisant ses pouvoirs institutionnels et des circonstances sociales favorables pour promouvoir des conceptions arbitraires ?

La réponse n'est pas aussi évidente qu'on pourrait le penser. Car elle dépend pour une bonne part du sens que l'on donne à des mots clés tels que « rationalité », « arbitraire », « validité », etc. Comme l'indique Dennis Temple, c'est donc sur des questions de méthode à la fois préliminaires et fondamentales que porte avant tout la controverse. Adoptant une position polémique, il vise nommément certains sociologues des sciences qui, selon lui, surévaluent de façon pernicieuse l'importance des facteurs sociaux et politiques dans la production des connaissances scientifiques[3]. Ce qui veut dire que cette étude de cas sur Pasteur ne prend sa signification entière que dans un contexte actuel qu'il faut commencer

2. D. Temple, « Pasteur's theory of fermentation : a virtual tautology ? », *Studies in history and philosophy of science*, dec. 1986, pp. 487-503.

3. Par exemple H. M. Collins, « Son of the seven sexes : the social construction of a physical phenomenon », *Social studies of science*, 11, 1981, pp. 33-62. Voir du même auteur un texte antérieur sur le même sujet paru dans *Sociology*, *9*, 1975, pp. 205-224. Trad. fr. : dans *La science telle qu'elle se fait*, Pandore, 1982.

par définir. Ces dernières années, en effet, le point central de la discussion s'est déplacé.

De la critique à la liquidation : les « nouveaux » sociologues

En deux mots, la conception purement « internaliste » a perdu beaucoup de terrain ; en France même, où elle a longtemps exercé un quasi-monopole, sa domination est beaucoup moins nette. De nombreuses études ont rendu de plus en plus évidentes la complexité et l'opacité des procédures scientifiques, souligné le rôle des institutions et du « social » sous toutes ses formes. Même si l'idéal de la Méthode Expérimentale constitue une norme essentielle, la *mise en application* est une autre affaire. Personne n'est parfait, à l'intérieur comme à l'extérieur de la science... Newton lui-même avait des fréquentations alchimiques peu recommandables et a formulé des schémas qui « collaient » mal aux faits[4]. Mendel, de son côté, a sans doute un peu triché en faisant le compte de ses petits pois lisses et de ses petits pois ridés[5]. Non seulement le darwinisme a été dès le début une véritable affaire socio-culturelle, mais Wallace s'appuyait sur ses croyances spirites pour expliquer l'évolution de l'homme. Un physicien aussi éminent que Blondlot était capable de « voir » et de mesurer des rayonnements qui n'existaient pas[6]. Hubble, l'un des grands cosmologistes modernes, ne reculait pas devant quelques petits mensonges pour mieux faire passer ses résultats (voir ici même le chapitre XV). On pourrait multiplier indéfiniment les exemples. Le mythe d'une Science transparente est pratiquement indéfendable.

Mais, depuis une quinzaine d'années, les offensives se sont multipliées contre les interprétations « rationalistes » des activités scientifiques ; et, surtout, elles se sont radicalisées. Pour mieux détruire la Légende Dorée de la « science pure », des épistémologues, des historiens et surtout des sociologues en sont arrivés non seulement à mettre en doute l'existence d'une quelconque

4. Voir P. Thuillier, « Newton, le dernier des magiciens », *La Recherche*, n° 41, janvier 1974. Reproduit dans *Les savoirs ventriloques*, Le Seuil, 1983.

5. R.A. Fisher, « Has Mendel's work been rediscovered ? », *Annals of science*, april 15, 1936, pp. 115-137.

6. Voir P. Thuillier, « Évolutionnisme et spiritisme : le cas Wallace », *La Recherche*, n° 80, juillet-août 1977 et « La triste histoire des rayons N », *La Recherche*, n° 95, décembre 1978. Ces deux articles sont reproduits dans *Le petit savant illustré*, Le Seuil, 1980.

« méthode »[7], mais à donner une description hyper-réaliste de la science en acte : tout compte fait, la recherche scientifique consisterait à faire triompher certaines idées par tous les moyens, à tirer profit des circonstances sociales, à imposer pragmatiquement (et même politiquement) certaines croyances et certaines pratiques[8]. Quelques « sociologues » n'avaient plus qu'à franchir le dernier pas : « les sciences », en tant qu'activités cognitives, n'ont *aucune spécificité ;* et la « rationalité », au sens que donnent à ce mot les hommes de science eux-mêmes, n'a *aucun contenu.*

C'est la liquidation finale. Liquidation qui est préparée grâce à un dispositif méthodologique qui annule, pour ainsi dire, les aspects épistémologiques de « la science ». Par exemple, d'après les sociologues partisans du « programme fort », il faut être *impartial,* c'est-à-dire avoir la même attitude à l'égard de « la vérité et de la fausseté, de la rationalité ou de l'irrationalité, du succès ou de l'échec ». « Les vraies et les fausses croyances » doivent être expliquées par les « mêmes types de causes »[9]. Les discours et les pratiques scientifiques sont donc dérationalisés *a priori*[10]. Ainsi triomphent la sociologie et aussi la psychologie : la grande ambition, c'est de rendre compte de phénomènes de *croyance* socialement déterminés. Que la science puisse être étudiée sous cet angle, l'idée est assez banale. Il est clair, depuis longtemps, que des facteurs tout à fait « externes » jouent un rôle dans l'acceptation (ou la non-acceptation) des théories ; cela vaut aussi bien pour la théorie newtonienne que pour le darwinisme ou la relativité. Le point crucial, aujourd'hui, c'est la radicalisation, le réductionnisme intégral : *tout* ce qu'on appelait « la pensée scientifique » doit désormais être expliqué dans le cadre d'une certaine psycho-sociologie. Plus de raisons ; *seulement* des motivations et des conditionnements.

Encore un effort, et « les sciences » (telles que les conçoivent les scientifiques eux-mêmes) vont s'évanouir en fumée. Je cite : *« "Les sciences" n'existent pas. »* Et encore : *« Il n'y a pas de théo-*

7. P. Feyerabend, *Against method,* New Left Books, 1975. Trad. fr. : *Contre la méthode,* Seuil, 1979.

8. Consulter par exemple la collection des *Social studies of science* (Sage Publications).

9. D. Bloor, *Knowledge and social imagery,* Routledge and Kegan Paul, 1976, p. 5. Trad. fr. : *Sociologie de la logique. Les limites de l'épistémologie,* Pandore, nº 2.

10. Voir H. M. Collins, « An empirical relativist programme », dans K. D. Knorr-Cetina, M. Mulkay, *Science observed,* Sage, 1983, pp. 85-113.

ries[11]. » Ce qui n'est pas étonnant. Car *« il n'y a jamais eu de déduction »*. Et *« on ne pense pas, on n'a pas d'idées »*. Etc.[12].

Après le grand nettoyage : retrouver Pasteur ?

Que reste-t-il donc des sciences après ce grand nettoyage sociologique ? Pas grand-chose : seulement un ensemble de démarches et de discours qu'il faut comprendre en termes de *« rapports de force »*. La science et la guerre, c'est pareil. Il y a des discours forts et des discours faibles, comme disaient les anciens sophistes, exactement comme il y a des armées fortes et des armées faibles. Après les batailles, il ne reste plus qu'à faire le bilan : *« Les vaincus avaient tort ; les vainqueurs avaient raison*[13]*. »*

S'opposant à cette brutale philosophie qui met sur le même plan un coup de matraque et un syllogisme, un arrêté préfectoral et une expérimentation réussie, Dennis Temple nous invite à examiner si elle est vraiment féconde pour l'histoire des sciences. Certes, il y a en science des procédures arbitraires, des groupes de pression, des stratégies suspectes. Mais n'y a-t-il que cela ? Et ne va-t-on pas un peu vite en besogne en qualifiant d' « irrationnelle » telle ou telle démarche épistémologique ? Est-il vrai, entre autres, que Pasteur ait recouru à un coup de force assez grossier pour résoudre le problème de la fermentation ? L'analyse d'un seul exemple ne saurait suffire, en toute hypothèse, à mettre fin aux débats suscités par la « nouvelle » sociologie des sciences. Mais le cas choisi met bien en évidence quelques-uns des enjeux méthodologiques et culturels.

Qu'est-ce qu'une fermentation ? La réponse, aujourd'hui, paraît simple : c'est la « transformation chimique d'une substance organique sous l'action d'un ferment, soit en présence de l'air *(fermentation aérobie)*, soit à l'abri de l'air *(fermentation anaérobie)* »[14]. Au milieu du XIXe siècle, il n'en allait pas de même. Plusieurs conceptions se sont affrontées. Trois théories principales peuvent être distinguées, que Dennis Temple appelle respectivement la *théorie chimique*, la *théorie vitaliste* et la *théorie chimique modifiée*.

La théorie chimique était celle de l'Allemand Justus von Liebig

11. B. Latour, *Les microbes. Guerre et paix*, Métailié, 1984, pp. 199, 243.
12. *Ibid.*, pp. 197, 246.
13. *Ibid.*, p. 245.
14. *Dictionnaire usuel illustré*, Quillet-Flammarion, 1982.

(1803-1873). Reprenant des idées de Lavoisier, il pensait que la fermentation était une décomposition chimique causée par la putréfaction d'une substance animale ou végétale. Dans le cas particulier de la fermentation alcoolique (vin, bière, etc.), il considérait la levure utilisée comme une matière végétale putréfiée, de type « albumineux », qui décomposait le sucre en déclenchant une sorte de pourrissement. Cette décomposition donnait de l'alcool, de l'acide carbonique et quelques autres sous-produits ; au cours du processus, une levure se déposait, que Liebig définissait comme un « ferment insoluble ». Il précisait (1842) que ce dernier, riche en azote, avait la propriété de provoquer une fermentation dans une nouvelle solution de sucre et méritait donc son nom de « ferment ». Les produits organiques en putréfaction (muscle, urine, sang, etc.) avaient selon Liebig des vertus « fermentatives » analogues. Des phénomènes très variés étaient donc réunis en une seule classe et expliqués de façon identique : les fermentations « classiques » (vin, bière, etc.), mais aussi les processus de putréfaction ainsi que les transformations subies par les aliments pendant la digestion.

La théorie pastorienne, développée dans le *Mémoire sur la fermentation appelée lactique* (1857) puis dans divers textes, reprenait des idées lancées par Schwann et Cagniard de La Tour. Pasteur recourait à des considérations sur la « dissymétrie moléculaire propre aux substances organiques », mais en soulignait lui-même le caractère spéculatif. Selon lui, la fermentation était causée par l'activité proprement biologique de levures spécifiques (c'est-à-dire de micro-organismes). Bien que Pasteur ait pu faire quelques concessions à la théorie chimique de la fermentation, c'est à l'interprétation « vitaliste » qu'il a nettement accordé sa préférence. Contre Liebig, il formulait l'hypothèse que la levure était un organisme vivant et que son action sur le sucre n'avait rien à voir avec des processus de désorganisation ou de putréfaction. Cette conception de la fermentation était-elle valable pour *tous* les phénomènes que Liebig avait voulu expliquer grâce à sa propre théorie ? Il y avait là un problème assez épineux que Pasteur a résolu à sa façon ; et c'est précisément ce point qui a suscité de vives discussions. Pour l'instant, notons seulement que Pasteur pensait avoir repéré les « vraies » fermentations, celles qui (conformément à sa théorie) étaient dues à l'activité de micro-organismes.

La troisième théorie était celle de Marcelin Berthelot (1827-1907). Il admettait (avec Pasteur) que la fermentation pouvait être mise en relation avec l'activité d'une levure. Mais (à la différence de Pasteur) il ne pensait pas que cela justifiait une interprétation « vitaliste ». Selon lui, la levure sécrétait une substance chimique qui agissait sur le sucre et le transformait ; et cette substance était tout à fait comparable aux sécrétions que nous appellerions aujourd'hui des enzymes. L'existence de ces « ferments solubles » avait d'ailleurs été établie expérimentalement, comme le rappelait Berthelot ; et ils pouvaient agir même en l'absence de l'organisme d'où ils provenaient. Dans sa *Chimie organique fondée sur la synthèse* (1860), Berthelot s'exprimait là-dessus en toute clarté : ce n'est pas l'organisme vivant lui-même qui est le ferment, mais la substance qu'il a produite et qui a son efficacité propre. Cette interprétation, complétée grâce à la notion d'enzyme, apparaît aujourd'hui comme correcte. Les enzymes sont des catalyseurs produits par l'organisme qui sont très efficaces même à faibles doses ; sans eux, la plupart des réactions du métabolisme seraient impossibles dans les conditions normales de température. Dans la fermentation alcoolique et dans la fermentation lactique, ce sont des enzymes qui provoquent la transformation du sucre.

La démarche de Pasteur était-elle « hautement illogique » ?

D'une certaine façon, on peut dire que Liebig a eu raison d'insister sur le caractère *chimique* des processus ; mais, en concevant les ferments comme des matières « en état de décomposition », il donnait une idée très inexacte et peu féconde du phénomène à expliquer. Quant à Pasteur, il était très éloigné de l'explication aujourd'hui admise. Sur un point, toutefois, il avait raison : dans les conditions usuelles de la fermentation alcoolique ou lactique, les enzymes ne quittent pas les cellules ; il est donc nécessaire que des cellules vivantes soient présentes pour que le processus s'effectue. Et, surtout, son interprétation ouvrait la voie à de très fructueuses recherches. Comme l'a écrit James Bryant Conant, « *la généralisation de Pasteur était fausse mais merveilleusement féconde*[15] ». Cette *généralisation,* c'était celle qui consistait à définir les « vraies » fermentations comme dues à la présence de micro-organismes. Était-elle « rationnelle » ? Beaucoup d'historiens des sciences en ont douté. J. B. Conant, par exemple, a déclaré que Pasteur avait en l'occurrence procédé de façon « hautement illogique ». Voyons les choses de plus près.

Toute la difficulté provient de ce que le mot « fermentation »,

15. J. B. Conant, L. K. Nash (eds.), *Harvard case histories in experimental science* (4e édition), 1970, vol. 2, p. 464.

aussi bien dans la langue usuelle que dans celle des experts, avait un sens assez flou. Dans un dictionnaire français utilisé au milieu du XIXe siècle, la fermentation était présentée par exemple comme le « mouvement interne d'un liquide qui se décompose pour former un nouveau corps [16] ». Une telle définition peut s'appliquer à une très grande variété de cas. Berthelot lui-même mentionnait expressément l'acide sulfurique comme un « ferment ». Une certaine mise en ordre avait toutefois été opérée, qui opposait les « ferments insolubles » (micro-organismes) aux « ferments solubles ». Parmi ces derniers figuraient diverses substances aujourd'hui classées comme enzymes. Plusieurs avaient été isolées et purifiées à partir des années 1830 (comme la pepsine) ; et leur existence semblait confirmer l'interprétation purement chimique de la fermentation.

Pour légitimer sa propre théorie, Pasteur devait donc trouver des arguments. Comme l'a montré en particulier l'historien Gerald L. Geison, ces derniers n'ont pas toujours été très solides. Ainsi Pasteur a envisagé en 1860 de réfuter expérimentalement les conclusions de Marcelin Berthelot en faisant une expérience sur l'inversion du sucre de canne (hydrolyse du saccharose en glucose et fructose) [17]. Dans un projet de « Note », il s'efforçait non seulement de diminuer les mérites de Berthelot en attribuant à Eilhard Mitscherlich (1794-1863) la paternité de ses idées, mais il soulignait que Berthelot avait publié ses résultats expérimentaux « en y mêlant diverses interprétations et hypothèses » ; pour y voir clair, il fallait réexaminer les faits afin de déterminer « leur vraie signification ». Pasteur formulait alors une autre interprétation (l'inversion pouvait être due à la présence d'acide succinique) et envisageait d'expérimenter sur ce sujet précis. En fait, il ne publia jamais sa « Note sur l'inversion du sucre de canne dans la fermentation alcoolique ». Il est possible, comme le suggère G. L. Geison, que Pasteur n'ait pas réussi à mettre en évidence des faits favorables à ses hypothèses et ait donc préféré rester discret [18]...

16. Sauger-Préneuf et Détournel, *Nouveau vocabulaire de la langue française,* 1852, Martial Ardant.

17. G. L. Geison, « Pasteur on vital versus chemical ferments : a previously unpublished paper on the inversion of sugar », *Isis,* sept. 1981, pp. 425-445.

18. Pour plus de détails, voir G. Geison, article « Pasteur » dans C. C. Gillispie (ed.), *Dictionary of scientific biography,* vol. 10, Charles Scribner's Sons.

Le stratagème « sémantique »

Pasteur utilisa également ce que certains historiens appellent une stratégie *sémantique.* Elle consistait tout simplement à transformer en définition la description théorique qu'il voulait imposer. Puisqu'on objectait à Pasteur que certains phénomènes de « fermentation » étaient chimiques, eh bien, il n'avait qu'à *définir les « vraies » fermentations par leur caractère biologique...* Cette initiative sémantique étant prise, tout devenait limpide : si une prétendue « fermentation » était chimique, il fallait seulement en conclure que ce n'était pas une fermentation authentique... De même qu'un célibataire est par définition un homme non marié, de même une « fermentation » est par définition un processus où interviennent des organismes vivants. Plusieurs fois, afin de définir la classe de phénomènes dont il voulait rendre compte, Pasteur a employé cette expression : *« les fermentations proprement dites ».* Voici une phrase caractéristique tirée de sa « Note sur la fermentation alcoolique » du 11 juin 1860 : *« Par conséquent l'oppositon que M. Berthelot croit trouver entre mes énoncés et les faits réels tient seulement à l'extension qu'il donne au mot ferment, tandis que je l'ai toujours et uniquement appliqué aux substances qui produisent les fermentations proprement dites*[19]*. »*

Pasteur, en principe, était assuré d'avoir toujours raison. Le pire qui pouvait lui arriver, c'était qu'on découvrît qu'il n'existait pas de « fermentations proprement dites » dans la nature ! Plusieurs experts ont trouvé ce triomphe très suspect. Ainsi l'historien J.B. Conant, dans son étude classique, affirme que « *Pasteur en est quasiment arrivé à raisonner de façon circulaire*[20] ». Appréciation qu'il est apparemment facile de justifier du point de vue de la stricte logique : si toute « fermentation » est (par décret) un processus biologique, à quoi bon « expliquer » ce phénomène en disant qu'il est biologique ? Encore J.B. Conant prenait-il soin de nuancer son jugement en ajoutant un « quasiment » (very close to arguing in a circle). Joseph Fruton est allé plus loin : Pasteur a formulé une *tautologie* caractérisée[21]. Quant à Geison, l'un des paragraphes de l'article qu'il a consacré à Pasteur dans le *Dictionary of*

19. *Œuvres de Pasteur* (éditées par L. Pasteur Vallery-Radot), Masson, 1932-1939, vol. II, p. 128.
20. J.B. Conant, *op. cit.*, p. 462.
21. J. Fruton, *Molecules and life. Historical essays on the interplay of chemistry and biology,* Wiley-Interscience, 1972, p. 58.

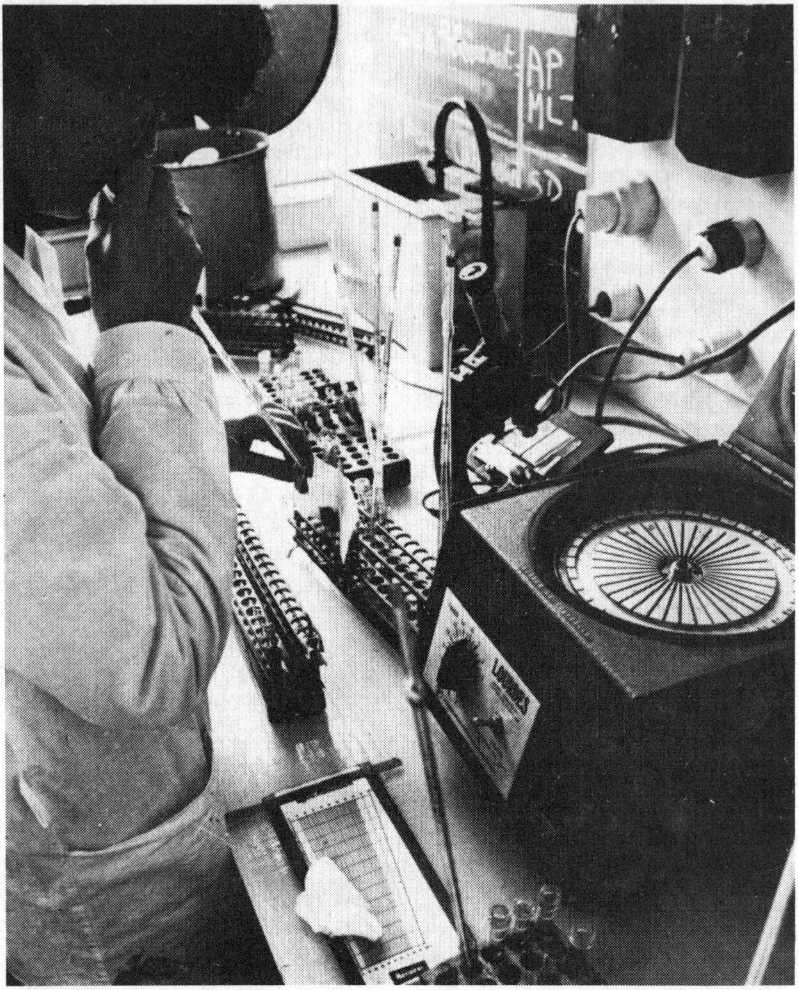

Les sociétés modernes ont fait de la Science une sorte de religion. Dans les années 1920, le géologue Pierre Termier parlait de la « passion étrange et surhumaine » qui se déchaînait dans le cœur du savant. Lequel savant, affirmait-il, « a ici-bas une fonction tout à fait sublime ; comme le prêtre, comme le poète, comme l'artiste, il parle au nom de l'Infini ». Mieux encore, « la vie est faite pour savoir, et sans la science, elle ne vaut pas la peine d'être vécue »... Sur le plan de l'épistémologie, il s'ensuivait une quasi-déification de la Méthode Scientifique, de son objectivité, de sa rigueur, de sa puissance. Et sur le plan pratique, par une heureuse coïncidence, on pouvait attribuer à la Science le mérite d'engendrer mille bénéfices économiques et sociaux. Vision plus profane, mais toujours grandiose. En *scientific biography* a pour titre : « La circularité de la théorie de la fermentation de Pasteur ». Bref, le procédé de Pasteur était vraiment trop commode. Liebig aurait tout aussi bien pu consolider sa théorie « chimique » en définissant à sa guise la classe des fermentations...

Tous les cercles ne sont pas vicieux...

Faut-il donc admettre que Pasteur s'est comporté de façon « irrationnelle » ou « non rationnelle » ? Faut-il constater, dans le style « anarchiste » cher à Paul Feyerabend, que « *n'importe quoi peut marcher* » ? Au fond, peu importe qu'il n'y ait pas de Méthode Absolue ; l'essentiel est qu'on avance et qu'on arrive quelque part... Quant aux sociologues, Dennis Temple estime qu'ils ne peuvent que se réjouir. Il leur est facile, en effet, de combler par du *social* les lacunes du *rationnel.* Pasteur, dogmatique et puissant, n'a eu qu'à user de sa force pour faire valoir sa doctrine ; doctrine qui, par ailleurs, était bien enracinée dans les goûts et les besoins sociaux, économiques et politiques qui prédominaient à

1982, des documents émanant d'un ministère français expliquaient que la science allait résoudre la crise, engendrer un nouveau modèle de société, etc. Devant ces envolées lyriques, il n'est guère étonnant que se soient manifestées des réactions. Car enfin, est-il si sûr que les méthodes scientifiques mènent à la Vérité ? Et n'est-il pas temps de remettre les « savants » à leur juste place ? D'où l'apparition d'un certain nombre de travaux critiques qui ont fortement modifié l'image de la science en montrant ses faiblesses, ses limites, ses abus de pouvoir et ses tendances impérialistes. Mais faut-il nier complètement la spécificité de la science et la valeur « rationnelle » de ses méthodes ? S'appuyant sur la « science sociologique », certains vont jusque-là. Expliquer la science de Pasteur, par exemple, c'est la transformer en un réseau de « rapports de force » où ce qu'on appelait *la raison* n'a plus aucun rôle spécial. Dans un ouvrage récent sur « la révolution pastorienne » où s'exprime cette tendance hyper-critique, Claire Salomon-Bayet a tenu à signaler le « piège » du réductionnisme intégral. La science, certes, est *un processus social comme un autre* ; et le laboratoire n'est pas extérieur à la vie, à l'histoire. Mais il est peut-être un peu hâtif de vider de tout contenu la notion même de « science ». Est-il si évident et si innocent, le postulat selon lequel « *il n'y a aucune différence entre l'objet de la croyance et l'objet de la science, entre le comportement du savant et le comportement du babouin au milieu de ses congénères* » ? *(Cliché Jean-Pierre Vieil.)*

cette époque, etc.[22] Pourquoi pas ? Entre plusieurs manières d'écrire l'histoire, il y a de quoi hésiter. Dennis Temple, toutefois, préfère se montrer critique : non, dit-il, Pasteur ne s'est pas montré « irrationnel ».

Un fait, d'ailleurs, devrait nous alerter. A savoir que le « cercle vicieux » en question a été très efficace, sur le plan pratique (amélioration des techniques de fermentation) comme sur le plan théorique. Comment se fait-il qu'un raisonnement réputé aussi creux se soit révélé si fécond ? Même les critiques de Pasteur ont vu là une difficulté. Ainsi J. B. Conant suggère qu'il vaudrait mieux évoquer une *« argumentation en spirale »*... Pasteur, autrement dit, aurait amorcé une série d'approximations susceptibles de mener à une meilleure connaissance de l'objet étudié. En une première étape, il ignora délibérément les fermentations chimiques ; et il est même possible qu'il ait encore rétréci le domaine des « fermentations proprement dites » en y classant uniquement celles qui étaient dues à des micro-organismes aérobies (c'est-à-dire utilisant l'oxygène présent dans l'air). A partir de là de riches développements étaient possibles. Et G. L. Geison, généralement critique, concède que les raisonnements circulaires ne sont pas toujours aussi vicieux qu'on pourrait croire... Temple, lui, pense que le raisonnement de Pasteur, en fait, n'avait rien d'un cercle.

Il commence par remarquer que Pasteur, au sens strict, ne *définissait* pas la fermentation. Cela eût exigé qu'il possédât une « théorie structurale » décrivant avec précision le mécanisme de la fermentation. En fait, ni Pasteur ni les autres n'avaient de théorie de ce genre. Ils se contentaient d'énoncer sous une forme très générale les *causes* de la fermentation et de donner une *liste de réactions* qui concrétisaient de façon typique ce processus. Pasteur, certes, opérait certains choix (tout comme Liebig). Et ces choix étaient incertains, discutables (et donc arbitraires, si on tient à ce mot). Mais cela suffit-il pour qu'on les décrive comme dénués de toute justification « rationnelle » ? Ce faisant, on risque de dramatiser abusivement les « faillites » de la démarche pastorienne. Il est plus exact, selon D. Temple, de décrire l'initiative de Pasteur comme ayant un double objet : d'une part, mettre de l'ordre dans un ensemble de phénomènes mal connus et passablement hétérogènes ; d'autre part, formuler quelques schémas généraux permet-

22. Voir B. Latour, *op. cit.* ; cet auteur a également fourni une contribution à l'ouvrage collectif publié sous la direction de C. Salomon-Bayet : *Pasteur et la révolution pastorienne,* Payot, 1986.

tant à la fois de justifier et de tester expérimentalement le classement ainsi proposé.

Un programme « raisonnable »

Ne l'oublions pas : la notion de « fermentation » était très vague. Aucune Méthode infaillible ne pouvait assurer d'emblée la « bonne » définition et le « bon » classement. Ce qu'il fallait, c'était trouver un point de départ qui puisse engendrer des recherches utiles. Pour examiner cette étape préliminaire, peut-être vaut-il mieux s'interroger sur ce qui était *raisonnable* que sur ce qui était *rationnel.* Était-il raisonnable, compte tenu des savoirs de l'époque, de définir la fermentation comme un processus biologique et d'en trouver les illustrations dans la fermentation alcoolique, la fermentation lactique, etc. ? Même des auteurs qui ne sont pas tendres pour Pasteur ont répondu affirmativement. Gerald Geison, par exemple, reconnaît que Pasteur a fourni une liste de cas qui était *plus proche* de la liste des fermentations traditionnelles que celle des partisans de la théorie chimique[23]. Pasteur, en l'occurrence, était tout à fait conscient de ce qu'il faisait. Voici comment il s'exprimait dans un texte de 1872 : « J'appelle fermentations proprement dites (...) les fermentations que j'ai étudiées et qui comprennent *toutes les fermentations les mieux caractérisées, celles qui sont vieilles comme le monde, celles qui donnent le pain, le vin, la bière, le lait aigri, l'urine ammoniacale, etc.*, celles dont les ferments sont, d'après mes recherches, des êtres vivants qui naissent et se multiplient pendant l'acte de la fermentation[24]. » (C'est moi qui souligne.)

Deux ans après la mort de Pasteur, en 1897, Eduard Büchner réussit à obtenir une fermentation alcoolique grâce à un extrait de levure ne contenant pas de cellules ; et on s'accorde à considérer que ce succès a porté le coup de grâce à la théorie « vitaliste » de Pasteur. Mais le fait que cette théorie ait été réfutée n'implique pas qu'elle était « irrationnelle ». Une théorie « scientifique » n'est pas une théorie dont la Vérité a été définitivement établie grâce à des preuves « rationnelles » et intangibles, mais une étape dans un *processus* de recherche systématiquement organisé.

Si on se contente de dénoncer les incertitudes inhérentes aux

23. G. Geison, *Dictionary of scientific biography,* déjà cité, vol. 10, p. 378.
24. *Œuvres de Pasteur,* édition citée, vol. II, p. 375.

tâtonnements des Liebig et des Pasteur, on ne rend sans doute justice ni à leurs travaux ni au *dispositif global* dans lequel ils œuvraient ; dispositif expressément institué pour assurer le développement et le contrôle d'un certain type de savoirs. Leurs généralisations, si téméraires qu'elles fussent, permettaient d'avancer. Pour parler comme Imre Lakatos, les idées de Pasteur constituaient un *programme de recherche* qui, au moins, pendant un certain temps, s'est révélé fécond[25]. L'intéressé lui-même, d'ailleurs, estimait que l'étude de la constitution moléculaire des produits de la fermentation devait confirmer ses idées et formulait un *programme :* « mettre en rapport les phénomènes de fermentation et le caractère de dissymétrie moléculaire propre aux substances organiques ».

En résulte-t-il que la sociologie, la psychologie et l'anthropologie n'ont rien à dire sur de tels épisodes ? Bien sûr que non. Un grand nombre de travaux l'ont lumineusement montré : les méthodes et les hypothèses ont des origines tout à fait « humaines », les scientifiques ont des passions et des préjugés, leur institution est littéralement inséparable des institutions militaires et industrielles, etc. Dans le cas de Pasteur et de la fermentation, il suffit de lire les textes les plus « scientifiques » pour y découvrir autant de *non-science* et de *social* qu'on voudra. Recours abusif à des « faits » discutables ; manifestations de dogmatisme caractérisé ; manœuvres rhétoriques ; présence (latente ou explicite) des « besoins industriels » ; et nationalisme flagrant !

L'irrationnel : Pasteur contre la « science allemande »...

Elle est bien singulière, cette argumentation qui figure dans une communication à l'Académie des sciences et était dirigée contre un confrère : *« Au moment où je prenais ici, contre M. Liebig, la défense d'une opinion qui, après tout, appartient à la science française, pourquoi M. Fremy s'est-il fait, d'une manière au moins inopportune, le champion de la science allemande, avec laquelle j'ai hâte de reprendre un combat dont je me suis distrait à regret ?*[26] » Une fois de plus, nous voici dans l'irrationnel... A quoi l'on peut ajouter que Pasteur fondait son « culte des microbes » sur une philosophie très personnelle ; philosophie qui s'est manifestée également

25. Voir I. Lakatos, *Philosophical papers,* vol. I, *The methodology of scientific research programmes,* Cambridge University Press, 1978.
26. *Œuvres de Pasteur,* vol. II, p. 379.

à propos des générations spontanées et des maladies contagieuses [27].

Devons-nous donc rebrousser chemin et abandonner toute interprétation « rationnelle » ? Une fois de plus, tout dépend de ce qu'on met derrière cet adjectif. Mais, en restant dans le cadre des conventions les plus usuelles, on peut très bien dire que Pasteur avait structuré « rationnellement » ses démarches ; et que, pour comprendre ces dernières, il est absolument essentiel de mettre en évidence un certain système de *normes cognitives.* A travers son dogmatisme, son nationalisme et ses ruses de rhéteur, Pasteur faisait vivre (fût-ce de façon imparfaite) un projet méthodologique bien défini. La *rationalité* de sa « science » n'est pas seulement une fiction due à l'imagination de l'historien, c'est une réalité qu'on peut directement discerner et qui, aux yeux mêmes de Pasteur, avait une grande importance.

Parlant de ses propres travaux sur la fermentation, et dans le corps même de ses communications scientifiques, Pasteur dit et répète qu'il est parti d' *« idées préconçues »* (« Mémoire » du 3 août 1857). Il reconnaît également qu'il va *« au-delà des faits » ;* que ses idées, *« pour parler rigoureusement, ne peuvent être irréfutablement démontrées ».* Néanmoins, Pasteur affirmait qu'il procédait selon une « marche logique ». Cette volonté de lucidité méthodologique mérite la plus grande attention, même de la part des sociologues. Car Pasteur voulait (entre autres choses) faire *de la science.* Si la « raison » doit disparaître, que ce soit après un examen scrupuleux ; et non pas par une négation *a priori.*

Feu l'histoire des sciences

Ces remarques peuvent paraître lourdes et bien triviales. Mais, devant la résurgence du sociologisme, elles ont leur raison d'être. L'un des grands messages qui nous parviennent, en effet, c'est que l'histoire des sciences n'existe pas. Comme dans *Ubu,* elle va « à la trappe », accompagnant ainsi « les sciences » dans leur triste destin. Le raisonnement est d'une enfantine simplicité : ou bien l'histoire des sciences est « interne » et s'occupe de repérer les procédures cognitives ; mais alors ce n'est « pas du tout de l'histoire, au

27. Voir J. Farley, G. L. Geison : « Science, politics and spontaneous generation in nineteenth-century France : the Pasteur-Pouchet debate », *Bulletin of the history of medicine,* 48, 1974, pp. 161-198. Trad. fr. dans *La science telle qu'elle se fait,* Pandore, 1982.

mieux c'est de l'historiographie de cour, au pire c'est la Légende Dorée ». Ou bien elle est « externe » et dévoile les alliances nouées entre les sciences et d'autres instances ; mais alors ce n'est plus l'histoire des sciences mais « l'histoire tout court »[28]. Donc (CQFD) l'histoire des sciences n'existe pas. Il est d'ailleurs intéressant d'apprendre dans le même contexte que *les raisonnements* n'existent pas non plus : *« Celui qui raisonne devant les autres (...) est toujours, au mieux, un prestidigitateur, au pire, un tricheur*[29]. *»* Que valent donc les raisonnements de celui qui dit que tout raisonneur est prestidigitateur ou tricheur ? En tout cas, la conclusion est là : plus de sciences, plus d'histoire des sciences.

Pour déblayer complètement le terrain, les sociologues radicaux n'ont plus qu'à réduire en poussière toutes les notions et les institutions auxquelles se raccrochaient les pseudo-historiens des sciences. La « rationalité » a déjà disparu ; mais que faire des *laboratoires* où des scientifiques croient faire de la science ? Traitant de Pasteur, l'historien des sciences Georges Canguilhem avait écrit cette sorte d'éloge : *« Parce que le laboratoire est un lieu de dislocation des données naturelles ou des produits empiriques de l'art, (...) un lieu d'élaboration d'artifices destinés à rendre le réel manifeste, la science du laboratoire est d'elle-même en prise directe sur l'activité technique. »* Mais l'analyse du pastorisme conduit la nouvelle sociologie à un constat tout différent : *« Accorder au laboratoire une telle puissance, c'est rater tout ce qui fait le ressort de l'activité scientifique*[30]. *»* Pièce par pièce, tout l'édifice archaïque est démonté. Si la notion de raison n'avait subi une totale dévaluation, on serait tenté de dire qu'il y a de la logique dans tout cela.

Devons-nous donc nous convertir massivement à la « nouvelle sociologie » ? Pour ma part, je crois qu'il en résulterait un appauvrissement considérable ; il y a sûrement des solutions moins barbares au problème classique des « facteurs internes » et des « facteurs externes »[31]. Mais il faut bien voir que, tout compte fait, c'est de *philosophie* qu'il s'agit ; et que la réfutation d'une philosophie réductionniste de ce genre ne va pas de soi. Si quelqu'un

28. B. Latour, *op. cit.*, p. 245.
29. B. Latour, *ibid.*, p. 197.
30. G. Canguilhem, *Idéologie et rationalité dans les sciences de la vie*, Vrin, 1977, p. 73 ; B. Latour, *op. cit.*, p. 84. Voir aussi L. Dagognet, *Méthodes et doctrines dans l'œuvre de Pasteur*, PUF, 1967 ; et F. Jacob, *La logique du vivant*, Gallimard, 1970.
31. Voir par exemple quelques remarques dans P. Thuillier, « Sociologie de l'art et histoire des sciences », in *La sociologie de l'art et sa vocation interdisciplinaire*, Denoël-Gonthier, 1976, pp. 137-155.

affirme qu'un « rapport de raisons » n'est jamais qu'un « rapport de forces » comme un autre, il est pratiquement impossible de lui offrir des *raisons* qui pourraient le faire changer d'avis. C'est un stratagème sémantique (comme dans le cas de Pasteur lui-même...) qui fonde le système. Au sens strict, aucun dialogue n'est envisageable. Car un dialogue, c'est un échange de paroles et de raisons. Or seules les « forces » comptent, quelles qu'elles soient.

Sur le plan technique, on pourrait souligner que le sociologisme intégral fait disparaître d'utiles instruments d'analyse. En ne voyant partout que des « rapports de force », il gomme d'un seul coup des différences qui mériteraient d'être mises en relief. *Du moins si l'on prend au sérieux les intentions mêmes qu'expriment les scientifiques.* Or, chez les champions du réalisme, il ne reste plus que des victoires et des défaites. Une tricherie qui réussit, fût-ce pour une brève durée, est un triomphe ; et les créationistes américains, s'ils l'emportent, auront « raison »... Bref, cela ne semble pas mener loin.

Après les délires scientistes, un brutal réveil...

Mais les sociologues les plus ardents, assurément, n'en ont cure. Car leur objectif est bien plutôt de créer une autre manière d'écrire l'histoire ; manière qui, à long terme, réussira à *exclure* tout ce qui concerne la « pensée scientifique ». Dans certains ouvrages récents sur Pasteur, la tendance à privilégier la perspective « sociologique » est nette. Les analyses épistémologiques passent au second plan ; l'accent est mis en revanche, sur les aspects sociaux, économiques et politiques de la « révolution pastorienne ». C'est un choix qui a l'avantage de révéler ou de faire mieux connaître des réalités historiques tout à fait intéressantes. Mais on a parfois envie de se demander : où donc est passé Pasteur homme de science ? Sans doute le « savant » a-t-il été, dans le passé et hier encore, trop flatté, trop adulé, trop idolâtré. Aujourd'hui, les « sociologues » le lui font bien payer. Il faut d'ailleurs noter que le scientisme intempérant de nos sociétés « avancées » leur fournit un excellent prétexte : après les excès de Dévotion Scientiste, c'est le retour de bâton. Un retour de bâton qui peut avoir de multiples conséquences sur le plan pratique.

Précisons-le à tout hasard, le refus du sociologisme n'équivaut nullement à une démission de l'esprit critique. Peut-être « les sciences » trichent-elles ; peut-être sont-elles moins solides que ne le croient les populations ; peut-être ne sont-elles que des rouages un peu particuliers dans un système social global ; peut-être sont-elles fondées sur une philosophie naïve, étroite, dangereuse ; peut-être se mêlent-elles souvent de ce qui ne les regarde pas ; peut-être faut-il s'en méfier et même les faire disparaître... [32] Mais elles sont là ; et elles se définissent *socialement* par des objectifs *cognitifs*. Que signifie donc l'entreprise de réduction ou de négation menée par certains représentants de la science sociologique ?

La sociologie, reine des sciences ?

Pour le savoir, peut-être faudrait-il consulter des sociologues capables de faire la sociologie de la « sociologie des sciences » ? Mais il y a un hic : peut-il exister des sociologies ou des super-sociologies capables de servir d'*alibi scientifique* au meurtre symbolique des hommes de science ? Que signifient les enquêtes « scientifiquement » menées qui accompagnent ces condamnations à mort : les sciences n'existent pas, les théories n'existent pas ? N'y a-t-il pas là quelque contradiction ?

Le rêve de transformer la sociologie en reine des sciences et de tout lui soumettre, en fait, n'est pas nouveau. Nous sommes renvoyés au moins cinquante ans en arrière. Par exemple en 1934, quand Ernst Grünwald, déjà, critiquait les exorbitantes prétentions du sociologisme. Les sociologues, affirmait-il, ne peuvent pas expliquer complètement les *connaissances* (en tant que telles) par une mise en évidence de leurs origines sociales ; ils ne peuvent pas éliminer les problèmes de nature *épistémologique* qui concernent la validité des théories. Mieux : le sociologisme est *« une forme de scepticisme qui s'annule lui-même et est donc absurde*[33] *»*. La difficulté est ancienne, mais réelle. Ce n'est pas en dépréciant systématiquement toutes les formes de « rationalité » et en réduisant toutes les démarches cognitives à des « rapports de force » qu'on la résoudra[34].

32. Voir P. Thuillier, « Les origines de l'antiscience », *La Recherche*, nº 174, février 1986.

33. E. Grünwald, « Wissenssoziologie und Erkenntniskritik » dans W. Eckstein, *Das Problem der Soziologie des Wissens*, Wilhelm Braumüller, 1934. Trad. partielle dans : J. E. Curtis, J. W. Petras (eds.), *The sociology of knowledge*, Gerald Duckworth, 1970. Voir pp. 238, 241.

34. Sur « la sociologie de la science et le relativisme », voir B. Matalon, *Revue de Synthèse*, juillet-sept. 1986, pp. 267-287.

CHAPITRE XII

Du rêve à la science : le serpent de Kekulé

Un chimiste a-t-il le droit de rêver ? Friedrich August Kekulé prétendit avoir découvert le cycle du benzène après avoir vu en rêve un serpent qui se mordait la queue. Scandalisés, certains scientifiques ont soutenu que cette histoire était totalement invraisemblable. Qu'en est-il ?

Presque tous les ouvrages consacrés à l'histoire de la chimie mentionnent un rêve fameux fait par le chimiste allemand August Kekulé (1829-1896) au début de l'année 1862 : alors qu'il était dans un état de demi-sommeil, il aurait vu un serpent danser devant ses yeux et se mordre la queue. C'est cette vision qui lui

Friedrich August Kekulé von Stradonitz (1829-1896) descendait d'une vieille famille noble de Bohême dont certains membres avaient émigré en Allemagne, à Darmstadt, pendant la guerre de Trente Ans. Originellement, le nom de cette famille s'écrivait Kekule ; mais quand Napoléon intégra le grand-duché de Hesse-Darmstadt à la Confédération du Rhin, le père de Kekulé ajouta un accent aigu à son nom de famille. Le jeune Kekulé commença des études d'architecture, étant doué pour le dessin ; mais il préféra se tourner vers la chimie, qu'il étudia à Giessen et à Paris. Il travailla quelque temps dans un laboratoire privé en Suisse. Sa véritable carrière scientifique débute à Londres, où il rencontra entre autres A.W. Williamson. De 1855 à 1858, il fut Privat Dozent à Heidelberg ; il obtint une chaire à Gand en 1858, puis à Bonn en 1867. Il avait surtout des qualités de théoricien ; c'est principalement grâce à ses travaux sur la structure chimique et en particulier sur le benzène qu'il est devenu célèbre. Vers la fin de sa vie, Kekulé raconta qu'il avait eu l'idée de structurer la molécule de benzène en anneau grâce à un rêve. Récemment, l'authenticité de cette « vision » a été mise en doute par deux scientifiques. Mais il ne semble pas que leur scepticisme soit vraiment justifié. *(Cliché J.-L. Charmet.)*

aurait donné l'idée de structurer le benzène en chaîne fermée (avec six carbones réunis alternativement par une et deux liaisons) ; il est à peine besoin de rappeler que, pour le développement de la chimie organique, cette contribution a été fondamentale. Ce récit, surtout s'il est présenté hors contexte et interprété avec complaisance, peut conduire à une conception tout à fait « mystique » de la découverte scientifique. Ainsi Arthur Koestler, en racontant ce rêve dans *The act of creation* (Macmillan, 1964), a jugé bon de procéder à une comparaison avec la Bible : le serpent de Kekulé, selon lui, est « probablement le rêve le plus important de l'histoire depuis celui de Joseph sur les sept vaches grasses et les sept vaches maigres »... De là à croire (ou à laisser croire) que la science progresse essentiellement grâce à de grandioses « révélations » de ce genre, il n'y a qu'un pas.

Des puristes s'attaquent au « mythe »

Aussi une controverse a-t-elle éclaté il y a quelques années aux États-Unis. Deux scientifiques, redoutant qu'on ne donne une image trop « irrationnelle » de leurs démarches, ont entrepris de démolir le « mythe de Kekulé ». L'un deux, John H. Wotiz, est professeur de chimie et de biochimie (Southern Illinois University) ; l'autre, Susanna Rudofsky, est chercheuse en génétique moléculaire et en biologie cellulaire (University of Chicago)[1]. Depuis l'été 1984, ils ont essayé de prouver que Kekulé n'avait pas pu avoir l'idée de sa formule cyclique en rêvant ou en rêvassant. Bien que le « mythe » soit fondé sur le témoignage de l'intéressé, ils estiment qu'il faut s'en débarrasser une fois pour toutes. Selon eux, les chimistes élaborent leurs théories à partir de l'expérience : « *Nous faisons du travail expérimental et commençons par réunir des faits strictement établis. Après quoi nous formulons une structure chimique*[1]. »

J. H. Wotiz et S. Rudofsky conçoivent donc la démarche scientifique comme rationnelle de part en part, toujours fondée sur l'examen méthodique des « faits ». Ce présupposé est pour eux essentiel : à aucun moment, dans les recherches véritablement scientifiques, n'interviennent des « intuitions », des « délires imaginatifs », des « visions ». Ainsi que nous le verrons, ces deux critiques

1. Voir R. J. Seltzer, « Influence of Kekulé dream on benzene structure disputed », *Chemical and engineering news,* 4 novembre 1985, pp. 22-23.

recourent à des arguments d'ordre historique pour justifier leur « démythification ». Mais leur motivation principale est à la fois épistémologique et institutionnelle : ils veulent donner une interprétation empiriste du travail de recherche parce que, autrement, le grand public aurait une piètre opinion des hommes de science en général et des chimistes en particulier.

Cette cure de rajeunissement chimio-épistémologique s'est heurtée à des critiques formulées par un autre chimiste, O. Bertrand Ramsay (Eastern Michigan University), et surtout par un historien des sciences, Alan J. Rocke (Program for history of science and technology, Case Western University) ; ce dernier a d'ailleurs publié il y a quelques mois un article important sur Kekulé et la théorie du benzène[2]. De leur point de vue, il n'y a aucune raison sérieuse de mettre en doute le récit de Kekulé. Un débat entre les champions des deux thèses était prévu pour septembre 1985 dans le cadre d'une assemblée de l'American Chemical Society. A.J. Rocke, finalement, a refusé d'y participer, faisant valoir que cette polémique « tournerait au cirque » et qu'il avait déjà fait connaître par des articles tout ce qu'il avait à dire.

Le benzène et les « aromatiques »

Kekulé a-t-il « rêvé » ou non ? Dans l'affirmative, quel a été le rôle de cet événement ? Est-il exact que tout élément « irrationnel » doive être exclu des démarches scientifiques ? Pour aborder ces questions, il faut d'abord savoir où en était la chimie, et spécialement la chimie organique, au milieu du XIXe siècle. Puisque les recherches menées par A. J. Rocke contribuent à une meilleure connaissance de cette période, commençons par évoquer quelques grands moments de l'histoire du benzène. Cette molécule a d'ailleurs eu une grande importance, non seulement parce qu'elle a soulevé des problèmes majeurs concernant la valence de l'atome de carbone, mais parce que ses dérivés appartiennent à la riche famille des « composés aromatiques ». Au départ, l'adjectif *aromatique* servait seulement à désigner les propriétés odorantes de certaines substances. Mais il a fini par prendre un sens proprement chimique, sans doute grâce au chimiste August Wilhelm Hofmann (1855). Kekulé reprend le mot et, dans un article de 1860, distingue nettement « la série des corps aromatiques » de « la série des

2. A.J. Rocke, « Hypothesis and experiment in Kekulé's benzene theory », *Annals of science*, juillet 1985, pp. 355-381.

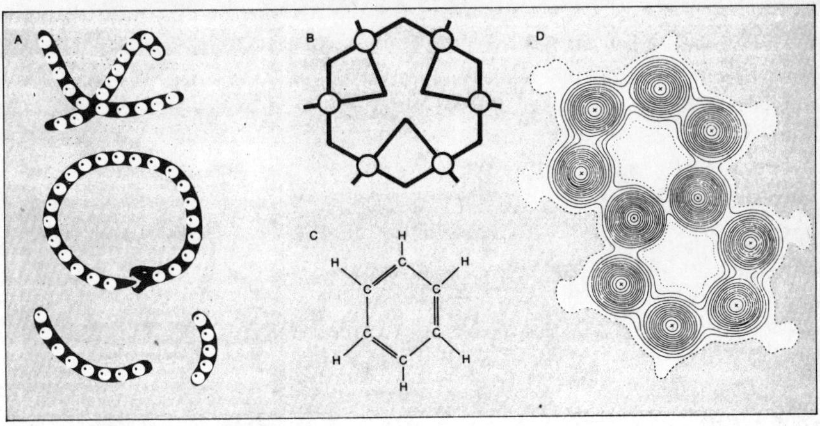

Le benzène (C_6H_6) a fait l'objet de nombreuses recherches au milieu du XIXe siècle ; recherches qui étaient essentielles pour le progrès théorique de la chimie organique, mais aussi pour le développement de l'industrie (parfums, colorants, explosifs, etc.). Kekulé présenta le 27 janvier 1865 devant la Société chimique de Paris un travail *« Sur la constitution des substances aromatiques »* où il suggérait que les six atomes de carbone du benzène formaient une chaîne fermée. Plus tard, en 1890, il raconta que l'idée de cette structure lui était venue grâce à un rêve. Somnolant auprès du feu, il avait vu les atomes danser devant lui, se réunissant et s'agitant comme des serpents. L'un de ces serpents se mordit la queue (A) ; et l'anneau ainsi formé conduisit Kekulé à imaginer que le noyau du benzène avait un aspect analogue. A partir de là, il était en principe facile de mettre au point une formule structurale correcte du benzène. En fait, Kekulé n'y parvint pas immédiatement. C'est seulement en 1866 qu'il proposa la structure représentée en B, avec une alternance de liaisons simples et de liaisons doubles bien mise en évidence par un hexagone. Bien qu'il ait formulé les idées essentielles, il fut sans doute devancé (d'après l'historien A.J. Rocke) par Adolph Claus en ce qui concerne cette représentation hexagonale, devenue familière aux chimistes d'aujourd'hui sous la forme C. Pour confirmer la réalité de cette structure, l'étude des isomères de divers dérivés du benzène fut spécialement utile. Grâce à ce schéma théorique, il était en effet possible de « prédire » combien d'isomères différents devaient exister pour tel ou tel composé (deux isomères ont la même formule brute, mais leurs atomes sont associés de manière différente, ce qui explique que leurs propriétés soient également différentes). Plus tard, il devint possible de s'assurer beaucoup plus directement de l'existence de l'anneau hexagonal grâce à des méthodes physiques. En D, on peut voir une molécule de naphtalène ($C_{10}H_8$, un « aromatique »), telle que la révèle une analyse aux rayons X (mesure des densités électroniques ; Abraham, Robertson et White, *Acta cryst.*, 2, 238, 1949). Deux atomes de carbone diamétralement opposés sont distants de trois angströms environ.

corps gras ». Ces derniers sont également dits « aliphatiques », grâce à un néologisme fondé sur un mot grec qui signifie « huile », « matière grasse »[3]. Rétrospectivement, comme le note Rocke, il y a une certaine ironie dans la désignation des « corps aromatiques » ; on sait maintenant que nombre de parfums remarquables sont non pas des composés « aromatiques », mais des composés « aliphatiques » (des terpènes : encens, camphre, huile de pin, térébenthine, lavande, eucalyptus, menthe, citron, etc.).

Toujours est-il que le benzène avait été découvert par Faraday en 1825 et bientôt étudié par des chimistes tels que Liebig, Wöhler, Berzelius, Dumas et Laurent. A partir de 1842, lorsqu'on commença à réaliser des distillations fractionnées du goudron de houille et du pétrole, la recherche sur les dérivés du benzène se développa et prit une importance de plus en plus grande aussi bien du point de vue théorique que du point de vue pratique. Ainsi se constitua la chimie « aromatique ». Puis arrivèrent les terpènes, une autre famille de composés riches en carbone dont Kekulé imposa le nom en 1864 et qui fut ensuite étudiée en détail par un de ses disciples, Otto Wallach [$(C_5H_8)n$]. Mais le XIXe siècle touchait déjà à sa fin, puisque c'est à partir de 1884 que Wallach écrivit ses cent vingt-six articles sur les terpènes... Revenons-en à la période 1857-1866 et aux grands travaux de Kekulé sur les composés aromatiques.

La chimie, en ce temps-là, n'avait pas encore mis au point certains concepts qui nous paraissent aujourd'hui essentiels. Bien que l'analyse chimique se fût beaucoup perfectionnée, les notions d'atome et de molécule n'avaient pas encore le sens précis qu'elles ont maintenant. Il était clair que certains corps simples ou composés se combinaient entre eux selon des proportions bien déterminées ; mais le sens de cette constatation n'était pas évident. Diverses interprétations étaient possibles, par exemple celle de la « théorie des types ». Elle consistait à définir des structures fondamentales, des « types » simples à partir desquels pouvaient être obtenues les formules de nombreux composés ; et ce, en substituant aux atomes d'hydrogène des radicaux plus ou moins complexes. Le chimiste français Charles Frédéric Gerhardt avait reprit et complété cette théorie dans son *Traité de chimie organique* (1853-1856). Il distinguait quatre « types » inorganiques (eau, H_2O ; ammoniac, NH_3 ; acide chlorhydrique, HCl ; hydrogène,

3. Voir l'article de Rocke, p. 358 ; et J.R. Partington, *A history of chemistry*, Macmillan, vol. IV, 1964, p. 553.

H_2) à partir desquels pouvaient en principe être dérivés tous les composés organiques[4].

De la « théorie des types » à la structure chimique

Dans ce contexte, on n'utilisait pas encore la notion moderne de valence, mais on parlait d' « affinités » ou d' « atomicité ». Voici comment Gerhardt définissait l' « atomicité » d'un acide : c'était un nombre caractéristique, égal au nombre des molécules d'eau à partir desquelles était dérivé cet acide dans le cadre de la « théorie des types ». Concrètement, les difficultés étaient nombreuses ; et le chimiste allemand G. C. Wittstein, en 1862, estimait que la théorie des types, « une invention française », était à proscrire... Plus généralement, il faut souligner que le statut même des notations utilisées était assez obscur. Les symboles chimiques désignaient-ils des entités réelles, douées d'existence objective ? Ou bien devait-on les considérer seulement comme une sorte de langage conventionnel, qui donnait des informations utiles mais ne « représentait » pas vraiment les structures des corps étudiés ? Ce problème absolument fondamental concernait entre autres la notion de liaison chimique et la détermination des masses atomiques. Si certains chimistes attribuaient au carbone une masse atomique égale à 12, d'autres préféraient 6 ; pour l'oxygène, même hésitation entre 16 et 8. Beaucoup d'incertitudes théoriques demandaient à être levées ; et le consensus était loin d'être réalisé, par exemple sur la signification exacte de la « théorie atomique formulée par Dalton au début du siècle (voir le chapitre précédent).

Kekulé fut l'un des tout premiers (avec Archibald Scott Couper) à reconnaître la quadrivalence du carbone, en 1857. L'année suivante, il précisa cette idée et (toujours en parallèle avec Couper) exposa ses conceptions sur la liaison des atomes de carbone : ces atomes formaient facilement de longues chaînes, la liaison entre deux carbones voisins pouvant être assurée par une seule « unité d'affinité » ou par deux. C'est grâce à des contributions de ce genre que progressa la chimie. La théorie structurale énoncée par Kekulé en 1858 marqua une étape cruciale. Faire de la chimie, désormais, c'était admettre qu'il existe des atomes se combinant dans l'espace grâce à des liaisons bien définies. Le chimiste russe

4. J. R. Partington, même ouvrage, vol. IV, pp. 456-458. Voir aussi C. A. Russell, *The history of valency,* Leicester University Press, 1971.

A. M. Butlerov concrétisa cet acquis en parlant de « structure chimique ». Conception très simple, apparemment... Mais qui était alors une conception tout à fait *théorique.*

A cette époque, en effet, il était impossible de s'assurer parfaitement de l'existence des atomes. La théorie atomique était tellement spéculative qu'un chimiste comme Marcelin Berthelot (1827-1907), très influent en France, a très longtemps refusé de l'accepter. Ce n'était pourtant ni un ignorant ni un amateur ; non seulement il fut professeur à l'École supérieure de pharmacie, professeur aussi au Collège de France jusqu'à sa mort, mais également membre de l'Académie de médecine, secrétaire perpétuel de l'Académie des sciences, inspecteur de l'Enseignement supérieur, ministre de l'Instruction publique, etc. Il utilisa pour l'eau la vieille formule HO jusqu'en 1891 ; il attendit 1897 pour utiliser les formules structurales. Parlant des atomes, il déclara un jour ironiquement : « Wurtz les a vus.[5] » Wurtz, c'était l'un des principaux fondateurs de la Société chimique de Paris (1857). Comme Gerhardt, il était d'origine strasbourgeoise ; grâce à lui, la Société chimique devint en France un lieu privilégié pour l'étude de la théorie atomique et de la chimie organique[6]. Par ce détour nous retrouvons Kekulé et le benzène. Car c'est devant la Société chimique de Paris qu'il exposa le 27 janvier 1865 son travail *Sur la constitution des substances aromatiques.* Adolphe Wurtz lui-même présenta la communication dans laquelle Kekulé suggérait que tous les aromatiques avaient un noyau de six carbones formant une chaîne fermée ; ces six atomes étaient réunis alternativement par des liaisons simples et des liaisons doubles.

La difficile conquête de l'hexagone

Avec le recul, on pourrait penser que le « message » de Kekulé sur l'anneau du benzène était nettement formulé dès cette communication. En réalité, déclare A. J. Rocke, la situation était plus nuancée. Ce que nous considérons aujourd'hui comme l'élément théorique « révolutionnaire » (la structure cyclique) était exposé de façon relativement marginale ; l'accent était surtout mis sur certaines applications de l'analyse structurale (étude de la métamérie et de l'homologie). Mieux encore, ce travail historique présentait des lacunes et des erreurs manifestes qui furent aussitôt rele-

5. Même ouvrage, vol. IV, p. 466.
6. Même ouvrage, vol. IV, p. 478.

vées par d'autres chimistes. Une idée capitale avait pourtant été émise, dont les chimistes allaient bientôt exploiter les riches implications. Toujours en 1865, Kekulé publia plusieurs articles où était de nouveau abordé de problème de la structure exacte du benzène. Problème très difficile, même pour lui. On touche peut-être ici à l'un des points les plus curieux de cette page d'histoire des sciences : ce n'est pas Kekulé qui aurait élaboré la fameuse représentation hexagonale du benzène *sous sa forme précise et « orthodoxe » :*

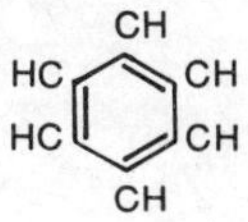

Dans son premier mémoire, en effet, Kekulé présentait l'hypothèse que les six atomes de carbone formaient une chaîne fermée ; mais il ne parlait pas d'hexagone et figurait ainsi le fameux « noyau » :

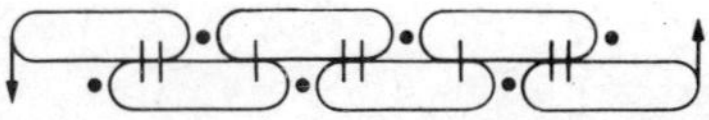

Le bouclage de la chaîne est seulement évoqué par les deux flèches situées aux extrémités. Un peu plus tard, toujours en 1865, Kekulé recourut à un hexagone :

Mais les doubles liaisons n'étaient pas indiquées ; et l'on peut se demander, surtout, si la signification de cet anneau était celle que nous lui donnons. Car, déclare Rocke, les spéculations de Kekulé dans ce mémoire de mai 1865 concernaient essentiellement *la position des atomes d'hydrogène,* et non pas celle des atomes de carbone. Il s'agissait de savoir si tous les atomes d'hydrogène étaient équivalents ou s'ils se répartissaient en deux groupes de trois. Dans le premier cas, il faut préférer l'hexagone :

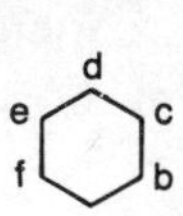

Dans le second, mieux vaut recourir au triangle, certains hydrogènes étant situés aux sommets (a, c, e), les autres au milieu des côtés (b, d, f,) :

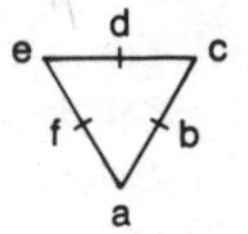

Kekulé préférait l'hexagone ; et l'expérimentation (étude des isomères de divers composés) confirmait son hypothèse. Mais, en 1865, il se montrait encore prudent ; selon lui, il fallait mieux connaître les composés aromatiques avant de se prononcer. Le fait à mettre en évidence, selon Rocke, c'est que Kekulé n'avait certainement pas l'intention de décrire avec précision la structure du benzène lorsqu'il raisonnait de cette façon. L'anneau des atomes de carbone est présupposé mais n'apparaît pas explicitement. Kekulé étudiait cependant avec soin cette question, en particulier grâce à des modèles construits avec des boules de bois et du fil de fer.

Adolph Claus, inventeur de l'anneau de Kekulé ?

En 1866, Kekulé publie un dessin qui comprend un hexagone et les doubles liaisons des carbones. Cette fois, la formule est très proche de celle que nous utilisons :

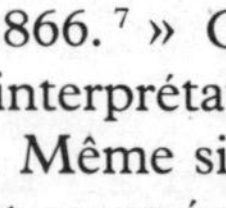

Mais A. J. Rocke, au terme de son enquête, nous invite à penser que Kekulé avait été devancé par le chimiste allemand Adolph Claus. « C'est lui qui le premier donna à l'hexagone aromatique sa signification moderne, en 1866.[7] » Claus, toutefois, attribuait à Kekulé le mérite de cette interprétation de l'hexagone du benzène ! Ce n'était que justice. Même si la démonstration de l'historien est fondée, il est en effet assez évident que Kekulé avait indiqué la bonne direction. Vu l'importance accordée aux questions de priorité par les scientifiques eux-mêmes, l'histoire « officielle » des idées et des théories est souvent difficile à reconstituer. Dans le cas

7. A. J. Rocke, article cité, p. 371.

présent, il est saisissant de voir à quels prodiges d'érudition doivent recourir ceux qui veulent répartir équitablement les lauriers entre les divers découvreurs concernés.

L'intérêt épistémologique de ces analyses ne doit cependant pas être sous-estimé. Elles permettent de mesurer la complexité des démarches, de prendre conscience des sens multiples que peuvent revêtir certains symboles. L'exemple de l'hexagone est à cet égard instructif. Le Français Antoine Laurent avait en effet utilisé en 1854 un hexagone contenant les lettres Bzc pour représenter le chlorure de benzoïle. Si on considère ce fait séparément, on pourra être tenté de croire que Laurent avait déjà en vue une interprétation moderne de la molécule de benzène. Le malheur, c'est que, dans le même passage, il utilisait *également un hexagone* (avec les lettres hA) pour désigner l'ammoniac : *« Dans l'ammoniaque et le chlorure de benzoïle, les atomes sont disposés suivant des figures hexagonales. »* Autrement dit, l'hexagone de Laurent n'a rien à voir avec le « véritable » anneau du benzène ! Ce qui nous ramène par un nouveau détour aux discussions qu'a suscitées le rêve de Kekulé.

Car ce dernier connaissait ce texte de Laurent et y avait fait référence en 1858. Ne serait-ce pas là une source inconsciente de la « vision » que le chimiste aurait eue au début de 1862 ? C'est ce que suggère J. R. Partington dans sa monumentale *Histoire de la chimie.* Ayant eu l'occasion d'associer la figure de l'hexagone au benzène, Kekulé aurait projeté ce « souvenir subconscient » dans la forme d'un serpent se mordant la queue[8]. Bien entendu, il est impossible d'aboutir à une certitude sur ce point précis ; et, même si cette explication est à retenir, d'autres facteurs ont pu intervenir dans l'élaboration du rêve de Kekulé. Le principal problème, toutefois, se situe ailleurs : oui ou non, y a-t-il eu un tel rêve ? Selon J. H. Wotiz et S. Rudofsky, la réalité même du fait doit être contestée.

Une obligation : cacher ses rêves

L'un de leurs arguments consiste à remarquer que, dans ses travaux de 1865-1866, le chimiste n'y fait pas allusion. Le contraire serait étonnant, répliquent Rocke et Ramsay. Il est extrêmement naïf de penser que Kekulé aurait pu commencer ainsi son exposé devant la Société chimique de Paris : « *Ayant vu en rêve un serpent*

8. J. R. Partington, même ouvrage, vol. IV, p. 556.

qui se mordait la queue, je propose une structure cyclique du benzène » ! Les discours scientifiques doivent se conformer à diverses normes, explicites ou implicites. Dans le contexte du milieu du XIXe siècle, rappellent Rocke et Ramsay, la démarche scientifique était le plus souvent définie de façon « positiviste » et « inductiviste » : un vrai savant fuit toute spéculation et tire toutes ses idées de la stricte analyse des faits... Kekulé, en toute hypothèse, était donc pratiquement contraint de se taire. Darwin a plusieurs fois parlé de ces problèmes de stratégie. Dans une lettre souvent citée, adressée à un botaniste du nom de John Scott, il formulait ce conseil : « *Que la théorie guide vos observations ; mais, en attendant que votre réputation soit bien établie, faites attention à ne pas trop publier de théorie. Car cela fait douter les gens de vos observations*[9]. » A plus forte raison, un chimiste doit s'abstenir de raconter ses « visions », ses délires imaginatifs...

Pour parler publiquement de son rêve herpéto-benzénique, Kekulé a attendu d'être un homme de science consacré. En 1890, profitant d'une fête organisée à Berlin en son honneur (c'était le vingt-cinquième anniversaire de son article sur le cycle du benzène), il raconta son rêve. Et même ses *deux* rêves. Car il y avait également un rêve (ou une rêverie) à l'origine de ses idées sur la liaison des atomes de carbone. Les atomes, déclara Kekulé, gambadaient devant ses yeux, s'unissant les uns aux autres et finissant par former une chaîne. La scène se passait dans un omnibus de Londres, entre Islington et Clapham, en 1854 ou 1855. C'est le conducteur qui mit fin à cet état mental particulier ; à la suite de quoi Kekulé passa la nuit à reproduire sur le papier les formes qu'il avait vues : « *Ainsi se constitua la théorie structurale.*[10] » Pour le benzène, l'événement eut lieu en Belgique, à Gand, dans l'appartement qu'occupait alors Kekulé : « *Je tournai ma chaise vers le feu et tombai dans un demi-sommeil* (Halbschlaf). *De nouveau les atomes s'agitèrent devant mes yeux. Cette fois, des groupes plus petits restaient discrètement en arrière-plan. Mon regard mental, rendu plus aigu par des visions répétées du même genre, distinguait maintenant des formes plus grandes qui se combinaient de diverses manières : de longues chaînes, souvent associées de façon plus serrée, étaient toutes en mouvement, s'entrelaçant et se tortillant comme des serpents. Mais attention, qu'était-ce que cela ? Un des serpents avait saisi sa propre queue, et cette forme tournoyait de façon*

9. *More letters of Charles Darwin*, Appleton, 1903 (Johnson Reprint Corporation, 1972), vol. II, p. 323 ; Darwin, *La vie d'un naturaliste à l'époque victorienne*, Belin, 1984, p. 136.

10. Voir l'article de Rocke, p. 365 ; et J.R. Partington, vol. IV, p. 537.

moqueuse devant mes yeux. Je m'éveillai en un éclair et, cette fois également, je passai le reste de la nuit à élaborer les conséquences de l'hypothèse. » Suivait ce commentaire : « *Messieurs, apprenons à rêver. (...) Mais gardons-nous de rendre publics nos rêves avant qu'ils n'aient été mis à l'épreuve par notre esprit bien éveillé.*[11] »

Faut-il douter, comme le fait Wotiz, de la véracité de cette histoire ? Il ne le semble pas. Plusieurs indices et témoignages confirment que Kekulé avait déjà raconté plusieurs fois ses rêves, bien avant 1890. La revue *Chemische Berichte* avait publié en 1886 une parodie sur le thème des serpents de Kekulé ; ce qui indique que ses collègues chimistes étaient au courant. Son fils Stephan, en outre, a écrit en 1927 que la famille, les collègues et les amis de Kekulé l'avaient plusieurs fois entendu raconter des histoires de rêves (et en particulier celle qui concernait le benzène)[12]. On peut toujours envisager l'hypothèse d'une fabulation ou d'un mensonge. Et rappeler, par exemple, que Kekulé, en présentant son

11. Outre Rocke, voir J.T. Davies, *The scientific approach*, Academic Press, 1973, pp. 16-17.
12. A.J. Rocke, article cité, p. 364.

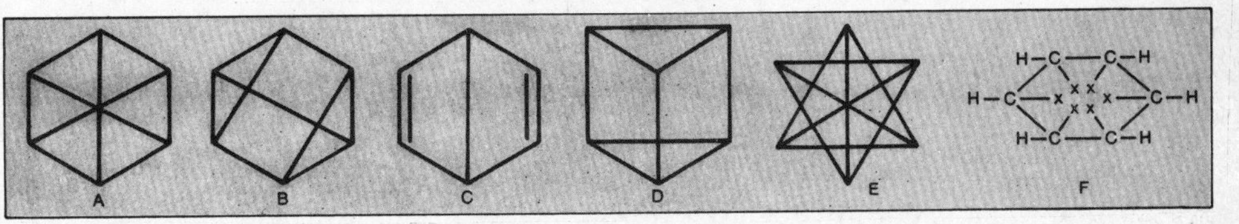

La mise au point de la formule développée du benzène fut une affaire longue et difficile. Même quand Kekulé eut formulé la bonne solution dans ses grandes lignes en 1865, il fallut encore du travail pour toucher au but. Kekulé, d'ailleurs, défendait une conception « gradualiste » de la découverte scientifique : c'est progressivement, par des transformations successives, que les schémas théoriques s'organisent et s'améliorent. En général, pensait-il, les idées sont dans l'air. Le chimiste Baeyer, qui avait travaillé avec Kekulé, a d'ailleurs déclaré à ce dernier, en avril 1865, qu'il avait déjà eu l'idée de la structure cyclique du benzène. Tout s'est passé comme si la bonne formule s'était imposée petit à petit parmi bien d'autres. On voit ici quelques-unes des représentations qui ont été essayées entre 1866 et les années 1880 puis rejetées. Les deux premières ont été proposées par Adolph Claus (A, B) ; la suivante, par Dewar et Wislicenus (C). Ladenbourg, en 1872, eut l'idée d'une formule prismatique (D) ; en faisant tourner le triangle supérieur de 180° dans son plan et en opérant une projection, il obtenait également la formule E. Presque au même moment, Lothar Meyer affirmait sa préférence pour la formule « centrale » (F), qui fut reprise et légèrement modifiée par H.E. Armstrong et A. von Baeyer.

célèbre texte de 1865, avait fait remonter à 1858 sa conception du benzène ; ce qui n'est pas très crédible. Mais un détail de ce genre ne suffit pas à fonder la thèse d'un Kekulé « fabricateur » de rêves. Tout compte fait, il semble raisonnable de croire que les fameuses anecdotes correspondent à des faits authentiques (même si ces derniers ont été un peu déformés et enjolivés).

Vraies « visions » et faux précurseurs...

Le dossier de la défense paraît très solide. Les arguments de Wotiz, en revanche, semblent très indirects et peu efficaces. Se fondant sur une lettre privée dans laquelle Kekulé a la dent dure contre les Français, il suggère que ce dernier, dans un esprit nationaliste, a inventé l'histoire de son rêve sur le benzène pour affirmer la primauté des Allemands dans la chimie aromatique [13]. D'après Rocke, l'indice que constitue cette lettre adressée à un ami en temps de guerre est assez faible ; une familiarité plus grande avec le personnage de Kekulé montre qu'il était internationaliste. Quant à l'hypothèse selon laquelle le rêve du serpent aurait permis à Kekulé de ne pas reconnaître ses emprunts à des chimistes étrangers, elle est difficile à accepter. D'autant plus qu'il lui est arrivé de souligner fortement l'importance des idées lancées par des « étrangers » tels que Williamson, Odling, Gerhardt et Wurtz. En outre, nous avons vu que la forme hexagonale utilisée par Auguste Laurent ne pouvait pas avoir un sens « moderne ». Non seulement elle valait aussi pour l'ammoniac, mais elle précédait l'apparition de la théorie structurale. Il est difficile d'admettre, comme le remarque Rocke, que Laurent voulait appliquer une théorie qui n'existait pas encore.

En ce qui concerne la prétendue priorité de l'Autrichien Loschmidt, le plus grand scepticisme s'impose. Comme l'indique J.R. Partington, ce chimiste utilisait une représentation différente de celle de Kekulé :

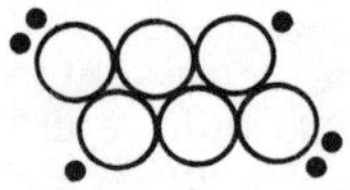

Transcrite en un style plus moderne, elle donnerait ceci :

13. Voir l'article de R.J. Seltzer, p. 23.

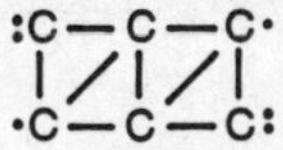

C'est-à-dire une formule où ne figurent pas de doubles liaisons [14]. On ne voit pas pourquoi Kekulé aurait dû dissimuler cet impossible larcin... Tout au plus convient-il de noter le caractère *collectif* de ces sortes de recherches. Kekulé ne pensait pas autrement ; et cela ne remet pas en cause la réalité de ses rêves.

Le débat de fond, finalement, concerne le rôle des éléments « irrationnels » dans la recherche scientifique. Pour protéger la pureté épistémologique de la chimie, Wotiz et Rudofsky préfèrent nier carrément l'existence du « rêve au serpent ». Précaution excessive, semble-t-il. Car admettons que Kekulé ait réellement eu une vision ; il n'en résulterait pas que la chimie est une science démoniaque et que ce chimiste n'a pas « mérité » son rêve ! On a pu constater que Kekulé avait longuement travaillé, expérimenté, réfléchi. S'il a pu « voir » des serpents et en tirer un si grand profit, c'est assurément parce qu'il avait exercé de façon tout à fait active sa raison et son imagination à propos du benzène. Que la bonne idée soit venue pendant qu'il était assoupi près de son feu, est-ce tellement extraordinaire ? Les cas de découvertes apparemment « irrationnelles » sont assez nombreux dans l'histoire des sciences, de Kepler à Poincaré ou Einstein pour ne citer qu'eux. Mais inutile de recourir aux mystérieuses forces d'un Inconscient transcendant, d'imaginer l'intervention d'un Démon. Pour dédramatiser les épisodes de ce genre, il suffit d'admettre cette idée plutôt banale : il n'y a pas de séparation *absolue* entre pensée consciente et processus psychiques subconscients [15].

Imaginer, puis travailler

De toute façon, les idées qui surgissent dans de telles conditions sont tantôt « bonnes », tantôt « mauvaises ». D'une certaine manière, on peut dire qu'elles ne sont pas encore *scientifiques.* Pour qu'elles le deviennent, il faut que l'homme de science fasse le tri, organise les schémas théoriques correspondants, examine et teste des implications précises, etc. Bref, il faut imaginer des idées

14. J.R. Partington, même ouvrage, vol. IV, p. 546.
15. Voir par exemple F. Williams, « The mystic of unconscious creation », in *Creativity and learning* (J. Kagan ed.), Beacon Press, 1967, pp. 142-152.

nouvelles ; après quoi il faut travailler dans la rigueur. Le « rêve », au mieux, fournit des données brutes, des analogies suggestives, des modèles stimulants. Kekulé lui-même en était tout à fait conscient. Rappelons quelle était la conclusion de son récit de 1890 : *« Apprenons à rêver. (...) Mais gardons-nous de rendre publics nos rêves avant qu'ils n'aient été mis à l'épreuve par notre esprit bien éveillé. »* Un éloge de l'imagination n'implique pas qu'on renie la Méthode !

CHAPITRE XIII

Le spiritisme et la science de l'inconscient

Bien que des physiciens comme William Crookes et Oliver Lodge aient eu des sympathies pour le spiritisme, les tables tournantes n'ont généralement pas bonne réputation chez les scientifiques. Ils regrettent, en particulier, que les « Esprits » se manifestent dans des conditions qui rendent difficile un contrôle expérimental sérieux. Mais, même si on ne croit pas à l'existence des prétendus Esprits, il peut être légitime de reconnaître l'authenticité et l'intérêt scientifique de quelques faits découverts par les spirites. Le spiritisme, dès son origine, a stimulé l'imagination de nombreux théoriciens. Les expériences des « médiums écrivains », en effet, constituaient un riche matériel d'étude pour ceux qui s'intéressaient aux problèmes posés par « l'inconscient ».

« Il semble que toute science doive passer par une période de superstition bizarre : l'astronomie et la chimie ont commencé par être l'astrologie et l'alchimie. La psychologie expérimentale aura commencé par être le magnétisme animal et le spiritisme : ne l'oublions pas et ne nous moquons pas de nos ancêtres. »

Des faits « spiritiques » au subconscient

Ainsi s'exprimait Pierre Janet, en 1889, dans son grand ouvrage : *L'automatisme psychologique. Essai de psychologie expérimentale sur les formes inférieures de l'activité humaine*[1]. L'une des principales idées de Janet, c'était que les sujets humains ne réussissent pas toujours à synthétiser leurs sensations en une « perception personnelle ». Autrement dit, il existe des « sensations brutes » qui échappent à l'individu et qui ne peuvent être exprimées dans « son langage conscient ». A partir de là, Janet formulait l'idée d' « une véritable désagrégation des phénomènes psychologiques ». Ce vocabulaire, aujourd'hui, est tombé en désuétude. Mais l'intuition de ce psychologue un peu trop oublié allait loin. Selon lui, il y avait en l'homme *deux personnalités* : d'une part une personnalité ordinaire, d'autre part une personnalité « anormale et subconsciente ». La désagrégation psychologique avait son origine dans cette dualité, dualité qui pouvait revêtir de nombreuses formes et en particulier des formes pathologiques. Car, parfois, il arrive que la personnalité subconsciente « domine et détermine les idées et les actes de la première personnalité ». Cette conception, remaniée et élargie, nous est aujourd'hui familière grâce à la psychanalyse. Ce qu'il est intéressant de noter, dans le cadre du présent article, c'est que le spiritisme avait fourni à Pierre Janet divers « cas expérimentaux » importants.

Bien avant lui, d'ailleurs, un grand nombre de médecins et de théoriciens divers avaient essayé d'interpréter en termes psychologiques les phénomènes que les spirites avaient observés (ou prétendu observer). Car tel était l'effet stimulant de toutes les activités parfois désignées comme « spiritiques » : n'était-il pas possible d'élaborer une nouvelle *science* grâce à laquelle on rendrait compte du mouvement des « tables tournantes » et des apparitions d'ecto-

1. P. Janet, *L'automatisme psychologique,* Alcan, 3e éd., 1899, p. 376. C'est une thèse de doctorat en philosophie. La première édition est de 1889 ; à part l'addition de nouvelles préfaces, les rééditions reproduisent le texte original.

plasmes ? L'astronome Camille Flammarion, grand expert en phénomènes médiumniques, cite dans ses *Mémoires* un passage du *Shakespeare* de Victor Hugo qui résume bien l'espèce de défi lancé au monde savant : « Il est du devoir de la science de sonder tous les phénomènes. Éviter le phénomène spirite, c'est faire banqueroute à la vérité [2]. » Beau programme ; mais dont la réalisation n'allait pas de soi.

Nous le verrons, les difficultés étaient nombreuses aussi bien en ce qui concernait l'établissement des faits qu'en ce qui concernait leur interprétation. Quand des dragées humides tombent du plafond, il est malaisé de confirmer que c'est le diable qui les a sucées ! Il est donc compréhensible que de nombreux hommes de science se soient montrés méfiants. Et pourtant, malgré les tabous et les multiples ambiguïtés d'un semblable sujet de recherche, les expérimentations et les spéculations se multiplièrent. Mieux encore, on peut penser que le spiritisme a permis de mettre au jour quelques « faits » présentant un grand intérêt scientifique. Mais, pour commencer, disons un mot de la naissance du spiritisme et de la variété des « expériences » qu'il engendra rapidement.

« Esprit, si tu es là, frappe un coup... »

Le spiritisme, comme son nom le suggère, embrasse en principe l'ensemble des activités qui permettent de communiquer avec les « Esprits » (et plus spécialement avec les esprits des morts). Il est à peine besoin d'indiquer que l'idée elle-même d'entrer en contact avec des entités étrangères à notre monde quotidien est extrêmement ancienne. Citons cette remarque de Janet : « Ammien Marcellin assure qu'au IVe siècle de notre ère les chefs d'une conspiration contre l'empereur Valence interrogèrent des tables magiques » ; et ce, en utilisant une méthode fort proche des méthodes mises au point à l'époque moderne. Camille Flammarion, de son côté, trouve une pléiade de précurseurs dans l'Antiquité : Pythagore, Socrate, Numa Pompilius, Origène, Apollonius de Tyane, etc. [3] Mais le spiritisme proprement dit désigne un ensemble de pratiques et de conceptions théoriques dont on situe ordinairement l'origine en 1848, lorsque les deux filles du fermier américain

2. Cité par C. Flammarion, *Mémoires biographiques et philosophiques d'un astronome*, Flammarion, 1911, p. 238.
3. P. Janet, *L'automatisme psychologique*, p. 378 ; C. Flammarion, « Les esprits et le spiritisme », *Revue française*, février 1863, p. 219.

John Fox, respectivement âgées de 12 et de 15 ans, eurent l'idée de correspondre avec les « Esprits » qui provoquaient dans leur maison des bruits mystérieux... Dominant leur peur, les demoiselles Fox entreprirent le dialogue en fixant une convention simple : un coup frappé voulait dire « oui », deux coups voulaient dire « non ». Selon de Mirville, qui s'occupa de ces questions dès le milieu du XIXe siècle, c'est en France, à Cideville, que ce code aurait été inventé... Quoi qu'il en soit, les prouesses des sœurs Fox déclenchèrent un vaste mouvement d'engouement pour ces conversations avec l'Au-Delà. Il semble que ce soit en 1853 que la pratique du spiritisme s'implanta solidement en France. On se mit à faire tourner et danser les tables ; on fit voltiger les meubles ; on provoqua une incroyable quantité de phénomènes sonores (batteries de tambours, grincements de scies, coups de marteaux, etc.) ; et, surtout, on inventa des moyens de dialogue plus perfectionnés.

La méthode la plus connue est sans doute celle qui consiste à demander aux « Esprits » de frapper un coup pour A, deux coups pour B, trois coups pour C, et ainsi de suite. Le système peut être amélioré de diverses façons, par exemple en divisant l'alphabet en trois séries de lettres qui sont respectivement attribuées à chacun des trois pieds d'un guéridon : le nombre de coups nécessaires est moins élevé et les « messages » sont ainsi transmis plus rapidement. Le fait important, quelle que soit la méthode utilisée, c'est que les « Esprits » apparaissaient désormais aux spirites comme des êtres bien déterminés, ayant une identité reconnaissable et capables de dicter de longues déclarations quand il le fallait. Le Français Hippolyte Rivail, plus connu sous son pseudonyme d'Allan Kardec, rédigea précisément sous la dictée des « Esprits », en 1857, un ouvrage qui joua le rôle de Bible pour les adeptes du spiritisme : *Le livre des Esprits, contenant les principes de la doctrine spirite.* Parmi les défunts qui avaient confié à Kardec la mission de fixer par écrit leurs enseignements figuraient entre autres saint Jean l'Évangéliste, saint Augustin, saint Vincent de Paul, saint Louis, Socrate, Platon, Fénelon et Franklin...

Pour connaître la doctrine spirite orthodoxe, le *Livre des Esprits* est aujourd'hui encore un document essentiel. Mais la théorie n'est pas tout ; il y a aussi les « expériences », dont de nombreux récits figurent dans la *Revue spirite* et divers ouvrages (publiés par exemple dans la *Bibliothèque de philosophie spiritualiste moderne et des sciences psychiques*). Afin de donner succinctement une idée de leur contenu, je me servirai d'un article fameux dû à William Crookes, physicien de grand renom et membre de la *Royal society.* Paru en janvier 1874 dans le *Quarterly journal of science,* ce texte distingue treize classes de phénomènes[4]. Crookes prend soin de préciser qu'il a contrôlé sérieusement les conditions expérimentales concernant les faits qu'il rapporte. Selon lui, la fraude n'était pas possible. Presque toutes les expériences, déclare Crookes, « ont eu lieu dans ma propre maison, à la lumière et en présence de quelques-uns de mes amis et du médium ». Bien que des critiques ignorants s'efforcent immanquablement de ridiculiser ces sortes de témoignages, ajoute-t-il, ce serait une « lâcheté morale » de ne pas rapporter ce qui a été observé au cours d'expériences réitérées.

Ricanements d'oiseaux, chaises volantes et esprits accordéonistes

La première classe de phénomènes comprend les « mouvements de corps pesants avec contact, mais sans effort mécanique ». L'expérience typique consiste « à élever dans l'air des corps lourds quand la main est placée dessus ». Ces mouvements, affirme Crookes, sont « généralement précédés par un rafraîchissement de l'air, s'élevant parfois jusqu'à produire du vent ». Dans la deuxième classe, on trouve les « phénomènes de percussion et autres sons ». Miss Kate Fox était particulièrement douée pour produire ces phénomènes, qui consistent selon les cas en « détonations dans l'air », en « bruits métalliques très aigus », en « grattements », en « espèces de ricanements d'oiseaux moqueurs », etc. William Crookes cite ensuite « l'altération du poids des corps », les « mouvements d'objets pesants placés à une certaine distance du médium », les « tables et chaises enlevées de terre sans l'attouchement de personne ». Par exemple, une lourde table de salle à manger s'élève à un pied et demi du sol. Puis viennent les « enlèvements de corps humains », qui constituent la sixième classe. Laissons la parole à Crookes : « Je vis une fois une chaise, sur laquelle une dame était assise, s'élever à quatre pouces du sol ; dans une autre occasion, pour éviter tout soupçon, cette dame s'agenouilla sur la chaise, de façon que ses quatre pieds soient complètement visibles ; alors cette chaise s'éleva à environ trois pouces, demeura suspendue à peu près pendant dix secondes et redescendit lentement »...

4. Ce texte a été traduit en français au moins deux fois : sous forme séparée, par la Librairie spirite, et dans un recueil publié dans la *Bibliothèque de philosophie spiritualiste moderne et des sciences psychiques* (W. Crookes, *Recherches sur les phénomènes du spiritualisme*).

Mais avançons : Crookes a également entendu un accordéon (qu'il tenait lui-même) jouer tout seul, alors que le médium était éloigné, et il a « vu, sous les conditions du plus scrupuleux contrôle, un corps lumineux solide, à peu près de la forme et de la grosseur d'un œuf de dinde, flotter sans bruit autour de l'appartement »... Dans la neuvième classe prennent place les « apparitions de mains lumineuses par elles-mêmes ou visibles à l'aide de la lumière ». Les exemples, là encore, sont variés. Crookes, en particulier, a vu « une forme nuageuse apparaître et (...) se condenser de façon à représenter une main parfaitement formée ». Mentionnons encore les apparitions de « fantômes ». Crookes rapporte cette scène très remarquable : « La forme d'un fantôme vint d'un coin de la chambre, prit un accordéon et glissa dans l'appartement en jouant de cet instrument. » A noter que l'accordéon joue un grand rôle dans les expériences de Crookes. Dans un article de 1871, il raconte longuement comment il a vu un accordéon flotter dans une cage, comment de la musique fut émise sans qu'il y eût aucun contact avec les touches, etc. [5]

Du point de vue du spiritisme orthodoxe, la douzième classe est spécialement intéressante, car elle montre que ce sont bien des « Esprits » qui sont à l'œuvre. Elle regroupe « différents cas prouvant l'intervention d'une intelligence extérieure ». C'est ainsi que Crookes a vu « une petite latte » venir à lui, en pleine lumière, et lui donner des coups sur la main chaque fois qu'il prononçait certaines lettres. De cette manière était transmis un message. Pour vérifier qu'il y avait bien une « intelligence » derrière ces phénomènes, Crookes demanda que le message soit poursuivi en morse. Ce qui fut fait... « Les lettres me furent données si rapidement que je pus à peine saisir quelques mots par-ci par-là, (...) mais j'en compris assez pour me convaincre qu'il y avait là un bon opérateur de morse. » Dans la treizième classe, enfin, nous rencontrons des « manifestations diverses d'un caractère composé ». Signalons seulement l'étonnante manœuvre d'un « brin d'herbe de Chine » : il sortit du bouquet où il se trouvait et passa entièrement, de façon

5. Article paru dans le *Quarterly journal of science*, juillet 1871 : « Recherches expérimentales sur une nouvelle force ».

De 1853 à 1855, c'est-à-dire dès les débuts de la vogue du spiritisme en France, Victor Hugo consulta les « Esprits » au moyen de ce qu'on appelle les tables tournantes. Cela se passait à Jersey, où Victor Hugo était en exil. Parmi ses interlocuteurs figuraient Eschyle et Aristophane, Jésus-Christ et Mahomet, Molière et Shakespeare, le

lion d'Androclès et l'Ombre du Sépulcre... En décembre 1854, par deux fois, Hugo put s'entretenir avec Galilée lui-même. La question du poète concernait les constellations : nous autres humains, nous regroupons les étoiles de façon arbitraire, mais peut-être existe-t-il des constellations réelles ? La réponse de Galilée fut assez vague : « Pas une étoile ne parlera. (...) La vérité ne fera pas d'aveux, l'absolu ne se laissera pas intimider (...), et nul greffier ne dressera la liste des constellations. (...) Moi, Galilée, je déclare ignorer le contenu de l'infini. (...) Le firmament est une énorme énigme avec des millions de clefs ; une étoile est la négation d'une autre ; tous ces astres se nient et s'affirment, et nul ne sait si ces millions d'Or appartiennent à non ou à oui. » *(Maison de V. Hugo à Jersey : cliché Roger Viollet ; lavis de V. Hugo : cliché Roger Viollet).*

apparemment spontanée, à travers la table... En fait, il y avait une fente à cet endroit. Mais, d'après Crookes, « la tige de l'herbe était trop grosse pour pouvoir supporter qu'on la fît passer par cette fente sans la briser ». Or on put vérifier ensuite que l'herbe était intacte, sans « la plus petite marque de pression ». Ce qui prouvait, évidemment, l'intervention d'un « Esprit ».

Cet échantillonnage donne une assez bonne idée de la nature des « faits » spirites. Mais, malgré les efforts de l'illustre physicien, le bilan « scientifique » peut apparaître bien décevant. Quel homme de science digne de ce nom, à l'époque actuelle, prendrait au sérieux ces prétendues expériences ? On ne saurait trop le souligner : Crookes a conçu et réalisé des montages expérimentaux minutieux (avec balances et dispositifs enregistreurs) qui mettaient en évidence, selon lui, des phénomènes objectifs et scientifiquement irrécusables. Pour reprendre ses propres termes, il pensait avoir établi « *l'existence d'une force associée, d'une manière encore inexplicable, à l'organisme humain, force par laquelle un surcroît de poids peut être ajouté à des corps solides sans contact effectif* »[6]. Cela lui valut d'être attaqué par ses confrères ; et finalement, après de dures controverses, ce fut la défaite. Le tube de Crookes demeure ; mais la « force psychique » n'a pas d'existence aux yeux des physiciens orthodoxes... On préfère penser que les médiums auxquels se fiait ce trop crédule savant (et en particulier Home) ont réussi à le mystifier de façon répétée. Jusqu'à nouvel ordre, il ne semble pas qu'il y ait à revenir là-dessus.

Un remarquable phénomène : l'écriture automatique

Mais l'intérêt de certaines expériences spirites que j'ai délibérément négligées jusqu'ici n'en apparaît, par contraste, que plus remarquable. A première vue, les prétendues expérimentations spirites ne sont qu'illusions ou tricheries. Mais des hommes de science peu suspects d'irrationalisme ont su repérer dans ce fatras quelques « faits » propres à faire avancer les connaissances. Je fais référence, tout particulièrement, à ce qu'on désigne en général sous le nom d'*écriture automatique.* A vrai dire, Crookes ne paraît pas avoir consacré beaucoup d'attention à ce phénomène. Mais, dans la « dixième classe » des faits spirites, il parle de l'*écriture directe.* C'est un bon point de départ pour aborder le sujet.

6. W. Crookes, *Recherches,* p. 66.

L'écriture directe, selon Crookes, désigne « une écriture qui n'est produite par aucune des personnes présentes ». Sous sa forme la plus radicale, l'expérience consiste à mettre sur une table une feuille de papier et un crayon : le médium n'a plus qu'à prier les « Esprits » d'avoir l'obligeance d'écrire un message. Crookes, comme toujours, a constaté la réalité de ce type de « fait » : « Une main lumineuse descendit de l'endroit le plus élevé de la chambre et, après avoir plané quelques secondes au-dessus de moi, prit le crayon de ma main, écrivit rapidement sur une feuille de papier, rejeta le crayon et s'éleva au-dessus de nos têtes en s'évanouissant graduellement. » Crookes raconte l'expérience sous une autre forme. En fait, comme il le dit lui-même, ce fut un échec ; mais « un bon échec enseigne souvent plus que l'expérience la mieux réussie »... En deux mots, le médium sollicita l' « Esprit » d'écrire un texte. Alors « le crayon s'éleva sur sa pointe et, après s'être avancé sur le papier par des secousses hésitantes, il tomba, se releva et retomba encore ». Finalement, après plusieurs essais et malgré l'assistance d'une « petite latte » qui se trouvait par là, le crayon abandonna la partie. L' « Esprit » envoya grâce à un autre procédé le message suivant : « Nous avons essayé de faire ce que vous nous avez demandé, mais nous ne le pouvons pas ; c'était au-dessus de nos forces. »

Ces histoires n'inspirent guère confiance. Comment croire que les « Esprits » puissent manipuler directement un crayon ? Heureusement, une autre technique fut très tôt mise au point par les spirites, technique qui a l'intérêt d'engendrer des expériences à la fois spectaculaires et crédibles. Tout d'abord les médiums utilisèrent une *planchette mobile* à laquelle était fixée un crayon ; ils posaient la main sur cette dernière et, sous l'influence des « Esprits », ils l'animaient de mouvements divers qui se concrétisaient en messages écrits. Mais on se rendit bientôt compte que l'aide d'un instrument n'était aucunement indispensable : il suffisait que le médium prenne le crayon en main et laisse l' « Esprit » s'exprimer graphiquement grâce à des mouvements échappant à tout contrôle conscient[7].

C'est ce qu'on appelle l'*écriture automatique.* L'opérateur s'abstient de faire intervenir sa volonté, il n'a même pas conscience du contenu des messages qu'il rédige. Tout se passe comme s'il mettait seulement sa main à la disposition d'une force extérieure afin

7. Voir par exemple G. Delanne, *Recherches sur la médiumnité,* Bibliothèque de philosophie spiritualiste, 1902 (diffusé par la librairie Leymarie, 42, rue Saint-Jacques, 75005 Paris), p. 313.

que celle-ci puisse tenir un discours. Telle est du moins l'interprétation donnée par les spirites eux-mêmes : c'est seulement par l'intervention d'une « intelligence » venue d'ailleurs qu'on peut expliquer les gestes effectués par le médium. Voici comment Allan Kardec décrit ce phénomène dans le *Livre des médiums* : « Le premier indice d'une disposition à écrire est une sorte de frémissement dans le bras et la main ; peu à peu la main est entraînée par une impulsion qu'elle ne peut maîtriser. Souvent, elle ne trace d'abord que des traits insignifiants ; puis les caractères se dessinent de plus en plus nettement et l'écriture finit par acquérir la rapidité de l'écriture courante. Dans tous les cas, il faut abandonner la main à son mouvement naturel, et n'apporter ni résistance ni propulsion. »

Intrusion des psychologues

A partir de là, les psychologues pouvaient entrer en scène et entreprendre des analyses de type « scientifique ». Car les expériences d'écriture automatique, à la différence de tant d'autres expériences spirites, semblaient incontestables. Les observateurs les plus critiques admettaient que, indépendamment de toute fraude, quelque chose d'étrange se passait : les sujets qui écrivaient « automatiquement », c'était clair, ne contrôlaient pas leurs gestes. La question se posait donc : comment expliquer ces comportements inhabituels ? Ne fallait-il pas les rapprocher, par exemple, de certains cas de somnambulisme, de suggestion ou d'hypnose ? Quels mécanismes psychologiques pouvaient rendre compte du contenu des « messages » ainsi obtenus ?

Dès 1855, le comte A. de Gasparin se lança dans des expériences et aboutit à la conclusion que l'écriture automatique devait être expliquée par une activité inconsciente des sujets. Michel-Eugène Chevreul, dans un ouvrage paru en 1854, avait d'ailleurs formulé une hypothèse semblable. Ayant déjà étudié la « baguette divinatoire » et le « pendule explorateur », il étendait l'explication qu'il avait proposée aux phénomènes spirites : c'est à cause de mouvements musculaires inconscients que les tables deviennent

---

Dans la littérature spirite, il est question de phénomènes d'« écriture directe » : un crayon, directement mû par une force extraordinaire,

se lève et se met à écrire un « message »... Mais une autre technique apparut rapidement, qui consistait à poser la main sur une planchette mobile à laquelle était fixé un crayon. Le médium, lorsque l'« Esprit » intervenait, se mettait à mouvoir sa main en dehors de tout contrôle conscient et traçait ainsi des phrases entières sur une feuille de papier. En fait, l'usage de la planchette n'était pas nécessaire. Pour que l'« écriture automatique » se produisît, il suffisait que le médium écrivain, comme on disait, prît le crayon dans sa main et laissât celle-ci se mouvoir spontanément. Pour les spirites, il était clair que les phénomènes de ce genre impliquaient l'action d'une force intelligente extérieure au médium. Mais les psychologues n'étaient pas du même avis. Ils virent là des manifestations du « subconscient » ou de l'« inconscient », scientifiquement explicables et ne confirmant aucunement l'existence de mystérieux « Esprits ». *(Cliché Leprêtre.)*

« tournantes »[8]. Plusieurs auteurs, refusant expressément l'existence et l'intervention des prétendus « Esprits », reprirent ce genre d'interprétation[9]. Taine, dans son livre sur *L'intelligence* (1870), a écrit ces lignes significatives : « Les manifestations spirites elles-mêmes nous montrent la coexistence, au même instant, dans le même individu, de deux volontés, de deux actions distinctes, l'une dont il a conscience, l'autre dont il n'a pas conscience et qu'il attribue à des êtres invisibles. »

De plus en plus nettement, l'hypothèse d'une « multiplicité de personnalités » dans le psychisme humain s'imposa. « Multiplex personality », c'était justement le titre d'un article de l'Anglais Frederick Myers paru en 1886. Contrairement à ce qui était généralement admis, il fallait reconnaître l'existence d'un « moi » subconscient ou inconscient. Grâce à l'écriture automatique, il devenait possible d'étudier ce « moi » étrange de façon méthodique. Ces recherches se développèrent d'ailleurs dans le cadre d'institutions nouvelles telles que la *Society for psychical research*, fondée en Angleterre par Myers et Gurney en 1882[10]. Pour bien saisir la portée de ce mouvement, il faut se rappeler que, vers la même époque, les études relatives à l'hypnotisme, à l'hystérie et à divers phénomènes analogues connaissaient un bel essor.

L'École de Nancy est demeurée célèbre, dont le fondateur était Auguste Ambroise Liébeault et dont Hippolyte Bernheim devint le brillant animateur. L'École de la Salpêtrière, dominée par le neurologue Jean Martin Charcot, constitua également un des hauts lieux de la psychologie clinique. Freud, notons-le, a eu des contacts avec ces deux Écoles, passant quatre mois à la Salpêtrière en 1885-1886 et quelques semaines à Nancy en 1889. Plusieurs autres noms devraient être mentionnés, comme celui de Charles Richet, dont l'article de 1875 sur le « somnambulisme provoqué » est resté classique. Dans ce contexte, il était normal que les phénomènes spirites (qu'ils soient baptisés « psychiques » ou « parapsy-

8. M. Chevreul, *De la baguette divinatoire, du pendule dit explorateur et des tables tournantes, au point de vue de l'histoire, de la critique et de la méthode expérimentale,* Mallet-Bachelier, 1854.

9. Pour l'historique de toutes ces expériences et spéculations, ce livre est essentiel : H. F. Ellenberger, *A la découverte de l'inconscient,* Simep, 1974 (l'édition originale, en américain, est de 1970).

10. Freud, en 1911, fut nommé membre correspondant de la *Society for psychical research* et, en 1915, membre honoraire de la société américaine équivalente. Voir le tome III de la biographie d'E. Jones, *La vie et l'œuvre de S. Freud* (trad. fr.), 1975, p. 449.

chiques ») soient pris en considération. Les travaux sur l'écriture automatique se multiplièrent.

Aux États-Unis, il se créa une *American society for psychical research.* Le philosophe et psychologue William James, en 1889, publia dans les *Proceedings* de cette société un article où il analysait des expériences précises mettant en évidence une sorte de dissociation de la personnalité [11]. Après avoir décrit un cas, William James constate que le psychisme du sujet est divisé en deux : « Une partie de la conscience s'exprime par la bouche du sujet, l'autre par sa main. » Et il ajoute : « Le grand intérêt *théorique* de ces actes automatiques, qu'ils concernent la parole ou l'écriture, tient aux questions qu'ils soulèvent à propos des limites de notre individualité. » L'idée qu'il existe un *inconscient* devint alors courante. Toujours en 1889, Jules Héricourt fait paraître une sorte de bilan sur « l'activité inconsciente de l'esprit [12] ». Il insiste sur le rôle joué par Chevreul, dont les expériences ont « montré l'inconscient en flagrant délit d'activité motrice », et évoque tout à fait explicitement les influences réciproques que l'*inconscient* et le *moi conscient* exercent l'un sur l'autre. Au passage, allusion est faite à l'écriture automatique des médiums. Traitant des cas où l'inconscient résiste « à la volonté de la personne consciente », Héricourt déclare qu'il n'y a que des différences de degré entre « l'homme le plus équilibré » et l' « aliéné » : *« En ce sens, on peut dire que nous portons en nous les germes de toutes les folies. »*

Dr. Jekyll et Mr. Hyde. Ou les aventures du double-moi

C'est également en 1889 que paraît la thèse de Pierre Janet citée au début de cet article : *L'automatisme psychologique.* Les actes subconscients y étaient étudiés de façon minutieuse ; et une large place était accordée aux phénomènes spirites. Janet, d'ailleurs, « a toujours revendiqué la priorité du mot *subconscient* ». Il le préférait au terme d'*inconscient* ; car ce dernier avait été mis à la mode en 1869 par un philosophe allemand, Eduard von Hartmann, et Janet estimait que les spéculations de ce dernier étaient trop métaphysiques [13]. Mais, quoi qu'il en soit des mots employés, l'idée fondamentale d'une dualité d'instances psychiques était formulée un

11. W. James, « Notes on automatic writing », *Proceedings of the American society for psychical research,* 1889, pp. 548-564.
12. J. Héricourt, *Revue scientifique,* 1889 (XVI), pp. 257-268.
13. Voir H. F. Ellenberger, *A la découverte de l'inconscient,* déjà cité, p. 302.

peu partout. L'Allemand Max Dessoir consacra en 1890 un livre au double-moi *(Das Doppel-Ich)*; il y distinguait une « conscience supérieure » et une « conscience inférieure ». L'Anglais Myers, lui, parlait du *soi subliminal*[14]. Dans la littérature aussi, ce thème était fréquemment illustré. Mentionnons pour mémoire le roman de Robert Louis Stevenson : *The strange case of Dr. Jekyll and*

14. Même ouvrage, p. 126, p. 266.

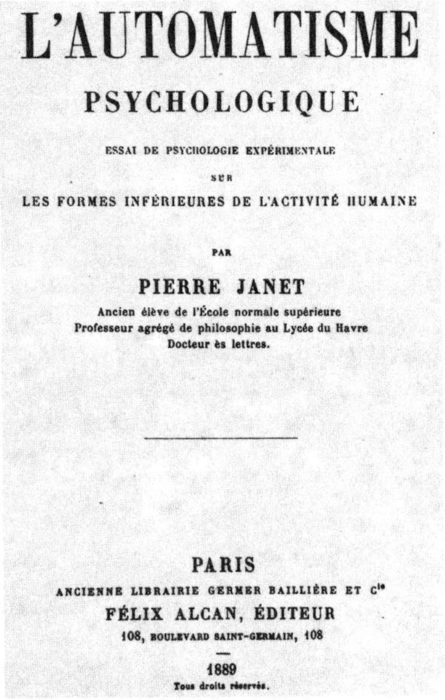

L'AUTOMATISME
PSYCHOLOGIQUE

ESSAI DE PSYCHOLOGIE EXPÉRIMENTALE
SUR
LES FORMES INFÉRIEURES DE L'ACTIVITÉ HUMAINE

PAR
PIERRE JANET
Ancien élève de l'École normale supérieure
Professeur agrégé de philosophie au Lycée du Havre
Docteur ès lettres.

PARIS
ANCIENNE LIBRAIRIE GERMER BAILLIÈRE ET Cie
FÉLIX ALCAN, ÉDITEUR
108, BOULEVARD SAINT-GERMAIN, 108
—
1889
Tous droits réservés.

Pierre Janet (1859-1947), philosophe, médecin et psychologue, a consacré de nombreuses études à la « désagrégation » de la personnalité et aux névroses. Son ouvrage le plus connu est sans doute *L'automatisme psychologique* (Alcan, 1889) ; mais il a aussi écrit sur *L'évolution psychologique de la personnalité,* sur *Les névroses,* etc. Il considérait les expériences d'écriture automatique comme très utiles pour l'étude du psychisme humain (et en particulier des comportements inconscients). Il créa la notion de « subconscient ». Ces quelques lignes de H.F. Ellenberger rappellent que les relations entre Janet et Freud furent difficiles : « Le rapport de Janet sur la psychanalyse, au congrès de Londres, en 1913, où il revendiquait la priorité pour la découverte des idées fixes subconscientes et de la thérapie cathartique, fut le signal de vives attaques contre Janet de la part de certains psychanalystes. Ernest Jones l'accusa publiquement de malhonnêteté, affirmant que les découvertes de Freud ne devaient rien à Janet. » *(Clichés B.N. et Hubert Josse.)*

Mr. Hyde (1886). Ainsi qu'on peut le constater, un grand nombre de notions qui sont généralement connues à travers l'œuvre de Freud avaient déjà pris forme. Elles avaient déjà été appliquées, entre autres, à l'étude des névroses, des rêves, des jeux de mots et de la création artistique.

Du point de vue de la science psychologique, la solution est claire : les cas d'écriture automatique (et plus généralement toutes les expériences spirites relatives à des « messages ») s'expliquent grâce à l'hypothèse d'actes inconscients. Mais les spirites, eux, se sentaient complètement frustrés ! A leurs yeux, les explications par l'inconscient étaient inexactes et bassement « matérialistes ». Contrairement aux affirmations des psychologues, *ce sont bien des « Esprits » (des intelligences extérieures) qui s'expriment par l'intermédiaire des médiums* ; pour défendre cette thèse absolument essentielle, les spirites étaient prêts à se battre. C'est du moins ce qui ressort de nombreux textes où est vigoureusement affirmée une position de principe favorable à l'existence des « Esprits ». Ainsi Crookes, dans son article de 1874, constate que les phénomènes spirites sont « gouvernés par une intelligence » et pose explicitement la question : « Est-ce l'intelligence du médium ou celle d'une autre personne présente ? Ou bien est-ce une intelligence extérieure ? » La réponse est à la fois nuancée et ferme : certes, l'intelligence du médium « contribue beaucoup au phénomène », mais, ajoute Crookes, « j'ai observé que certains cas prouvent d'une façon concluante l'intervention d'une intelligence extérieure, ne pouvant appartenir à aucune des personnes présentes ». Mieux encore, ce physicien imagina un contrôle expérimental afin de prouver que « l'écriture n'était pas due à un mouvement inconscient du cerveau ».

Tout simplement, Crookes mit son doigt sur une page du *Times,* au hasard et sans regarder le texte. Puis il demanda à « l'Esprit » qui était consulté de dire quel mot était ainsi désigné. Par l'intermédiaire du médium, la réponse parvint : *« however ».* Et Crookes, effectivement, constata que le mot « however » se trouvait couvert par le bout de son doigt... N'était-ce pas là la preuve cherchée ? De toute évidence, le médium lui-même n'avait pu voir ce qui se trouvait caché par le doigt : c'était donc un « Esprit » qui était intervenu. Crookes parle d'un *être invisible,* lequel était capable de se servir du « système cérébral » du médium exactement comme on joue d'un instrument de musique...

Les dialogues de Victor Hugo avec Shakespeare, Galilée et l'Ombre du Sépulcre

Très souvent, les messages transmis grâce à cette méthode ou à des méthodes analogues émanaient de personnages historiques connus. On ne compte plus les textes dictés par Jeanne d'Arc ou Napoléon. Victor Hugo nota de sa propre main, lorsqu'il était à Jersey, de nombreuses communications de ce genre. Parmi les « Esprits » interrogés on rencontre Eschyle, Shakespeare, Dante, Camoëns, Luther, Galilée, Alexandre le Grand et d'autres encore. Hugo, un beau soir, interrogea Molière. Mais ce fut l'Ombre du Sépulcre qui répondit. De façon fort peu aimable, hélas, puisqu'elle donnait au questionneur le conseil d'être moins curieux :

Rentre dans ton silence et souffle tes chandelles !
Rentre dans cette nuit dont quelquefois tu sors :
L'œil vivant ne lit pas les choses éternelles
Par-dessus l'épaule des morts[15].

Camille Flammarion lui-même, bien qu'il ait accordé un grand crédit aux spirites, a éprouvé une certaine méfiance : les poètes

15. Les textes spirites consignés par Victor Hugo ont été édités : *Les tables tournantes de Jersey*, Conard, 1923. Les vers cités se trouvent p. 205.

Grâce à la notion de « périsprit », qui désignait une entité intermédiaire entre l'âme et le corps, la doctrine spirite permettait de concevoir des tests plus ou moins « scientifiques » destinés à prouver expérimentalement l'existence des « Esprits » ! Par exemple, en présence d'un médium, on photographiait un sujet qui souhaitait avoir l'image d'une personne qui lui était chère. On développait la pellicule ; et (ô miracle) on obtenait finalement une photo où apparaissait une forme plus ou moins nette qui, en principe, était celle de l'« Esprit » évoqué. Même parmi les gens qui se flattaient d'avoir une culture scientifique, il s'en est trouvé pour prendre au sérieux ces sortes d'expériences. De petits malins utilisèrent cette technique pour gagner de l'argent en vendant aux naïfs des « photographies spirites ». En 1875, cela donna lieu à un procès en correctionnelle. Le photographe, du nom de Buguet, passa aux aveux et expliqua ses trucages : poupées drapées de mousseline, formes découpées, vieilles photographies, etc. *(Photos spirites d'origine indéterminée, clichés Roger Viollet.)*

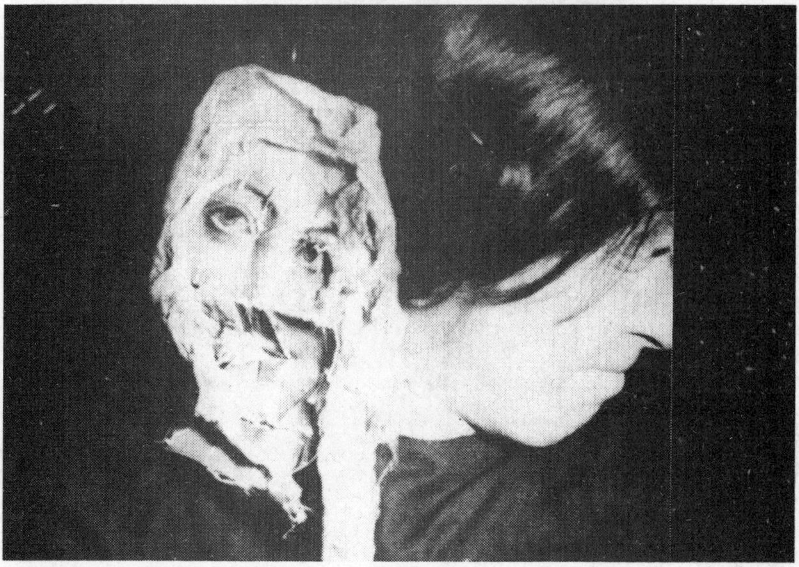

interrogés par Hugo, remarque-t-il, s'expriment dans un style qui rappelle étrangement le style hugolien... Pour expliquer ce fait, il suggère que *l'esprit* de Hugo agissait à distance sur le médium et faussait la transmission. En d'autres termes, il envisage une interprétation psychologique : « *C'est notre être inconscient, notre moi subliminal qui paraît agir, un peu comme dans le rêve, mais en se projetant, pour ainsi dire*[16]. » Il élimine en tout cas la possibilité d'une fraude et affirme que l'intervention du subconscient n'explique pas tout : *« Elle laisse place à des influences extérieures à l'esprit des expérimentateurs. »*

La situation, toutefois, est loin d'être limpide. Car comment faut-il définir ces « influences extérieures » ? Flammarion évoque des *forces psychiques inconnues* ; et même l'existence d' « esprits anonymes »... Ce qui revient à dire qu'il existerait des entités tout à fait particulières, douées d'autonomie et capables d'agir sur les cerveaux humains. Hypothèse hardie. Mais qui aurait l'avantage, selon l'astronome, de rendre compte des phénomènes surprenants mentionnés ci-dessus. La matière ordinaire, en effet, n'est pas « intelligente » : elle ne saurait être à l'origine de messages qui ont un sens bien précis et supposent la possession d'une grande quantité d'informations souvent très complexes. Au fond, *« n'existerait-il pas dans l'espace un cinquième élément, non matériel, un principe d'ordre psychique, un milieu mental, à étudier, dont les manifestations confuses se révéleraient parfois à nos sens imparfaits ? »*. Et, afin de rendre cette supposition épistémologiquement acceptable, Flammarion recourt à une analogie : il existe un « monde invisible » dans lequel se meuvent par exemple les ondes hertziennes[17]. En outre, « la photographie met aujourd'hui en évidence des rayons obscurs pour nos yeux ». Pourquoi donc ne reconnaîtrions-nous pas l'existence de radiations spécifiques, susceptibles d'être captées par les médiums ?

Le rôle des présupposés métaphysiques

Naturellement, les observateurs les plus critiques ne voyaient là que vaines spéculations. Pierre Janet estimait que les messages prétendument envoyés d'outre-tombe étaient des « balivernes » d'une extrême pauvreté : « Corneillé, quand il parle par la main des médiums, ne fait plus que des vers de mirliton, et Bossuet

16. C. Flammarion, *Mémoires*, p. 235.
17. Même ouvrage, p. 237.

signe des sermons dont un curé de village ne voudrait pas pour son prône »... Les doutes formulés par les « rationalistes » du XIXe siècle sembleront sans doute justifiés à beaucoup de scientifiques d'aujourd'hui. Mais il convient de souligner ici *la fonction cruciale de certains présupposés concernant « la réalité »*. A partir du moment où l'on *postule* qu'il ne peut exister d' « Esprits » capables d'agir sur l'intellect humain, il est facile d'affirmer que les phénomènes spirites d'écriture automatique *ne peuvent pas* s'expliquer par l'intervention immatérielle de Jeanne d'Arc ou de Napoléon. Et il est donc également facile de détecter les nombreuses faiblesses épistémologiques des élucubrations spirites. En deux mots, on a décidé *a priori*, en vertu de certains principes « rationalistes », qu'il était impossible que les « Esprits » interviennent. Donc, puisque ces phénomènes sont impossibles, ils ne peuvent pas être réels ! A la limite, il n'est même pas utile de procéder à un examen des prétendues « expériences ». Tout se passe comme si une certaine *théorie métascientifique* imposait d'emblée aux chercheurs l'obligation de trouver une explication d'un autre type.

Mais il faut bien se rendre compte que cette démarche s'appuie sur une certaine philosophie, sur certains postulats ontologiques. Et ces postulats, bien qu'ils paraissent tout à fait raisonnables à la plupart des scientifiques, étaient précisément contestés par les authentiques adeptes du spiritisme. Pour eux, il était illégitime de nier a priori l'existence des « Esprits ». D'où le paradoxe qu'on rencontre de façon permanente en lisant les écrits des spirites : à de multiples reprises, ce sont eux qui se font les défenseurs de *l'expérience*... Leur raisonnement est très simple : puisque rien ne nous garantit que les Esprits des morts sont dans l'impossibilité de communiquer avec nous, il faut y aller voir. Expérimentons, tel est le mot d'ordre. Et si l'expérience nous montre que des messages nous parviennent de l'Au-Delà, il faudra bien accepter le fait. Tant pis si les préjugés des savants sont contredits par l'évidence empirique !

L'attitude de Crookes, dans cette perspective, est très significative. Non seulement il entreprend de véritables expérimentations, mais il admet que *plusieurs interprétations théoriques* sont possibles. La première consiste à dire que les médiums sont des imposteurs. Selon Crookes, cela ne tient pas : certes, il y a quelques fraudes, mais il a pu vérifier que généralement aucune tricherie n'est commise. Seconde théorie : les personnes présentes seraient victimes d'une illusion. Troisième théorie, il y aurait « action consciente ou inconsciente du cerveau ». Ces deux points de vue sont trop étroits, déclare Crookes, et ne peuvent expliquer la totalité des faits. Puis viennent les théories proprement « spirituelles », qui se réfèrent entre autres aux actions des « mauvais esprits » (ou « diables ») ; ou bien aux actions des Gnomes et des Fées ; ou encore aux actions des défunts...

Finalement, Crookes évoque la théorie de la « force psychique » de Serjeant Cox. Il s'agit en fait, note-t-il, d'un complément exigé par les théories « spirituelles » [18]. L'idée principale, c'est qu'il existe une force ayant son origine dans l'âme ou l'intelligence de l'homme et capable de produire « sans le secours des muscles » des actions physiques diverses (déplacements de substances solides, émissions de sons, etc.). Cette force, évidemment, peut être étudiée de façon objective, expérimentale, et elle permet aux « êtres spirituels » (si on admet leur existence...) de se manifester. C'est justement pour étudier scientifiquement cette force étrange *mais naturelle* que Crookes a entrepris ses expériences.

L'Esprit de Dieu ? Ou du Diable ?

La référence aux « diables » mérite de retenir un instant notre attention. Camille Flammarion, procédant lui aussi à un examen des interprétations possibles, a étudié attentivement les rapports entre spiritisme et christianisme [19]. Dans une culture où l'existence de Dieu et du Démon était largement admise, où il était souvent question des anges et de l'immortalité de l'âme, les thèmes spirites n'étaient-ils pas facilement interprétables en termes plus ou moins authentiquement chrétiens ? Disons-le tout de suite : la situation était assez confuse. Certains auteurs prétendaient « qu'un seul Esprit se communique, l'Esprit de Dieu ». D'autres, plus précis, pensaient que c'était le Christ qui se faisait entendre. D'autres encore estimaient que « Satan seul avait droit d'intervenir dans les faits spirites »...

En fait, les catholiques français semblent avoir quelque peu hésité. Pour reprendre une expression de Flammarion, les évêques et les prêtres savaient « mieux que personne que le domaine des esprits n'est point un pays imaginaire ». D'ailleurs, n'y avait-il pas des cas de « possession » témoignant de la puissance démoniaque ? Mais il fallait distinguer la communication avec « les bons esprits » (qui peut se faire de façon orthodoxe, par la prière ou

18. Voir les *Recherches* de W. Crookes, déjà citées, pp. 174-180.
19. Voir la deuxième partie de l'article de C. Flammarion sur « les esprits et le spiritisme », *Revue française,* mars 1863, pp. 372 et suivantes.

l'invocation des élus) et la communication avec les esprits de statut plus douteux... Un prédicateur d'Angoulême s'exprimait ainsi : « Nous savions tous que l'on pouvait évoquer les esprits, et cela depuis longtemps, mais l'Église seule doit le faire. » Quant à Monseigneur Pie, il ne doutait pas « que le recours aux morts pour apprendre la vérité ne soit un crime abominable devant Dieu et digne des châtiments les plus terribles ».

Bref, spiritisme et christianisme avaient apparemment un certain nombre de thèmes en commun, mais le premier avait le tort de se présenter comme une sorte de rival du second. Selon Camille Flammarion, il y avait une différence radicale : les chrétiens croyaient au *surnaturel,* alors que, dans le cadre du spiritisme « scientifique », les tables tournantes et les autres manifestations du même genre étaient des phénomènes *naturels.* On peut se demander si cette distinction théorique était perçue de façon aussi nette par les nombreux adeptes du spiritisme. Il est vraisemblable que maints chrétiens conciliaient sans trop de difficultés la pratique des tables tournantes avec leur foi chrétienne.

Camille Flammarion mentionne aussi une interprétation proposée par l'école de Mesmer. Cette fois-ci, c'est le « magnétisme » qui constitue la clé. En Amérique, tout spécialement, on a admis l'existence d'une « puissance occulte » nommée *Od.* Ce « fluide magnétique », pensait-on, expliquait les coups frappés, les tables tournantes, etc. Mais Flammarion, bien qu'il considère ces phénomènes comme naturels, refuse cette théorie : l'*Od,* en effet, n'est « qu'une force physique, mécanique et inintelligente ». Il ne peut donc pas rendre compte des caractères *intelligents* propres aux phénomènes spirites. Une comparaison l'aide à se faire comprendre : de même que « l'électricité qui parcourt le fil conducteur » du télégraphe ne peut être *la cause* de la dépêche transmise, de même le fluide magnétique ne peut être *la cause* de messages riches en idées de toutes sortes...

Comment prouver l'intervention des Esprits ?

Ce qu'il faut retenir, c'est que les interprétations ne manquaient pas. Le recours au subconscient ou à l'inconscient était seulement une solution parmi d'autres. Et une solution qui scandalisait les spirites convaincus. Ainsi Gabriel Delanne, au début du XXe siècle, s'acharne encore à « prouver » qu'il est absolument nécessaire de reconnaître *« l'intervention d'intelligences étrangères au médium ».* Sinon, comment expliquerait-on que des gens se mettent à s'exprimer en des langues étrangères qu'ils n'ont jamais apprises ? Et comment comprendrait-on que « des enfants en bas âge et des illettrés » réussissent à écrire des textes dépassant de toute évidence leurs compétences ? Gabriel Delanne s'en prend alors aux auteurs français qui, comme Binet ou Janet, ont conquis une notoriété imméritée en appliquant au spiritisme les schémas utilisés dans l'étude de l'hypnose ou de l'hystérie [20].

Il faut toutefois noter que le même auteur, malgré certaines réticences, admet l'existence de l'inconscient ; du moins reconnaît-il qu'il existe une « mémoire latente » et que, *en certains cas,* des automatismes d'ordre purement psychologique suffisent à expliquer les phénomènes d'écriture automatique. Delanne, par exemple, est tout prêt à concéder que les « mystiques » (comme Madame Guyon, l'amie de Fénélon) sont victimes de l'autosuggestion. Mais, selon lui, d'autres cas ne peuvent s'expliquer que par l'hypothèse d'une action directe des « Esprits ». Obstinément, il fait référence aux exigences de l'esprit scientifique. Ce qui veut dire qu'il faut trouver un critère grâce auquel on distinguera rigoureusement les cas d'automatisme inconscient et les cas proprement « spirites ». Pour cela, il recourt au principe d'économie : « Il ne faut jamais faire intervenir une cause nouvelle lorsque les causes connues suffisent à l'explication. » En clair, inutile de postuler des « Esprits », si les causes de type psychologique rendent compte des faits.

Victoire des psychologues

Dans la pratique, il semble que Delanne ait eu du mal à utiliser ce critère de façon stricte. Beaucoup des *preuves* qu'il avait cru découvrir en faveur des « Esprits » ne pesaient pas lourd face aux objections des sceptiques... Et un peu plus tôt, dans un article que connaissait bien Delanne, Théodore Flournoy avait porté un rude coup au spiritisme en soumettant à une critique minutieuse deux cas d'écriture automatique. Ce texte, paru en 1899, s'intitulait « Genèse de quelques prétendus messages spirites » [21]. On y trouvait la démonstration que même des « messages » d'apparence miraculeuse pouvaient être interprétés comme des productions psychologiques banales. Bien sûr, il était difficile de prouver direc-

20. G. Delanne, *Recherches,* pp. 23-24.
21. T. Flournoy, *Annales des sciences psychiques,* 1899 (IX), pp. 199-216.

tement que les « Esprits » n'avaient pas stimulé le médium ! Mais le principe d'économie se retournait contre les spirites. Flournoy, qui était professeur de psychologie à l'université de Genève, montrait que si on connaissait de façon suffisamment précise la vie, le caractère, les idées et les préoccupations du médium, alors il était possible d'expliquer l'origine concrète des fameux « messages ». Il était totalement superflu d'en appeler à des entités extraordinaires, à des « âmes » ou à des « intelligences » étrangères à notre monde. En fait, l'examen de chaque cas révélait que le prétendu message était *« une sorte de petit roman, élaboré subliminalement au moyen des données de la mémoire et de la perception, sous l'impulsion d'un état émotif plus ou moins intense, et avec l'aide de cette curieuse faculté de dramatisation et de personnification que, sans sortir de la*

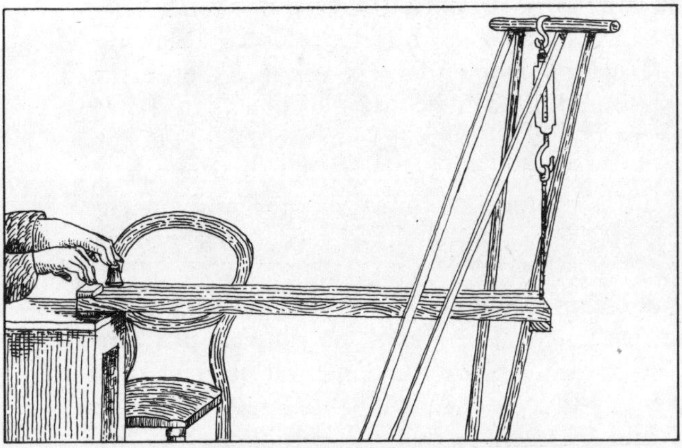

Sir William Crookes (1832-1919), physicien et chimiste, membre de la *Royal society,* connu en particulier pour ses travaux sur les rayons cathodiques, pensait que certains des phénomènes couramment suscités par les spirites pouvaient servir à mettre en évidence ce qu'il appelait la « force psychique ». Il ne prétendait pas expliquer comment cette force pouvait avoir des effets physiques (mouvoir des poids, par exemple) ; mais il estimait qu'on pouvait mesurer expérimentalement ces effets. Dans le *Quarterly journal of science* de juillet 1871, entre autres, il donna le récit d'expériences qui lui paraissaient probantes. C'est de cet article qu'est extrait ce schéma, qui montre un dispositif essentiellement composé d'une planche accrochée par un bout à un peson (c'est-à-dire à une balance à ressort). D'après Crookes, il suffisait que le médium Home mette la pointe de ses doigts à l'autre extrémité de la planche pour que (de façon apparemment inexplicable par la physique ordinaire) l'aiguille du peson descende de façon tout à fait nette. D'autres expérimentations plus complexes semblaient également décisives à Crookes. *(Dessin exécuté d'après l'original de Crookes.)*

vie ordinaire, chacun peut voir à l'œuvre dans le phénomène du rêve ».

Un tel texte, lu aujourd'hui (c'est-à-dire après le succès de la psychanalyse), apparaît comme riche de sens. En 1900, d'ailleurs, c'est-à-dire l'année de la parution du livre de Freud sur *L'interprétation des rêves,* Flournoy publia un livre important sur l'imagination subliminale : *Des Indes à la planète Mars*[22]. On peut considérer que, en ce début du XXe siècle, la cause était entendue. Il va de soi que la réflexion de type scientifique qui avait abouti à ce résultat avait commencé bien plus tôt. Bien avant Flournoy, des observateurs avaient noté que tel récit « médiumnique » était en réalité calqué sur une histoire publiée sous forme de feuilleton bon marché ; et Pierre Janet signale un curieux texte datant de 1855 où tout l'essentiel était dit... Il s'agit d'une brochure dont on ne connaît pas le véritable auteur et qui portait ce titre : *Seconde lettre de Gros Jean à son évêque au sujet des tables parlantes* ! Déjà il y était question d'une « seconde personnalité » capable d'étouffer momentanément la personnalité normale ; déjà les idées que Janet devait développer à propos de la « désagrégation mentale » étaient formulées. Mais, pour que les idées nouvelles se clarifient et soient largement acceptées, un assez long travail d'élaboration avait été nécessaire. Et il ne faut pas, un siècle plus tard, sous-estimer l'ampleur de la tâche.

Par exemple, Gabriel Delanne mettait le doigt sur une difficulté non négligeable en affirmant qu'une *pensée* ne pouvait pas être *inconsciente.* Car qu'est-ce qu'un phénomène mental qui n'est pas perçu par une conscience ? Plusieurs fois, le spirite revient sur ce point. Ce texte, qui met bien en évidence le problème, mérite aujourd'hui encore d'être cité : « *Comme les philosophes positivistes et les physiologistes croient que l'activité intellectuelle n'est que la résultante des fonctions du cerveau (...), ils sont obligés logiquement de conclure à une pensée inconsciente, ce qui est réellement un non-sens, puisque la pensée n'est elle-même que lorsqu'elle est connue par le moi, par l'être pensant. En dehors de l'individualité psychique, il ne peut y avoir que des phénomènes physiologiques, physico-chimiques, dénués par conséquent de toute conscience*[23]. »

22. Ellenberger signale que ces deux ouvrages parurent à la fin de 1899, mais avec la date de 1900. Le livre de Flournoy a été réédité par Le Seuil.

23. G. Delanne, *Recherches,* pp. 41-42, p. 133.

Quand des « jeunes filles honnêtes » écrivent des obscénités...

Du point de vue moral, en outre, la reconnaissance de l'inconscient exigeait qu'on surmontât certains préjugés. L'idée que l'être humain recelait en ses profondeurs d'étranges désirs et d'étranges idées n'était pas nouvelle, assurément. Mais les recherches relatives à la suggestion, au somnambulisme, à l'écriture automatique et à quelques phénomènes analogues aboutissaient à une conception très radicale : l'individu dit normal est en quelque sorte hanté par un second « moi » dont les caprices sont souvent immoraux et inquiétants... Comme le disait Flammarion, l'interprétation par l'inconscient était *« désobligeante »* pour les intéressés [24] ! Il semble que, passé un premier moment de surprise, la culture ambiante ait toutefois aisément assimilé le thème de la « double personnalité ». Les spirites, sans le vouloir, avaient préparé le terrain aux schémas qui sont aujourd'hui vulgarisés (de façon parfois simpliste) à partir de la théorie psychanalytique. Car l'écriture automatique constituait une révélation expérimentale tout à fait nette, voire brutale. Ainsi Janet évoque « ces jeunes filles honnêtes et chastes qui restent stupéfaites en lisant les obscénités grossières que leur main a écrites sans les prévenir » ! Et Charles Richet, de son côté, évoquait des expériences de suggestion non moins explicites. « Une femme très respectable, mère de famille et très religieuse de sentiments », se met, par exemple, à faire l'éloge des jupes courtes et regrette que les hommes ne viennent pas plus souvent lui rendre hommage l'après-midi, à partir de trois heures... [25] L'interprétation des psychologues a tout d'abord pu paraître choquante ; mais, si « matérialiste » qu'elle fût, elle finit par s'imposer.

Une réelle ambiguïté, de ce point de vue, est perceptible chez les adeptes du spiritisme « scientifique », c'est-à-dire chez ceux qui proclamaient leur volonté d'étudier froidement et méthodiquement les faits. Camille Flammarion, par exemple, a écrit un certain nombre de textes où il affirme nettement l'existence des « Esprits ». Mais il lui est arrivé de nuancer considérablement cette opinion. Il était persuadé que le spiritisme constituait une grande « découverte », encore fallait-il savoir ce qui avait été découvert exactement. Il le rappelle lui-même : Christophe

24. C. Flammarion, « Les esprits et le spiritisme », p. 372.

25. P. Janet, *L'automatisme psychologique,* p. 392. Richet est cité par Delanne, *Recherches,* p. 151.

Colomb « croyait aborder aux Indes occidentales », et en fait il découvrait l'Amérique. De même pour les spirites : croyant dialoguer avec les « Esprits », ils découvraient l'inconscient. D'où une

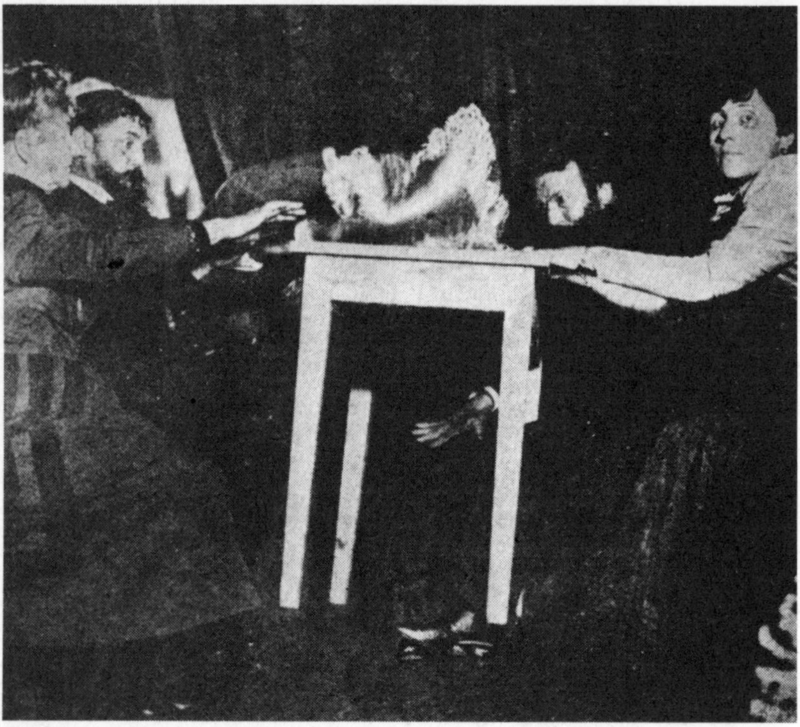

L'astronome Camille Flammarion (à droite sur la photo) s'est livré à de multiples expériences spirites. La médium Eusapia Palladino est en train de soulever une table grâce à un pouvoir spécial que la physique (selon Flammarion) n'a pas encore expliqué. La tête d'Eusapia est cachée par un coussin afin qu'elle ne soit pas éblouie par « la lumière subite du magnésium ». Flammarion a posé un pied sur les pieds d'Eusapia pour vérifier qu'elle ne fraude pas. Parmi les adeptes du spiritisme, on peut sommairement distinguer deux catégories : les « croyants » inconditionnels, qui étaient absolument sûrs de l'intervention des « esprits », et les adeptes « scientifiques », qui espéraient découvrir l'existence objective de forces naturelles jusqu'ici inconnues. Flammarion est un représentant typique de ces adeptes du second genre. Son attitude était d'ailleurs assez ambiguë. Il croyait que le spiritisme confirmait l'immortalité de l'âme et avait un rôle moral à jouer. Et, en même temps, il se référait aux exigences de la méthode expérimentale. Tout compte fait, ses recherches « scientifiques » n'aboutirent à rien de solide. *(Cliché Flammarion.)*

oscillation parfois très sensible. D'un côté, Flammarion défend l'interprétation spirite orthodoxe ; de l'autre, il ne résiste pas au plaisir d'indiquer la portée psychologique des nouvelles expériences : « Et qui nous dit que le spiritisme n'offre pas une voie entièrement nouvelle (...), ouverte dans le domaine de la psychologie, une voie qui mènera à l'étude des facultés de l'âme, et par laquelle nous arriverons peut-être enfin à *nous connaître nous-mêmes*? Ce n'en serait pas moins beau[26]... »

Ce texte date de 1863 ; et, en 1907, Flammarion se montrera encore plus prudent. Au lieu d'affirmer que les « Esprits » interviennent, il se contentera de dire que « l'hypothèse spirite ne doit pas être éliminée ». Une fois encore, il reconnaît au spiritisme le mérite d'avoir « considérablement élargi le cadre de la psychologie ». Mais il semble que Flammarion utilise à cette époque le spiritisme pour confirmer une conception particulière de la nature. Son idée principale, c'est qu'il existe un peu partout des « forces psychiques » que nous ne connaissons pas encore. Ces forces font partie de la nature (et n'ont donc rien de miraculeux) ; l'une des grandes missions de la science est de les étudier. Rappelons que le spiritualisme, à la fin du XIXe siècle, avait connu un certain renouveau dans la philosophie et la littérature. Manifestement, en tant que « savant », Flammarion réagit lui aussi contre la vogue antérieure du matérialisme mécaniste : « *L'explication purement mécanique de la nature est insuffisante ; (...) il y a dans l'Univers autre chose que la prétendue matière. Ce n'est pas la matière qui régit le monde : c'est un élément dynamique et psychique*[27]. » Comment ne pas faire le rapprochement avec *L'évolution créatrice* de Bergson, parue également en 1907 ? On le constate donc, le cas particulier du spiritisme sert de support à des spéculations concernant des questions métaphysiques fondamentales. Ce que souhaite Flammarion, un peu comme Crookes, c'est une conception élargie de la nature, conception qui serait à la fois strictement « scientifique » et exempte de ce qu'on appellerait aujourd'hui le « matérialisme vulgaire » !

Mais cette question nous conduit aussitôt à une autre question concernant la religion. Car Flammarion, sous prétexte d'étudier objectivement la « force psychique », ne réintroduisait-il pas dans la science un certain nombre de thèmes religieux ? Nous rencontrons ici une dialectique dont la souplesse est plus grande que la

26. C. Flammarion, « Les esprits et le spiritisme », p. 387.
27. C. Flammarion, *Les forces naturelles inconnues*, Flammarion, 1907, p. 599. Cet ouvrage est d'abord paru en 1865 sous un titre légèrement différent, mais a été ensuite complètement réécrit.

clarté. Flammarion, en effet, prend ses distances par rapport au christianisme : les prêtres croient au surnaturel, alors que les hommes de science, eux, s'en tiennent à l'étude de la nature. Flammarion est catégorique : « Le surnaturel n'existe pas. » Mais, en même temps, il tient à conserver ce qu'il appelle « la grande lumière du christianisme ». Le grand tort des chrétiens, à l'époque moderne, c'est de ne pas se fonder sur des « vérités d'expérimentation ». D'où ce programme original : il faut donner aux croyances fondamentales de la religion une base scientifique. Cette formule définit assez bien les intentions de Flammarion : « La religion de l'avenir sera la religion de la science. »

Le spiritisme au service de l'immortalité de l'âme

Cela signifie, entre autres, que l'étude scientifique du spiritisme va enfin transformer les *dogmes* de la foi en *savoirs* authentiques. Voici ce qu'on peut lire dans l'article sur « les esprits et le spiritisme » : « Hommes qui demandez à quoi sert le spiritisme, méditez ces paroles : *il prouve l'immortalité de l'âme*[28]. » Nous ne suivrons pas Flammarion plus avant. Mais il est assez évident que sa « science », malgré certaines proclamations de principe, servait en quelque sorte de relais à la religion. La survie de l'âme, désormais, était une vérité expérimentale... A travers les discussions relatives au spiritisme, finalement, se manifestent des intérêts culturels aussi variés qu'importants.

Mais les efforts des Crookes, des Flammarion et des Delanne n'ont pas abouti. Ils voulaient exorciser les démons « matérialistes ». Au bout du compte, ce sont les tenants de la méthode scientifique qui ont exorcisé les Esprits des tables tournantes. Concédons que le spiritisme a la vie dure : il existe toujours des adeptes de l'écriture automatique qui continuent à capter les messages de César, de Charlemagne, de Napoléon et d'autres encore. Mais les croyances spirites, même si elles sont partagées par des milliers de personnes, sont marginales ; elles n'ont aucune place dans l'enseignement officiel et l'idéologie dominante les juge le plus souvent avec sévérité. Plus question de « forces psychiques » capables d'agir sur la matière. Pour expliquer les fameux phénomènes de lévitation ou les coups frappés mystérieusement dans les murs, on recourt à la psychologie : suggestion, autosuggestion, comportements automatiques, manifestations de l'inconscient, etc.

28. C. Flammarion, « Les esprits et le spiritisme », p. 237.

Mais cela implique-t-il que tous les psychologues aient renoncé à l'ancienne « psychè », conçue comme une entité plus ou moins transcendante ? Certainement pas...

Psychologie et parapsychologie : le cas de Freud

En fait, il apparaît que les relations entre la psychologie généralement considérée comme « sérieuse » et la parapsychologie sont assez compliquées. Carl Gustav Jung ne constitue peut-être pas un bon exemple ; car son goût pour l'occultisme est bien connu, ainsi que son attachement à la notion d'« âme ». Mais le cas de Freud revêt un intérêt particulier. Dans ses *Nouvelles conférences sur la psychanalyse,* il aborde expressément ce sujet : « rêve et occultisme » (deuxième conférence). Et, quoique prudent, il fait preuve d'une grande ouverture d'esprit. Qui sait, dit-il en substance, si l'occultisme ne nous offre pas de « nouvelles données » ayant un réel intérêt scientifique ? La *télépathie,* surtout, retient son attention. Bien sûr, Freud sait qu'il convient de se montrer critique, et donc de trier les « faits ». Mais il déclare qu'il a de bonnes raisons pour considérer la transmission de pensée comme possible : *« Je dirai même que la psychanalyse nous a préparés à admettre des phénomènes comme la télépathie, en insérant l'inconscient entre le physique et ce qu'on appelé jusqu'ici le psychique. »* Le biographe de Freud, Ernest Jones, traite longuement de ce sujet : non seulement Freud a lui-même vécu des expériences de type télépathique, mais il a par exemple écrit un article sur « psychanalyse et télépathie » (qui ne fut pas publié de son vivant). Dans une lettre adressée à Jones, on peut lire ceci : *« Je serais même prêt à accorder l'appui de la psychanalyse au domaine de la télépathie*[29]*. »* Les citations de ce genre pourraient être multipliées. Freud, dans les *Nouvelles conférences,* explique qu'on peut considérer la télépathie comme « une contrepartie psychique de la télégraphie sans fil »...

La voie est étroite. Ou bien on risque de manquer un « fait » intéressant en se montrant sceptique et critique à l'excès. Ou bien on risque d'accepter crédulement des pseudo-faits complètement dénués d'existence objective. Pour être sûr d'éviter les erreurs grossières, le plus simple est de récuser *a priori* tout ce qui paraît *invraisemblable.* Mais Freud était bien conscient de l'insuffisance

29. Voir le chapitre consacré à « l'occultisme » dans la biographie d'E. Jones déjà citée, tome III, pp. 425-460.

de cette attitude. Car même les « savants » les plus éminents ne savent pas de façon absolument sûre et absolument précise où passe la frontière entre le réel et l'irréel ; et il est depuis longtemps connu que le vrai, parfois, revêt les apparences de l'invraisemblable... Ces remarques ne visent évidemment pas à justifier le goût de la superstition. Mais, comme le dit Freud lui-même, il faut éviter l'hypercritique systématique : « L'histoire des sciences abonde en exemples propres à nous mettre en garde contre une condamnation trop hâtive. »

Certes, la télépathie ne semble pas avoir ouvert à la science des voies très fécondes. Mais Pierre Janet et plusieurs autres ont eu raison de considérer les textes obtenus par écriture automatique comme « des documents extrêmement importants pour comprendre l'esprit humain ». « *Nous persistons à croire,* écrivait Janet en 1892, *que ce sont les spirites qui ont les premiers attiré l'attention sur les mouvements subconscients et sur les manifestations si extraordinaires de la désagrégation mentale*[30]. »

Bibliographie :

H. F. Ellenberger, *A la découverte de l'inconscient. Histoire de la psychiatrie dynamique* (trad. fr.), Simep, 1974. C'est un guide précieux malgré quelques lacunes (ainsi l'auteur ne mentionne ni le comte A. de Gasparin ni J. E. de Mirville). Abondantes références bibliographiques.

Outre les articles de C. Flammarion, W. Crookes, G. Héricourt, W. James, P. Janet et T. Flournoy cités dans les notes, on consultera :

A. Kardec, *Le livre des Esprits,* Dentu, 1857. Ce livre, souvent réédité, expose « les principes de la doctrine spirite ».

J. E. de Mirville, *Question des Esprits. Ses progrès dans la science. Examen de faits nouveaux,* Delaroque, 1855.

E. Nus, *Choses de l'autre monde,* Dentu, sans date (vraisemblablement vers 1880).

P. Janet, *L'automatisme psychologique,* Alcan, 1889.

G. Delanne, *Le spiritisme devant la science,* Dentu, 1885.

G. Delanne, *Recherches sur la médiumnité,* Bibliothèque de phi-

30. P. Janet, « Le spiritisme contemporain », *Revue philosophique,* 1892, p. 413.

losophie spiritualiste moderne, Librairie des sciences psychiques, 1902.

Plusieurs hommes de science se sont intéressés de très près au spiritisme. Citons :

A. R. Wallace, *Les miracles et le moderne spiritualisme* (trad. fr.), Librairie des sciences psychologiques, sans date. (Réunit des articles publiés par le célèbre naturaliste en 1866, 1871 et 1874.)

W. Crookes, *Recherches sur les phénomènes du spiritualisme. Nouvelles expériences sur la force psychique* (trad. fr.). Bibliothèque de philosophie spiritualiste moderne, 1923.

C. Flammarion, *Les forces naturelles inconnues,* Flammarion, 1907. Version remaniée et augmentée d'un ouvrage paru sous un titre presque identique en 1865, *Des forces naturelles inconnues.*

O. Lodge, *La survivance humaine. Étude des facultés non encore reconnues* (trad. fr.), Alcan, 1912. Ce physicien, spécialiste des ondes électromagnétiques, était passionné par les phénomènes « psychiques ».

CHAPITRE XIV

Science et subjectivité : le cas Einstein

La relativité, théorie souvent jugée « révolutionnaire » lors de son apparition en 1905, a fait connaître le nom d'Einstein à un large public. Mais Einstein, outre qu'il a joué un rôle important en tant qu'homme public, a fourni bien d'autres contributions à la science. Toujours en 1905, par exemple, il a publié des travaux fondamentaux sur le photon et le mouvement brownien. La relativité, bien qu'elle ne soit pas tout Einstein, n'en apparaît pas moins comme l'une de ses plus brillantes productions. Comment l'histoire personnelle d'Einstein peut-elle expliquer, au moins en partie, la formation de ses conceptions « relativistes » ?

« La science, considérée comme un ensemble accompli de connaissances, est la production humaine la plus impersonnelle ;

D'après Einstein, les hommes vivent dominés par de vaines craintes et de vains désirs ; mais, heureusement, ils ont la possibilité de se libérer de leur moi individuel en s'ouvrant à la contemplation de l'univers. Aussi insistait-il sur l'importance du « sentiment religieux cosmique ». Grâce à lui, les êtres humains ont la force de découvrir une réalité *suprapersonnelle* enfin douée de signification. La Bible, précisait-il, a commencé à exprimer dans les psaumes de David et dans les écrits prophétiques cette « religion cosmique ». Mais le bouddhisme a mieux compris et défini son rôle crucial. A vrai dire, Einstein ne semble pas avoir eu un contact direct avec cette doctrine orientale : il la connaît surtout à travers la philosophie pessimiste de Schopenhauer. C'est en se référant à ce dernier qu'il a formulé ce credo : « Je crois que l'un des motifs les plus puissants qui conduisent les hommes à l'art et à la science est le désir de s'évader de la vie quotidienne avec son âpreté douloureuse et son vide désespérant, d'échapper aux chaînes des désirs toujours changeants. »

mais, considérée comme un projet qui se réalise progressivement, elle est tout aussi subjective et psychologiquement conditionnée que n'importe quelle autre entreprise humaine[1]. » Cette déclaration surprendra peut-être les défenseurs d'un certain rationalisme. Mais elle est d'Einstein lui-même ; et, indirectement, elle constitue une sorte d'invitation à scruter la genèse « subjective » de ses propres théories. Hâtons-nous de le préciser : il est évident que les théories relativistes sont, au sens fort, des théories *scientifiques*... On ne peut en comprendre la nature et en évaluer l'importance qu'en tenant compte de l'état des sciences physiques au début du XXe siècle ; et, si on ne s'intéresse qu'au « progrès » des connaissances en tant que telles, on peut même se sentir en droit de négliger (ou de condamner comme trop anecdotiques) toutes les contributions psychologiques ou sociologiques à l'histoire des sciences. Toujours est-il qu'Einstein lui-même s'est constamment soucié d'analyser le fonctionnement de sa propre pensée, la genèse de ses idées, les influences qu'il avait subies. Qui sait ? Si l'histoire des sciences est *aussi* une histoire du travail scientifique réel, il se pourrait que de telles analyses ne soient pas sans intérêt.

Une théorie peut-elle être complètement « objective » ?

Prenons toutefois au sérieux l'objection que nous venons d'évoquer : *la science est essentiellement « objective », ou du moins n'a de prix que dans la mesure où elle est « objective » ; pourquoi donc donner délibérément une place importante à la « subjectivité » du scientifique, s'appelât-il Einstein ?* En d'autres termes, il serait inutile et même dangereux de confondre l'art et la science. Les artistes, eux, ne cherchent pas à décrire la réalité « telle qu'elle est » : ils l'interprètent, la reconstruisent selon les exigences de leur sensibilité et de leur imagination. Mais les scientifiques, nous laisse-t-on entendre, procéderaient tout autrement : ils imposeraient silence à leur « subjectivité », ils fuiraient tout ce qui ressemble à un préjugé ou à une préférence personnelle, ils n'écouteraient que la « voix des faits ». Comme chacun sait, $f = m\gamma$ et $v = ri$. De même, $e = mc^2$. Ce qui compte, c'est que les concepts soient strictement définis et opératoires — et que les implications de la théorie soient confirmées expérimentalement. Les « génies » de la science, assurément, sont à leur façon des personnalités remarquables ; mais

1. Manuscrit inédit d'Einstein cité par G. Holton : *Thematic origins of scientific thought*, Harvard University Press, 2e éd., 1974.

leur œuvre n'aurait rien de « subjectif ». La preuve, ajoutent les scientistes les plus subtils, c'est qu'on ne peut pas reconstituer la biographie d'Einstein à partir des équations de la relativité...

Cette façon de voir a toutes les apparences du gros bon sens. Elle risque cependant de dissimuler les difficultés inhérentes à la notion d'objectivité. Nul ne songe à le nier : les énoncés scientifiques *doivent en principe* se prêter à des tests expérimentaux. Mais, même quand le « verdict de l'expérience » est favorable, peut-on dire que l' « objectivité » de la théorie est établie ? En fait, on a seulement confirmé la *valeur* (ou la *validité*) de celle-ci. Au sens strict, une expérimentation positive ne prouve pas que les énoncés testés sont absolument exacts, absolument « vrais ». Car une autre théorie se révélera peut-être aussi bonne, ou même meilleure. Si par le mot « objectivité » on entend la *vérité* d'une théorie, il faut admettre que l'expérience, de façon générale, ne « prouve » pas de manière catégorique l'objectivité totale de celle-ci, c'est-à-dire sa parfaite adéquation à l'objet qu'elle concerne.

Certes, il arrive que des énoncés théoriques assez simples deviennent complètement *évidents.* La « théorie » selon laquelle la Terre a approximativement la forme d'une sphère, par exemple, l'a emporté sur la « théorie » selon laquelle la Terre était plate. Mais tel est le paradoxe : à nos yeux, la première de ces conceptions n'apparaît plus comme l'expression d'une « théorie », mais comme celle d'un fait ! Il y a un passage à la limite et une sorte de métamorphose : en devenant complètement certaine, la « théorie » s'identifie à un simple constat factuel... Pour les théories un tant soit peu complexes, il est pratiquement très difficile d'avoir la pleine certitude que ce triomphe se réalisera.

Les exemples abondent. Ainsi, pendant longtemps, on a cru que la mécanique de Newton décrivait la réalité de façon rigoureusement exacte (« objective »). Or la théorie de la relativité a précisément remis en question cette idée. La science, admettons-le, *vise* à donner une description (ou une explication) objective des phénomènes. Mais il serait abusif d'affirmer que les théories scientifiques, telles qu'elles existent concrètement, sont des constructions intégralement objectives, c'est-à-dire exemptes d'éléments plus ou moins arbitraires, plus ou moins « subjectifs ».

Les concepts ne sont pas directement dérivés de l'expérience

La façon d'aborder le problème de la subjectivité dans les

sciences dépend donc étroitement des solutions qu'on donne à certaines questions proprement *épistémologiques.* Einstein lui-même en était bien conscient, comme en témoignent ses analyses concernant les rapports entre les « faits » et les « théories ». Newton, constate-t-il, croyait que « les concepts fondamentaux et les lois de son système pouvaient être dérivés de l'expérience ». Mais c'est inexact. Contrairement à ce que pensent certains empiristes, « toute tentative pour déduire logiquement les concepts et postulats fondamentaux à partir d'expériences élémentaires est vouée à l'échec ». En fait, « la base axiomatique de la physique théorique (...) doit être librement inventée[2] ». Ce qui signifie que les physiciens, pour élaborer leur science, n'enregistrent pas passivement les données sensorielles, mais construisent un cadre théorique à l'aide de principes et de concepts choisis par eux. Et Einstein le dit et le répète : *librement* choisis.

Une telle conception peut être appelée constructiviste. Non seulement elle tolère l'intervention de la « subjectivité » des théoriciens, mais elle admet qu'une telle intervention est pratiquement inévitable et tout à fait légitime. De ce point de vue, les remarques d'Einstein sur la subjectivité de l'homme de science sont tout à fait en accord avec ses positions épistémologiques. Certes, il existe des théories qui sont meilleures que d'autres. Mais « il n'y a pas de pont logique entre les phénomènes et les principes destinés à les expliquer ». Posons alors la question : si ces principes ne sont pas tirés des phénomènes, d'où viennent-ils ? On peut, pour la commodité, distinguer deux grandes réponses : ou bien les principes et les concepts fondamentaux émanent de *« la Raison » ;* ou bien, plus prosaïquement, ils sont obtenus par un *travail humain,* c'est-à-dire par une activité intellectuelle psychologiquement et socialement conditionnée. L'opinion d'Einstein peut se résumer ainsi : bien que le scientifique aspire à donner une image « rationnelle » du monde, il n'a pas accès à une Raison unique et absolue qui lui livrerait, de façon purement logique, les concepts et principes dont il a besoin[3]. C'est en recourant à leurs propres ressources et à leurs propres expériences *(au sens le plus large du mot)* que les hommes essaient de forger des outils intellectuels plus ou moins adéquats à « la réalité ». La genèse des théories scientifiques ne relève donc pas seulement de la logique et de l'épistémologie, mais de la *psy-*

2. Einstein, *Comment je vois le monde,* Flammarion, 1978, pp. 150-151. Le texte semble mieux traduit dans Einstein : *Ideas and opinions,* Souvenir Press, 1973, pp. 273-274.

3. « Il n'y a pas de catégories ultimes au sens de Kant. » (*Ideas and opinions,* p. 292.)

chologie, de la *sociologie*, de *l'anthropologie culturelle.* Les sociétés dites avancées diffusent une image de la science qui met surtout en relief ses aspects rigoureux, logiques, « objectifs ». Mais Einstein, par ses déclarations aussi bien que par son activité scientifique elle-même, nous donne une belle occasion de mieux percevoir le verso de cette image — avec tout ce qu'il comporte d'émotions, d'élans imaginatifs, de convictions philosophiques, voire de passion « mystique »...

Une recette : être monomaniaque

Comme on sait, Einstein et Michele Besso furent unis par une longue amitié. La sœur de ce dernier, un jour, interrogea Einstein : « Pourquoi Michele n'a-t-il pas fait de découverte importante en mathématiques ? » Einstein répondit en riant : « Mais c'est un très bon signe. Michele est un humaniste, un esprit universel, trop intéressé à trop de choses pour devenir un monomaniaque. Seul un monomaniaque obtient ce qu'on appelle des " résultats ". » Besso ayant poussé Einstein à s'expliquer, celui-ci confirma : « Je persiste à croire que tu aurais pu faire éclore des idées de valeur dans le domaine scientifique si tu avais été assez monomane. Un papillon n'est pas une taupe, mais aucun papillon ne doit le regretter[4]. » On aimerait donc savoir : en quoi Einstein lui-même a-t-il été une « taupe », un « monomaniaque » ? Quelle est l'obsession qui a pu, plus ou moins directement, engendrer la relativité restreinte et la relativité générale ? Einstein suggère cette réponse : le véritable homme de science est tout imprégné d'un *« sentiment religieux cosmique ».* Il s'agit, selon lui, du troisième degré de la vie religieuse, les deux premiers étant respectivement la *religion-crainte* et la *religion-morale.* « Je soutiens (...) que la religiosité cosmique est le ressort le plus fort et le plus noble de la recherche scientifique. Seul celui qui peut mesurer les efforts énormes et, surtout, le dévouement sans lequel les créations scientifiques ouvrant de nouvelles voies ne pourraient être réalisées est en état d'apprécier la force du sentiment qui, seul, a pu donner naissance à un tel travail détaché de la vie pratique immédiate. (...) C'est le sentiment religieux cosmique qui donne à un homme de telles forces. » Avis à tous ceux qui se disent positivistes ou réalistes, c'est-à-dire qui croient seulement aux « faits » et répudient toutes

4. *Albert Einstein, Michele Besso : correspondance 1903-1955,* Hermann, 1972, pp. 389 et suivantes.

les « chimères » : « A notre époque matérialiste, les travailleurs scientifiques sérieux sont les seuls hommes qui soient profondément religieux. » De tels propos, chez Einstein, sont monnaie courante. Parfois, on a même l'impression qu'il en rajoute : « Je ne peux pas concevoir un scientifique authentique qui n'aurait pas une foi profonde. La situation peut se résumer en une image ; la science sans la religion est boiteuse, la religion sans la science est aveugle. »

Quelques remarques sur cette *religion* einsteinienne ne sont peut-être pas inutiles. Tout d'abord elle n'a rien à voir avec les religions qui admettent l'existence d'un *Dieu personnel,* distributeur de châtiments et de récompenses. Une telle doctrine est impure, estime Einstein, et les religions devraient l'abandonner complètement. Certes, l'idée d'un Dieu personnel suscite des espoirs et des craintes ; elle donne donc aux prêtres « un vaste pouvoir » sur les esprits. Mais elle ne peut, à la longue, que causer « un dommage incalculable au progrès humain »[5]. Einstein préfère donc se qualifier de *panthéiste.* Être religieux, c'est essayer modestement de mieux comprendre l'ordre du monde. Ainsi se justifie la formule de Spinoza, qu'Einstein fait sienne : il faut avoir « l'amour intellectuel de Dieu ». Ceci nous mène à une deuxième remarque qui concerne directement le domaine de la connaissance.

La « religion » contre la mécanique quantique

En effet, Einstein associe à peu près systématiquement l'idée de « religion » à l'idée que le monde est intelligible et rationnel. Plus exactement, le scientifique doit *croire* que le monde est ainsi. S'il a le courage de se vouer à l'étude de la nature, c'est précisément parce qu'il a la conviction que cette dernière est construite selon des lois harmonieuses. D'après Einstein, cela signifie entre autres choses que partout règne une stricte *causalité.* Le véritable scientifique croit « que la loi causale régit tous les événements », il est « pénétré du sentiment de la causalité de tout ce qui arrive ». On comprend bien, dès lors, qu'il ne puisse admettre un Dieu personnel, c'est-à-dire « un être qui intervient dans le cours des événements ». Certains verront là une sorte de cercle vicieux : la causalité fonde le panthéisme, qui à son tour fonde la causalité ! Mais, à sa façon, Einstein est très lucide. Au lieu de donner la causalité

5. *Ideas...*, pp. 46-48.

comme une évidence absolue, il en fait l'objet d'une croyance « religieuse », d'un engagement personnel. Ce qui ne l'empêchait évidemment pas, dans la pratique, de se servir du principe de causalité comme d'un critère décisif pour apprécier la valeur des théories scientifiques.

Ainsi il ne voulut jamais reconnaître la légitimité de la mécanique quantique. Car « Dieu ne joue pas aux dés ». Par cette formule maintes fois répétée, Einstein affirmait sa foi en une rigoureuse détermination des phénomènes naturels. Il ne pouvait pas accepter « la toquade statistique » telle qu'elle se manifestait dans les spéculations des Born, des Heisenberg et des Pauli. Le grand défaut de la théorie des quanta, à ses yeux, c'est qu'elle ne donne pas une description complète de la réalité ; des « probabilités » ne peuvent pas être le dernier mot du savoir. Sur ce point, la correspondance Einstein-Born est éloquente : jamais Born n'a pu ébranler la « religion cosmique » d'Einstein...[6] Celui-ci trouvait scandaleux qu'un corpuscule puisse ne pas avoir un comportement totalement prévisible.

Mais la croyance à la causalité universelle est assez banale : elle n'aurait pas suffi à « inspirer » la théorie de la relativité. Il est très remarquable, en revanche, qu'Einstein ait souvent défini sa position « religieuse » en opposant à la « sublimité » et à l' « ordre merveilleux » de la nature *« l'inanité des désirs et des objectifs humains ».* L'existence individuelle est « une sorte de prison ». Le désir de connaître a donc une signification tout à fait fondamentale : l'homme, en tant qu'individu, n'est pas grand-chose, mais il a la possibilité de contempler et de comprendre l'ordre universel. C'est là une espèce de consolation dont on ne saurait surestimer l'importance. Par la connaissance, « l'individu désire éprouver l'univers comme une unité ayant une signification ». Un homme *religieux* est un homme qui, dans la mesure de ses moyens, « s'est libéré des entraves que constituent ses désirs égoïstes, et qui s'est tourné vers des pensées, des sentiments et des aspirations [ayant] une valeur suprapersonnelle ». Dans ses *Notes autobiographiques,* Einstein reprend ce thème : il faut « se libérer des chaînes du " purement personnel " » et s'efforcer de découvrir un « monde extrapersonnel » qui constituera un nouveau *paradis*[7]. Ainsi est

6. *Albert Einstein, Max Born, correspondance 1916-1955,* Le Seuil, 1972, pp. 223-225. Voir aussi W. Heisenberg, *La partie et le tout,* Albin Michel, 1972, pp. 115-117. A noter qu'Einstein a brillamment utilisé des méthodes statistiques dans plusieurs de ses travaux.

7. *Albert Einstein philosopher-scientist,* édité par P.A. Schilpp, Open Court, Cambridge University Press, 1949, vol. I, pp. 4-5.

posée l'existence d'un *« monde réel », indépendant de nous,* dont la contemplation a (ou aura) une action libératrice.

Le réalisme épistémologique d'Einstein, on le voit, s'enracine directement et profondément dans sa « subjectivité ». Et nous voici en mesure d'avancer une hypothèse cruciale : si Einstein a élaboré la relativité restreinte et la relativité générale, c'est précisément pour jouir d'un monde plus réel et plus satisfaisant que le pauvre monde où nous vivons au jour le jour.

L'obsession du suprapersonnel et la relativité

Quel est, en effet, le contenu essentiel du « principe de relativité » ? Il suffit de lire les textes d'Einstein pour constater que ce principe, malgré son nom, exprime le désir de trouver des « lois de la nature » *dont la forme demeure identique* quel que soit le système de référence adopté. Sous sa forme restreinte, il ne s'applique qu'aux systèmes galiléens, c'est-à-dire aux systèmes où est valable « la loi fondamentale connue sous le nom de loi de l'inertie : un corps suffisamment éloigné d'autres corps persiste dans son état de repos ou de mouvement rectiligne et uniforme ». Sous sa forme générale, le principe de relativité peut s'énoncer ainsi : « Tous les corps de référence, quel que soit leur état de mouvement, sont équivalents pour la description de la nature (formulation des lois générales de la nature). » En langage plus ordinaire, le principe de relativité traduit la volonté de trouver une image du monde qui soit *indépendante de la situation des divers observateurs.* Aussi, depuis longtemps, divers auteurs ont-ils été frappés par le fait qu'un tel « postulat » reflète très fidèlement les idées *personnelles* d'Einstein que nous avons évoquées un peu plus haut. Tout se passe comme si la physique relativiste était, dans un domaine particulier, la réalisation d'un programme plus général : construire un monde « suprapersonnel », un monde situé au-delà de nos sensations et de nos perceptions mais doué d'une réalité supérieure.

Les adversaires de la nouvelle théorie ne s'y sont pas trompés ; ils ont clairement perçu que les spéculations relativistes n'étaient pas, à beaucoup près, fondées sur la pure et simple « objectivité ». Ainsi Christian Cornelissen, dans un petit livre publié à Paris en 1923, déplorait les *hallucinations* d'Einstein. Il regrettait que ce dernier ait développé certaines idées « jusqu'à l'absurde » et se soit « laissé égarer dans les sphères de la Métaphysique »[8]. D'une cer-

8. C. Cornelissen : *Les hallucinations des einsteiniens, ou les erreurs de méthode chez les physiciens-mathématiciens,* Albert Blanchard, 1923, p. 78, p. 57.

taine façon, il n'avait pas tort ! Pour oser formuler de telles théories, il fallait avoir (on tend maintenant à l'oublier) une extraordinaire confiance en divers présupposés qui n'étaient aucunement évidents. Il est normal que des esprits timides, au début du siècle, aient eu du mal à partager cette « foi ».

Plus tard, Einstein se plaira à souligner le caractère *« naturel »* de la théorie de la relativité : « Il ne s'agit aucunement d'un acte révolutionnaire, mais du développement naturel d'une ligne de recherche dont on peut repérer les étapes à travers les siècles. » Mais enfin, comme l'a bien vu Leopold Infeld, le fameux article de 1905 « Sur l'électrodynamique des corps en mouvement » était remarquable à plus d'un égard : « Il n'y a pas de références ; il n'y a pas d'autorités citées. (...) Le style est simple. (...) Mais sa pleine compréhension demande une maturité d'esprit et de goût qui est plus rare et plus précieuse que le savoir pédantesque. Car l'article d'Einstein traite des problèmes les plus fondamentaux ; il analyse la signification de concepts qui peuvent sembler trop simples pour être soumis à examen. » En regardant ce texte de près, on est amené à penser que son originalité ne réside pas tant dans la nouveauté des diverses idées et connaissances utilisées que dans une certaine manière de les mettre en œuvre.

Procès en paternité

Ainsi Poincaré avait perçu nettement les nouveaux usages qu'on pouvait faire du « principe de relativité ». Lorentz, quant à lui, avait déjà mis au point la « transformation » qui porte son nom — et dont Einstein reprenait le formalisme. A tel point qu'un historien comme Edmund Whittaker, dont l'*Histoire des théories de l'éther et de l'électricité* fait autorité, a pu attribuer à Poincaré et à Lorentz la théorie de la relativité. Ce qui scandalisait Max Born[9]. Effectivement, loin d'en être les véritables pères, ni Poincaré ni

9. *Einstein-Born, correspondance,* pp. 211-212. Voir aussi M. Born : *Physics in my generation,* Longman, Springer-Verlag, p. 102.

Comment faut-il voir Einstein : comme un Don Quichotte épris de spéculation théorique — ou comme un Sancho Pança résolument empiriste ? La réponse n'est pas évidente. Ainsi Margenau a noté qu'on pouvait découvrir chez lui aussi bien des aspects *rationalistes* que des aspects *empiristes ;* et l'intéressé a lui-même souligné que cette remarque était « entièrement correcte ». Il faut, précisait Einstein, que le scientifique « mette ses concepts en relation avec le

monde de l'expérience de façon aussi directe et nécessaire que possible ». Mais la théorie ne peut pas être déduite logiquement de l'expérience ; elle est librement inventée. En ce sens, le scientifique est aussi un « rationaliste » : il doit faire preuve d'imagination spéculative, forger des principes et des concepts qui anticipent sur l'expérience. « Une oscillation entre ces extrêmes, ajoutait Einstein, m'apparaît inévitable » ; et l'homme de science ne doit pas craindre de passer pour « une sorte d'opportuniste sans scrupule » ! C'est ce qui explique que tantôt Einstein ait insisté sur le rôle majeur des tests expérimentaux, et que tantôt il ait paru les mépriser. Par exemple, lorsqu'il commentait ainsi ses travaux sur la gravitation : *« Maintenant je suis entièrement satisfait, et je ne doute plus de la validité de tout le système, que l'observation de l'éclipse solaire réussisse ou non. »* (Lettre à Besso, mars 1914.) A noter qu'Einstein lui-même s'est un jour qualifié ainsi : Don Quichotte de la Einsta...

Lorentz n'ont jamais vraiment accepté cette théorie. L'erreur de Whittaker est à la fois psychologique et épistémologique : il a sous-estimé le courage intellectuel d'Einstein — ce qu'on pourrait appeler son radicalisme philosophico-scientifique.

Car Poincaré *comprenait* sans doute le « principe de relativité » aussi bien qu'Einstein. Mais il ne lui accordait pas le même statut. Comme l'ont justement souligné Gerald Holton et Lewis S. Feuer, il y voyait surtout un fait expérimental. « Le principe de relativité, déclare Poincaré lui-même, est un fait expérimental, au même titre que les propriétés des solides naturels ; comme tel, il est susceptible d'une incessante révision. » Ce langage n'est d'ailleurs pas très clair ; car s'il s'agit d'un simple fait, pourquoi lui donner le nom de *principe* ? Autre complication : Poincaré, changeant de registre, déclare que ce principe est tout au plus « une convention suggérée par l'expérience ». Les physiciens, ajoute-t-il, peuvent fort bien s'en passer, surtout s'ils veulent conserver leurs « vieilles habitudes » [10]. Ces hésitations sont étrangères à Einstein. Il n'y va pas, lui, par quatre chemins : pour reconstruire entièrement l'édifice théorique, il *décide* que le « principe de relativité » est un présupposé fondamental. Au moins de façon provisoire, on ne doit pas le remettre en question. Toute la différence est là : Poincaré adoptait une stratégie conservatrice, tandis qu'Einstein décidait carrément de frayer une voie nouvelle. D'où l'importance d'être « monomaniaque ». Car, pour inventer la théorie de la relativité, il ne suffisait pas d'être intelligent ; il fallait aussi être assez « fou » pour choisir de nouvelles bases malgré leur caractère paradoxal.

La relativité est-elle née de l'expérience de Michelson ?

Einstein note en effet, dès les premières pages de son article de 1905, que le principe de relativité est apparemment *incompatible*

10. H. Poincaré, *Dernières pensées,* Flammarion, 1913, pp. 51-54.

A la fin du XIXe siècle, il était généralement admis qu'il existait un « éther » absolument immobile dans lequel se propageaient les ondes lumineuses. D'où cette question : ne serait-il pas possible de mettre en évidence le mouvement de la Terre par rapport à cet « éther » ? Maxwell lui-même, tout en croyant leur réalisation impossible, avait suggéré certains tests expérimentaux. En 1880, le physicien américain A.A. Michelson conçut et construisit un interféromètre, c'est-à-dire un instrument permettant de savoir si le « vent d'éther » modifiait la vitesse d'un rayon de lumière effectuant sur

(Illustrations tirées de l'article de Michelson et Morley paru en décembre 1887 dans *The London, Edinburgh and Dublin philosophical magazine and journal of science.*)

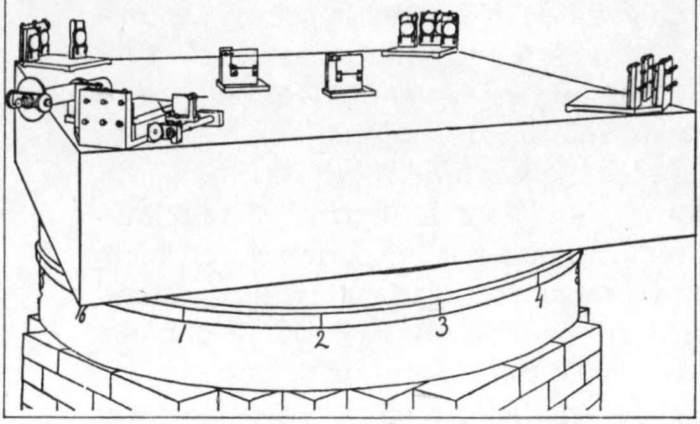

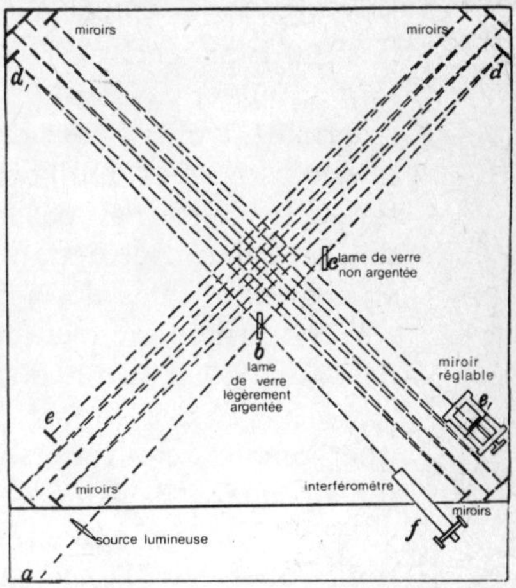

terre un parcours strictement défini. En 1881, des expériences furent réalisées à Berlin et à Potsdam. Mais, à cause de vibrations parasites et à cause du manque de rigidité des bras de l'interféromètre, les résultats (négatifs) furent jugés peu concluants. En 1887, Michelson et Morley firent une nouvelle série d'expériences à Cleveland en utilisant un interféromètre très amélioré et beaucoup plus précis. Cette fois encore, les résultats furent négatifs : malgré la sensibilité accrue de l'instrument, il était impossible de détecter un mouvement de la Terre dans l'éther. Beaucoup de physiciens et d'historiens des sciences ont cru que cette expérience avait causé un grand « choc » à Einstein ; c'est elle, d'après eux, qui aurait suscité la théorie de la relativité. Cette interprétation, en fait, est extrêmement douteuse. Selon Einstein lui-même, ce n'est pas l'expérience de Michelson qui l'a conduit au principe de la constance de la vitesse de la lumière : *« J'étais à peu près complètement convaincu de la validité de ce principe avant de connaître cette expérience et ses résultats. »* (Lettre à Jaffe, mars 1942.) Cette déclaration à l'historien F.G. Davenport est elle aussi très claire : *« Dans mon combat personnel, l'expérience de Michelson n'a joué aucun rôle, ou du moins aucun rôle décisif. »* (février 1954.)

Dans son principe, l'expérience de Michelson-Morley est assez simple. Une source lumineuse émet un rayon qui, après réflexion incomplète sur une plaque de verre légèrement argentée, se dédouble en deux rayons orientés perpendiculairement l'un par rapport à l'autre. Après plusieurs va-et-vient entre des miroirs, ces deux rayons parviennent à l'interféromètre proprement dit, qui permet d'observer la formation de franges d'interférence. S'il y avait un « vent d'éther » modifiant la vitesse de la lumière dans une direction donnée, la rotation de l'ensemble du dispositif devrait provoquer un déplacement des franges. Mais Michelson et Morley n'observèrent rien de tel. Leur interféromètre, pourtant, était d'une grande sensibilité ; même un « vent d'éther » très faible aurait pu être détecté. (La seconde lame de verre, non argentée, sert seulement à assurer le même nombre de réfractions pour chacun des rayons.)

avec le principe posant la constance de la vitesse de la lumière dans le vide. Mais ceci ne l'arrête pas. L'idée qui le guide, c'est qu'il faut admettre ces deux principes, même si au départ ils paraissent incertains, voire contradictoires ; et ensuite en tirer les conséquences logiques. Du point de vue de l'invention, la principale difficulté ne concernait pas la « déduction » proprement dite, c'est-à-dire le calcul permettant d'obtenir des équations formellement analogues à celles de la transformation de Lorentz. Bien plutôt, elle concernait le choix (et la pleine acceptation) des « principes » destinés à jouer le rôle d'axiomes. On l'a vu, le « principe de relativité » n'était pas imposé de façon stricte par l'expérience : et, bien que l'opinion contraire soit très répandue, on peut en dire autant du « principe de la constance de la vitesse de la lumière dans le vide ». Le débat, souvent passionné, tourne autour de cette question : quel rôle l'expérience de Michelson-Morley a-t-elle joué dans la genèse de la théorie de la relativité ? Beaucoup de physiciens, d'historiens ou de philosophes accordent en effet à cette dernière une énorme importance. D'après eux, la science consiste en « généralisations » ou en « inductions » directement fondées sur les *faits*. La théorie de la relativité était en quelque sorte la réponse « objective » qu'entraînait l'apparition d'un « fait » nouveau. Inutile, donc, de faire intervenir la « subjectivité » de l'inventeur, fût-ce sa *subjectivité théorique*...

Ainsi Millikan a fait cette déclaration : *« On peut considérer que la théorie de la relativité restreinte a son origine essentiellement dans une généralisation de l'expérience de Michelson. »* Einstein, ajoutait-il, est véritablement un scientifique parce qu'il a *« rejeté toutes les conceptions a priori concernant la nature de la réalité »*. L'expérience de Michelson-Morley avait été conçue pour mettre en évidence le déplacement de la Terre par rapport à l'éther ; mais les résultats avaient toujours été négatifs. Toujours d'après Millikan, Einstein n'avait qu'à s'emparer de ce fait : *« Einstein nous lança alors cet appel : Acceptons tout simplement ceci comme un fait expérimental établi et, à partir de là, mettons-nous à en tirer les inévitables conséquences (...). Ainsi est née la théorie de la relativité restreinte. »* Cette interprétation, à quelques variantes près, revient souvent. Pour le positiviste Joseph Petzoldt, la théorie de la relativité confirmait la faillite de la vieille métaphysique. Seuls comptent les faits : *« La théorie einsteinienne dépend entièrement du résultat de l'expérience de Michelson et peut en être dérivée*[11]*. »* Gaston Bachelard, dont l'épistémologie « dialectique » est pourtant

11. Holton : *Thematic origins...*, pp. 262, 275-276.

assez éloignée du positivisme, ne tenait pas un langage tellement différent : *« La relativité est née d'un choc épistémologique ; elle est née de l' " échec " de l'expérience de Michelson. »* C'est cette dernière qui « *a tiré la mécanique classique de son sommeil dogmatique » ;* c'est elle aussi qui *« a servi de base à la très vaste généralisation »* d'Einstein [12].

L'interprétation empiriste est inexacte

Cette manière d'expliquer la genèse de la théorie de la relativité est très contestable ; et peut-être même complètement erronée. Le dossier est épais et, avouons-le, l'interprétation de certains documents n'est pas toujours immédiate. Einstein lui-même a certainement contribué à brouiller les pistes. Car parfois, surtout dans des exposés didactiques, il s'est exprimé comme si l'expérience de Michelson avait eu sur lui une influence décisive. En fait, tout s'éclaire quand on examine le contexte de ces déclarations : elles apparaissent lorsque Einstein présente sa théorie de façon très générale, en essayant de montrer sous une forme simple pourquoi elle a mis de l'ordre dans une situation confuse et pourquoi on peut la considérer comme bien fondée. Dès qu'il veut préciser comment il a été personnellement amené à concevoir cette même théorie, le langage change : à proprement parler, l'expérience de Michelson en tant que telle a joué un rôle tout à fait secondaire, voire nul. Voici par exemple le témoignage de Shankland, qui était allé s'informer directement auprès d'Einstein : « Quand je lui demandai comment il avait eu connaissance de l'expérience de Michelson-Morley, il me dit qu'il avait été mis au courant par les écrits de H. A. Lorentz, mais qu'elle avait retenu son attention *seulement après 1905.* " Autrement, me dit-il, je l'aurais mentionnée dans mon article. " Il ajouta que les résultats expérimentaux qui l'avaient influencé le plus étaient les observations sur l'aberration stellaire et les mesures de Fizeau sur la vitesse de la lumière dans de l'eau en mouvement. " C'était suffisant ", déclara-t-il. » Ces propos datent de 1950. Einstein les confirma en 1952 : « Je ne sais pas de façon sûre quand j'ai entendu parler pour la première fois de l'expérience de Michelson. Je n'avais pas conscience qu'elle m'ait directement influencé (...). Je suppose que j'ai tout simplement admis qu'elle était vraie. » Bien d'autres pièces à conviction

12. Article de Bachelard dans Schilpp : *Albert Einstein...*, vol. II, pp. 566 et suivantes.

le confirment : « L'expérience de Michelson-Morley a eu un effet négligeable sur la découverte de la relativité. [13] »

Il y a d'ailleurs de bonnes raisons *épistémologiques* pour penser que le « principe de la constance de la vitesse de la lumière » n'était pas là, caché dans les « faits » et attendant seulement l'arrivée d'un découvreur. Tout d'abord, il est évident qu'on pouvait rendre compte du résultat négatif de l'expérience de Michelson par *plusieurs* stratégies théoriques. Lorentz, suivant en cela une suggestion de Fitzgerald, avait par exemple imaginé qu'une contraction causée par le « vent d'éther » agissait sur l'interféromètre et compensait les effets qu'on s'attendait à observer. Encore en 1927, on entendra Lorentz déclarer en public qu'il ne pouvait pas se décider à renoncer totalement à « ce vieil éther bien-aimé ». Il est clair, en outre, que l'expérience ne pouvait pas, à elle seule, déterminer *le contenu exact* du « principe ». Grünbaum, par exemple, l'a bien remarqué : l'expérience de Michelson-Morley ne montrait pas que le temps mis par la lumière pour parcourir une longueur donnée avait la même valeur numérique dans des systèmes galiléens différents ; elle ne montrait pas non plus que, si la source de lumière était extérieure au système où la vitesse de la lumière

13. M. Polanyi : *Personal knowledge,* Routledge and Kegan Paul, 3e édition, 1969, p. 10. Einstein a approuvé cette formulation.

Einstein a déclaré au psychologue Max Wertheimer qu'il était parvenu à la théorie de la relativité en pensant *visuellement,* c'est-à-dire au moyen d'images. Une sorte de rêverie expérimentale, en particulier, a stimulé pendant dix ans sa réflexion : il imaginait qu'il observait un rayon de lumière en se déplaçant aussi vite que lui. Ceci l'amenait à s'interroger sur ce qu'il aurait pu voir dans cette situation exceptionnelle... Au premier abord, il était tentant de penser que le rayon lumineux aurait été perçu comme une onde oscillant sans se déplacer longitudinalement. Mais « il m'apparaissait intuitivement clair que, pour un tel observateur, tout devrait se passer selon les mêmes lois que pour un observateur au repos par rapport à la Terre ». Ce paradoxe, si l'on en croit Einstein lui-même, l'a puissamment aidé à expliciter puis à critiquer l'axiome posant le caractère absolu du temps. D'autres images caractéristiques l'ont frappé. Quand il était enfant, il avait découvert avec émerveillement ce qu'était une boussole : un corps pouvait donc bouger sans subir de contact, comme mû par une force cachée ! « Ceci créa en moi une sensation qui (...) a été et est encore aujourd'hui dominante dans ma vie. » D'après le témoignage d'Infeld, la relativité générale s'est aussi appuyée sur une image privilégiée : celle d'un « homme enfermé dans un ascenseur en train de tomber ». Einstein et Infeld ont d'ailleurs repris cette image de l'ascenseur en chute libre quand ils ont vulgarisé ensemble la relativité générale.

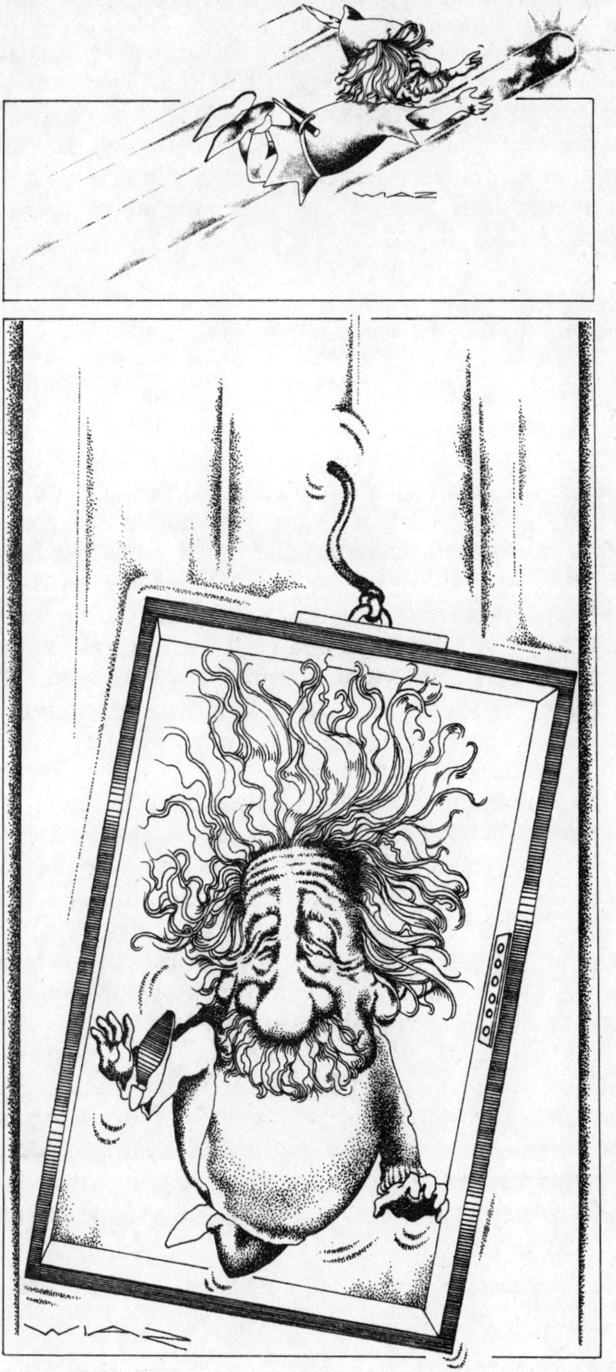
WIAZ
WIAZ

est mesurée, la vitesse de la lumière dans ce système était indépendante de la vitesse de la source relativement à lui. Pourtant, constate Grünbaum, le principe d'Einstein affirmait certainement ces deux énoncés ; et son contenu dépassait donc ce que « l'expérience » pouvait donner en 1905 [14]. Aussi est-on en droit de penser que certaines exigences « subjectives » sont intervenues. Einstein, heureusement, nous a laissé quelques indications concernant sa démarche.

A la poursuite d'un rayon de lumière

Dans ses *Notes autobiographiques,* il explique qu'il a réfléchi pendant dix ans à un *paradoxe* pour lui fondamental — paradoxe qu'il avait repéré dès l'âge de seize ans. Il s'agissait d'une sorte d'expérience imaginaire dans laquelle il se posait cette question : qu'arriverait-il si je poursuivais un faisceau de lumière en ayant moi-même une vitesse égale à celle de la lumière ? Il suggérait cette réponse : « J'observerais ce faisceau comme un champ électromagnétique oscillatoire au repos. » Mais, pour plusieurs raisons, cela lui paraissait impossible ; et il en résultait un problème, un paradoxe à ses yeux passionnant. « On voit, ajoute Einstein, que le germe de la théorie de la relativité restreinte est déjà contenu dans ce paradoxe. » Ceci revient à dire que, mentalement, Einstein était depuis longtemps préparé à manier certains problèmes fondamentaux, à faire fonctionner certains concepts. Naturellement, il était au courant de divers résultats expérimentaux. De façon générale, il pensait que la physique doit s'élaborer au contact de l'expérience et être confirmée par elle autant que faire se peut. Lorsqu'il était étudiant, il avait manifesté beaucoup de goût pour l'expérimentation ; et il serait ridicule de le présenter comme un pur « spéculateur », comme un rêveur prêt à toutes les extravagances. Mais la théorie de la relativité n'a pas été conçue pour résoudre les difficultés soulevées par *une expérience particulière.* Elle était le fruit d'une maturation beaucoup plus générale et beaucoup plus théorique. Balasz peut nous aider à préciser. Einstein, rapporte-t-il, voyait deux problèmes à l'origine de la relativité restreinte : le premier était le paradoxe concernant la « poursuite » d'un rayon de lumière, dont nous venons de parler ; le

14. A. Grünbaum in A. Danto, S. Morgenbesser (editors) : *Philosophy of science,* Meridian Books (6e éd.), 1966, pp. 412-413. Voir aussi du même auteur : *Philosophical problems of space and time,* Reidel, 1973, pp. 386, 711, etc.

second avait pour objet *le manque de symétrie d'action* entre conducteurs et aimants.

En effet, si on utilise la théorie de Maxwell, on doit recourir à deux interprétations différentes pour expliquer ce qui se passe : 1) lorsqu'on déplace un conducteur par rapport à un aimant au repos, 2) lorsqu'on déplace le même aimant par rapport à un conducteur au repos. Pour Einstein, il y avait là une sorte de scandale. Dans un manuscrit non publié, il a écrit que cette dissymétrie lui était « insupportable » *(unerträglich).* Du point de vue expérimental proprement dit, pourtant, tout va bien... Mais Einstein est guidé par une conviction esthétique : puisque dans la réalité seul compte le déplacement relatif de l'aimant et du conducteur, *il faut* que la théorie soit elle aussi symétrique. La première phrase de l'article de 1905 est d'ailleurs explicite : « On sait que l'électrodynamique de Maxwell, telle qu'elle est conçue aujourd'hui, conduit, quand elle est appliquée aux corps en mouvement, à des asymétries qui ne semblent pas être inhérentes aux phénomènes. » Ceci nous ramène encore une fois à la « subjectivité » d'Einstein, à son besoin de trouver (et en tout cas de postuler) un ordre harmonieux dans l'univers. A plusieurs reprises, il a recouru à des considérations esthétiques pour élaborer ses conceptions théoriques. Car telle est la « religion cosmique » : elle exige qu'on explique le plus grand nombre possible de phénomènes aussi élégamment que possible, c'est-à-dire à l'aide du plus petit nombre possible d'énoncés fondamentaux. Le « rationalisme » d'Einstein a donc des racines extrêmement profondes ; il est nourri et guidé par des *idées,* des *images* et des *émotions* toutes personnelles.

Heureux effets d'un développement tardif

Lors d'une enquête sur l'invention en mathématiques, Jacques Hadamard interrogea Einstein et reçut cette réponse : « Les mots et le langage, écrits ou parlés, ne semblent pas jouer le moindre rôle dans le mécanisme de ma pensée. Les entités psychiques qui servent d'éléments à la pensée sont certains signes ou des images plus ou moins claires, qui peuvent " à volonté " être reproduits et combinés. Il existe naturellement une certaine relation entre ces éléments et les concepts logiques en jeu. » Dans ses *Notes autobiographiques,* Einstein est revenu sur le sujet : « Pour moi, il n'est pas douteux que notre pensée fonctionne pour la plus grande part sans se servir de signes (mots) et, en outre, de façon largement inconsciente. » De telles notations vont plus loin qu'il ne paraît. Il se pourrait en effet que l'utilisation d'une « pensée en images » ait puissamment aidé Einstein à penser de façon originale les concepts de temps et d'espace. Ce texte a au moins le mérite d'aborder la question sans détour : « Je me demande parfois comment il se fait que j'aie été le seul à développer la théorie de la relativité ? La raison, je pense, en est qu'un adulte normal ne se tracasse pas à propos des problèmes posés par l'espace et le temps. Tout ce qu'il faut savoir là-dessus, estime-t-il, il le sait depuis sa prime enfance. Moi, au contraire, je me suis développé si lentement que j'ai seulement commencé à me poser des questions sur l'espace et le temps quand j'avais grandi. En conséquence, j'ai pu pénétrer plus profondément au cœur du problème qu'un enfant normalement développé ne l'aurait fait.[15] » En d'autres termes, il est heureux que le petit Albert Einstein ait éprouvé, comme le confirment ses biographes, des difficultés à parler...

Holton et surtout Feuer, avec leurs styles respectifs, ont radicalisé l'explication proposée par Einstein lui-même. Au fond, qu'exprimait le refus de parler du bébé Einstein, sinon une résistance à certains schémas cognitifs imposés par la société ? Une éducation « réussie », c'est une éducation qui fait accepter comme *naturels* un certain nombre de concepts et d'interprétations concernant « la réalité ». C'est donc aussi, par définition, une éducation qui rend conformistes ceux qui la subissent ; et qui les prive de la possibilité de remettre en question les *présupposés,* généralement implicites, sur lesquels reposent les « connaissances » ainsi transmises. Cette idée était d'ailleurs chère à Einstein : certaines difficultés présentées par un système cognitif ne peuvent être résolues que si on perçoit d'abord les fondements plus ou moins *arbitraires* et plus ou moins *inconscients* de ce même système. Un esprit trop bien socialisé, trop bien passé au moule, ne peut pas avoir le recul nécessaire. La démarche critique qui a engendré la théorie de la relativité n'a donc été possible que grâce à une réelle autonomie intellectuelle. Élevé dans deux religions (juive et catholique), très méfiant à l'égard des enseignements officiels, Einstein en était vite arrivé à « une libre pensée positivement fanatique », se traduisant par « une suspicion à l'égard de toutes les formes d'autorité (et) une attitude sceptique envers les convictions

15. Voir B. Kouznetsov : *Einstein,* Marabout Université, 1967, p. 144 (la traduction est défectueuse) ; et L. S. Feuer : *Einstein and the generations of science,* Basic Books, 1974, p. 63. Ce livre, qui éclaire d'un jour nouveau l'aventure einsteinienne, a été publié en version française par les éditions Complexe.

Ernst Mach (1838-1916).

Einstein de son propre aveu, devait beaucoup à Mach. Les deux hommes, certes, n'avaient pas exactement la même conception de la science. Mais Mach, par ses analyses critiques, avait contribué à préparer certaines démarches fondamentales d'Einstein. Ainsi il avait mis en évidence, dans *La mécanique,* les faiblesses de la notion newtonienne d'espace absolu. Plus généralement, il avait insisté sur la nécessité de procéder à une étude historique des grandes théories devenues classiques. Sinon, on devient dupe d'un enseignement académique : les principes mis en œuvre par ces théories *dégénèrent en un système de purs préjugés.* Pour découvrir des « possibilités nouvelles », il faut d'abord savoir comment les hommes de science s'y sont pris, au fil des ans et des siècles, pour forger leurs concepts — concepts qui ont toujours quelque chose de *conventionnel* et *d'accidentel.* Einstein a retenu cette leçon. Et, quoique l'auteur de *La mécanique* n'ait pas accepté les idées relativistes, il lui a décerné le plus beau des compliments : s'il avait connu assez tôt les débats des physiciens sur la vitesse de la lumière, « Mach serait arrivé à la théorie de la relativité ».

régnant dans n'importe quel contexte social »[16]. On comprend que Feuer soit presque amené à le décrire comme un marginal.

Culture et contre-culture zurichoises

C'est en effet à Zurich et à Berne qu'Einstein a passé les années qui ont précédé ses premiers travaux fondamentaux. Zurich, comme l'a noté Kouznetsov, « accueillait une foule cosmopolite d'étudiants, de révolutionnaires émigrés et de jeunes gens qui avaient fui l'oppression nationale ou sociale qui régnait dans leur pays ». Feuer a apporté là-dessus des informations aussi précises que convaincantes. Se référant à des témoignages directs, il n'a pas de peine à montrer que, autour de 1900, Zurich était « un immense club permanent »[17]. Citons quelques noms significatifs : Rosa Luxemburg, Georges Plekhanov, Mussolini, Karl Radek, Lénine. Selon Chaim Weizmann, premier président d'israël, « la Suisse était [alors] le carrefour des forces révolutionnaires de l'Europe ». Marxistes, anarchistes, sionistes et anti-sionistes y menaient de chaudes discussions. Il n'était pas seulement question de politique, mais d'épistémologie et de psychanalyse. Le moins qu'on puisse dire, c'est que toute cette fermentation n'encourageait pas le conformisme intellectuel ; et il est assez tentant d'admettre, à la suite de Feuer, que cette ambiance a contribué à faire d'Einstein un homme à la pensée hardie. A l'École polytechnique de Zurich il eut d'ailleurs pour ami Friedrich Adler, qui se passionnait non seulement pour la physique et pour Mach, mais pour l'action politique et pour Marx ; et qui assassina en 1916 Carl Stürgh, le Premier ministre autrichien. A noter aussi qu'Einstein, lorsqu'il était jeune, se décrivait volontiers comme un « hérétique ». Même du point de vue de l'histoire des sciences, il se pourrait que ces détails aient de l'importance.

Car la démarche audacieuse qui a mené à la théorie de la relativité était aussi une démarche *sociale*, une initiative culturelle que beaucoup jugeaient scandaleuse. Un critique que j'ai déjà cité, Christian Cornelissen, formulait cette significative comparaison : « M. Einstein nous fait penser, dans l'élaboration de ses idées et intentions, à Karl Marx, avec qui il a encore de commun la brillante imagination judéo-orientale. » Ce sont deux *métaphysiciens*, expliquait-il, qui voudraient nous imposer (à nous les véritables

16. Einstein lui-même dans Schilpp : *Albert Einstein...*, vol. I, p. 5.
17. Voir Feuer : *Einstein...*, pp. 4 et suivantes.

Occidentaux) des doctrines arbitraires, élaborées au mépris des « phénomènes ». Il y aurait beaucoup à dire sur les motifs de cette indignation. Mais Cornelissen, sur un point, voyait juste : la « relativité » était née d'un vigoureux effort philosophique. Feuer (c'est son mérite) a commencé à décrire avec précision la *mentalité*, historiquement conditionnée, qui a permis à Einstein d'aller jusqu'au bout de ses intuitions.

Par contraste, le cas de Poincaré devient compréhensible. Comme nous l'avons vu plus haut, le Français était très prudent ; loin d'envisager un bouleversement de la théorie physique, il tenait à sauver la mécanique classique, fût-ce au prix de quelques aménagements. Réfléchissons avant de laisser croire à nos étudiants que « la mécanique ordinaire était bonne tout au plus pour cette vieille ganache de Laplace »... D'après Feuer, c'est peut-être cette sorte de conformisme qui a empêché Poincaré d'être l'inventeur de la théorie de la relativité. Du point de vue strictement intellectuel, personne ne semble en douter, il avait les moyens d'y réussir ; les textes qu'il a laissés montrent en effet qu'il avait très bien perçu les raisons de la « crise » et la nature des solutions techniques qui pouvaient la résoudre. Mais, à la différence d'Einstein, il n'était pas en situation de franchir le pas. Il faisait partie de l'*establishment*, de la « république des professeurs ». Cela l'arrangeait, finalement, de considérer le « principe de relativité » seulement comme une convention encore mal justifiée.

Les jeux du relatif et de l'absolu

Pour terminer, évoquons le problème posé par l'expression maintenant devenue usuelle : théorie de la *relativité*. Peu de désignations ont engendré autant de contresens — comme si cette « relativité » avait quelque chose à voir avec le relativisme, avec le subjectivisme. En fait il vaudrait mieux parler, comme le suggérait Minkowski, du « postulat du monde absolu ». Ce serait moins trompeur. Certes, d'après la théorie d'Einstein, nos mesures de l'espace sont *relatives*, aussi bien que nos mesures du temps. Ce qui signifie qu'elles dépendent de la position de l'observateur ; et qu'il n'y a aucun observateur privilégié. Mais le fameux « espace-temps » est en lui-même quelque chose d'absolu : il exprime sous forme théorique l'existence d'une « réalité » qui n'est pas directement accessible, mais par rapport à laquelle toutes les observations individuelles (« locales ») prennent une signification précise. L'expression de « théorie de la relativité » n'apparaît d'ailleurs pas dans les titres des travaux d'Einstein antérieurs à 1911. Il préférait parler de « théorie des invariants » *(Invariantentheorie)* ; et, en 1928, il a indiqué que le principe de relativité serait plus justement nommé « principe de covariance » (c'est-à-dire principe exigeant que les équations fondamentales gardent la même forme dans tous les systèmes de référence)[18]. Pourquoi donc a-t-il finalement accepté une désignation pour le moins trompeuse ? D'après Feuer, il faudrait là encore évoquer des facteurs psychosociologiques. Parler de « relativité », c'était rappeler que les *absolus* newtoniens étaient morts : il n'y a pas d'espace absolu, il n'y a pas de simultanéité absolue. C'était donc souligner la mutation opérée par Einstein, mutation que beaucoup de scientifiques et de profanes jugeaient « révolutionnaire ». Comme le dit Feuer, le mot *relativité* correspondait bien à l'esprit du temps — et plus précisément à l'esprit qui soufflait à Zurich et à Berne.

Mais, pour reprendre l'expression de Banesh Hoffmann, Einstein le *rebelle* était aussi un *créateur.* Aussi ne faut-il pas oublier que ses théories relativistes, malgré leur désignation paradoxale, ont été inspirées par un désir d'absolu, par la passion du « suprapersonnel ». Tel est ce qu'on pourrait appeler leur noyau subjectif. Car Einstein s'était « vendu corps et âme à la science » pour des motifs et non pour des raisons : « J'ai fui le JE et le NOUS pour le IL du *il y a.* »

Bibliographie :

Outre les textes d'Einstein, de Holton et de Feuer cités dans les notes, voici quelques ouvrages susceptibles d'être lus ou consultés avec profit même par des non-spécialistes :

A. Einstein : *Réflexions sur l'électrodynamique, l'éther, la géométrie et la relativité,* Gauthier-Villars, nouvelle édition, 1972. (Contient l'article fondamental de 1905 « Sur l'électrodynamique des corps en mouvement ».)

A. Einstein : *La théorie de la relativité restreinte et générale. Exposé élémentaire,* Gauthier-Villars, nouvelle édition, 1971. Le même ouvrage a été aussi publié en 1964 par les éditions Payot sous ce titre : *La relativité.*

18. Holton : *Thematic origins...,* p. 362 ; Feuer : *Einstein...,* p. 99.

A. Einstein, L. Infeld : *L'évolution des idées en physique,* Payot, 1963.

P. Frank : *Einstein, sa vie et son temps,* Albin Michel, 1968.

B. Hoffmann : *Albert Einstein, créateur et rebelle,* Le Seuil, 1975.

A. Moszkowski : *Conversations with Einstein,* Sidgwick and Jackson, 1972.

C. Lanczos : *The Einstein decade (1905-1915),* Academic Press, 1974. (Contient entre autres l'analyse des 67 mémoires publiés par Einstein durant cette période.)

J. Merleau-Ponty : *Leçons sur la genèse des théories physiques,* Vrin, 1974. (Contient une bonne introduction épistémologique aux concepts de la relativité restreinte.)

CHAPITRE XV

Un cosmologiste habile : Edwin Hubble

En science aussi, il faut savoir plaider et persuader... Pour parvenir au consensus la voie du compromis est parfois la meilleure. L'Américain Edwin Hubble, dont le nom est attaché à la théorie de l'Univers en expansion, l'avait compris. Il nous a laissé quelques beaux exemples de rhétorique scientifique.

L'Américain Edwin Hubble, mort en Californie le 28 septembre 1953 à l'âge de soixante-quatre ans, a fourni des contributions fondamentales à l'astronomie et en particulier à la cosmologie, c'est-à-dire à l'étude de l'Univers considéré dans son ensemble. Son nom est indissolublement attaché à la théorie de l'Univers en expansion. Il fit des études de science à l'Université de Chicago, puis se tourna vers le droit, qu'il étudia à Oxford ; il aimait d'ailleurs beaucoup l'Angleterre, d'où ses ancêtres avaient émigré au XVIIe siècle. Après une brève carrière de juriste, il décida de se consacrer à l'astronomie. C'était aussi un boxeur de talent ; il appartenait à la catégorie des poids lourds et un entraîneur envisagea même de le faire combattre contre Jack Johnson, le champion du monde... N. Hetherington, dans un récent article de la revue *Nature,* a émis l'idée que la formation juridique de Hubble lui a été très utile dans sa carrière scientifique. En aiguisant son habileté à présenter faits et arguments, elle lui a permis de communiquer ses résultats sous une forme particulièrement convaincante. *(Cliché Keystone.)*

Edwin Powell Hubble (1889-1953) est l'un des grands noms de la cosmologie des dernières décennies. Comme l'a écrit G. J. Whitrow, il a été « le fondateur de l'astronomie extragalactique moderne et le premier à fournir une base observationnelle à la théorie de l'expansion de l'Univers » [1]. C'est en 1924 qu'il montra que l'espace était peuplé de galaxies ; et en 1928 qu'il formula la loi qui porte son nom, loi selon laquelle le déplacement vers le rouge des spectres émis par les galaxies est proportionnel à l'éloignement de ces dernières. L'article que lui a consacré naguère Norriss Hetherington dans la revue *Nature* ne concerne toutefois que de façon indirecte le contenu proprement scientifique de son œuvre ; l'objectif premier, en effet, est de montrer comment cet astronome s'y est pris pour convaincre ses pairs de la validité de ses idées théoriques [2]. Il se trouve que le père de Hubble était un homme de loi et que lui-même, pendant une brève période, fut *attorney* à Louisville dans le Kentucky. Aussi est-ce en termes juridiques qu'est posé le problème : quelle tactique l' « avocat » Hubble a-t-il utilisée afin d'emporter la conviction du « jury » constitué par ses collègues astronomes ?

De l'utilité d'avoir été juriste

Cette manière de présenter un scientifique comme un avocat de la défense peut surprendre, voire choquer. Car enfin, comment croire qu'un théoricien impose ses idées grâce à des plaidoiries ? L'objection est juste, du moins si elle signifie que les bonnes théories ne triomphent pas *seulement* grâce à une ingénieuse rhétorique. Mais la très sérieuse revue *Nature*, on s'en doute, ne cherche pas à insinuer que l'évaluation et l'acceptation des théories scientifiques sont dénuées de tout fondement ! Elle veut seulement attirer l'attention sur le fait que la communication des idées, même en science, a un aspect psychologique. Si solide et si bien confirmée que soit une théorie, il est essentiel de *persuader* les experts concernés.

Il faut donc présenter les arguments et les faits sous un jour séduisant, éliminer ou minimiser les objections, organiser l'exposé de manière à lui donner la plus grande efficacité possible. Les his-

1. C.C. Gillispie (ed.), *Dictionary of scientific biography,* Charles Scribner's Sons, 1981, vol. 5, p. 528.
2. N. Hetherington, « Edwin Hubble : legal eagle », *Nature,* 16 janvier 1986, p. 189.

toriens des sciences, aussi bien à propos de Galilée que de Darwin, ont déjà procédé à diverses analyses de ces manœuvres tactiques ou stratégiques [3]. Le cas de Hubble est d'autant plus significatif que, après avoir étudié à Chicago auprès du physicien Millikan et de l'astronome Hale, il a fait de sérieuses études de droit à Oxford. En 1914, il décida de retourner aux sciences et travailla au Yerkes Observatory de l'université de Chicago ; il soutint en 1917 une thèse sur l'étude photographique des nébuleuses faiblement visibles. Mais sans doute n'avait-il pas perdu son temps en s'initiant au droit romain : ayant étudié l'art d'argumenter et d' « établir la preuve », Hubble réussit à obtenir des « verdicts favorables » qui, sans cela, auraient été acquis moins rapidement...

Sans retracer dans le détail tous les débats de cette époque relatifs aux galaxies et à l'expansion de l'Univers, voyons comment Hubble manifesta en quelques circonstances son aptitude à défendre un dossier. L'astronome hollandais Willem de Sitter, dès 1917, avait formulé l'hypothèse que le décalage vers le rouge des raies spectrales des nébuleuses extragalactiques était proportionnel à leur éloignement du système solaire. Pour confirmer cette idée, Ludwik Silberstein avait fait en 1924 une étude de ce que les astronomes appellent les amas globulaires ; par malheur, il avait laissé de côté trois « amas » dont le décalage vers le rouge n'était pas conforme aux exigences de la théorie qu'il s'agissait de promouvoir... L'enjeu était important. De Sitter, en effet, avait conçu son hypothèse en construisant un modèle cosmologique fondé sur la théorie de la relativité générale ; et il admettait, comme Einstein lui-même, que l'Univers était statique. Mais il suffisait d'interpréter le décalage vers le rouge comme dû à la fuite des galaxies (effet Doppler) pour que l'hypothèse d'un Univers en expansion devienne plausible. Dans les années 1920, des théoriciens tels qu'Alexander Friedmann et Georges Lemaître avaient d'ailleurs construit des modèles de ce genre dans le cadre de la relativité générale. Quand Hubble se pencha sur ce problème, il comprit que toutes les spéculations ou observations relatives aux nébuleuses devaient être présentées avec précaution. Compte tenu du fait que les travaux de Silberstein étaient discrédités, il importait d'être particulièrement prudent. Si Hubble donnait trop l'impression d'être *a priori* favorable à l'hypothèse d'une relation entre

3. Voir par exemple, à des titres divers : P. Feyerabend, *Against method*, New Left Books, 1975 (trad. fr. : *Contre la méthode*, Le Seuil, 1979) ; R.K. Merton, *The sociology of science*, The University of Chicago Press, 1973 ; C. Howson (ed.), *Method and appraisal in the physical sciences*, Cambridge University Press, 1976.

vitesse et distance, il risquait de se heurter à une certaine méfiance.

Comment faire pour éviter les soupçons ? Hubble, dans l'article de 1929 où il exposait le résultat des observations faites au Mount Wilson Observatory, souligna qu'il s'appuyait sur des données empiriques tout à fait sûres. C'était bien un ensemble de mesures « objectives » qui montrait l'existence d'une relation linéaire entre vitesse d'éloignement et distance. Et pour que tout le monde en fût persuadé, il convenait de présenter les diverses mesures *comme si elles avaient été obtenues par des observateurs indépendants.* C'est pourquoi Milton L. Humason, un collègue de Hubble qui avait travaillé en liaison avec lui, publia ses observations séparément. En fait, les deux articles se suivaient dans la même revue (les *Proceedings of the national Academy of sciences)* ; mais, épistémologiquement et psychologiquement, la confirmation observationnelle de la loi paraissait plus forte. Hubble, en outre, attendait le dernier paragraphe de son article pour mentionner de Sitter et pour suggérer que cette étude du « redshift » pourrait bien avoir un grand intérêt cosmologique (Univers en expansion). Concrètement, l'idée proposée par de Sitter avait servi de point de départ. Mais, lors de la publication, l'ordre était renversé : venaient d'abord les « faits », présentés comme recueillis dans la plus parfaite neutralité, — puis apparaissait *in extremis* la pensée « théorique » qui avait tout orienté !

Une judicieuse distribution des éclairages

Ce n'est pas tout. Hubble donnait dès le début de son article une grande importance à des considérations sur la constante qui porte maintenant son nom et qui sert à corréler la mesure de la distance des nébuleuses à celle de leur vitesse. Les observations nouvelles rapportées par Hubble et Humason confirmaient précisément que la relation entre vitesse et distance était linéaire et que le facteur K (on préfère maintenant utiliser la lettre H) était bien une constante. Précédemment, à cause de certaines difficultés relatives au mouvement du Soleil, on avait pensé que ce facteur K variait avec la distance. Il était donc normal que Hubble abordât la question. Mais Nicolas Hetherington suggère que, plus ou moins consciemment, Hubble se servait de ses développements sur le facteur K pour détourner l'attention des lecteurs de certains points beaucoup plus délicats. La constante, autrement dit, ne posait plus de problèmes majeurs et était complaisamment utilisée comme un moyen de diversion *(as a red herring).*

De plus, elle permettait d'introduire deux « témoins » susceptibles d'influencer favorablement le jury... A savoir Strömberg et Lundmark, deux astronomes qui avaient travaillé sur des sujets très voisins. L'astuce de Hubble consistait, dans le cas de Strömberg, à *ne pas mentionner explicitement* que ce dernier avait obtenu ses résultats concernant les nébuleuses en *présupposant* la validité de la relation linéaire entre vitesse et distance. Il n'était donc pas étonnant que le présupposé initial soit confirmé ! Même si les lecteurs pouvaient voir assez facilement ce qu'il en était, cette petite habileté avait un effet persuasif. Les travaux de Lundmark étaient moins aisément récupérables ; car cet astronome, en proposant une explication relative au mouvement du Soleil, avait utilisé une relation vitesse/distance différente. Mais Hubble s'abstenait de mettre en évidence ce point gênant (tout comme il évitait de signaler au jury qu'il appréciait peu, de façon générale, les travaux de Lundmark). « Ce que Hubble désirait, c'est que Lundmark vienne à la barre pour apparaître comme un témoin bienveillant, et non pas pour faire une véritable déposition. »

Deux remarques aideront à mieux évaluer la situation. D'une part, Hubble n'avait nul besoin des témoignages de Strömberg et de Lundmark ; ils ne jouaient qu'un rôle d'appoint, à des fins essentiellement rhétoriques et psychologiques. D'autre part, comme le souligne également N. Hetherington, il n'y avait aucune réelle « malhonnêteté » de la part de Hubble en ce qui concerne le *contenu strictement scientifique* des énoncés fondamentaux. Si on ôte les ornements et les fioritures, il reste un schéma net et classique : des observations nouvelles et correctement menées confirmaient significativement l'hypothèse d'une relation de proportionnalité simple entre vitesse et distance des nébuleuses. Quelques petits « péchés par omission » ou quelques coups de pouce étaient seulement destinés à mettre les spécialistes dans de bonnes dispositions mentales. La justification principale de ces manœuvres, c'est que Silberstein avait fourni un dossier douteux, cinq ans auparavant, en défendant une cause analogue. En bon avocat, Hubble avait fait le nécessaire pour assurer le succès de ses idées.

Un problème clé : l' « habillage » des résultats

Sur le plan de l'épistémologie, ajoutons que cet épisode illustre une fois de plus une ambiguïté maintes fois signalée, relative au *décalage entre la recherche proprement dite et sa présentation publique.* Même les astronomes les plus rigoureux conçoivent et effectuent leurs observations dans un cadre théorique général qui comprend (outre des « théories auxiliaires ») divers présupposés dont la validité n'est pas toujours (ou pas complètement) garantie. Surtout quand il s'agit de trouver des résultats nouveaux dans un domaine situé sur le « front de la recherche », les observations sont en quelque sorte « encadrées », orientées et interprétées par référence à un certain nombre de schémas et d'hypothèses *préalables* qui pourront éventuellement être remis en question. Ce qui signifie qu'il y a des risques — et que la recherche est une affaire complexe. En soi, tout cela est parfaitement normal : si le métier de chercheur est à la fois difficile et excitant, c'est parce que les « percées » demandent de l'imagination, de l'ingéniosité — et de la chance... Certains hommes de science, en abordant ce sujet, n'ont d'ailleurs pas peur d'évoquer le côté ludique de leur travail. Mais ce jeu particulier, lorsqu'il débouche sur des résultats palpables, doit se conformer à certaines règles sans lesquelles la « capitalisation du savoir » ne pourrait pas s'opérer ; et sans lesquelles la science ressemblerait trop à un ramassis de spéculations individuelles et incommunicables.

Dans la pratique, en effet, un énoncé scientifique valide est un énoncé *que la collectivité concernée reconnaît comme tel.* Comme l'a fortement affirmé John Ziman, cet aspect « public » de la science est essentiel : il faut présenter les théories et les faits de telle sorte que le consensus des pairs (ou un large consensus) soit obtenu[4]. Pour y parvenir, les scientifiques doivent donc se plier aux normes explicites ou implicites qui sont en vigueur dans leur domaine. De façon générale, dans les conditions actuelles, le « modèle » idéal semble être celui-ci : le premier plan est occupé par des « faits » établis de façon neutre et désintéressée, les considérations théoriques étant aussi sobres et aussi « économiques » que possible. En beaucoup de cas, cette présentation empiriste est irréalisable (ou difficilement réalisable) sous une forme radicale. Des variantes plus souples sont donc possibles ; le chercheur, par exemple, expliquera que telle hypothèse, contestée pour des raisons précises par X ou Y, a été soumise à de nouveaux tests. Mais la même neutralité de principe est exigée et le chercheur doit se montrer extrêmement discret sur ses préférences, sur ses options philosophiques, sur ses « engagements » théoriques. Pour ne pas être suspect, il va se comporter comme s'il était complètement *désintéressé,* c'est-à-dire comme s'il avait fait ses observations ou expérimentations sans aucune idée préconçue, sans aucun préjugé, dans une

4. J. M. Ziman, *Public knowledge,* Cambridge University Press, 1968.

sorte de vide épistémologique. Il y a, bien sûr, des articles essentiellement théoriques ; articles qui sont d'ailleurs accueillis avec plus ou moins de faveur selon les disciplines et selon les circonstances. Mais la norme « empiriste », dans l'ensemble, est prépondérante : c'est sur l'aspect « vérification objective » que doit être mis l'accent principal.

Parfois, si l'on en croit certains témoignages de chercheurs, cette exigence de pureté aboutit à une sorte de censure. Les « referees » d'une revue spécialisée, par exemple, demandent que des considérations préliminaires jugées utiles par l'auteur soient supprimées. Mais le plus souvent, les hommes de science se plient d'eux-mêmes à cette norme d' « asepsie ». Hubble, qui avait bien assimilé la règle du jeu, a délibérément pratiqué l'inversion rassurante dont nous avons parlé : mettre à la fin, sous forme de « conclusions », les anticipations formulées en réalité dès le début. C'est une des raisons pour lesquelles l'histoire des sciences est difficile : il faut reconstituer, par-delà les publications officielles, les démarches réelles des chercheurs. Bien souvent, comme on le constate chez de « grands inventeurs » tels que Galilée, Darwin, Mendel, Einstein ou Wegener, les idées devancent largement les faits. Mais la présentation (telle qu'on la conçoit aujourd'hui) doit le dissimuler le plus possible. Dès qu'on mesure l'importance effective de ce problème, les ruses de Hubble sont faciles à comprende. Loin de constituer une exception, il a seulement témoigné d'une habileté particulière dans ce genre de « manipulation ». Car, à plusieurs reprises, il a su prouver ses talents d'avocat. *Nature* rapporte deux autres exemples qui valent d'être mentionnés.

Suivant les cas, le K.O. ou la négociation

Dans les années 1930, Hubble a formulé d'audacieuses idées sur la distribution des galaxies lointaines dans l'Univers en s'appuyant sur un postulat d'uniformité. Ses vues se heurtaient à diverses objections ; Harlow Shapley, un astronome de l'université Harvard, manifestait en particulier un certain scepticisme. Là encore, il fallait donner le plus de poids possible au dossier. Les propres observations de Hubble au Mount Wilson Observatory (distribution des magnitudes absolues dans les nébuleuses isolées) confirmaient sa thèse de façon satisfaisante. Mais, toujours en partant du principe que deux observateurs indépendants valent mieux qu'un, il déploya des efforts pour que les observations effectuées par Nick Mayall au Lick Observatory apparaissent comme une corroboration extérieure, non préméditée et donc spécialement probante. On possède une lettre du 23 février 1934 qui explicite complètement le plan de Hubble. *« Il faudrait que votre travail de recherche,* écrivait-il à Mayall, *soit considéré comme absolument indépendant de ce que nous faisons ici. »* De cette façon, la « bande de l'Est » serait beaucoup plus impressionnée. Ceux de l'Est, évidemment, c'étaient Shapley et ses associés : *the eastern gang...*

Aussi Hubble se réjouissait-il que la thèse de Mayall fût sur le point de paraître « sans aucune référence à (son) propre article ». Et il faisait allusion à une idée qu'il avait suggérée avec insistance à Mayall : afin que l'effet de persuasion fût encore plus grand, il fallait que son travail apparût comme entrepris *« d'un point de vue sceptique ».* C'est-à-dire comme si Mayall avait voulu *réfuter* (et non pas confirmer) les hypothèses du genre de celles de Hubble... Épistémologie et art du discours, ici, se conjuguent étroitement. Puisque Hubble était un bon boxeur poids lourd et a même fait un « match exhibition » contre le champion français Georges Carpentier, recourons non plus aux métaphores judiciaires mais à un cliché pugilistique : cet astronome, grâce à une préparation minutieuse, s'efforçait d'obtenir rapidement le K. O. !

Mais, ainsi que le montrera le dernier exemple, Hubble savait également négocier quand les circonstances le demandaient.

Les pressions institutionnelles : éviter le « scandale »

L'une de ses premières contributions à l'astronomie, dans les années 1923-1924, avait concerné la grande nébuleuse d'Andromède. Il y avait découvert des étoiles variables (des céphéides), ce qui avait de très importantes conséquences sur le plan théorique. Non seulement c'était un progrès dans la connaissance de ces objets mystérieux qu'étaient les nébuleuses spirales, mais il devenait possible d'avoir une idée de leur distance. Pour la première fois, il était certain qu'elles se situaient nettement en dehors de notre galaxie.

Il y avait toutefois un hic : un astronome qui travaillait aussi au Mount Wilson Observatory, Adriaan van Maanen, avait fait des mesures qui ne concordaient pas avec cette idée. D'après lui, les nébuleuses étaient beaucoup plus proches que ne le disait Hubble. En conséquence, celui-ci entreprit de critiquer les travaux de van Maanen, y découvrant diverses sortes de faiblesses (incohérences, ampleur des erreurs probables). Le débat fut âpre. Hubble se montrait percutant (dans un article qui ne fut pas publié, il reprochait à son adversaire de manquer d'esprit critique). Cela tournait

La première grande découverte de Hubble consista à détecter le 5 octobre 1923 une étoile variable (une céphéide) dans la grande nébuleuse d'Andromède, dont on voit ici une photo moderne. Grâce aux propriétés de ce type d'étoile, il était possible de mesurer la distance des nébuleuses ; ainsi fut établi de façon sûre que la nébuleuse d'Andromède se situait bien au-delà de notre galaxie. A la fin de 1924, Hubble avait découvert trente-six étoiles variables dans Andromède (dont douze étaient des céphéides). Par la suite, reprenant des idées lancées par Willem de Sitter, il travailla à montrer qu'il y avait une relation linéaire entre la vitesse des galaxies et leur distance par rapport à notre système stellaire. A l'occasion de ses communications sur les galaxies, sur leurs mouvements et sur leur distribution dans l'Univers, Hubble fit preuve d'une grande habileté d'avocat. A plusieurs reprises, par exemple, il prit soin de faire apparaître certaines confirmations observationnelles comme indépendantes, alors qu'elles ne l'étaient pas tout à fait... Il avait l'art de mettre en valeur les points forts et de faire oublier les points faibles ; quand c'était nécessaire, il se montrait bon négociateur. *(Cliché Hale Observatories.)*

à la lutte personnelle ; et la situation se compliqua encore quand van Maanen défendit son point de vue en se référant aux travaux d'un autre astronome du Mount Wilson Observatory, Seth Nicholson. On sait en effet, par des documents privés, que Hubble donnait dix ans à van Maanen pour refaire correctement ses mesures ; après quoi il referait lui-même les observations et les calculs afin d'assurer la validité de sa propre théorie. De fait, c'est à cette situation qu'on en arriva. Mais un problème institutionnel se posa avec acuité. Le responsable des publications du Mount Wilson, Frederick Seares, refusait d'envisager une aussi pénible perspective : publier un article directement destiné à réfuter les travaux d'un collègue (ou de plusieurs collègues) travaillant dans le même observatoire... Hubble devait s'entendre avec van Maanen et Nicholson. Ou bien il n'aurait qu'à publier ailleurs !

Hubble n'apprécia guère cette décision. Mais il se rendit compte qu'il fallait renoncer à une controverse trop violente, trop « scandaleuse ». Il trouva donc, en 1935, une solution élégante : il refit les mesures, mais en associant Nicholson à son travail. Au fond, n'est-ce pas ce dont rêve tout avocat : transformer un témoin de l'accusation en témoin de la défense ? La manœuvre, cette fois, fut toute en nuances. Nicholson, en fait, ne renia pas totalement ses premières observations ; mais, ainsi que le note *Nature,* le jury pouvait s'y tromper. Quant à van Maanen, il écrivit un article qui fut imprimé à la suite de celui de Hubble et qui constituait une discrète abdication. Les nouveaux résultats, expliquait-il, pouvaient confirmer dans une certaine mesure ses idées antérieures ; mais peut-être convenait-il de se garder de tout dogmatisme à propos des mouvements des nébuleuses... Ainsi prenait fin l'affrontement, tout le monde s'étant mis d'accord pour calmer le jeu. Le vainqueur, bien sûr, c'était Hubble. Ayant négocié ces compromis, il était parvenu à son but. Sans éclat, mais sans laisser place au doute dans l'esprit des « jurés » compétents.

L'examen des procédés mis en œuvre par Hubble surprendra peut-être ceux qui se font des démarches scientifiques une image totalement limpide. Pourquoi les voies de la connaissance sont-elles parfois aussi indirectes ? Pourquoi ces stratagèmes et ces négociations ? Pourquoi les théories ne s'imposent-elles pas dans la sérénité et l'objectivité parfaites ? Pourquoi faut-il admettre réalistement, avec Norriss Hetherington, que l'art de plaider fait partie des armes des chercheurs ? Laissons de côté les généralités du genre : « Les scientifiques sont aussi des hommes... » Elles ne sont sans doute pas fausses, mais elles risquent de masquer des faits un peu moins imprécis.

Science, psychologie et rhétorique

Les sciences, en tant que réalités institutionnelles, ont un fonctionnement dont de nombreux aspects ne peuvent être décrits que dans le langage de la psychologie (ou de la psychologie sociale). Tout d'abord, soulignons ce fait à la fois banal et facilement perdu de vue : le chercheur qui-veut-vraiment-trouver est un homme ou une femme qui « investit » beaucoup. Les formules ne manquent pas : il est *motivé,* il y *croit,* il se *passionne,* il mobilise ses *énergies...* Qu'il y ait des relations « passionnelles » entre chercheurs ou entre équipes de chercheurs semble donc normal, aussi bien dans une perspective de coopération que dans une perspective d'affrontement. Naturellement, il ne faut pas s'imaginer que les débordements affectifs sont permanents et toujours spectaculaires ; non seulement l'activité scientifique exige que l'intellect demeure bien éveillé, mais divers dispositifs institutionnels permettent en principe de canaliser les idées et les ardeurs...

Les affrontements, en tout cas, ont souvent une fonction positive. On peut assurément déplorer qu'ils entraînent un certain gaspillage des forces et détériorent les relations humaines ; mais ils permettent le choc des idées et des interprétations, le déploiement des critiques les plus radicales. En supprimant systématiquement toute trace de « violence » dans la vie scientifique, on se rapprocherait d'un idéal idyllique et moralement séduisant. Mais rien de tel, parfois, qu'un peu de « méchanceté » pour lancer une bonne controverse, pour faire émerger une question décisive ! Que ce soit en mathématiques, en physique ou en biologie, les conflits aigus n'ont pas manqué. Si on les juge déplorables, d'ailleurs, pourquoi ne pas aller jusqu'au bout, c'est-à-dire jusqu'à imposer l'*anonymat* aux publications scientifiques ? Au XVIIe siècle, cette idée avait été lancée par certaines académies. Comme on sait, elle a été rapidement abandonnée... Il faut alors se demander pourquoi. En clair : est-ce que Hubble, si la science était « anonyme », aurait déployé autant d'énergie pour refaire les observations et les calculs de van Maanen ? C'est possible ; mais ce n'est pas certain.

Corrélativement, le système scientifique repose sur la *confiance* et le *consensus.* C'est une autre face de son fonctionnement, mais qui n'est pas moins « psychologique » que la face critique. Le point à ne pas oublier, c'est que, pratiquement, il n'y a pas de critères absolus et rationnels pour savoir en *toutes* circonstances ce qui doit être accepté et ce qui doit être refusé. Jusqu'où fallait-il croire Darwin en 1859 ? Jusqu'où fallait-il douter de Newton et croire Einstein en 1905 ? A partir de quelle date devenait-il

« objectivement » nécessaire d'accepter la théorie de la dérive des continents ? Après coup, on peut avoir l'impression que les réponses à ces questions étaient évidentes. Mais c'est passablement illusoire ; de nombreux facteurs ont joué, qui ne relevaient pas tous du pur calcul rationnel.

Norriss Hetherington, du point de vue réaliste, n'a donc sûrement pas tort de penser qu'il y a place dans la science pour des « plaidoyers » à côté des argumentations rigoureuses. Il est légitime (et même souhaitable...) qu'un scientifique se montre en certains cas bon psychologue et bon avocat. A condition toutefois que l'habileté ne fasse pas oublier l'essentiel et ne conduise pas à de véritables tours de passe-passe !

Tout compte fait, Hubble n'est pas un cas aberrant. Il illustre seulement avec une particulière netteté des comportements typiques dont certains hommes de science n'aiment guère parler.

SOURCES

Une énigme : Archimède et les miroirs ardents, *La Recherche,* n° 100, mai 1979.

La « révolution scientifique » du XIIe siècle, *La Recherche,* n° 136, septembre 1982.

Espace et perspective au Quattrocento, *La Recherche,* n° 160, novembre 1984.

Léonard de Vinci et la naissance de la science moderne, *La Recherche,* n° 105, novembre 1979.

Le temps des astrologues, *L'Histoire,* n° 55, avril 1983.

Les jésuites ont-ils été des pionniers de la science moderne ?, *La Recherche,* n° 195, janvier 1988.

De l'art à la science : la découverte de la trajectoire parabolique, *La Recherche,* n° 191, septembre 1987.

Galilée et l'expérimentation, *La Recherche,* n° 143, avril 1983.

La résistible ascension de la théorie atomique, *la Recherche,* n° 36, juillet-août 1973.

Darwin était-il darwinien ? *La Recherche,* n° 129, janvier 1982.

La science existe-t-elle ? Le cas Pasteur, *La Recherche,* n° 187, avril 1987.

Du rêve à la science : le serpent de Kekulé, *La Recherche,* n° 175, mars 1986.

Le spiritisme et la science de l'inconscient, *La Recherche,* n° 149, novembre 1983.

Le cas Einstein, *La Recherche,* n° 96, janvier 1979.

Un cosmologiste habile : Edwin Hubble, *La Recherche,* n° 176, avril 1986.

TABLE DES MATIÈRES

Aubin Imprimeur
LIGUGÉ, POITIERS

Achevé d'imprimer en mars 1988
N° d'édition 8575 / N° d'impression L 25912
Dépôt légal, mars 1988

35-60-7930-01
ISBN 2-213-02158-9

Imprimé en France